王小锡伦理学文集

（第一卷）

王小锡 著

中国社会科学出版社

图书在版编目(CIP)数据

王小锡伦理学文集：全三卷/王小锡著．—北京：中国社会科学出版社，2022.1

ISBN 978-7-5203-9614-1

Ⅰ.①王⋯　Ⅱ.①王⋯　Ⅲ.①伦理学—文集　Ⅳ.①B82-53

中国版本图书馆 CIP 数据核字（2022）第 020986 号

出 版 人	赵剑英
责任编辑	郝玉明
责任校对	张爱华
责任印制	王　超
出　　版	中国社会科学出版社
社　　址	北京鼓楼西大街甲 158 号
邮　　编	100720
网　　址	http://www.csspw.cn
发 行 部	010-84083685
门 市 部	010-84029450
经　　销	新华书店及其他书店
印刷装订	北京君升印刷有限公司
版　　次	2022 年 1 月第 1 版
印　　次	2022 年 1 月第 1 次印刷
开　　本	710×1000　1/16
印　　张	94.75
字　　数	1408 千字
定　　价	558.00 元（全三卷）

凡购买中国社会科学出版社图书，如有质量问题请与本社营销中心联系调换
电话：010-84083683
版权所有　侵权必究

作者近照

出版前言

王小锡于20世纪80年代初开始研究伦理学理论与实践问题，方向明确、主题集中、特色明显，在国内乃至国际学界产生了一定的学术影响。

《王小锡伦理学文集》（全三卷）（以下简称《文集》）收录了王小锡从事伦理学研究的主要学术论文。《文集》有"伦理学基本理论""道德作用与道德建设""经济伦理学基本理论""马克思主义经典原著伦理解读""中国传统经济伦理思想""道德资本与资本道德""企业道德建设""读书与评论"等专题。《文集》主要有以下特点：一是凸显创新观点，诸如"道德资本论""道德生产力论""经济德性论"等均为原创理论；二是学术成果系列化，既有深入的理论探讨，又有现实的应用研究，且"学术问题链"逻辑严谨、自成体系；三是兼容并蓄的学术理念，"顶天立地"的学术探讨，展示了作者的学术研究特色。《文集》体现了特有的学术话语和中国风格。《文集》的学术创新观点对伦理学学科的完善将起到一定的推进作用，且对伦理道德的实践具有决策和应用的参考价值；其学术研究方法和研究思路将对学术发展产生一定的极积影响。

《文集》第三卷附录收集的"学术简况""学术影响"等内容，从另一角度反映了王小锡的学术人生和学术思想。

《文集》在一定意义上是我国改革开放以来伦理学乃至哲学社会科学学术发展及其基本态势的一个缩影。

《文集》编辑时，在尊重原文的同时对有关文字做了必要的修订。每一部分按时间顺序编排。同时，因《文集》是作者历来发表的文章汇编，考虑到文章发表的时间上的原因，故文中引用《马克思恩格斯选集》《列宁选集》等经典著作的内容的注释中的版本没有改为最新版本。

本《文集》出版得到全国重点马克思主义学院（南京师范大学）项目和江苏省优势学科（马克思主义理论）项目的支持，特此表示感谢。

2021年2月20日

目 录

第一编 伦理学基本理论

伦理学的现状与改革 …………………………………………（3）
公正新论 ………………………………………………………（9）
伦理道德的觉醒与困惑 ………………………………………（13）
社会与个人的统一：共产主义道德的最高价值取向 ………（22）
集体主义抹杀了人的个性吗？ ………………………………（33）
谈人生态度 ……………………………………………………（36）
孔子的处世原则与现时代生活 ………………………………（61）
道家人学思想述论 ……………………………………………（67）
简论存在主义人生哲学 ………………………………………（77）
谈我国伦理学教材建设存在的问题及其改革措施 …………（95）
我国伦理学教材的历史沿革 …………………………………（101）
伦理学研究中的方法论偏向 …………………………………（110）
中国伦理学向何处去 …………………………………………（117）
儒家人学思想的辩证思考 ……………………………………（128）
以新的视角观察道德现状和道德作用 ………………………（142）
道德、伦理、应该及其相互关系 ……………………………（147）
新中国伦理学 60 年学术进路 ………………………………（155）
正确认识和应对我国的"道德气候" …………………………（170）
同步于时代的中国伦理学 ……………………………………（177）
罗国杰"新德性论"思想的价值旨归 ………………………（180）
简论道德风险 …………………………………………………（188）

论道德之应该的逻辑回归 …………………………………………（195）
何谓德性 ……………………………………………………………（208）
新中国伦理学70年发展述要 ……………………………………（213）

第二编　道德作用与道德建设

我国现阶段犯罪人行为的伦理思考 ……………………………（239）
"雷锋车精神"的实质及其时代意义 ……………………………（251）
论社会主义初级阶段的道德建设 ………………………………（255）
我国道德教育的现状简析 ………………………………………（261）
科学道德
　　——公民教育的基础和核心 ………………………………（268）
关于社会主义道德建设研究评述 ………………………………（271）
公民道德建设与社会主义市场经济建设 ………………………（281）
实现和谐社会的道德思考 ………………………………………（292）
树立社会主义荣辱观是新时期道德建设之本 …………………（306）
社会主义荣辱观与新时期高校德育 ……………………………（312）
创建高尚的城市"软环境" ………………………………………（320）
汶川大地震中的伟大抗震救灾精神
　　——社会主义核心价值体系的特殊而又最好的诠释 ……（323）
社会主义民生问题的伦理思考 …………………………………（329）
道德力与社会进步 ………………………………………………（340）
诚信建设：自律与他律结合 ……………………………………（352）
从温情中汲取道德营养 …………………………………………（354）
维护网络安全道德与制度缺一不可 ……………………………（356）
透视德性及其作用 ………………………………………………（358）
诚信建设的有效路径 ……………………………………………（360）
系统工程视角下的我国公民道德建设 …………………………（363）
推进"四个全面"需要加强道德力量 …………………………（375）
为什么要倡导诚信？ ……………………………………………（379）
为什么要坚持底线思维？ ………………………………………（390）
坚持底线思维推进"四个全面" ………………………………（399）

协调发展的伦理意蕴 …………………………………………（408）
党员干部要在实践中修炼道德定力 ……………………………（417）
坚持以人民为中心的实践要旨 …………………………………（420）
保障民生是民主政治建设的重要基础 …………………………（424）
新时代中国之治的伦理意蕴 ……………………………………（429）
建设社会主义文化强国的道德维度 ……………………………（443）

第三编　道德随想

尽到努力　顺其自然 ……………………………………………（457）
漫谈人生境界 ……………………………………………………（458）
劝君三十而不惑 …………………………………………………（460）
谈人比人 …………………………………………………………（461）
亦师亦父恩重情深
　　——怀念敬爱的罗国杰老师 ………………………………（463）
月亮神韵 …………………………………………………………（466）
长江老鳖 …………………………………………………………（468）
牡丹伦理 …………………………………………………………（471）
伦敦塔桥 …………………………………………………………（473）
先走了 ……………………………………………………………（476）
童言童行 …………………………………………………………（480）
山不转水转 ………………………………………………………（482）
《江苏社会科学》：学术生长的摇篮 ……………………………（485）
新时代的道德标杆 ………………………………………………（488）
缘之为缘 …………………………………………………………（490）
小议杨朱 …………………………………………………………（494）
漫谈学术创新与评价 ……………………………………………（496）

ns/>
第一编

伦理学基本理论

伦理学的现状与改革

近年来，关于伦理学已经陷入困境、出现危机的提法以及关于伦理学"出路"的阐述，已经引起理论界尤其是伦理学理论工作者的注意。对此笔者也谈点浅见。

伦理学发展的现状如何？它果真陷入困境、出现危机了吗？未必是这样。短短的六七年时间，我国的马克思主义伦理学体系从无到有，并相继出版了二十多种伦理学原理著作；对中西伦理学史的研究也出现了一批开拓性的专著，受到了理论工作者和读者的欢迎，尤其是"伦理学的基本问题""社会主义人道主义""改革与道德"等专题讨论，以及一些具有地区性特色的伦理学研究内容和研究方法的出现，标志着我国伦理学的研究不断在向纵深发展。同时，与伦理学建设有关的"人生哲学"体系的建立，大学中共产主义道德品德课程的开设，以及诸如"教师伦理""医学伦理""军人伦理"等部门伦理学的发展，意味着我国伦理学的研究向着更大的范围开拓。可喜的是伦理学理论工作者队伍几年来也从小到大。由开始以十计数发展到现在遍及全国各地，而且涌现出了一批有一定水平的理论工作者，一些专家学者还培养了一些硕士学位研究生，中国人民大学还设立了我国第一个伦理学专业博士点。因此，伦理学的教学和研究正呈现出一派生机。

当然，这并不是说伦理学的发展完美无缺。事实上，伦理学教学和研究的现状还不尽如人意，与当前改革和精神文明建设的要求相比，与其他有关社会科学学科的建设相比还存在相当大的差距。不仅伦理学理论本身的研究不能明显反映社会主义初级阶段的中国特色，在批判西方思潮、培养人们社会主义道德情感的过程中，还不能使人做到心悦诚服；对一些社会道德现象或改革中出现的道德问题还不能做出令人信服的回答。而且，伦理学在教育人民、服务社会方面还显得软弱无力，一些人的"伦理是教条、道德是'门面'"的观念长期不能改变，威信不高成了它的致命弱点。因此，在伦理学建设初具规模的今天，冷静地思考一下伦理学发展的下一步目标，分析一下实现其目标的途径以及所需要解决的一些关键问题，是十分必要的。笔者认为，就目前情况而言，伦理学要向深度和广度发展，伦理学研究的内容和方法的改革，必须引起理论工作者的足够重视。

一　伦理学的研究内容和体系模式必须改革

伦理学研究什么？古往今来仁者见仁，智者见智，众说纷纭。我国理论界目前较一致的意见是认为伦理学研究道德及其产生发展的规律。但就目前的教科书来看，它还停留在对道德现象的描述上，至多只回答了道德意识、道德规范、道德活动现象是什么的问题；同时，比较多的注意宏观道德问题的研究，如"经济关系与道德""商品经济与道德发展""社会道德评价"等。而忽视了微观道德的考察和研究，如"个人道德品质形成的内在机制""道德心理与道德行为"等问题，在目前教科书中很少涉及；而且就体系结构来说，通常前后三大块（基本理论、原则规范、行为实践）的构成，应该说这是机械组合，它们相互联系的内在机制是什么，没有一本著作能揭示其逻辑联系，这难免流于形式，理论体系也必然机械、僵化而不成系统。这些问题的存在，说明我们还习惯于直观性的经验总结，同时还说明，伦理学目前还仅仅是一张"相片"，它的立体结构，内在的本质联系尚需进一步探讨。

如何改革伦理学研究的内容及其体系结构，近几年来一些专家、学者做了一些十分有价值的探讨，对伦理学的研究和发展起到了相当重要的启发作用。确实，就目前的伦理学体系来说，靠修修补补是无济于事了。不过，要改革必须首先确立一个思想前提，即尽管马克思主义的经典作家没有规定过伦理学的结构模式，但他们提供了一些伦理思想基础，因此，我们应该结合中国现实，建立具有中国特色的伦理学体系模式，同时，必须反映时代的发展和理论研究的深入，必须符合中国的实际，并且要主张百家争鸣，让各家学说林立，各种体系并存，在争鸣和比较中才能体现和加强伦理学的生命力。假如习惯于或满足于对经典作家的伦理学说的机械注释和论证，因循守旧于规定的理论框框，那伦理学只会越来越陈旧僵化。

同时，对伦理学上的几个关键问题的重新探讨，应该是改革伦理学的基本前提。

第一是关于伦理学研究的对象问题。前面提到，我国现在比较统一的看法是伦理学的研究对象是道德，研究人的德性修养及其行为规范。这样的提法现在看来显然是定义偏窄，过于直观简单了，有必要重新做一反思。伦理学作为研究人伦问题的一种人文科学，不能忽视对人和人际关系的研究，不能不对人的利益、人的需要和人生意义、道德价值、道德认知、道德情感等问题做出概括。由于以往一直把片面理解的道德作为伦理学的研究对象，所以，以上的一些理论问题，在现有的伦理学著作中没有得到充分反映，似乎此学科无头无尾，连学科的出发点和归宿都不十分明确。也正由于理论体系仅"瞄准"了片面理解的道德，作为伦理学重要组成部分的人生观，在现有伦理学体系中"处境尴尬"，似乎是硬塞进体系里去的。所以，根据伦理学涉及的范围和它所应该阐述的社会问题，伦理学应该是研究人生完善和人际关系和谐之规律性的一门科学。强调人的德性修养及其行为规范的道德也只能是伦理学研究的一个根本性的问题而已。

第二是关于社会主义伦理原则和道德规范的确认和分类问题。社会主义伦理原则是什么？是一个还是多个？对此理论界争论不休，且无明确定论。对这一问题的理解如何，直接影响到伦理学体系的建设。笔者认为，在社会生活中，只要是对人们的社会生活起导向作用的，都是道德目标的规范表现，都属于伦理原则。据此，目前教科书所见的集体主义、人道主义、热爱祖国、热爱人民、热爱科学、热爱劳动、热爱社会主义等都是社会主义伦理生活中的原则性要求，不能作为直接的行为规范即道德规范。道德规范应该是人们行为的规定（或叫规则）。当然，这种规定应该是在伦理原则指导下建立的。如作为一个医生要坚持社会主义人道主义原则，就应该与病人说话和气，精心详察病情，主动地关心体贴病人，设身处地想病人所想等；要做到热爱祖国，就应该认真钻研、刻苦攻关，发展祖国的医学事业等。明确了伦理原则和道德规范的区别及各自的具体内容，人们的伦理生活就既有目标，又有行为规定，就不至于无所适从。多年来的道德教育社会收效甚少，其主要原因就是在于我们总是把抽象的原则教条化，把原则当规范，干巴巴地提出几条虽源于生活但毕竟抽象于生活的、缺乏生活气息而不能直接反映人伦意识的原则要求。为此，伦理学理论应该尽快填补这一大空白，及早将人们社会生活各个领域具体的道德规范体系化、条例化，为人们提供一个切实可行的伦理生活模式，真正发挥人际关系中的道德调节作用。

二 伦理学的研究方法必须改革

伦理学的研究方法，在目前的教科书中通常概括为历史唯物主义的方法、理论联系实际的方法，还有的提出了归纳演绎法、批判继承法、比较法，等等。事实上，这些方法是社会科学研究之一般方法。作为一门学科的伦理学，这些方法必须要有，但也要有适合学科自身特点的方法，尤其是要有适合现阶段理论发展需要的方法。就目前状况而言，为克服当前理论研究中存在的方法问题，需要注意三种研究方法。

第一是思辨与通俗相结合的方法。从我国现有的伦理学著作来看，一个突出问题是道德思考具体而不通俗，抽象而不深刻。所以，要发展伦理学，这是一个突破口。

伦理学是一门教导人们如何做人的实践学科，因此，一方面，不能只满足于经济基础与道德关系的抽象的哲学思考，而要从人的需要和追求，从现实的社会人际关系，从人的实际境遇中去探讨"应该不应该"的道德。同时，要深入人的内部，从人的道德认识的过程及其程度，从人的道德情感体验的状况及其趋势，从人们的心理机制中去寻求道德觉悟的内容、途径和方法，只有这样，伦理学才会有血有肉，社会生活的"他律"才有可能变成或恢复到"自律"状态。近年来西方伦理思潮很容易被一些青年人接受，其中一个重要原因就是诸如萨特（Jean-Paul Sartre）、弗洛伊德（Sigmund Freud）等人没有忽视活生生的人和人的心理，没有轻视"社会"这个人生存的环境，因此很容易迷惑人。另一方面，不能停留于对几条"应该不应该"的道德原则的简单概括，而要深入生活实际，做细致周到的调查研究，提出人们欢迎而又易行的行为规范。抽象的原则至多只能帮助人们明确行为方向和目标，只有具体的规范才能直接指点人们切实做人。这一点，我们的研究是落后的。比如说怎样做人？怎样与人相处？这在不同的场合、不同的时间、不同的情况下具体要求是不同的。就是不同的年龄，不同的政治、文化修养的人，具体要求也是不同的。因此，注意伦理要求的生活性、可接受性的研究，是我们的当务之急。

第二是创造与改造相结合的方法。伦理学要发展必须创新，是不言而喻的。现在的问题是如何改造传统伦理观念和现代西方伦理思想。在这一点上，伦理道德思考既要反对各种偏激的思想倾向。理论界对传统伦理观念和西方现代伦理思潮的研究描述性多，去粗取精、去伪存真不够。除了一些研究方法论的文章外，关于历史上伦理道德内容的研究，至今没有专著和文章来系统阐述哪些可以"古为今用"，哪些可以"洋为中用"。可是，在人们的社会伦理生活中，"古的""洋的"自觉不自觉地在起作用，不加强这方面的研究是理论上的失误。

第三是专题讨论与系统研究相结合的方法。中国伦理学会会长罗国杰教授曾多次强调："科学严谨的伦理学体系是建立在专题研究的丰硕成果基础之上的，伦理学的体系只能是专题研究成果的浓缩，对各个部分的了解越是深入，整体上的思考也就越是游刃自如"。这一思想已经被广大的伦理学理论工作者接受。但现在的问题是如何开展专题研究。从近年来的情况看，专题研究不成系统，东一榔头西一棒子，力量不集中，甚至有赶时髦、钻牛角尖的所谓理论探讨。就我国目前理论队伍的有限阵容和改革描述性伦理体系的迫切性来说，很有必要进行有计划的系统性专题讨论。诸如"人际关系与伦理关系""社会主义初级阶段的道德特征""社会主义初级阶段的道德教育途径""伦理学与社会学、心理学、美学等其他社会科学的关系"等专题,靠自发的研究很难比较快、比较好的拿出成果。在方法上可以采取一些小型集中的讨论会,利用报纸杂志举办一些笔论专栏,同时可以展开一些调查研究及其分析讨论会,等等,这样将会有益于我国伦理学的发展。

(原载《江苏社联通讯》1987年第11期)

公正新论

公正即公道、正义。它既是伦理学的重要范畴，又是社会生活中最基本的道德规范。加强对公正的研究和宣传，具有重要的现实意义。

公正一词早在古希腊时期的道德思考中就被广泛地应用，并作为当时的最高道德准则，成为古希腊著名的"四大德"（智慧、公正、节制、勇敢）之一。因此，公正的内涵在当时就得到了较充分的阐述。德谟克利特说："豪爽的人永远不得不做正义的并为法律所许可的事，他是不论白天黑夜都轻松愉快、勇往直前并且无忧无虑的。但对那蔑视正义并且不尽自己义务的人，当他想起某种错处来时，这一切都只有使他烦恼。他总是忧虑，并且自己折磨自己。"[①] 又说："正义要人尽自己的义务，反之，不义则要人不尽自己的义务而背弃自己的义务。"[②] 这里德谟克利特明确指出公正就是尽义务，去做自己应当做的事并强调不尽义务是自取烦恼。柏拉图则进一步指出："正义就是履行自己的义务"，"做你自己的事情，不要干涉别人的事，" 只有这样，社会才能和谐。并认为完善的人格是要在任何情况下使一生的言行都符合公正，因为"实行不公正比遭受不公正还当更加避免"，接着具体指出："不论在私人生活中，或在公共生活中，都应当抛开一切，先追求德性的实际，而非其现象；而且当一个人在任何方面行错了事的时候，他应当受到惩戒，因为人除

[①] 北京大学哲学系外国哲学史教研室编译：《古希腊罗马哲学》，生活·读书·新知三联书店1957年版，第113页。

[②] 北京大学哲学系外国哲学史教研室编译：《古希腊罗马哲学》，生活·读书·新知三联书店1957年版，第120页。

了行事正直之外，其次的好事情就是他能够在得到惩戒处罚之后趋于公正，他还应当避免互相标榜，不论是少数人的谄谀，而且他不论立辞或行事都永远应当着眼于公正。"① 伊壁鸠鲁对公正的解释在当时来说可谓深刻而又周到，从他的著作残篇中我们可以看到，他把公正规定为"正大光明""正直"和遵纪守法，使人获得快乐。同时，他还说公正是"防范彼此伤害的相互约定"，"公正对于每个人都是一样的，因为它是相互交往中的一种互相利益"。② "有利于社会关系"就是公正。他并强调一件事如果为法律所肯定，但是并非真正有利于社会关系，就不是公正，一件事过去曾被宣布为公正而现在表明在实践中并不符合于一般的理解，那么，这件事就不是公正的。

从以上思想家具有代表性的论述中，我们可以理解到：（1）公正是人与人之间关系的一种利益属性，"互相有利"是公正的基础；（2）公正是有利于社会和谐，有利于他人快乐的法律、伦理规范和社会生活法则，由此也说明，公正不仅是伦理范畴，同时还是法律、政治范畴；（3）公正是完善人格的最高表现，是古希腊人的精神支柱。因此，可以说，公正范畴为崇高的古希腊精神增添了灿烂的光辉。

公正范畴在西方思想史上一直为人们所重视。在中国也不例外，尽管伦理公正或正义范畴，很少有人直接加以叙述，但就"仁""道""中庸""忠恕""兼爱"等范畴的内涵来看，我国十分重视道义的研究，这与西方的公正范畴相比，仅仅是用词的形式不同而已。不过，由于时代和阶级的局限，在马克思的唯物史观创立以前，公正范畴一直没有得到科学的阐述。

马克思主义首先强调，尽管公正在一定程度上体现着人们社会生活的共同利益，但从本质上看公正是具体的历史的范畴，不同的时代和不同的阶级利益，有着不同的公正内容。而在理论上的科学概括和在实践上的完美表现，只有在社会主义条件下的并体现无产阶级和劳动人民利益的公正范畴才能体现得出来。

---

① 周辅成：《西方伦理学名著选辑》上卷，商务印书馆1964年版，第212—213页。
② 周辅成：《西方伦理学名著选辑》上卷，商务印书馆1964年版，第96—97页。

马克思主义伦理学认为，公正既是道德规范，又是崇高的人格理想。它指的是人与人之间、人与社会之间以互利为原则的平等要求和正直品格。在社会主义社会中，主要表现为四点。

1. 遵纪守法，自觉履行道德义务。在社会主义公有制条件下人们之间的相互关系是平等的，因此社会主义的法律规范和道德要求是无产阶级和劳动人民利益的体现，它最集中地体现了公正的内涵和本质，每一个社会成员均须自觉加强法制观念，增强社会主义道德意识，确立公正精神，培养公正品质。

2. 自觉维护集体利益，切实保障个人正当要求。在社会主义社会中，社会的进步、集体的发展是个人完善的根本条件，失去了这个条件，任何人将一事无成，甚至将荒废人生。同时，在社会主义社会中，个人的完善是社会进步的基础。只有让每个人得到全面的发展，使其能力获得充分的发挥，社会主义建设事业才有可能蓬勃发展。因此，当今最大的公正是一心发展集体利益。切实关注每个人的切身要求，让人们的社会权利和义务实现真正的统一。

3. 实事求是地对待任何人和事。在社会生活中，尤其是在社会主义初级阶段的社会生活中，人们的社会地位和社会职业，以及人们所做的每件事的质的规定和量的分析都是不相同的，公正原则要求按既定的正确的准则办事，该怎么评价就怎么评价，该怎么处理就怎么处理，不以权势、地位来区别，也不以个人的亲疏、好恶来划分。

4. 同等交往，平等交换。在社会主义社会生活中，人与人之间没有高低贵贱之分，人际交往必须是对等的，"捉弄"人甚至压制或打击人是最大的不公正。同时，平等交换是社会主义商品经济的一大特征，它绝不允许以次充好，以假乱真，更不允许买空卖空，哄抬物价，坑害用户。

由以上公正要求我们可以进一步理解到，社会主义的"四化"建设，尤其是当前我国经济和政治体制改革离不开伦理公正原则。可以说，没有公正，就没有社会的安定，更谈不上改革的成功和社会的发展。

一方面，只有坚持公正原则，才能树立党和干部的威信，才能增强人民群众自觉执行党的方针、政策的自觉性。党的十一届三中全会以来的九年，一度在党的十一届三中全会以前严重受损的我党的威信不断得到恢复和加强，人民群众的积极性和创造性的情绪十分高涨。这里的一个重要原因是，党的方针、政策体现了人民群众的利益，绝大多数干部真正成了人民群众的公仆；人们的能力得到了合理的发挥，利益得到了合理的分配；人民群众的困难得到了及时的解决，一些问题受到了合理的处理，等等。一句话，公正原则在党内得到了加强。

另一方面，只有坚持公正原则，人际关系才能和谐，社会才能安定。人都是有感情的，公正的伦理表现，不仅能使人们心情舒畅，情绪稳定，而且能提高人们道德评价的能力，加强公正观念。大凡一些不团结的单位或不安定的社会，其主要原因是权利不均等，该奖的不奖，该罚的不罚；无功受禄，有功受气；人才不用，庸才重用，等等。

再一方面，只有坚持公正原则，才能抵制和克服不正之风，为社会主义的"四化"建设和经济、政治体制改革扫清道路。在社会主义初级阶段，封建意识的残余还存在，资本主义腐朽文化特别是当代西方资产阶级思潮的影响还存在，它们时刻在影响着人们的精神生活，甚至腐蚀着少数人的灵魂，滋长着社会不正之风。公正的伦理是一股强大的精神力量，它能以其特有的道德功能，提高人们的道德认知水平，加强抵制不正之风的能力。事实上，当全社会都弘扬公正时，不正之风也就无立足之地了。这里也说明，在今天加强伦理公正教育的重要性。

（原载《江苏社科通讯》1988年第3期）

伦理道德的觉醒与困惑

党的十一届三中全会以来，作为社会意识形态的伦理道德获得了"新生"，并在理论研究上跨出了艰难而可喜的一步。社会主义伦理道德从"理想国"回到了人们的生活中，并逐步将一些抽象的教条变成人们生活的启示。但由于我们还处在社会主义初级阶段，尚存的僵化的经济、政治运行机制以及由此而产生的一定程度上的人和人际关系的异化、人际交往及其交往观念的混乱，再加上伦理道德理论研究的先天不足，使得当前社会主义的伦理道德的研究不能反映本学科的个性和特点。一些诸如"人的主体性""人的自由""道德需要""道德权利"等思想和理论问题都被提出来了，但在理论研究的深入和拓宽上面处于停滞状态；伦理道德本应成为经济、政治发展的先导，但往往跟在经济、政治后面"捧捧场"，失去了它应有的活力。这些表明社会主义伦理道德有诸多的困惑和难题，有待于我们去解决。

一 开创中的觉醒

十年来伦理道德的发展令人欣喜，尤其是下列一些重要理论的确认或确立，为伦理道德的发展带来了生机。

（一）明确了伦理道德理论研究的出发点和归宿

伦理道德理论研究的出发点应该是人和人际关系，伦理道德的践行目标也应该是人生的完善和人际关系的和谐。因此，这是十年来伦理学界以各种不同的表达方式所表现出来的共识。我们以往的伦理道德理论往往滑向仅以"社会本位"为特点的庸俗的"捧场"

或说教理论,症结就在于只提抽象的社会而不见人,割裂了社会与人的关系,贬低了人的地位。随着社会主义商品经济的发展,人的劳动和人的存在的意义越来越引起人们注意。尤其是商品经济带来的竞争和必然引起的普遍而又复杂的人际交往,使得人们的思维转向了主体自身的地位和生命力。因为稍有点思想的人总要设法在竞争中不被淘汰,在复杂的人际交往中坐正立稳,表现出个性的尊严和魅力。在现实生活的启示下,理论界也"看到了人",确立了"人的问题"在伦理道德理论研究中的地位。

首先,提出世界是人的世界,人是历史的前提,亦是历史的主体。社会化了的世界(包括人自身)或正处在社会化过程中的世界是人造就的,因此,人同世界的关系实际上是人同自己活动的产物的关系,离开人和人的实践活动就不能说明现实世界。面对这个世界,伦理道德理论不能满足于一种见物不见人的空洞抽象。伦理道德的生命力在于真正了解生活于现实世界中的人及其人际关系,懂得人的追求和人生的意义。

其次,强调人的全面发展是社会发展的根本标志。生产的目的或社会发展的目的,就是为了满足人的最高需要。事实上,社会的存在,它注定是要服务于人的(而且是全社会的每一个正常人,绝不是少数人的"工具"),否则社会存在就毫无意义。社会自身的发展必须是人的全面发展的前提下才有可能,社会发展的根本标志是人的全面发展,至于生产力的发展也只能是人的发展的一种特殊表现形式而已,即人的发展的物化表现。

最后,确认人的价值既是对人类发展的贡献,也表现为人的自我满足或自我肯定。我们的传统观点是人的价值表现为个人对社会需要的满足,是对社会的贡献。这一提法,其本身是可以成立的。但是,如果对人本身或人的个性追求采取了虚无主义的态度。而在全社会主体满足虚无化的前提下谈人的价值,只能是一种形而上学的价值观,它的实现包含着对主体价值实现的压抑。这实质是一种人的异化价值论。

(二) 社会功利观点获得了正确解释

长期以来,由于偏激的思想影响,人们往往把个人利益混同于自私自利，认为追求个人利益是"大逆不道"，当今这一思想的转变要归功于社会主义商品经济的确认和发展。近几年来社会主义商品经济冲击着人们陈旧、僵化的思想观念，尤其是传统、片面的利益观念，使得个人利益从"阴暗的角落里"获得了解放，在社会生活中确立了应有的地位。伦理道德理论上的两大突破是最明显的标志。

一方面，承认个人利益是人类利益的逻辑前提，是原发利益。这是因为，个人利益是生产者生存和发展的必要手段和保证，没有个人利益的实现，任何所谓的集体利益，社会利益都是虚幻的东西。列宁曾经要求人们："必须把国民经济的一切大部门建立在个人利益的关心上面。"[①] 当然，社会整体利益是个人利益的保证，这是毋庸置疑的。不过，道德标准不能局限在阶级利益或社会整体利益，个人利益同样应成为一种价值尺度，而且同样是具有广泛意义的价值尺度。这两种尺度是一致的，偏废任何一方，另一方面的道德标准只能是片面的，甚至完全是错误的。

另一方面，为道德权利正了名，科学地解决了道德权利与道德义务的关系。社会主义传统的伦理道德论把道德义务和道德权利割裂开来，认为以获取某种道德权利为前提去履行某种道德义务不是道德行为，提倡康德式的"为义务而义务"的道德追求。为"义务而义务"或不要权利的义务是毫无意义的抽象义务论；只要权利不尽义务实质上又是取消了道德权利，是表现为兽性的私欲。故道德权利客观存在，问题只是必须坚持权利和义务的统一。

（三）马克思主义内含着真正的人道主义

我国社会主义的传统伦理道德理论是把人道主义排斥在外的，理由是人道主义是资产阶级的伦理原则，而这个原则的原则又是个人主义，马克思主义只承认阶级斗争，阶级斗争与人道主义是不可能同流的。

其实，人道主义并不是资产阶级思想的专用范畴，真正的人道主义倒是在马克思主义体系中，而且是马克思主义的核心范畴。

马克思主义的创立，给无产阶级提供了自身解放的思想武器。

---

① 《列宁全集》第33卷，人民出版社1957年版，第51页。

说它是无产阶级解放的思想工具,有的人就认为人道主义与之是格格不入的。这是一个极大的理论错误。从马克思主义是关于解放人的学说这一点来看,这可以说是真正的人道主义。马克思曾经指出:"人的根本就是人本身""人是人的最高本质",所以他强调"必须推翻那些使人成为受屈辱、被奴役、被遗弃和被蔑视的东西的一切关系"。① 马克思主义在强调革命是为了解放人的同时还认为生产的目的是满足人的物质文化需要。有人认为社会主义生产的目的应该是发展社会主义,这种思想没有错。但问题是发展社会主义不给人以"实惠",发展社会主义不发展人自身,那社会主义是什么东西呢?它的存在又有何意义呢?马克思曾经说:"财富不就是充分发展人类支配自然的能力,既能支配普通所说的自然,又能支配人类自身的那种自然么?不就是无限地发掘人类的创造天才,全面地发挥,也就是说要发挥人类一切方面的能力,发展到不能拿任何一种旧有尺度去衡量的那种地步么?不就是不在某个特殊方面再生产人,而要生产完整的人么?"②

不仅革命、生产是为了人的生存和发展,就是共产主义社会,它的一个明显标志也只能是全面完善人的社会和完善的人的社会。

由此看来,认为马克思主义不讲人道主义的观点实际上是对马克思主义的一个极大误解或歪曲。

(四) 明确了道德既是约束亦是自由

道德是约束人们行为的规范,已经成为一种"常识",这恐怕是三十多年来我国道德宣传教育的最明显"收获"。许多道德逆反心理大概也根源于此。因为,既然这是"你"对我的约束,我的思想与追求不一定与"你"一样(即使一样,还有一个认识和应用的差别问题),我就有可能回避和抵制"你"的约束。

实际上这不是道德教育的成果,把道德和道德教育混同于行政命令、法律法规等,在一定意义上是一种失策。

道德是一种约束,但这种约束从本质上说不是外在的而是内在

---

① 《马克思恩格斯全集》第1卷,人民出版社1956年版,第460—461页。
② 马克思:《政治经济学批判大纲》(草稿)第3分册,人民出版社1963年版,第104—105页。

的要求，它是主体完善、人际和谐的内驱力。这本身就是人和社会的一种需要，它在道德生活中体现为一种自尊，道德的特殊意义也就在这里。因此，道德的践行，是主体自身的自觉，是自身追求的，它表现为真正的道德自由选择。假如人们在生活中感到道德不是对自身的肯定和发展，是一种人为的约束或"他律"，那么，他只能是道德的被动服从者，真正意义上的道德就无法体现。

总之，伦理道德研究的觉醒，意味着理论研究找回了它的主体，并给这个主体以恰当的位置，这是伦理道德理论研究的伟大起步。不过，起步后的路程怎么走，理论的觉悟与道德的实践能否一致，这是一个理论难题，也是一个实践难题，需要我们不懈地努力。

二 困惑与难题

在现阶段，由于偏激的思想没能得到有效的消除，腐朽没落的思想的影响阴魂不散；再加上处在经济、政治运行机制新旧交替时期的思想观念和社会人际关系复杂和混乱，这给社会主义伦理道德带来了困惑与难题。这就需要我们正视和切实地解决这些问题，否则，伦理道德从书本里、从思想家的头脑中永远回不到现实生活中来。

（一）政治与伦理应建立什么样的关系原则？

政治与伦理的关系，在我们的教科书中都做了系统的阐述，但在我们的现实生活中两者关系却是基本合流了，甚至是糊涂了。长期以来，伦理道德理论的研究始终局限在政治所允许的范围以内，起着解释、宣传政治的作用。政治标准的衡量尺度是阶级利益，道德也是阶级利益标准第一；政治规范直接服务于经济和政治，道德规范也必须体现经济与政治的要求；政治提倡必要时牺牲个人利益，无偿地服从政治需要，道德亦强调"牺牲"、贡献为最高价值，等等。诸如此类，忽视了伦理的特性及辩证价值认知，出现了在社会主义条件下的"政伦不分"导致的"政伦合一"。

"政伦合一"本是封建社会所特有的社会现象。封建的中央集权政治，必然要求社会形态都从属于政治，伦理政治化在封建社会表现得尤为突出。然而，如果在社会主义的公有制条件下形成伦理政治化倾向，必然削弱伦理道德的不可替代的独特的教化作用。

当然，政治与伦理不是没有关系，而且任何伦理道德都会服务于一定的政治，尤其是社会主义伦理道德必须服务于社会主义的政治。事实上，政治要从伦理角度得到宣传、得到帮助，社会伦理道德必须有独立性，不仅要有自己的思维方式和思维方向，更重要的要有自己独特的范畴和思想体系。在此前提下，伦理道德就能以它特有的价值观念，更有效地宣传政治主张或政治原则。当前的经济和政治体制改革，假如离开道德价值的论证和宣传，可以说它难以成为人们的一种自觉追求，那改革就有可能走弯路。

（二）现阶段人际关系暗淡，道德力软弱的症结何在？

现阶段人际关系并不是像我们教科书上所说的那样，在现有社会条件下，利益是平等的，人们的相互关系是同志式的、友好的。这只能是一种抽象的自我安慰式的概括。现实社会生活中复杂的人际关系说明了这种同志式的关系仅仅是一种关系表现。在人际交往中，情感淡漠的现象比较普遍。具体表现在以下几种关系形式中：一是"计数"关系，亦可称"买卖""交换"关系；二是"利用"关系；三是"主仆"关系。这些不正常关系的存在，势必影响道德威信，削弱道德力，难怪现在一谈伦理道德，人们就有"说教""清谈"的感觉。

人际关系的暗淡，不能不引起我们警觉。它的原因有两点必须注意。

一方面，封建宗法等级观念的残余在一定程度上还严重影响着社会主义的机体，尤其是政权机体。在现有经济、政治运行机制中，如果没有一个较完善的监督、制约系统，权力很难受到制约，人际等级关系也会随之形成。尽管这样一种等级关系不是普遍现象，但是，它会使人们觉得社会主义公有制条件下，领导与领导、领导与群众之间关系尚且不那么协调，那公正、平等的人际关系又如何在全社会普遍形成呢？事实上，生活中只要有人受制于人，他总是要设法摆脱这种制约，这种制约与反制约的病态人际关系，势必淡化人际关系中的人情味。

另一方面，商品经济的发展必然增强着人们的竞争、效益、金钱等的意识，尽管我们是社会主义商品经济，但假如不注意引导，它的命运将与资本主义商品经济的命运相仿，竞争的结果必然是经济关系的复杂、人际关系的淡漠。办事要以钱"铺路"，"官倒"乘机猖獗；物价上涨、分配不公，诸如此类怎么能不影响正常的人际关系呢？

由此看来，人际关系的和谐，道德力的增强有赖于在经济、政治运行机制完善过程中对体现封建特征的人际关系和以钱为轴心的人际关系的矫正，把人际关系建立在平等和公平竞争的基础上。

（三）道德在建立社会主义商品经济新秩序过程中有无地位？

建立社会主义商品经济新秩序的提出，原因在于现有的社会主义商品经济存在着秩序混乱、无序的现象。

混乱、无序的商品经济在物质力量很不雄厚的现阶段任其发展下去，其后果比资本主义商品经济发展所造成的经济危机、社会混乱的局面更惨。社会上的涨价风和生产单位的运转不正常的状况，实质上是混乱、无序的商品经济给我们的惩罚。

因此，提出建立社会主义商品经济新秩序是理顺当前经济秩序、稳定经济文化生活的一条理性原则，亦是促进经济、政治运行机制完善发展的重要手段。

如何建立社会主义商品经济新秩序，现在是仁者见仁、智者见智，提出了许多具有建设性的意见。但归纳起来有两种思路。一是建立社会主义商品经济新秩序必须健全和运用经济手段。诸如理顺市场运行机制和价格体系，建立合理的社会分配体制，增强大中型企业活力；强化政府经济管理职能等。二是强调法纪建设。以健全法规来把人们的经济生活和经济生产纳入社会所需要或允许的轨道上来。

笔者认为，这些建议无疑是有价值的。假如用"硬件"和"软件"来做比喻的话，那经济手段是"硬件"，无此不能建立新秩序。

然而，新秩序的建立单凭"硬件"那是一种消极的权宜之计，一旦经济运行出现"障碍"，或经济矛盾（如供销矛盾、价值与价格矛盾、计划与非计划生产的矛盾等）加剧，这种秩序仍然有被冲破捣乱的危险。所以，建立社会主义商品经济新秩序必须考虑从根本上解决问题，利用伦理道德这个"软件"来巩固新秩序，稳定新秩序的发展趋势。不能立足于或满足于经济手段的完善和法规的建立，道德在此意义更加重大，它能激发人们的责任心或良心。所以，要注意加强伦理道德教育，增强人们的责任心，端正人们的人生价值追求。在全社会树立勤劳、廉洁、公正、平等、诚信等新道德风尚。做到了这一点，将确保社会主义商品经济的正常运行方向。不注意这一点将是历史的重大失策。

（四）生产力标准与道德标准能否统一、怎么统一？

随着社会主义商品经济的发展，人们的行为出发点和目的开始复杂起来，与此相适应，社会评价方式和评价标准也出现了它的复杂性，引发了关于生产力标准、道德标准及其相互关系的讨论。

有人认为在社会主义商品经济条件下，社会唯一的评价标准是生产力标准。只要能把生产搞上去，把经济效益搞上去，那就是成功。由此还进一步认为，其他任何社会评价标准都要服从生产力标准。道德标准应该是生产力标准在社会道德生活领域的具体应用。

这种强调生产力标准的思想无疑是必须确认的，一切有利于生产力发展的行为无论如何不能斥之为不应该。

但是，把生产力标准与道德标准割开，那就把社会评价标准庸俗化了。似乎只要生产上去了一切都是好的。这样一来，那相对于发达的资本主义国家和生产力落后的我国来说，哪一方发展得完善呢？

说得确切一点的话，这种片面推崇生产力标准的行为，是我们有些人，在我国生产力落后的情况下急于求高速发展而出现的拜物教行为。这不仅排除了其他所有社会评价标准，而且把生产力和人对立了起来，甚至把人从生产力要素中赶了出去，变生产力标准为生产率标准。

因此，就生产力标准和道德标准关系来说，两者应该是一致的。一方面由于人是生产力要素中最根本的要素，生产力的发展必须同时意味人和人的价值的发展。否则，尽管劳动生产率有时会出现很快的提高速度，但由于人的精神素质差，它的速度迟早要慢下来，甚至出现经济上的倒退现象。由此也可以看到，生产力标准代替不了道德标准。另一方面，社会生产力的发展方向不可能是既定不变的，它的发展速度，它发展的目的，客观上总是有一种价值导向的问题存在。诸如一些被租赁单位职工主人翁地位的丧失（因为有些租赁者有权支配包括人事权在内的一切）；一些单位凭借生产紧俏商品，哄抬物价，以损害消费者利益发展生产的状况，能说生产力标准作为社会唯一评价标准是正确的吗？只有生产力发展的同时，亦确立了人的主体性地位，维护了人的尊严，给人们的生产、生活提供了所能提供的一切，那生产力作为标准才有意义。

伦理道德的困惑与难题并不只是以上几点，诸如"如何对待传统文化和西方思想""社会道德情感淡漠的原因是什么""社会主义道德活力的基础是统一人性模式还是承认和强调人的个性"等问题，也需要着力从理论和实践的结合上加以解决。笔者认为，所有问题归结到一点，社会主义伦理道德的生命力取决于它在社会意识形态领域和社会生活领域的地位以及人们重视的程度。

（原载《社会科学家》1989 年第 5 期）

社会与个人的统一：共产主义道德的最高价值取向

公元1845年春天，当两个青年人在布鲁塞尔第一次系统表述他们共同的全新世界观，从而完成了人类思想史上一次最伟大的革命变革时，曾写下了这样一段话："共产主义者既不拿利己主义来反对自我牺牲，也不拿自我牺牲来反对利己主义，理论上既不是从那情感的形式，也不是从那夸张的思想形式去领会这个对立，而是在于揭示这个对立的物质根源，随着物质根源的消失，这种对立自然而然也就消灭。"① 在这里，年轻的马克思和恩格斯实际上提出了马克思主义一个最根本也是最高的道德价值取向：社会与个人，即整体的和谐协调的进步与个体的自由全面的发展的统一。这就是共产主义道德的最本质的特征。

遗憾的是，对马克思、恩格斯的这段话，在我国理论界似乎很少有人给以足够的重视和真正的理解。几十年来，无论是那些忠实信仰和宣传马克思主义的同志，还是一些主张资产阶级自由化的人，几乎都把共产主义道德看作一种立足于整体至上、社会本位基点上的道德体系，以为它强调的是个人对社会、个体对整体的依附性、从属性和单向义务性。体现在个人与社会、个体与整体的关系上则是前者对后者的绝对地无条件服从。这样一来，一部分人则形成了一个思维定向，即个人或个体对于社会或整体来说完全是一种消极的存在，把个人利益排斥在道德的领域之外；一部分主张资产阶级自由化的人，则抓住这一思维定向，认为共产主义及其道德抹杀人的个性，摧毁或者摧残了社会赖以形成的基础——作为人而存在的

---

① 《马克思恩格斯全集》第3卷，人民出版社1960年版，第275页。

个体。这就使得我们有必要辨明，究竟什么才是符合马克思、恩格斯本来含义的共产主义的最高道德体现。

一

在社会与个人的关系问题上，剥削阶级道德与以社会与个人的统一为最高价值取向的共产主义道德是根本对立的。

以往一切阶级社会，无论奴隶社会，或是封建社会，还是资本主义社会，都是建立在私有制和人剥削人的基础之上的，都是以少数剥削者对占人口绝大多数的劳动者剥削、压迫和统治为先决条件的。维护这种剥削、压迫和统治就是这些社会最根本的整体利益，这些社会的巩固、完善和发展无不必须以牺牲最大多数人的个人利益才能取得。在这样的社会里，本来是推进社会发展最基本实践活动的生产劳动，在劳动者看来，就不是对他的肯定，而是对他的否定；不是自由地发挥自己的体力和智力，而是使他肉体受折磨、精神遭摧残。在这里，劳动者对社会的贡献和他个人价值的实现是成反比的：他创造的价值越多，越不能体现他自身价值，反倒越是增强了异己力量。在这些社会里，社会与个人、公共利益与个人利益从本质上讲都是互相对立的，它的社会整体利益本质地被规定了具有与人的需要相分裂，与每个人的自由发展相背离的特征。建立在这样的社会基础之上的道德，作为社会规范仅仅是为了制约、控制人的行为。其目的是维护那个所谓的社会整体，当然也就不可能具有社会与个人相统一的价值取向。这种道德对每个人来说必然是一种外在的异己力量，而与他的个人利益相对立。

从封建专制主义和资本主义对个人或个体与社会整体关系的最基本思维定向，我们就可以看出，个人或个体仅仅是作为社会或整体的工具而存在，具有权力象征的社会整体，对于这个"工具"可以不负责任，甚至可以任意处置。

按照马克思的说法，封建专制的原则，总的说来，就是轻视人、蔑视人、使人不成其为人。以维护这种封建专制原则为己任的封建道德，必然要反映出整体对个体的那种绝对压倒的优势，被内在地规定了具有极端的重公和极端的轻私，整体利益的无限升值与人的自我价值全面丧失的对立和反向运动构成结构。无论在西方还是在东方,任何言及本来应属于人的自然本性的生存权、自由权,都是不合理的、丑恶的,人在自己的视听言动中应该自觉地克制一切"私欲",以达到社会规范的要求,才算实现了"善"。因此,在这种道德拘束下,自然界对人类的一切关系、主观情绪的一切需求,都完全漠视了。在这里,人从本能欲望的满足到精神自由的追求,都被抑制了、禁绝了。这种道德在整体设计上完全取消了人的主体地位,抹杀了独立人格的价值,完全蔑视人的"七情六欲"的客观存在,人为地想把存在于人心理深层的本能欲望与独立意志和个性泯灭于无有界之中。这种禁欲倾向,实质上就是以牺牲无数个体的生存权利来维护其社会整体利益——封建专制的绝对统治——的内在要求。可以说,封建的伦理道德体系,是一种以整体与个体的对立,并以个体对整体的无条件服从为本质特征的"宗法集体主义"。

在资本主义社会,由于分工在社会范围的广泛发展,形成了普遍的社会物质交换的全面关系,获得丰富社会关系的个体必然以"关系人"的眼光来看待自己;同时,资本主义在其发展过程中否定了封建家长的权威,斩断了束缚人发展的宗法血缘的狭隘的自然联系,把个体从旧的共同体中分离出来,使之以自由的、独立的商品生产者或雇佣劳动者的身份投入广阔的自由竞争的社会。特别是处于上升时期的资产阶级在人类历史上第一次提出个性自由和个性解放的口号,实现了人和人的个性从神学桎梏下的解放,从而第一次唤醒了人的自尊自信,激励起人的进取精神。引导人们走上争取个性解放、反对封建专制、追求政治民主和科学知识的道路。但是,资本主义社会毕竟同封建社会一样,也是以私有制和人剥削人为基础的,资产阶级所要建立的毕竟仍然是少数人对多数人的剥削、统治,并进而剥夺多数人个性自由的社会。在资本主义制度下,商品货币关系虽然本质上是人的关系,但却以一种凌驾于人之上并且支配着人的命运的盲目力量出现在人们面前。人在这种力量面前,失去自己的个性,依赖于它,受它奴役。在资本统治下,只有资本独立性和个性,活动着的个人却没有独立性和个性。因此,资本主义没有也不可能从根本上消除社会与个人、整体与个体的对立,消除社会作为外在力量对人的异己性,相反却以更加尖锐的形式加深了这种对立性。建立在这样社会基础上的道德，也就同样具有与人的需要相分裂、与每个人的自由全面的发展相对立的本质特征。

当然在竞争就是一切的商品经济社会中，在个性被强调的同时，为了协调、调整资产阶级内部利益，更强化了作为道德意识的整体观念。不过，资产阶级所宣扬的整体观念是虚伪的。一是因为，这种整体观念的出发点和最终目标是资产阶级个人利益的全面实现；二是因为，这种整体观念的实现，意味着劳动者阶级个体利益的丧失。所以，在资本主义社会，虚伪的社会整体与个体始终处在对立状态中，劳动者个体也从来没有作为个体而存在。

综上所述，在阶级社会中，非理性是剥削阶级道德的基本特征，社会整体与个人无法实现真正的统一。一方面，剥削阶级所谓的整体观念从来都是一种道德欺骗，它没有也不可能内含着全社会绝大多数人的利益。另一方面，尽管资产阶级不像封建专制主义那样十分明了地抑制个性，而是主张个性至上，崇扬个人主义，但实际上在最大程度上抹杀了个性和个性完善。因为，个性在完整意义上的存在和个性完善应该是全社会每个成员在完整意义上的存在和全社会各个个体的完善。在不可能主张集体主义原则的社会中，个性在完整意义上的存在和完善，只有靠个体来实现。而在一切为自己的社会中，少数人的所谓"完整意义上的个性存在和完善"总是以抹杀绝大部分人的个性完善来换取的。

由此可见，当马克思和恩格斯提出了社会与个人的统一的价值取向时，也就以最为鲜明的特征将共产主义道德同一切阶级社会的道德区别开来。

二

共产主义道德之所以要以社会与个人的统一为最高价值取向，是由共产主义社会的性质和特征决定的。

马克思在《资本论》手稿《1857—1858年经济学手稿》中提出的三大社会形态的理论，为我们描述和揭示了人类社会发展的轨迹与趋向：人类社会发展的历史就是人逐步从社会的束缚中解放出来的历史，先是个体完全依赖于社会整体，然后是个体以"关系人"

的眼光看待自己，并成为自由的、独立的社会成员，然而仍然依赖于物的关系并受它的奴役，一直到建立在个人全面发展和他们共同的社会生产能力成为他们的社会财富基础上的"自由个性"。这就是说，人类的历史就是人从完全依赖于社会到其主体性地位得到充分肯定的过程，是人由社会桎梏下的奴隶到完全从社会异化状况下解放出来并成为社会主人的过程，是人的个性从被束缚、被压抑到得到充分自由全面的发展和丰富的过程。与这种历史进程相适应，道德也同样要经历一个由对人、人的个性的否定到肯定的发展，而作为迄今为止最高道德类型的共产主义道德，必然是实现了的由社会防范人的行为的消极措施和驯化人的外在手段，转变为人认识自己、肯定自己、发展自己、完善自己的方式，必然体现着社会有序、和谐和个人肯定、发展的统一。

在马克思主义的创始人看来，未来的共产主义社会将是唯一的"个人的独创的和自由的发展不再是一句空话"①的自由人的联合体。在共产主义条件下，由于从根本上消灭了人剥削人、人压迫人这种极端的阶级对立，因而也就从根本上解决了个人与社会、公共利益与个人利益之间的矛盾和冲突，社会整体利益的实现不再以牺牲无数个人为前提。在共产主义条件下，由于生产力的高度发达，由于人们由此获得了最大限度的自由支配的时间，劳动不再是单纯的谋生手段，而成为生命的第一需要，广大劳动者真正获得自由而全面表现和发展自己的机会，从而使劳动者对社会贡献的实现和自我价值的实现获得了统一。在共产主义条件下，随着商品生产被消除，产品对生产者的统治也就消除了；人们周围的、至今统治着人们的生活条件，却受到人的支配和控制；以往那种异己的、与人们相对立的社会行动规律，那时将因被人们熟练地加以运用而服从人们的统治。因而，在共产主义条件下，以往"人们自己的社会结合一直是作为自然界和历史强加于他们的东西而同他们相对立的，现在则变成他们自己的自由行动了。一直统治着历史的客观的异己的力量，现在处于人们自己的控制之下了。只是从这时起，人们才完

---

① 《马克思恩格斯全集》第3卷，人民出版社1960年版，第516页。

全自觉地自己创造自己的历史"①。一句话，共产主义条件下的人将是自己与社会结合的主人，从而也就成为自然界的主人，成为自己本身的主人，即自由的人。

因此，在共产主义社会这一人类文明的高级发展阶段上，人的全面自由发展就成为这个社会自身的、根本的目的。在这里，人不是在某一种规定性上再生产自己，而是生产出他的全面性；不是力求停留在某种既定的东西上，而是处在不断变化发展之中。广大劳动者作为社会的主体，个性将得到全面实现，才能将得到全面发挥，"人以一种全面的方式，也就是说，作为一个完整的人，占有自己的全面的本质"②。在那里，个人利益与社会利益已融为一体，但这种融合并不是将个人湮没在集体之中，而是在集体中个人得到自由和自我实现，个人越是发展自己的才能，集体越是得到好处，社会每一个成员的不断发展和完善已成为社会不断进步的必然要求。这一切就赋予共产主义道德一种全新的本质特征，使之越来越与个人认识自己、肯定自己、发展自己相一致，不仅是社会和谐协调发展的重要保证，而且是人的自我实现、自我完善的重要组成部分，是把两者有机统一起来的重要内容和内在动力。

同时，在这一人类文明的高级发展阶段上，人们一方面会通过自觉的道德实践，造就一个互相关心、互相爱护、团结安定、奋发上进的社会环境；另一方面，每个人也将获得多方面的充实、提高、发展和完善，并充分发挥自己的创造潜能，为人类的幸福、社会的发展贡献自己的全部聪明才智。这不仅是社会的巨大进步，而且也是人本身的巨大进步。这就是共产主义道德优越于其他社会道德的根本标志。

毫无疑问，这种共产主义道德根本不同于传统的集体至上主义。同以往的理解不一样，马克思主义的集体主义原则从来也不否认个人的自由和发展，共产主义者并不像人们想象的那样，"是要为了'普遍的'、肯牺牲自己的人而扬弃'私人'"，"共产主义者不向人们提出道德上的要求，例如你们应该彼此互爱呀，不要做利己主义

---

① 《马克思恩格斯全集》第20卷，人民出版社1971年版，第308页。
② 《马克思恩格斯全集》第42卷，人民出版社1979年版，第123页。

者呀等等；相反，他们清楚地知道，无论利己主义还是自我牺牲，都是一定条件下个人自我实现的一种必要形式"。① 集体主义主张的是，实现个人与集体、个人与社会真正的和谐统一：整个社会的协调发展为个人的发展提供了条件，而个人的发展反过来又成为社会和谐发展的力量源泉；集体繁荣着个性、创造着自由个性，而个性的繁荣和发展也必然导致集体性的深化和发展。集体主义原则强调的正是在社会主义和共产主义条件下，社会集体利益和个人利益的统一，要求自觉地处理好两者关系，实现两者的结合，以促进社会事业的发展，实现人民的利益和幸福，实现人的彻底解放和全面发展。这是在肯定个人进取、个性发展、个人利益等的基础上，对以往道德积极地扬弃和辩证地否定。

毫无疑问，这种共产主义道德也根本不同于极端个人主义。第一次完整提出共产主义的马克思、恩格斯从来就像重视整个人类社会一样重视个人的价值、地位和发展，在他们看来，未来的社会将是这样的一个社会，"在那里，每个人的自由发展是一切人的自由发展的条件"②，同时，他们又强调只有在集体中才能有个人的自由，一个人的发展取决于和他直接或间接进行交往的其他一切人的发展。而极端个人主义则主张一切都要以自我为中心，完全否定一切社会和他人的存在和价值，甚至把他人和社会视为敌人、坟墓，实际也就割断了个人与整个外部世界的联系，把人从与外部的广泛全面的联系中再又拉回到封闭的狭小天地里，使人失去了全面自由发展自己的前提和条件。因此，当这种道德观念鼓吹为了达到和实现一己的私欲，可以不择手段，不顾一切法律和道德约束时，却在事实上把人禁锢在某种欲望的实现和满足中，从而不仅不能使人作为一个完整的人占有自己的全面本质，获得自由而全面的发展，相反却使人由于只在一种规定性上生产自己，而丧失了个性的全面实现，依然受某种异己的外在力量的奴役。例如，在前一时期的现实生活中，有相当一部分人把整个生活的需要和人生追求都压缩到物质欲望的满足中，甚至抛开任何道德的考虑，不择手段地损人利己、损公肥

---

① 《马克思恩格斯全集》第 3 卷，人民出版社 1960 年版，第 275 页。
② 《马克思恩格斯全集》第 39 卷，人民出版社 1974 年版，第 189 页。

私。他们以为这就是个人"自我价值"的实现,实际上,这样做恰恰使人丧失了真正作为人的"自我价值",重新沦为金钱和其他物质力量的奴隶。共产主义道德和极端个人主义的根本区别就在于,前者是建立在社会与个人相统一基础上的,而后者则是建立在社会与个人相对立,并企图以个人利益取代社会利益来解决这个矛盾基础上的。因此,极端个人主义主张不惜牺牲任何社会和他人利益来满足一己私欲的思想、行为,在共产主义道德体系中,必然要受到道德和舆论的谴责。

当然,要在全社会普遍实行这样的共产主义道德,使之成为社会每一个成员的自觉行动,尚需一个相当长的历史发展过程。目前,我国的社会主义还处在商品经济有待进一步发展的阶段,还处于人类社会的第二大形态,处于人对物的依附时期,劳动还不能由单纯的谋生手段变为生命的第一需要,从事某种职业,也还不可能马上成为社会全体成员的自由选择,人在物的力量面前还不能马上实现自己个性的独立性。由于受到生产力发展水平的限制,个人尚没有足够自由支配的时间,因而还不可能像共产主义社会那样自由而全面地表现自己、发展自己。尤其是像我国这样一个经济还不发达的国家,有限的物质生活资料尚不能充分满足每一个人的一切需要,人们对付自然灾害和其他突发事变的能力还受到一定的限制。因此,为了合理地利用物质资源以加快社会主义经济建设,为保证大多数人民利益的实现,就仍然需要人们以维护集体利益为己任,自觉地发扬自我牺牲的奉献精神。

社会主义作为共产主义的初级阶段,已经处于彻底解放人的个性、才能,使人成为自己生活的真正主人这个历史进程的起点。而以完成这一历史进程,建设共产主义为己任的现代无产阶级,其历史使命就是解放全人类,并且只有解放全人类,无产阶级自己才能获得解放。这个解放就意味着让人类的每一个人都能成为社会生活的自觉自由的主体,获得全面而自由地发展自己的机会,从而使每个人的自我价值都能够得到充分实现。因此,无论从无产阶级自身利益来看,还是从他们担负的历史使命来看,取得国家政权且已建成社会主义的无产阶级,在进一步为建成共产主义创造物质、精神条件时,完全应该也可能把这种体现着社会与个人的统一的共产主义道德作为自己道德建设的奋斗目标，加以提倡和发扬，并通过这种道德的实践，逐步消除人对物的依附性，为实现更高程度的"自由个性"和完善集体而努力。

三

正确认识和科学把握人及其同社会的辩证关系，这是马克思主义创始人把社会与个人的统一作为共产主义道德最高价值取向的哲学基础。

社会性无疑是人的最重要的本质特征之一。"人的本质并不是单个人所固有的抽象物。在其现实性上，它是一切社会关系的总和。"[1] 对这个问题，在人类思想史上还没有人像马克思予以这样足够的重视，更没有人像马克思做出这样全面、准确而又深切的科学表述。但是，马克思主义在人的问题上的真正贡献，不只在于对人的社会性予以了足够的承认和高度的重视，更重要的还在于它第一次揭示了这种社会性的实践性的基础，即第一次揭示出这样一个事实：社会及由此形成的人的社会属性都是在人自身的实践活动中产生和发展起来的。

在马克思主义看来，人是认识和实践的主体，同时也是价值的主体，因而也是社会的主体。对人说来，社会同自然一样，只不过是他赖以生存和发展而须臾离开不得的前提和条件，是他的同其他一些人构成的多层次关系的生存环境。人离不开社会，并不意味着社会对人的绝对支配性，也不意味着人对社会的无条件从属性。事实上，一方面人离不开社会，另一方面社会也同样离不开人，从人类发展的整个历史过程来看，在人同社会的关系中，人处于决定的地位。

首先，社会是由人本身创造的，人的劳动创造了社会。人是世界一切生物中"最不会满足"，也"最不安分守己"的生物。然而正是这种特性，成了人改造自然、改造社会的原动力。如果说，社会是一个不断运动变化、发展的有机体的话，那么，推动这种发展、

---

[1] 《马克思恩格斯选集》第1卷，人民出版社1972年版，第18页。

变化的力量就是人本身。离开了人，离开了人的历史主动性和创造性的发挥，社会只能是死寂的、泯灭了生活的、毫无生机的僵化存在。

可见，"任何人类历史的第一个前提无疑是有生命的个人的存在"①，所以，在人同社会的关系中，归根到底是人创造了社会，推动了社会的进步与发展。所以，理所当然人应该是社会的主人，而不是社会是人的主人，应该是人驾驭控制着社会，使之服从于人的意志，而不是社会驱使着人、支配着人的意志和行动。所以，社会应该是人实现其价值、获得自由而全面发展的环境和条件，而不是某种异己的，与人相对立的强制的统治力量。只有这样的社会，才是真正健康的、具有旺盛生命力的社会。

据此，马克思曾将与"社会"概念具有同等意义的"集体"分为真正的和虚幻的、冒充的两种。马克思指出，所谓真正的集体，就是承认个性和个人自由，个人作为个人参加整体，从而使个体充满生机和活力的集体。在真实的集体中，个人在自己的联合中并通过这种联合获得了自由，个人不再被强制地限制在一定范围内，而是可以在一切领域、一切范围获得自由全面发展其才能的手段。只有在这样的集体中，才能真正做到集体繁荣个性、创造自由个性，而个性的繁荣和发展又必然导致集体的深化和发展。马克思同时指出，在迄今为止的社会里，由于人们对自然的狭隘关系制约着他们之间的狭隘关系，由于社会分工和人们的共同活动本身不是自觉的，而是自发的，由于人们之间的关系不是平等的，而是等级的，因此，本来是人自身的联合力量，却成了某种异己的、在他们之外的权力，一种统治着人们的、不受人们控制的、与人们愿望背道而驰并把人们的打算化为乌有的物质力量。在这种力量驱使下，每个人的活动都被命定地、强制地限制在一定范围内，"他不能超出这个范围：他是一个猎人、渔夫或牧人，或者是一个批判的批判者，只要他不想失去生活资料，他就始终应该是这样的人"②。作为反映这种社会现实要求的意识形态之一的道德，当然也就不可能有个人自由与群体

---

① 《马克思恩格斯全集》第3卷，人民出版社1960年版，第23页。
② 《马克思恩格斯全集》第3卷，人民出版社1960年版，第37页。

发展相统一的价值取向和价值标准。

不过，这种以过去国家、组织等形式出现的束缚和限制个人自由的冒充的集体，仅仅是人类历史发展低级阶段才有的现象，随着以现代科学技术为基础的社会生产方式的出现，将人从与自然的狭隘关系中解放出来，随着人类社会进步到今天的水平，用"每一个人的自由的发展是社会所有人自由发展的前提"的真实集体代替这种虚幻的冒充的集体，已经作为必须而且能够完成的任务，摆在整个人类面前。在现代，物的关系对个人的统治、偶然性对个性的压抑，已具有最尖锐最普遍的形式，这样就给现有的个人提出了十分明确的任务，确立个人对偶然性和关系的统治，以之代替关系和偶然性对个人的统治。"这个由现代关系提出的任务和按共产主义原则组织社会的任务是一致的。"① 这一历史性任务的性质决定了提倡和实行社会与个人相统一的道德原则，必然是与社会化大生产直接联系的现代无产阶级及其政党在完成自己历史使命的题中应有之义。

（原载《社会科学战线》1990 年第 4 期，与陈晓明合撰）

---

① 《马克思恩格斯全集》第 3 卷，人民出版社 1960 年版，第 515 页。

集体主义抹杀了人的个性吗？

社会主义集体主义，是社会主义一代新人的品德核心，是调节社会主义社会人际关系的重要"调节器"。但近几年来，由于受各种错误思潮的影响，有人认为集体主义只重集体利益，忽视个人正当利益，否定和抹杀了人的个性；相反，只有个人主义才承认个人的价值，尊重人的个性及其自由发展。因而主张要为个人主义正名，并企图用个人主义来代替集体主义，这就从理论上提出了一个尖锐的问题：究竟是集体主义还是个人主义抹杀了人的个性？对此，有必要明辨是非。

应该承认，在过去一个相当长的时间里，由于受极"左"思潮的影响，无论在理论宣传上，还是在实际工作中，确实有过把集体主义看作一种以完全牺牲个人和个性为价值取向的道德原则，特别是在"十年内乱"中，更是片面地把人们对实现正当的个人利益的追求说成资产阶级个人主义，把要求发展个性、恰当表现和显示自我价值的行为都说成个人英雄主义，而加以批判。然而，这种集体主义并不是科学的社会主义集体主义，而是种从根本上背离了社会主义集体主义原则的、虚幻的集体主义。

所谓集体主义，是一种强调个人应该从属于社会利益、个人利益应当从属于社会利益、个人利益应当从属于民族、阶级和国家利益的理论和精神。但它并没有无视个人利益的存在，更不主张抹杀人的个性及其发展。第一次科学地揭示集体主义原则的马克思、恩格斯从来就像重视整个人类社会一样重视个人的价值、地位，重视人的个性及其发展。他们赞赏那种"建立在个人全面发展和他们的社会生产能力成为他们的社会财富"基础上的"自由个性"，并把这种"自由个性"的实现看作现代人类的斗争目标。

其实，集体主义和个人主义的根本对立，并不在于是否肯定人的个性及其完善和发展，而是在于社会主义集体主义主张和追求实现的是每一个人无一例外的全面而自由地发展，是全体社会成员的各个个体的完善。同时，集体主义认定，个人与集体是休戚相关的。个性的完善离不开集体的发展，个人利益的实现也离不开集体共同利益的实现，而个人主义则是把个别人的自我利益和个性完善放在至高的地位，甚至不惜损害他人的利益来实现其个人的享受、个人的利益和所谓"个性的完善"。正是这一根本对立决定了抹杀人的个性的，是资产阶级个人主义，而不是社会主义集体主义。

马克思主义认为，一个人的发展取决于和他直接或间接进行交往的其他一切人的发展。由于社会主义集体主义重视的是社会全体成员的个性存在和完善，因而也就为人的个性的自由完善和发展创造了坚实的基础和条件；由于集体主义主张的是在消灭了阶级差别和对立基础上的个性发展，是在真正平等条件下实现的个性完善，这不仅消除了人们之间的等级隔阂，而且也就突破了由于地域、民族、国家造成的局限，从而使人的个性发挥和发展获得更加广阔的空间和时间；还由于集体主义要求的是人们之间的团结互助，有利于形成相互尊重、相互关心、相互帮助的新型的人际关系，造成和谐协调、健康向上的社会氛围和人际环境。这是个性完善、发展必不可少的条件。

相反，个人主义主张的却是一切都要以自我为中心完全否定了其他一切人的存在和价值，甚至把一切其他人都视为"敌人""坟墓"，这实际上就割断了个人与整个外部世界的联系，把人从与外部的广泛全面的联系中再拉回到封闭的狭小天地，从而使人失去全面自由发展自己的前提和条件。而且个人主义鼓吹为了达到和实现一己的私欲可以不择手段，这就使奉这种道德原则为圭臬的社会，必然充斥着尔虞我诈、弱肉强食的行径。很难设想，当一个人整日陷于防范他人、算计他人、坑害他人的心理旋涡中时，还会有精力和时间去完善和发展自己的个性。

事实也正是如此，前几年有些人把整个生活的需要和人生追求都压缩到物质欲望的满足中，甚至抛开任何道德的考虑，不择手段地损人利己、损公肥私。他们以为这就是个人"自我价值"的实现，就是个性的充分自由和完善。殊不知，一个人越是陷于物质的生物性欲望的追求中，越是会丧失真正的人的个性和"自我价值"，重新沦为金钱和其他物质力量的附庸，只能变得"愚蠢而片面"。马克思说，在特别推崇个人主义的资本主义社会，只有资本有独立性和个性，活动着的个人却没有独立性和个性，并称那些自以为获得充分个性自由的资本家不过是人格化的资本，原因正在于此。

(原载《新华日报》1991 年 3 月 18 日)

谈人生态度

人生是美好的，但完美和幸福的人生总是在不断地追求和奋斗中实现的。因为，美好的人生不可能是一帆风顺的，在人生旅途中随着社会生活条件和环境的不断变化，以及人际关系的不断变化和发展，人们的生活必然有欢乐也有忧愁，有希望也有失望，有光明也有黑暗。然而，要使人生充满欢乐、希望和光明，就要以积极的人生态度正确解决诸如人的生与死、荣誉与耻辱、顺境与逆境、失败与成功、命运与机遇的人生矛盾。也只有在此基础上，生命的价值才能体现，复杂多变的人生也才能光彩夺目。

一　正确地认识生和死

生与死是生命的自然规律，是人生客观的必然过程。对于每一个人来说，生命只有一次，而且是有限的。对于这一有限的生命来说，每一个人的生存意义都各不相同，有的甚至截然相反，有的人"生的伟大，死的光荣"，虽死犹生；有的人贪生怕死，苟且偷生，虽生犹死。因此，正确对待生与死，这是避免糊涂混世和贪生怕死的前提条件。

（一）生与死的概念

生与死是两个既对立又统一的概念。所谓生，指的是人的生命的开始和生命活动的存在。并且，由于人之所以为人，是在于人是社会的人，每一个作为个体存在的人，都是整个人类机体上的一个细胞，离开了社会、人类，人也就无法被理解为人。所以，人的生，同时还特指生命的价值和人生意义。所谓死，指的是人的生命的结束和人之生的价值和存在的意义的失去。

　　从以上生与死的意义，可以看到，它们的区别是十分明显的，而且对于人的生和死来说，是有严格的界限的。不过，生与死是相互联系、相互依赖的。人的生命历程本身就是由生与死的矛盾运动构成的，没有生就谈不上死，没有死就无所谓生，两者相辅相成，生物学上也早已证明，在生命运动的新陈代谢过程中，一部分新细胞的产生，意味着一部分老细胞的灭亡；一部分老细胞的灭亡，标志着一部分新细胞的形成。就人类社会的发展过程看，人类的不断延续和繁荣，是在人的死生交替过程中一代续承一代，每代有所创造，有所发展过程中完成的。因此，生死虽有区别，却又是统一的。

　　生和死的相互统一，还表现在对社会意义的理解中。我国古代思想家认为，"君子曰终，小人曰死"，"君子息焉，小人休焉"，其中就包含了生死转化的道理。在这些思想家看来，他们认为的所谓君子之卒，是终而不是死，是息而不是休，这是为什么？无非在荀子看来，君子之卒，不过是活动停止而已，不过是肉体消亡而已，而其活动的影响并未因此就断绝了。如果后人能像孔子所说的那样"民到于今受其赐"（《论语·宪问》），那么肉体虽死其实仍不死，又为"生"了；否则，如果一个人像孔子所说"岂若匹夫匹妇之为谅也，自经于沟渎而莫之知也"（《论语·宪问》）。便是死而又朽了。这里，表明了生死相互转化，且需要有一定的条件。这一条件，在孟子看来，即为"君子创业垂统，为可继也"（《孟子·梁惠王下》）。也就是说，君子为社会创立了不朽的业绩，并且流芳百世，可谓"名传于世上与日月并存"，一直鼓舞与影响着后人，那么，即便身子已死，仍获得了不朽的永生。中国古代先哲们的这些论述，虽然他们看问题的立场和出发点是不正确的，但这些思想无疑是有一定道理的。我国著名诗人臧克家在纪念鲁迅的诗《有的人》中说："有的人活着，他已经死了；有的人死了，他还活着。"前一种人，苟且偷生，没人生追求，更谈不上人生价值，浑浑噩噩地活在世上，像动物一样仅仅是自然生命存在而已，就完美意义上的人而言，这样的人虽生犹死，寿命再长也毫无意义。后一种人，有着崇高的人生理想，有坚持不懈的奋斗精神，为社会的发展创下了不朽的业绩，为后人留下了宝贵的物质和精神遗产，激励着千百万人的斗志，这样的人虽死犹生，他的精神永存，他永远活在人们的心中。古往今来，有多少仁人志士、革命烈士、科学家、文学家等，正是这样的人。年仅十五岁的刘胡兰，面对刽子手的铡刀而怒斥劝降的叛徒："我的骨头没那么贱，没什么可说的！""怕死不当共产党员！"高呼"中国共产党万岁！"，英勇就义。她的生命虽然短暂，但"生的伟大，死的光荣。"当代青年学生的楷模张华，为救老农牺牲了年轻的生命，实现了他崇高的志愿："我们的肉体是可以腐朽的，但我们的理想却可以穿过时间的限制，在历史的原野上奔驰的个人的理想生命，比他的躯壳的生命更长、更宝贵。"刘胡兰坚贞不屈和张华舍己救人的精神，像许许多多优秀人物的精神一样，变成了新一代生存的营养，使他们感到生命的美好和宝贵，激励着他们为人类美好的未来而奋斗。所以刘胡兰、张华永垂不朽，他们永远活在人们的心中。

（二）历史上剥削阶级的生死观

怎样对待生和死的问题，历史上的剥削阶级总是从本阶级利益出发来解释和宣传生死问题，在思想发展史上产生了相当重要的影响。剥削阶级的生死观，思想比较复杂，归纳起来主要有四种类型。

1. 利己和享乐主义的生死观

这种生死观认为生要富贵、享乐，死要全寿。因此贪生怕死，梦想长生不老，或炼丹寻药，或求神拜佛，当求之不得时，就哀叹人生之短暂，发出"人生如朝露，行乐须及时"的悲鸣。更有甚者，奴隶主阶级不仅在世时今朝有酒今朝醉，荒淫无度，而且死后还用大量奴隶和财宝陪葬，幻想死后继续享乐。这种生死观的核心就是人生为吃喝玩乐，人生的目的和意义就是寻欢作乐，满足生理本能的需要，以达到肉体的快乐，即所谓"人生在世，吃穿二字"。我国战国时期魏国人杨朱就是这种享乐哲学的倡导者。他在《列子·杨朱》篇中说："人之生也奚为哉？奚乐哉？为美厚尔，为声色尔。"也就是说，人活在世上就是要享受口、腹、耳、目的快乐，恣情纵欲，及时行乐。他还认为人生有限，总免不了一死，即所谓"十年亦死，百年亦死；仁圣亦死，凶愚亦死"，人死后则是白骨一堆，因而人生唯一的价值就是要追求享乐。这一享乐主义的人生哲学成为剥削阶级剥削劳动人民的依据。在欧洲，这种生死观其历史很悠久，影响也很广泛。从文艺复兴时期的人文主义到近代的功利主义，都将追求享乐作为人生的目的。十七世纪、十八世纪的启蒙思想家，机械唯物主义者将"利己"与"趋乐避苦"看作人本能的要求，将个人的欲望的满足看成推动社会进步的动力。霍布斯提出"人对人是狼"，宣扬利己主义。爱尔维修则认为："人从生下来第一天起直到死去的那天为止，指导人类行动的唯一动力就是自私心。"① 费尔巴哈说得更为赤裸裸了，他认为："人的本分责成克己吗？何其愚蠢！人的本分责成享乐。"② 当然，这种利己享乐主义的生死观在历史上对于反对禁欲主义这点还有一点可取之处，但是这种生死观却不懂得人们生活的社会本质，是极其错误的生死观。

2. 悲观厌世的生死观

这种生死观在剥削阶级处于没落时期表现得尤为明显。在这一时期，这种生死观同享乐主义的生死观往往如同孪生兄弟一样同时并存相依为命。

这种生死观认为，人生无价值可言，也没有任何积极的目的和意义可以求索，浮生若噩梦一般，世间皆是痛苦，人活着总是受罪，因此要逃避现实，超世脱俗，直至厌世轻生，不惜自杀以达到人生的"涅槃"境界，从此脱离这人生的苦海。

在我国，首倡这种生死观的是先秦时期的老子与庄子，尤以庄子宣扬"死"的人生哲学为甚！老子主张少私寡欲，知足不争，以达"无我"的境界，他还认为，人所以有大患，是因为人有肉体存在，否则，也就没有忧患了，因而主张消极逃避。庄子在《至乐》中认为："人之生也，与忧俱生，寿者惛惛，久忧不死，何苦也！"他甚至歌颂死亡，以为世间如此多的苦恼与忧患，都是人生之累，死则可以解脱这些苦痛。他还以为，人所以不自由，是由于人有欲望和肉体存在，因而人要做到"无待""无己"就自由了。我国近代资产阶级学者王国维也曾宣扬过这种生死观，他认为人生就是生活、欲望与痛苦三者的结合，人生如同钟摆一样，实际上是往复于

---

① 葛力：《十八世纪法国哲学》，商务印书馆1991年版，第49页。
② 《费尔巴哈哲学著作选集》上卷，商务印书馆1959年版，第231页。

痛苦及厌倦之间的，人的欲望无满足之时，因而生活的性质是痛苦的，知识越广，所欲越多，痛苦也越甚！王国维最终自沉于昆明湖，不能不说与他的生死观有关系。

在欧洲，这种生死观早在古希腊崩溃时期就已存在，当时就有人提出了"唯死可以脱人于苦，故生不如死"的观点。十九世纪德国消极浪漫派诗人维尼，在《一个诗人的日记》中写道："人生是一座监牢，我们一个接着一个从那儿出发，向死亡走去。不要指望在路上可以找到漫步的场所，或者看到一朵鲜花"，在他看来，人生就是苦难。近代德国唯心主义哲学家叔本华则是这一生死观的主要代表人物。他认为悲观是人的本质，人生除痛苦以外没有什么其他目的，不幸与痛苦是人生的一个普遍法则。人的生存意志与欲望是一切斗争与罪恶、痛苦的根源。人来到这个世界上，就要受苦受难，直到死而后已。人要解脱苦难，只有忘却生存意志，抛弃一切尘世浮华，沉浸于寂灭中，甚至当生命、生活的困苦达到了顶点时，可采取自杀的手段，终此生活，结束生命，从而进入了人生的"涅槃"境界。这种生死观忽视乃至否认了人生的积极意义。

3. 宗教生死观

这种生死观认为，生与死皆是上帝或神的安排，将生命的历程看成人在尘世受苦赎罪以求来世进入天堂佛国的过程。基督教提出的"原罪说"和"赎罪说"，佛教提出的"因果报因""生死轮回"和"三世说"等，就是这一生死观的具体表述。在这种生死观看来，一个人的富贵贫贱、命运好歹，都是上帝或神根据每个人的前世行为安排的，也就是所谓的"生死有命，富贵在天"。它要人们相信"来世"的存在，前世积善行德，今世则享受富贵荣华；前世为非作歹，今世则饱尝苦难和惩罚，因此，人在世时，要逆来顺受，清心寡欲，要学会"克己"，甘于受罪受难，超世脱俗，以期在天堂里超度，享受来世生活的快乐。这种生死观是对人生虚幻和迷茫的一种表达。

4. 名利、权力生死观

这种生死观认为，人生就是为了名利、权力，人活着，就是要追逐和聚敛金钱，追求名誉、地位与权力，这是人生的一大乐趣和目的。这种生死观奉行"人不为己，天诛地灭"的生活信条，将

"人为财死，鸟为食亡"，"虎死留皮，雁过留声"和权力就是一切，掌握权力是人生的唯一目的作为对人为何而生又为何而死的共同回答，拼命追名逐利、不择手段地剥削、掠夺，以征服与统治别人乃至世界为快乐。历史上对这种生死观有各种表述，比如，清朝皇帝乾隆下江南时，看到运河上船来人往，问左右大臣、侍卫："他们在忙些什么？"答曰："无非名利二字。"又如，十九世纪法国小说家司汤达在《一个旅行者的随笔》中写道："人生头等的快乐是权力"，等等。这些就形象地说明了这种生死观的内容。这种生死观是个人欲望极端的反映。

（三）树立正确的生死观，让生命永远发光

历史上剥削阶级的生死观，尽管有些思想有一定的历史意义，但在现实生活中已失去了它们存在的根基。因此一部分旧生死观残余已成为腐朽颓废的思想，可是还在腐蚀着青年一代的思想。如有的学生说："人活着就是要让个人和家庭生活得好"，"我为满足我和家庭的欲望而活着"。还有的甚至说："有权、有钱、有地位、有名誉是人生最大快乐。"一些青年学生，受悲观厌世的生死观的影响也较深。有一位学生说："人生祸福变幻莫测，看破红尘，我行我素，人生总归是一场悲剧。"还有一位是这样说："现实世界到处都是尔虞我诈，死最清静、最幸福，什么烦恼也没有。"以上这些都说明，迫切需要引导青年学生确立正确的生死观。

1. 生有价值，生的伟大

作为一个有作为的青年人来说，首先要热爱生命，反对厌世轻生。人总是爱惜自己生命的，这不仅出于本能，而且生命对每个人来说只有一次，且是有限的，因而也是极其宝贵的。因为生命的存在才有人类的存在和发展，而且，一个人在有限的生命里要实现自己的理想，为社会作出应有的贡献，就必须珍惜生命。要反对厌世轻生的态度。就是在生活道路上碰到挫折，甚至是意想不到的打击，也要有勇气活下去。在困难、挫折、打击面前有勇气的人，本身就体现了生存的价值，如能以自己的力所能及为社会服务，那更能显示生存的崇高价值。被称为当代保尔的张海迪身患高位截瘫，但她没有屈服，以顽强毅力不仅坚持活下来，而且为社会、为人民贡献

出了全部精力，因此张海迪的人生是光辉灿烂的。

其次，要热爱生活，创造生活。生命的价值就在于劳动创造。历史唯物主义告诉我们，人之所以为人，人的生命的生存和发展，是由于社会的存在，是社会给每一个人创造了生存的条件和环境，因此，作为一个真正的人，必须为社会的继续发展"注入"自身应有的力量，否则，就失去了做人的资格，换句话说，这样的人如同动物，不是人。

劳动创造要学好科学文化知识，掌握过硬的本领。同时要竭尽全力参加社会主义建设，为社会创造越来越多的物质财富和精神财富。而且，只要社会需要，干一行就要爱一行，哪怕是个体经营者也是社会主义的创造者、劳动者，只要为社会的进步和人民的幸福，为创造更美好的生活作出了贡献，就是一个高尚的人、有价值的人。

2. 死有意义，死的光荣

人生自古谁无死？这是自然规律，一个人最终是要去与死神相会的，那么，如何对待死？正确的回答是，死要死得有意义，反对贪生怕死。

要做到死得有意义，从根本上来说，那就是要勇于为人民和革命事业，为共产主义理想而贡献自己的一切。在现阶段，就是要将个人的理想、前途乃至生命与祖国的现代化事业结合起来。

无产阶级提倡珍惜生命、热爱生活，绝非"保命哲学"。真正的革命者是视死如归的。如果革命事业需要人们去献身，死的意义比生的意义更重大时，死又何所惧？这不仅是无产阶级生死观的要求，就是剥削阶级中的一些有识之士也有不少为追求自己的理想而"杀身成仁、舍生取义"的。所有那些为人类社会的进步，为坚持科学和真理而英勇献身的人，其死重于泰山，死得有意义，这也正是无产阶级的生死观将集体主义置于核心地位，将人民的利益和革命的利益放在第一位，个人利益要服从革命利益的要求。对此，著名作家巴金在散文《生》中曾写道："'生'的确是美丽的，乐'生'是人的本分。前面那些杀身成仁的志士勇敢地戴上荆棘的王冠，将生命视作敝屣，他们并非对于生已感到厌倦，相反的，他们倒是乐生的人。……他们是为了保持'生'的美丽，维持多数人的生存，而毅然献出自己的生命的。这样深的爱！甚至那躯壳化为泥土，这爱也还笼罩世间，跟着太阳和明星永久闪耀。这是'生'的美丽之最高的体现。"确实，为了保持生的美丽，为了保卫祖国广大人民的"生"，为了革命的利益，这样的死有意义，这才叫死得其所，这才叫死如秋叶之静美。董存瑞、黄继光、老山前线的许多英烈，为祖国和革命的事业献身了，这样的死具有悲壮的美，这样的死意义十分伟大、十分光荣，他们的精神，永存人间！

在社会主义现实生活中，生与死的考验也是经常的。那些为保卫国家财产、为拯救落水儿童而献身的烈士们，那些为维护社会的治安与歹徒做斗争以及为坚持科学、真理而献身的英雄们，就是在和平环境中，在我们的周围的现实生活中，坚持无产阶级生死观的榜样，他们死得有价值，人们永远怀念他们。

为做到死有意义，死的光荣，让我们记住李大钊的一段话："人生的目的，在发展自己的生命，可是也有为发展生命必须牺牲生命的时候。因为平凡的发展，有时不如壮烈的牺牲足以延长生命的音响和光华。绝美的风景，多在奇险的山川。绝壮的音乐，多是悲凉的韵调。高尚的生活，常在壮烈的牺牲中。"[1]

二　科学地理解荣誉与耻辱

荣誉是一个闪闪发光的字眼，它像一块巨大的磁铁，吸引着人们去努力奋斗。但是，什么是荣誉？什么是耻辱？不同的阶级有着不同的回答；不同的人有不同的理解。回答和理解不同，直接影响着人生的态度。因此，正确地理解和对待荣与辱，是人生之一大课题。

（一）荣誉和耻辱的概念

所谓荣誉，是指一个人的行为得到社会的赏识和赞扬，从而使其内心所产生的获得感、尊严感和荣耀感。

所谓耻辱，指的是人的某种行为为人们所反感和厌恶，受到他人或社会舆论的谴责，从而在个人内心深处所产生的羞愧感。

---

[1] 许德珩：《回忆李大钊》，人民出版社1980年版，第22页。

在社会生活中，荣誉和耻辱一般都有确定的内容，荣就是荣，辱就是辱，两者不能混淆，在社会主义两个文明建设中，我们必须旗帜鲜明地宣传和表彰光荣的行为，并坚决反对和打击阻碍甚至破坏社会主义建设的可耻行为。同时在现实生活中，更不能荣辱颠倒，否则，伦理生活将伤风败俗，社会将不得安宁。诚实的人们也会无所适从、无法生活。

当然，荣与辱在一定社会历史条件下也是统一的。一方面，荣与辱互相依存，有荣才有辱，有辱才有荣。应该承认，在现实生活中，荣辱是共在的，我们绝不能一看到社会上一些不光彩现象，就觉得不可理解，其实社会是复杂的，生活中总会有一些可耻行为出现。当然，在社会主义的今天，确认劳动光荣，绝大多数劳动人民是光荣的，无耻之徒仅仅是一小撮。另一方面，荣与辱是相互转化的，假如一个人取得一定荣誉后，沾沾自喜，骄傲自满，躺在功劳簿上睡大觉，不要说日后有可能出现可耻行为，就骄傲自满的本身也是可耻的。这就是所谓的荣誉转化为耻辱。同时，假如一个国家或民族，由于外敌入侵，可能蒙受耻辱；一个人，也可能受到命运的不公正待遇或者因为自己的过失或犯罪而处于耻辱之境。面对耻辱，有的人能忍辱负重，自强不息，成为化辱为荣的强者。

（二）历史上的荣辱观

在人类社会的发展过程中，由于各阶层人的社会生活条件不同，阶级利益不同，因此出现了各种不同的荣辱观。

在原始社会，生产力水平极低，人们只有共同劳动、共同享受才能维持生活。所以，诚实劳动、互相帮助、团结一致抵御外来袭击，是最荣耀的事情。

当人类进入阶级社会后，带有阶级烙印的荣誉观念取代了统一的原始社会的荣辱观念。那时，"每个社会集团都有它自己的荣辱观"[1]。在奴隶社会奴隶主阶级所理解的荣誉，是他们的身份和特权，特别是以拥有奴隶的多少来衡量名声和荣耀。为了维护奴隶主的利益，巩固奴隶主阶级的统治，他们还把保卫奴隶主国家而表现

---

[1] 《马克思恩格斯全集》第39卷，人民出版社1974年版，第251页。

的勇敢，推崇为最高的社会荣誉，认为在困难中完成对国家的义务，就是伟大和光荣，在战场上"保持自己的岗位而战死比屈服而逃生更为光荣"。"他们生命的顶点，也是光荣的顶点。"①

对于封建贵族和地主阶级来说，等级、权势和门第，就是他们的尊严和荣耀，他们不仅认为把自己同没有财产的平民和农民相比是一种耻辱，而且认为同没有权势和门第的商人、资产者相比，也是一种耻辱。中世纪或封建社会的等级特权的荣誉感，几乎达到了神化的地步，以至于有荣誉者死后的墓地，都成为世代朝拜的"圣地"。中国封建社会的知识分子则把中举做官看作最大的荣誉，不仅可以抬高自己的身价，而且可以光宗耀祖、流芳百世。《儒林外史》中的范进考到头发白了才中举，兴奋极了以致发病，正是此荣誉观的表现。

随着资本主义的发展，随着资产阶级在政治上的日益强大，荣辱观的内涵也在不断地发生着变化。由于资产阶级对"一切生活关系都以能否赚钱来衡量"②，所以荣誉也就归结为金钱，金钱确定人的价值，谁有钱，谁就有荣誉，谁的钱越多，谁的荣誉就越大。尽管资产阶级标榜人与人自由平等，批判封建社会的等级荣誉，并咒骂封建贵族是过着寄生生活的人，但他们仍然把工人、农民看作卑贱的、应当受到蔑视的低等人，在资产阶级看来，工人和他的厂房里的机器一样，只是工人能开口罢了，资产阶级反对封建特权，但在资本主义社会里，尊荣仍然是跟特权相联系的。

可见，特权和财富是剥削阶级的旧荣辱观的基础，谁没有特权和财富，谁就没有荣誉。所以旧荣辱观是私有制基础上产生的，它的主要特点是把个人的利益放在社会利益之上，剥削阶级是不从事劳动生产而占有他人劳动成果的寄生阶级，因而他们从来不把从事劳动生产看作荣誉，而是耻辱，把奴役、凌辱被剥削阶级看作荣耀的事。法国国王路易十五以他拥有一个国家的特权，可以向全国横征暴敛而感到荣耀。他完全不管人民死活，搞得民怨沸腾，他却说，我死后，哪管洪水滔天。这是封建帝王的荣辱观。

---

① 周辅成：《西方伦理学名著选辑》上卷，商务印书馆1964年版，第43页。
② 《马克思恩格斯全集》第2卷，人民出版社1957年版，第565页。

在历史上，一些进步的思想家和政治家，能比较客观地看待荣辱问题，也一般不赞成把特权、财富与荣誉等同起来。

他们认为治理好一个国家，就必须实行任人唯贤，用什么人，是与如何看荣辱这个问题联系在一起的。汉初贾谊曾提出："贱而好德者尊，贫而有义者荣"（《新语·本行》），以义德为尊荣，不以财富地位为尊荣，这就是为了任人唯贤。东汉末年的思想家王符说："所谓贤人君子者，非必高位厚禄，富贵荣华之谓也。"（《潜夫论·论荣》）意思是说，有些身处高官厚禄，享受富贵荣华的人，不一定是君子，可能是"心行恶"的小人；而有些身处卑下、贫贱地位的人却是"贞节美"的君子。"故君子未必富贵"，"小人未必贫贱"（《潜夫论·论荣》），所以王符得出结论，"宠位不足以尊我，而卑贱不足以卑己"（《潜夫论·论荣》）。荣誉不在门第、势位，而在于"志行"，在于对社会与人民有功。王符的荣誉观与封建特权阶层是不同的，有一定的进步意义。但由于他与统治阶级的荣辱观不一致，为封建制度所不容，他不可能作为评价人们荣辱的标准。

在私有制社会里劳动人民尽管受到剥削阶级荣辱观的影响，但也形成了自己特有的荣辱观。在劳动人民中，那些热爱劳动、勤俭朴实、诚实守信、见义勇为、忠于爱情、为人正直的人，是最受人尊敬，享有荣誉；而把那种不劳而获、欺诈勒索、巧取豪夺、沽名钓誉、谄媚取宠、卖身投靠的人看作卑鄙可耻的。广大人民不喜欢说假话，装腔作势，他们心中都有一架衡量荣辱的天平。历史上最进步的荣辱观是无产阶级的荣辱观。无产阶级及其思想家，批判地继承了历史上劳动人民和一切人类进步的荣辱观，并适应时代要求和在实践的基础上，提出了真正科学的荣辱观。

（三）正确认识和对待无产阶级和劳动人民的荣辱观

无产阶级荣辱观是人类最崇高的荣辱观，它把个人利益融化在社会的集体的利益之中，它的最主要特征是以集体主义为基础。在无产阶级看来，衡量人们荣誉的标准，不是门第、权势、财产，而是对人类进步和解放事业的贡献。叶剑英同志在建国三十周年庆祝大会上的讲话中明确指出，全国每个地区、每个部门、每个单位以至于个人，他们工作的评价和应得的荣辱，都要以现代化建设直接所作的贡献如何作为衡量的标准。谁对四化建设作出了贡献，谁就应该得到荣誉，谁的贡献大，谁就应该得到更多的荣誉，谁在四化建设中不能忠实地履行自己的义务，甚至阻碍四化建设，就必然要受到社会舆论的谴责，那就是最大的耻辱。

无产阶级和劳动人民的荣誉观是代表着历史方向、体现着全社会利益的最高尚荣誉，每一个社会成员都必须正确理解和自觉对待无产阶级和劳动人民的荣誉。

第一，要追求荣誉，并力争获得最崇高的荣誉。这是因为荣誉是人的"第二生命"。为什么说荣誉是人的"第二生命"呢？

一方面，荣誉标志着人的生存价值。爱因斯坦（Albert Einstein）曾说过，生命的意义在于设身处地替人着想，忧他人之忧，乐他人之乐。还说，一个人的价值，应当看他贡献什么，而不应当看他取得什么。的确，人与动物不同，人生就是为了给世界创造价值，否则的话，不要说人类的生存和发展，就是连自身也不能生存。所以一个人对社会的贡献越大，他的荣誉就会越高，他的生存也越有意义。如果说一个人整天只讲吃喝玩乐，毫无贡献，那么，这与一般动物又有什么区别呢？为此，托尔斯泰曾深刻地指出，一切利己的生活，都是非理性的，动物的生活。

另一方面，荣誉使生命永久长存。十八世纪的法国启蒙思想孟德斯鸠曾经表达以下思考即能将自己的生命寄托在他人的记忆中，生命仿佛就加长了一些，光荣是我们获得的新生命，其可珍可贵，实在不下于天赋的生命。大家知道人的生命是有限的，生老病死是自然的规律，但是，如果将自己的生命融化在大众的事业里面，为他人和社会办好事、为祖国立功勋，那么，你就"能将自己的生命寄托在他人记忆中"，赢得一个"可珍可贵"、永久长存的"新生命"。无数革命先烈和模范人物之所以流芳百世，其根本原因就在于他们曾获得了人们给予的崇高的荣誉。

当然，追求荣誉绝不是沽名钓誉，徒有虚名，而是付出艰苦的劳动甚至牺牲的。

第二，要珍惜个人获得的荣誉。一个人得到人民和集体给予的荣誉，内心感到鼓舞和欣慰，这是可以理解的。但对荣誉要加倍珍惜，不能在荣誉面前陶醉，甚至止步不前。珍惜荣誉的一个根本要求,就是要更加主动地争取他人和集体的支持,进一步认真地履行自己的义务。只有这样,荣誉才是真切的、崇高的。中国女排获得的崇高荣誉,不仅在于她们夺得了世界冠军,还在于她们准备为祖国、为人民不断再立新功。

第三,要正确处理好个人荣誉和集体荣誉的关系。个人荣誉和集体荣誉是一致的,个人的奋斗离不开集体的支持。因此,个人的荣誉不仅仅是个人的所有物,也是人民群众和集体的荣誉在个人身上的体现。中国女排在世界锦标赛中一举夺魁,靠的是女排这个小集体的团结战斗,同样也是国内无数无名英雄组成的大集体的力量。

第四,要尊重和维护他人荣誉。人是社会的人,不论干任何事情,都有一个正确处理人与人的关系的问题,荣誉也是一样,不仅要正确对待自己的荣誉,而且还要正确地对待他人的荣誉,不能正确对待他人,就不能正确对待自己,这两者是辩证统一的。

当一个人通过自己的努力,做出了成绩的时候,就应该得到社会的正确评价,得到应有的赞誉,因为他的成绩是客观事实,客观事实就是人们评价的依据,对别人的成绩我们要肯定、表扬、宣传,向他们学习。这样在鼓励先进的同时,使自己有了仿效的榜样,一旦自己做出了成绩,同样得到别人的充分肯定。大家都能在荣誉问题上尊重客观事实,就能在对待自己与对待他人荣誉的问题上达到辩证的统一。但有一些人可不是这样认为,他们看到别人的成绩,特别是获得某一个光荣的称号,就感到不舒服,觉得在人家得到荣誉的同时却给了他耻辱,于是对人的嫉妒之火莫名而生。嫉妒人家的荣誉,在日常生活中还不是少见的,背后贬低诽谤人家,总想在人家的荣誉上涂上一点黑色东西才感到痛快,这种人往往因为嫉妒,在他眼前的生活就会变化多端、暗淡无光,不公平的感觉缠绕着他的心,因被嫉妒而受到诽谤、中伤的人,往往也是非常痛苦的。在我们这个社会里受旧思想影响的人不少,不仅有老年人、中年人,就是一些年轻人也会受到旧思想的毒害,我们要学会尊重别人,正确对待别人的成绩和荣誉,很多伟大人物和科学家们为我们作出了榜样。恩格斯是马克思主义的奠基者之一,但是他总是自称是"第二提琴手",而且拒绝接受"伟大导师"这一当之无愧的称号。

第五,要"知耻为勇"。一个人是难免犯错误的,因此也难免有感到耻辱的时候。但在此时，悔恨痛惜之心不可无，自暴自弃之念不可有。背上思想包袱，在叹息中度日，这是没有勇气改正错误的表现。一个人犯了错误不要紧，关键不在于犯不犯错误，而在于改不改错误。犯了错误有勇气改正，前途还是掌握在自己手里的。对于青年人来说尤其如此，因为人生之路还长着呢。历史上，一个好端端的人犯了错误后不以为耻、反以为荣的毕竟少数，大多数是"知耻为勇"，能从耻辱中汲取改正错误的勇气。英国生物学家谢灵顿是1932年诺贝尔医学奖获得者，可他小时候曾是街头恶少，沾上种种恶习，有段时间，谢灵顿对一个挤奶女工产生了爱慕之心，贸然向她求婚，结果遭到严词拒绝。这位女士说："我宁愿跳到泰晤士河里淹死，也不嫁给你！"受此一辱，谢灵顿清醒了。他悄悄离开伦敦，一改过去恶习，努力攻读，一举成名。所以，古希腊德谟克利特说得好，对可耻的行为的追悔，是对生命的拯救。

因此，作为一个青年人尤其是正在成长过程中的在校学生，不应在错误面前自暴自弃，只要有志气，前途总是光辉灿烂的，照样可以成名成家。

三　认真地对待顺境与逆境

人总是生活在一定的环境中，环境对人的成长和发展起着相当重要的影响。一般说来，好的环境即顺境，如良好的家庭教育和和睦的家庭生活环境、教学质量较高的学校环境、道德风尚较好的居住环境、安定团结的社会环境、和谐的人际关系环境等，是培养青少年的有利条件，青少年在这样的环境中能比较顺利地成长。假如生活在不好的环境即逆境或困境中，一般不利于青少年的成长和发展。

但是，环境好与不好，对青少年成长和发展的影响不是绝对的，因为，一方面环境与人的成长和发展，不光是单向作用，而是互相影响、互相作用的。环境影响人，人可以改造环境，使之为人服务。另一方面，在人和环境的关系中，决定人成长和发展的根本原因还在于人的素质，在于人有没有进取精神。而环境毕竟是外因，有了好的环境，没有进取精神，人也难以成长、成才，假如在不好的环境中能奋发努力，照样能健康成长。

当然，在人们的社会生活中，对待顺境只要有心，就不存在多大的问题。而对待逆境，需要一个正确的认识和处理态度，否则，青少年在逆境中就容易虚度年华，或被逆境吓倒。

（一）逆境是社会生活的一个组成部分

青少年往往把生活想象得非常美好、非常如意，仿佛到处应该是一片光明，毫无阴暗；到处应该是和谐，没有矛盾和挫折。这种天真的想法虽然是可以理解的，但是，社会生活的实际告诉我们，在人生的道路上遇到坎坷曲折，这是不奇怪的。陈毅同志有诗说："应知天地宽，何处无风云？应知山水远，到处有不平。"辩证唯物主义也告诉我们，任何事物的发展都是在矛盾运动过程中完成的，不可能是一帆风顺的。从社会的发展来看，"乌托邦"和"桃花源"式的社会是不存在的，尽管社会主义的道路是光明的、宽广的，但是它必须在与一部分黑暗势力，一些错误思潮，一套旧的生产、生活框框等的斗争中发展。从青少年的成长过程来看，尽管社会主义制度为青少年成长开拓了广阔的前景，但任何人不可能是永远顺利的、时时称心如意的。社会发展过程中遭到的困境或者出现的弊病，往往就是人生的逆境。同时，青少年在成长过程中，人人都会遇到生活的曲折、坎坷。这是因为，在周围各种各样的环境中，有的可能会遇到升学就业的困难，有的会遇到家庭的不和睦乃至破裂，有的会一失足犯错误甚至犯罪，有的家庭困难，有的遭到无端侮辱和打击，有的病魔缠身、身残不便，有的也会遭到突如其来的各种灾害的袭击，甚至会遇到个别当权者的压抑或"小鞋"等。尽管不是每一个青少年都会遇上类似逆境，但不可否认，不顺心的事情、曲折的生活，每一人都会遇到的，仅是遇到的时间、地点、情况不同和困境的大小不同而已。

（二）利用逆境，奋斗成才

逆境对人的成长和发展一般说来是个不利因素，但是，我们可以以自己的聪明才智利用逆境，在逆境中成长。事实上，逆境最能使人明白人生、懂得生活，逆境最能使人懂得怎样做人，逆境也最能促进人加倍奋发,及早成才。因为逆境促使人思考,逆境催促人摆脱,所以它往往会成为一股强动力,推动着生活在逆境中的人奋发进取。翻开历史,我们就会发现,许多名人、伟人的成长,往往总是在同诽谤、挫折、失败甚至牺牲的逆境做坚韧的斗争中度过的。司马迁受宫刑,用了十五年时间写成了《史记》。曹雪芹穷困潦倒,用了十年时间写出了《红楼梦》。马克思在一切反动势力的联合夹击下,用了四十年的时间写出了《资本论》。张海迪在病魔面前,以坚强毅力,不仅活了下来,而且翻译、写作了几部著作。

由此可见,只要我们在逆境中不倒下去,而且能在逆境中奋斗,就会成长得更好,锻炼得更坚强、更有成效。

(三) 正确把握战胜逆境的途径

逆境能造就人才,但这不是说任何人在任何逆境中都能自然成才,这需要做出艰苦的努力。因为人处在困境中,哪有不努力就成才的?总结逆境中成才的人的生活经历,有三点值得我们注意和把握。

第一,要消忧释愁,坚强意志。人在逆境中,难免会有一点忧愁情绪,但不应让忧愁长久地笼罩自己,被忧愁压倒。大凡忧愁过度的人,都是软弱的人,这样的人往往是在逆境中自己折磨自己,甚至自己毁灭自己。逆境中要做生活的强者,要坚强自己的意志,要以顽强的精神扼住自己命运的咽喉,这样就有可能像以上所列举的人物那样,取得比顺境下更引人注目的成果。

第二,要认真分析逆境,在逆境中看到光明。人处在逆境中,不能被动,更不能糊涂,要弄清楚逆境的主客观原因,只有这样,心中才能踏实,前进才有方向。假如逆境是客观原因造成的,就应该看到社会的主流,看到未来社会的光明。假如逆境是主观原因造成的,就应该认真分析一下自己,找到自身的弱点和缺点,同时认清自己还存在的优点和有利条件,扬长避短,刻苦磨炼,经受得住逆境的考验,在逆境中重新做人。

第三,要在逆境中奋发工作学习。逆境中的心情是抑郁的,但发奋地工作学习,不但可以分散和转移忧愁,而且可以把忧愁造成的力量消耗引导到有意义的行动上来。有志的青少年,逆境中工作和学习的劲头更大，而且更能驾驭逆境，甚至成长得更快、更加成熟，尤其在改革开放的今天，青少年更应正确对待生活中遇到的问题和困难，认清形势、努力学习、努力工作，使自己早日成才。

四 理智地处置成功与失败

在社会生活中，人们总希望成功，特别是青少年富于理想，更希望理想都能实现，从不愿意失败，然而，愿望仅仅是愿望而已，在实际生活中，只有成功，没有失败，是不可能的。人们总是在失败中成长、在成功中发展的。所以失败也是生活的一大内容，不要回避失败、害怕失败，要认识和利用失败。

（一）生活总会有失败

在人生的旅途中失败几乎人人都会遇到，只是失败的内容、方式、时间、地点的不同而已，生活和工作中犯了错误是失败；科学家实验中没有成功是失败；高考落榜也是失败，等等。生活中为什么总是会有失败呢？

首先，辩证唯物主义告诉我们，人们在实践和认识过程中，总是要受到主客观条件的限制，这就难免出现差错，发生错误。这是因为一方面，由于社会历史条件的限制，如社会环境不尽人意，往往庸才被重用，有真才实学的人的能力不能充分发挥，工作成就就不能如愿，等等。或者科学技术的条件不能满足工作和实践手段的需要，这在科学实验中表现得比较明显。另一方面，由于事物本身的发展及其表现程度的限制，使得人们在认识事物过程中往往不可能一下子完全正确认识事物的本质及其规律，这就难免会有失败。如，在医学上的疑难病症——艾滋病等，由于认识其本质要有一个过程，所以好多医学实验暂时还不能成功。又如，在当前的经济改革过程中，往往要走一些弯路，要付出相当大的代价，一个根本原因是社会主义的经济规律的揭示要有一个过程。再一方面，人们在认识和实践过程中，还要受到人们立场、观点和方法等条件的制约。人的立场、观点和方法不对，就不可能正确认识事物，就是认识了也往往不能正确应用。而这样，在实践中就难免发生错误，出现失败。在中国现代革命史上和社会主义建设中遭受的挫折和灾难，一个根本原因是来自"左"的和右的思潮的干扰和破坏。中国革命的成功、社会主义建设和革命的胜利，也是由于在不断排除"左"的和右的思潮过程中取得的。有的中学生考不上大学，就消极、气馁，觉得见不得人，没有前途，甚至放松对自己的要求，虚度年华，更有甚者，生活浪荡，以致走上犯罪的道路。这就是思想观点和方法不对头，使自己刚刚开始成长就一败再败。

（二）失败也是有价值的

俗话说，失败是成功之母。生活的实践也告诉我们，没有失败，就没有成功。要想在任何事情上一举成功，作为一种愿望可以理解，但作为现实，那只能是一种幻想。因为成功的后面都有着长时间的社会生活经验，有着数次、数十次乃至数百次的失败的教训。所以失败是成功的台阶，人们只有在失败中才会不断地抛弃旧框框摸索到新方法、新途径，从而不断地向成功靠近。爱迪生如果没有8000多次的失败，就不会有最后一次理想灯丝的发现。生活中往往一件事情的成功，都意味着许多次的失败。所以，爱迪生说得好："失败也是我需要的，它和成功对我一样有价值。只有在我知道一切做好的方法之后，我才能知道做好一件工作的方法是什么。"人生遇到失败，如能接受教训，重新振作精神，朝着理想奋进，照样能创造辉煌的人生。这样的话，前面的失败也不无价值。

（三）正确对待成功与失败

人生都有成功，也有失败。人们希望成功，不想失败。作为一个正常的人都会有这样的心理，这也是事业兴旺发达的思想前提。不过，从上面的论述中我们可以看到，失败尽管不好，但也有价值。成功尽管是人们都喜欢的，但生活的教训也说明了，人们假如不能正确对待成功，那成功前面往往是痛苦和失败。所以，生活中必须认真对待成功和失败。

第一，成功面前不息气。成功是可喜可贺的，但如果在成功面前骄傲自满，忘乎所以，那么，这样的人就不可能认真总结成功的经验，冷静地分析一下还存在的问题。一旦情况变了、条件变了、环境变了，他就有可能原来的经验用不上，潜在的问题在发展，最后成为失败者。有个别的中学毕业生，被录取到高校读书后，愿望实现了，以为可以一劳永逸了，不仅学习上松劲，而且更不注意思想上的修养、改造，成为后进学生，有的甚至成为大学生中的败类，违法犯罪葬送了自己的前途。因此，聪明的成功者，在喜悦的同时，总是在准备着更艰苦的劳动，争取更新的创造。

第二，争取成功，准备失败。每做一件事都要争取成功，这大概是小孩都懂得的事情，但如何获得成功呢？为此，爱迪生说过，如果你希望成功，当以恒心为良友，以经验为参谋，以当心为兄弟，以希望为哨兵。确实，想成功不是一件容易的事，它需要勤奋，需要艰苦，而且更需要有失败的思想准备。准备失败，这是理智的举动。一方面做事准备失败，这本身就意味着当事人有成功的决心、有成功的希望。这是因为，准备失败的心理会时刻告诫当事人谨慎、刻苦；准备失败的思想，说明当事人已准备在曲折中求成功，最终目标是一定成功。另一方面，做事准备失败，当事人就能善于总结、善于思索、善于开拓，这就加强了成功的把握。

第三，在失败中奋进。实践中的每一次失败，都意味着已朝着成功迈进了一步。因此，遇到失败就畏缩不前、意志消沉，甚至改变初衷，那就意味着放弃对成功的追求，在成功的道路上半途而废，有的甚至到了门槛没有进去，这既可惜又可悲。

当然，失败意味着向成功的靠近，并不是说成功一定到来。这需要有坚定的奋进精神。首先，要有毅力。车尔尼雪夫斯基说过只有毅力才会使我们成功，而毅力的来源又在于毫不动摇、坚决采取为达到成功所需要的手段。失败容易使人迷惑，也会遭到非议，如果没有勇气，没有更强有力的手段，那确实难以成功。其次，失败中奋进，还必须坚持勤勤恳恳地工作、踏踏实实地探索。成功是劳动的结果，这是生活的真理。最后，失败中奋进，还要有牺牲精神，怕这怕那，思前顾后，甚至抱有侥幸心理，这都是成功道路上的障碍。只有不畏难险、矢志以赴、百折不回，才有可能获得成功。

五　恰当地把握命运与机遇

人生的道路是艰难复杂的，有的人一帆风顺，功成名就；有的一生坎坷，历尽磨难；有的人虽曾一度春风得意，而后却山穷水尽；有的人屡遭劫难，结果却柳暗花明；还有的人时来运转，一次佳遇，万事如意。自古以来，人们都把人生的一切归之于命运。无可否认，在社会生活中，命运的确是人人都会遇到的客观现实。

那么，什么是命运呢？又如何去把握命运和机遇呢？这是需要每个人弄清楚的人生课题。否则，错误地理解和把握命运，将贻误人生，甚至糟蹋人生。

（一）命运及其基本因素

对什么是命运，历来有两种根本不同的理解。在唯心主义看来，所谓命运，它是至高无上且神秘莫测、不可抗拒的神的意志和命令。这也是所谓的天命。在这种命运观看来，人所遭遇的一切都是上帝的安排、神的旨意，而人则无能为力，无法改变。在我国，早在春秋时期的孔子则认为人的死生祸福皆是天意，君子应畏天命，知天命，按天命行事，"不知命，无以为君子也"。孔子的弟子子夏也说："死生有命，富贵在天。"后来，《列子》上也写道："然而生生死死，非物非我，皆命也，智之所无奈何。"宋代的思想家司马光也宣扬"人之贵贱贫富寿夭系于天"，"得失有命"，"成功在天"。在西方，古希腊罗马时期的斯多葛派就认为命运是由上帝的意志所决定的必然性，每个人所发生的事情对他都是"确定的"，"与他的命运相合的"。偶然逃脱的机会是没有的，反抗也是徒劳的。"愿意的人，命运领着走；不愿意的人，命运牵着走"。他们要求人们要无条件地服从命运，"服从神灵，向他们投降，在一切事变里心甘情愿地追随他们"。这种与神学目的论相联系的宿命论，在基督教中被推到了顶点。教父哲学的典型代表奥古斯丁就曾经断言，上帝创造一切，也主宰一切，富人享福，穷人受苦，这一切都是上帝预定的，没有天命，就连一根头发也不会从头上脱落下来。人们要想摆脱苦难，唯有热爱上帝、服从上帝，等待上帝的恩赐。由此可见，唯心主义天命论不仅完全否认了命运的客观性，也完全抹杀了人对自己命运的主动性，这是一种天意或上帝决定人生的宿命论。

这种天命观、宿命论从认识论根源上说，是由于古代科学不发达，人们在灾祸面前束手无策，对变幻莫测的自然现象无法解释，因而认为在冥冥之中有着主宰一切的神灵存在。进入阶级社会，剥削阶级为了维护其统治，便用君权神授来愚弄人民，宣扬"死生有命，富贵在天"。被统治阶级也在看不到现实苦难的尽头时，常常把希望寄托于神灵，以至于怨命不怨人，任凭统治阶级摆布、宰割。

马克思主义也是讲命运的，如列宁曾多次谈到命运。在谈到马克思和恩格斯时，列宁说："自从命运使马克思与恩格斯见面之后，这两位朋友的毕生工作，就成了他们两人共同的事业。"① 在谈《国际歌》时，列宁又说："一个有觉悟的工人，不管他来到哪个国家，不管命运把他抛到哪里"，"他都可以凭《国际歌》的熟悉的曲调，给自己找到同志和朋友"。②

但是，马克思主义的命运概念，与唯心主义的理解是截然不同的。马克思主义认为，所谓命运，指的就是在人的一生中的具体境遇。历史唯物主义还告诉我们在现实生活中，有的命运好些，有的命运差些；有的境遇顺利，有的境遇艰难。这些，都与各人生活的主客观条件有关，不同的生活环境和条件，就会有不同的境遇，即不同的命运。

由此可见，命运不决定于天意、上帝，支配命运的是人的社会生活本身。对于这一点，古希腊唯物主义哲学家伊壁鸠鲁有过精辟的论述，他指出："你还能想得出比这样一个人更好的人吗？……他不信有些人拿来当作万物之主的命运，他认为我们拥有决定事变的主要力量，他把一些事物归因于必然，一些事物归因于机遇，一些事物归因于我们自己。"③ 伊壁鸠鲁的思想是深刻的。然而，这仅是他对生活的经验概括，他没有也不可能揭示"必然""机遇""自己"的本质，更不可能明白这三者的内在本质联系。

---

① 《列宁全集》第 2 卷，人民出版社 1959 年版，第 1 页。
② 《列宁全集》第 22 卷，人民出版社 1990 年版，第 291 页。
③ 周辅成：《西方伦理学名著选辑》上卷，商务印书馆出版 1964 年版，第 105 页。

按照历史唯物主义的观点，主要有四个方面因素决定人的命运。

第一，社会生活规律。生活在社会中的人们，他的境遇必然要受到现存的社会生活条件的制约和影响，他不可能随心所欲地创造自己的历史。如一个人生存在什么样的社会制度中、生活在什么样的国度中、生长在什么样的环境和家庭中，这是无法由自己来选择的。不过，社会制度的发展规律、国家和民族的命运、家庭的结构及其素质等，都在以特有的角度决定一个人的命运。在现实生活中的方针政策，如经济政策、高考方针、用人制度、教育方针等，都对一个人的命运或者说境遇起着相当重要的决定作用。一个人的生活道路，不可能完全由自己主观决定。随心所欲的人，最终逃脱不了命运的打击，这本身也就说明，人的命运主要地决定于社会生活条件。

第二，偶然生活遭遇。在人们的社会生活中，由于生活环境和条件在不断地变化，每个人的情况也在不断地发展，可能会出现偶然的遭遇。如"文革"开始，大学停办，当时的高中毕业生失去了升学的机会。"文革"以后，恢复了招生制度，使得一部分青年获得了进入高等学府的机遇。社会主义建设历史上一个时期在"左"的思想影响下，农村"割资本主义尾巴"，农业经济不能发展，农民普遍贫穷。党的十一届三中全会以后，农村实行了新的经济政策，不仅农民渐渐富了，而且使得一部分农民一跃成了"万元户""几十万元户"等。这说明，偶然遭遇也在一定程度上决定着人生的命运。当然，偶然中有必然，决定人的命运的，在根本上说来是社会发展规律和社会现实。

第三，自身的主观努力。主观因素是决定人生命运的最重要因素。人生的命运如何，很大程度上是自身决定、自己把握的。因为，人在社会实践的基础上能够能动地认识和改造周围世界，能够掌握社会生活规律，利用和改造偶然的遭遇，从而创造自身理想的境遇。青年学生理想很多，有想升高校的、有想当工程师的、有想当干部的，也有希望成名成家的。要实现以上愿望，青年学生只有靠自己努力、自己奋斗，去争取美好愿望的实现。由于现实社会客观条件决定了只能让一部分人达到以上目的，尤其是升高校的每年只有百分之几，那么落榜后怎么办？只要努力，照样可以创造好的生活境况，有的可以自学成才，有的可以在工作和劳动中使自己得到发展，有的在平凡的工作岗位上照样可以成名成家。所以，命运在自己手中，自己是命运的主宰者。

最后要指出的是，由于社会生活是复杂的，因而决定人生命运的原因也很复杂。有的人生遭遇是由客观因素造成的，有的是由主观因素造成的，有的是由偶然因素造成的。还有的是由其中两个因素或三个因素共同造成的。并且就这两个因素或三个因素也还有主次之分，有的人生遭遇，主要地是由主观因素造成的，有的人生因素主要地是由客观因素造成的，等等。明白这些思想，我们就能更好地掌握自己的命运。

（二）机遇及其本质

机遇，简单地说就是偶然的机会。这种偶然的机会在某个人的人生旅途中可能出现，也可能不出现；可能以这种形式出现，也可能以那种形式出现；可能在这个时间出现，也可能在那个时间出现；可能在这里出现，也可能在那里出现。如一个人在生活道路上，什么时候被录取进高校，什么时候被嘉奖，什么时候被晋升工资、职务、职称，甚至什么时候成名成家等，都是有偶然性的。

但是，尽管如此，这种偶然性并不是神秘莫测，变幻无穷的。这种生活中的偶然机遇是受必然性决定的。否则，生活就会像变魔术一样，无法理解。辩证唯物主义认为，社会生活中的偶然性，其背后总是隐藏着某种必然性，受着社会生活必然性的支配。如爱因斯坦这个大科学家的出现，为什么正好出在二十世纪初呢？"相对论"又为什么会由爱因斯坦这个人所创立呢？这是因为那时天文学、力学等自然科学已经发展到一个新阶段，为"相对论"的创立已准备好了客观条件。假如爱因斯坦生活在牛顿以前，他就是再聪明一些，也不能建立"相对论"，因为科学发展还没有达到那样的水平，也没有提出那样的要求，条件还没有具备，所以"相对论"的出现，从时间上说，是符合历史发展的。又如，高考中的保送学生，谁能被保送，有很大的偶然性，可能是张三，也可能是李四，同时可能有的学校保送生多，可能有的学校保送生少，甚至没有。这也是偶然性。然而偶然性里面包含着必然。学校的教学条件、教学环境和教学质量，学生的刻苦精神、学习方法，都是这偶然性现象产生的内在必然因素。

（三）做命运的主宰者、机遇的创造者

至此，我们可以说，人生的命运主要靠自己把握，机遇由自己选择。正如培根（Francis Bacon）所说，一个人的幸运的造成主要还是在他自己手里。所以有诗人说，人人都可以成为自己的幸运的建筑师。当然，幸运和机遇不会是自然落到每个人的手中的，它需要人们的实力，只有以实力为基础，人们才能扼住命运的咽喉、抓住生活的机遇。有的单位有公派出国深造名额，机遇来了没有人去，原因是外语没人能过关。有时招干、招记者、招老师等的机遇到来，有的人只能望而却步，原因是招聘考试通不过。因此，每一个人，尤其是青少年，应该刻苦、应该奋进，使自己真正能在生活的旅程中自由翱翔。那么，如何主宰自己的命运、创造理想的机遇呢？

第一，学好科学文化知识，打好生活的基础

培根说，知识就是力量，人没有知识就像房屋没有根基，火车没有动力。青少年是长知识时期，尤其需要刻苦学习文化知识。不仅要学好自然科学知识，而且要弄懂掌握政治、法律、伦理道德等社会科学知识，要全面理解马克思主义的基本理论。当然，学好科学文化知识，不是那么一件容易的事，只有勤奋和刻苦才能登书山、跨学海，才能真正成长。没有一个科学家不是从苦中走过来的。鲁迅曾在有人称赞他时说，哪里有天才，我是把别人喝咖啡的时间都用在工作上的。数学家华罗庚也说，天才是不足恃的，聪明是不可靠的，要想顺手拣来伟大的科学发明是不可能想象的。著名桥梁专家茅以升也常说，任何一种对时间的点滴浪费，都等于自杀。我们必须全速前进。

第二，热爱工作、艰苦奋斗

在社会生活中，幸运离不开工作，机遇更需要奋斗。因为任何好的境遇，幻想无法得来，恩赐更不可能，一定要靠自己的劳动创造。任何一个能驾驭命运的人，无不是积极工作、艰苦奋斗的人。淘粪工时传祥，"垃圾千金"杨希聪，当代保尔张海迪等都是在艰苦的劳动中扼住自己命运的咽喉，成为时代的楷模。因此，有志掌握

自己命运的人，一定要热爱自己所从事的工作，进行创造性的劳动。不管是什么人，担任什么工作，哪怕是个体经营者，只要自觉地诚实劳动、艰苦创造，他总能成为时代的幸运儿的。

第三，锐意进取、勇于攀登

在人生的道路上，绝没有永远平坦的路，有时会遇到沟壑，有的地方荆棘丛生。的确，在现实的社会生活中，学习和工作的困难需要克服，不良的环境需要改造，旧的体制和框框需要改革，复杂的人际关系需要理顺，甚至对一些官僚主义现象需要展开斗争，等等。因此，有勇气的青年，要敢于自己掌握自己的命运，要勤于思考、勇于探索。尤其是在当前改革的过程中，更要有改革创造、开拓进取精神。只有这样，我们的生活道路才是顺利的、我们的命运才是理想的。

（原载《伦理学研究纲要》，中国广播电视出版社 1992 年版）

孔子的处世原则与现时代生活

在先秦儒家创始人孔子的"仁学"体系中,人生处世精神占有十分重要的地位,一些处世思想作为"仁学"精粹,至今仍自觉不自觉地调适着人们之间的各种关系。恰当地分析孔子的这些处世原则,将具有十分重要的现实意义。

一　中庸

"中庸"一词是孔子在《论语》一书中提出来的,他说:"中庸之为德也,其至矣乎!"即是说,中庸之德,可算是至极的了。这里孔子没有给它下定义,只是强调中庸是人际交往中的最高道德。

作为"四书"之一的《中庸》从处世哲学的角度做了阐释,认为中庸即是"中和""中道",主张"两端执其中""中立而不倚",为人处世"无过""无不及"。并指出反中庸者为"小人"也。

与人处世不走极端,这确实是人生之要义。孔子尽管没有直接给中庸下定义,但在《论语》中很多地方强调人与人相处要恰到好处。他曾要求人们在粗野和虚浮之间,成为文质彬彬的君子,泰然安适却不骄傲,威严却不凶猛,庄严矜持而不争执,合群而不闹宗派,讲大信而不讲小信;乐而不淫,哀而不伤。

无独有偶,在古代希腊,可以与中国孔子齐名的思想家亚里士多德,在遥远的欧洲爱琴海边也提出了一套要"按理性生活"的修身的道理,并指出按理性生活就是要做到中道,并强调与人相处要无过无不及,既不要不可一世、咄咄逼人,也不可低三下四求于人,要置自己于适度的中间境界。他还举例强调过度与不及,均足以败坏德行。他说,运动太多和太少要损伤体力,而饮食过多与过少也同样损害健康。一个畏首畏尾、退缩不前、遇事不能应付的人，可以变为懦夫；同样，一个无所畏惧、敢冒危险的人也可以变为莽汉；纵情姿乐、毫无节制则会变成放荡的人；不懂享受，甚至鄙视一切快乐追求，则会变成毫无进取的庸人。

中庸也好，中道也好，它们的目标都是生活平稳、人际和谐。因此，它为中西方历代思想家所推崇和历代民众所信奉。中国的思想家把中庸当作天地清宁、万物茂盛的根本法则。西方思想家也一再强调"中庸为善"，"一切事情，中庸是最好的"。中国的平民百姓把中庸看作王道平正、天下太平的希望所在，西方的民众也认为坚持中道才是真正的生活，并把它作为格言到处流传。

不过，孔子提出的中庸有"两端执其中"的"折中"思想，亚里士多德尽管没有提出过"折中"思想，一直用"适度""适中"来解释中道，但他与孔子一样，没有，当然也不可能认识到劳动者阶级反抗剥削阶级是应当的适度行为。

不过，后人何必一定去深掘中庸、中道的消极的东西，并把它贬入"冷宫"呢？剔除消极的因素，与人处世讲讲适度、恰到好处，这不是理性选择嘛！倒洗脚水连盆子一道抛掉，这对生活难道有帮助吗？

二　忠恕

假如说孔子提出的中庸是教导人们立身的话，那么忠恕就是侧重教导人们处世了。何谓忠恕，《论语》中说："夫子之道，恕而已矣。"即是说，忠恕就是孔子一以贯之的仁爱思想，是要求人与人之间要有同情心，要相互关心、相互尊重。做到"己欲立而立人，己欲达而达人"，这就是所谓的"忠"；同时要做到"己所不欲，勿施于人"，这就是所谓的"恕"。

孔子这里强调的是与人相处将心比心、推己及人。自己有什么要求和目标，也要考虑到别人也会有这样的要求和目标，在达到要求和实现目标时，也要促使别人的目标能圆满实现；自己不想做的事不要强加于人，不要强迫他人去做。

忠和恕在孔子的思想体系中还有更广泛的含义，诸如"主忠信"，"与人忠"，"为人谋而不忠乎？"等，就认为"忠"包括为人真诚、与人相处讲信用等。就"恕"的内容来说，它还包含"宽恕""宽容""宽厚"的意思。孔子的"以直报怨、以德报德"，"不念旧恶，怨是用希"的思想就体现了这一点。

当然，孔子的忠恕思想也不是尽善尽美的处世原则，他的所谓"忠"也包括"臣事君以忠"的思想，故被后人利用来专指君臣关系的道德规范。而"恕"呢，则包含着更多的消极因素，尽管它强调：你愿意人家怎样待你，你也就那样待人家；但同时也包括：你自己不愿人家怎样待你，你也不要那样待人家。后一种推己及人的思想忽视了人的个性，也否认了人的一种创造力。

按照忠恕处世精神，就其积极意义来说，在现实社会生活中不应一概当作封建糟粕排斥。事实上在现阶段人们的社会生活中还是多一点忠恕精神好，都能做到：有诚恳为人之心，无丝毫害人之意，社会道德风貌不就会大有改善吗？更何况，人生在世，首要的问题是立身，坚持忠恕，不仅修养自己，而且创造了一个立身的极好的环境，这何乐而不为呢？与人相处不讲究忠恕，诸如有的商店营业员一定要态度生硬，以示自己不"侍候"任何人，叫你瞧瞧站柜台的冷眼；有的门卫一定要"狐假虎威"，对来人采取"非礼"莫进，甚至设法拒之门外，以示自己的权威；有的卖肉的一定要叫你尝尝"一刀"下去你对肥肉瘦肉的酸甜苦辣的感受，体会一下刀的魅力，等等，这对社会道德情感的培养没有任何益处。

有人会说，忠恕精神与社会主义集体主义精神相比，层次太低，这有碍于精神文明建设。这种担心是多余的。社会主义精神文明建设不是空中楼阁，它必须从人们的最起码的人道、处世精神培养起。集体主义是一个原则概括，在社会生活中，它也必须有忠恕等的处世、人道精神来体现出集体主义。假如不考虑社会生活和社会心理现状，不考虑现阶段人们的文化认知能力，一味地满足于集体主义的空洞宣传，那它的社会效果会连提倡一下忠恕精神都不如。

三 温、良、恭、俭、让

温、良、恭、俭、让，子贡说这是夫子（孔子）最得意的五条处世准则，他自己也把与之相类似的"恭、宽、信、敏、惠"作为能使"天下为仁"的五种美德。子贡曾指出，这是他的老师所以取得别人信任，能了解到各方面情况的原因所在。这也是几千年来中国知识分子主张的做人准则。

温和、善良作为处人之道，它只会取得人的尊重和同情，强者、弱者，"贵者""贱者"能以此要求自己，都能取信于人。否则，尽管你是强者、"贵者"，尽管你的傲气可以表面赢得别人的尊重，但你这是"外强中干"，人们只是敬而远之，实际是看不起你的。有的弱者弱中有强，有的"贱"者贱中有"贵"，就在于他的温和、善良改变和支撑着他的形象。

严肃、庄重作为处世之道，它是稳重的表现，也是可信的基础。有的人认为现在似乎开放生活带来了人的轻浮，造成了严肃、庄重不足。这是一个误解，严肃不是道貌岸然，庄重不是"正人君子"，我们现在的生活仍然是严肃有余、庄重过头。似乎跳一跳、笑一笑就是不稳重、没水平。当干部尤其忌讳谈天说地，蹦蹦笑笑。这人为地给人与人之间隔开了一道看不见的墙。我们有些干部不能获得群众拥戴，应该说是他自己筑起了这一道"墙"。

严肃和庄重应该是恰到好处，单调的情感表现，尤其装出来似严非严、似笑非笑，只能引起人们反感。当然，活泼有余，言行不着边际，也同样不被人们欢迎。

宽厚、慈惠作为处人之道，前者往往被人们称为愚蠢行为，后面又被曲解为小恩小惠。人都是有感情的，你宽容，他人一般不会"放肆"，就是对被改造的敌人，你宽容一点，也是属"人道治病"，效果也许更好一点。至于慈惠，总不能把它理解成给点什么东西，其实在孔子那里就已包含给人以精神和物质上的实惠，社会生活交往尤其是当今的社会人际往来，注意给人以实惠，给人、给社会带来益处，哪怕闲谈也尽量注意不乱扯，做一点信息交流也是实惠。

有关诚实、谦逊和节俭、勤敏之类，那更是我们一直倡导的。

今天社会道德面貌要有改观，每个人处世要真能得体，看来对温、良、恭、俭、让还得重新做一"温故"。

有人说，这是没有进取精神，是保守型的处世原则。可是，这是谈人际调节，它在更深层次上体现进取精神。

四　和为贵

孔子所说的"和为贵"已经成为中国人生活中的格言，可是三十多年来一直是作为"禁句"的，认为"和为贵"就是"和稀泥""人情贵"。哪能指导社会主义的革命和建设？若干年以后，人们对在这段历史中对"和为贵"的贬低，肯定会斥之为愚蠢。

中国人历来注重"礼尚往来"，在遇到冲突时，互不计较、互相让步。生活中总是这样，"和"往往能缓解矛盾；"和"能给人带来平静、安稳的生活；"和"能加深人与人之间的感情。

有的人在冲动时不信和，总怕自己吃亏，与人相争"言不松口""利不放手"，信奉"武力镇压"也大有人在。殊不知，这样一来，既伤了和气，也损害了自己的形象，于人于己都是亏。

我们今天的生活十分需要"和为贵"精神，但愿它能再度成为中国人生活中的座右铭。

孙隆基先生在《中国文化的深层结构》一书中倒还做过这样的分析，"中国人认为：利益算得太清楚，就必然会引起争执。在一个强调互相依赖的文化中，争执是必须尽量去避免的"，"'和为贵'或'息争'的态度，使中国人给人一种容易相处、容易说话的感觉。然而，这种放弃'对抗'的态度，却往往造成'自我'的弱化。因为，自我权利观念的模糊，使坚强的'自我'疆界无法建立起来。在大部分中国人之间，它造成了一种将自己贬低才能获得社会称许的倾向，结果就形成了自我压缩的人格。""这种自我压缩的人格，既然认为公然地保障自己的权益是不合法的，因此对让别人占便宜的容忍度就比较大，对受别人利用、摆布与控制的敏感度就会比较低。而且，还往往会纵容与姑息不合理的事情，让它们继续存在。"因此，"'和为贵'这条'文法'规律可以导引出来的最后的可能性，就是它的对立面——那就是'乱'"。一个"逆来顺受"惯了的人，一旦忍无可忍的时候，就会一发不可收拾地迸发出来。而且，既然平素不善于利用合理的渠道来宣泄自己的攻击性，因此当这种攻击性迸发出来时，是不受理性控制的、盲目的、具有破坏性的，而且是没有游戏规则的,是斗死方休的。①

由此,"和"倒确实不能是无原则的,无原则的"和"必然蕴含着更大的人际矛盾。

这还仅仅是相对于道德关系来说的,对于经济关系、经济建设和经济利益来说,并非"和"就是上策。制定经济决策或处在经济往来过程中,一味讲"和"往往有害于经济效益,据理力争才是可靠的选择。

(原载《伦理学研究纲要》,中国广播电视出版社 1992 年版)

---

① 参见孙隆基《中国文化的深层结构》,广西师范大学出版 2011 年版。

道家人学思想述论

道家的创始人为老子和庄子，发展到汉、晋时期，出现了"黄老之学"和"魏晋玄学"的新道家思想。

假如说儒家学说创始人对人的问题的理解是伦理性的，那么，在道家创始人老子那里则是贵重自然，对人的理解与儒家学说创始人走了截然不同的道路。

关于老子生平有多种传说，学术界一般认为老子与孔子是同时代人，依据是《礼记·曾子问》篇中记载了孔子关于"昔者吾从老聃助葬于巷党"，"吾闻诸老聃"的言论。司马迁在他的《孔子世家》里也说过孔子："适周问礼，盖见老子。"据考证，老子生活在春秋末年，略早于孔子。

关于人的问题，老子首先认为"道大，天大，地大，人亦大。域中有四大，而人居其一焉"（《老子》第二十五章）。那么人的本质是什么呢？老子接着说："人法地，地法天，天法道，道法自然"（《老子》第二十五章）。人与万物一样本于地，而地能育万物，在于天施，故地需取法乎天。不过，人、地、天的总根源在于道，故天亦取法于道。由此，道就是贯通自然与社会的至高无上的东西。由此可见，天地万物，一切皆出于自然。

老子还具体说道："道生之，德畜之，物形之，势成之。是以万物莫不尊道而贵德。道之尊，德之贵，夫莫之命而常自然。故道生之，德畜之，长之育之，亭之毒之，养之覆之。生而不有，为而不恃，长而不宰，是谓玄德。"（《老子》第五十一章）即是说，万物由道生，道又存在于万物之中，成为万物各自的属性——"德"。万物各自属性，形成各自形体，并凭借环境而生长成熟。因此，"万物莫不尊道而贵德"。然而，道之所以被尊崇，德之所以被重视，就在于"道德"从不命令或支配万物,一切顺其自然生长、成熟。因此,也从不将生长万物或据为己有,或自以为尽力,更不对它们宰制。这就是最深奥之"德"。

不难看出,老子将人也当作道之自然之物,是道之一属性的体现。揭示了人的本质就是自然。根据这一思想基础,老子提出了一切顺其自然的"复归于婴儿"的人格理想。

老子认为,仁、义、礼、智等都是道德沦丧的产物,所谓"大道废,有仁义;慧知出,有大伪;六亲不和,有孝慈;国家昏乱,有忠臣"(《老子》第十八章)。因此,他认为"夫礼者,忠信之薄,而乱之首"(《老子》第三十八章),要"绝仁弃义";"人多伎巧,奇物滋起。法令滋章,盗贼多有"(《老子》第五十七章)。要"绝圣弃智"。至于私欲,也同仁、义、礼、智一样,都是违背人的自然本性,有碍于人性完成的。

为此,老子提出了"复归于婴儿"的"人之道",他说:"含德之厚,比于赤子"(《老子》第五十五章),"常德不离,复归于婴儿"(《老子》第二十八章),只有这样,才能体现出人的自然纯朴的人性。他说:"圣人在天下,歙歙焉,为天下浑其心"(《老子》第四十九章),"古之善为道者,非以明民,将以愚之"(《老子》第六十五章)。

如何才能达到婴孩之自然常德不离,"复归于婴儿"状态呢?老子认为,第一要无知寡欲。老子认为:"为学日益,为道日损"(《老子》第四十八章)。同时指出:"罪莫大于可欲,祸莫大于不知足,咎莫大于欲得。"(《老子》第四十六章)因此,人生在世要"见素抱朴,少私寡欲"(《老子》第十九章),而且"圣人欲不欲,不贵难得之货;学不学,复众人之所过,以辅万物之自然而不敢为"(《老子》第六十四章)。

第二要清静无为。老子认为,清静无为乃人生之自然之本,他说:"夫物芸芸,各复归其根。归根曰静。静曰复命。复命曰常。知常曰明。不知常,妄作,凶。"(《老子》第十六章)故"清静为天下正"(《老子》第四十五章),"人之道"就在于"为无为,事无事,味无味"(《老子》第六十三章)。老子还具体指出:"不自见,故明;不自是,故彰;不自伐,故有功;不自矜,故长。夫唯不争,故天下莫能与之争。古之所谓'曲则全'者,岂虚言哉?诚全而归之。"(《老子》第二十二章)这里同时也可以看出,老子的无为也包含着"不争","不争"亦能"保全"自身之自然本性。

老子的人伦思想把人性自然提到至高无上的地位,弥补了先秦儒家人学之不足,对人生之客观命运也是一家之说。不过,老子在此跑向了另一极端,强调人之为人需顺从自然,不可有任何欲望,变成了典型的不满现实、消极遁世的虚无主义者。

庄子〔名周,战国时宋国蒙地(今河南省商丘市东北)人,其生卒年代说法不一,大约是公元前369年至前286年〕全面继承和发展了老子的人学思想,将先秦道家的人学思想推至完备。

在道这个唯心主义的思想前提下,庄子认为生死皆为自然,说:"杂乎芒芴之间,变而有气,气变而有形,形变而有生。今又变而之死,是相与为春秋冬夏四时行也。"(《庄子·至乐》)还说:"人之生,气之聚也;聚则为生,散则为死。"(《庄子·知北游》)这里也告诉人们,人生不得由己,一切皆由自然。对此,庄子还说,人的"死生、存亡、穷达、富贵、贤与不肖、毁誉、饥渴、寒暑,是事之变,命之行也"(《庄子·德充符》)。因此,人之最高道德是"知其不可奈何而安之若命"(《庄子·人间世》)。

庄子认为人之性乃人生来就具有的天然本性。庄子反对儒家把仁义看成人性之要旨的思想,认为仁义不仅不是人的自然本性,而且仁义只会"损性""伤性""失性"。说:"彼正正者,不失其性命之情。……故性长非所断,性短非所续,无所去忧也。意仁义其非人情乎!彼仁人何其多忧也?……故意仁义其非人情乎!自三代以下者,天下何其嚣嚣也。且夫待钩绳规矩而正者,是削其性者也;待绳约胶漆而固者,是侵其德者也;屈折礼乐,呴俞仁义,以慰天下之心者,此失其常然也。"(《庄子·骈拇》)他还进一步强调,只要不能顺生命之自然趋势,一切人为的事件均违背人的天然之性。他说:"自三代以下者,天下莫不以物易其性矣。小人则以身殉利,士则以身殉名,大夫则以身殉家,圣人以身殉天下。故此数子者,事业不同,名声异号,其于伤性以身为殉,一也。"(《庄子·骈拇》)所以,庄子竭力主张顺性、任性,反对伤性、损性。只有这样,人们才能保全真性,求其全生。

然而，严峻的生活现实使得庄子意识到，人生企图超脱现实，顺其自然，这是不可能的。因为，仁义尚在，私欲不绝，且统治者又必将政刑礼法施之于民，这就违背、毁坏了人的真常之性，使人不能"安其性命之情"，以至于"喜怒相疑，愚知相欺，善否相非"，造成"大德不同，而性命烂漫矣"。(《庄子·在宥》) 因此，人总是生活在痛苦之中，人生就是痛苦。《庄子·至乐》中有一则故事反映了庄子的这一思想。故事说："庄子之楚，见空骷髅，髐然有形。撽以马捶，因而问之，曰：'夫子贪生失理而为此乎？将之有亡国之事，斧钺之诛而为此之乎？将之有不善之行，愧遗父母妻子之丑而为此乎？将子有冻馁之患而为此乎？将子之春秋故及此乎？'于是语卒，援髑髅，枕而卧。夜半，髑髅见梦曰：'子之谈者似辩士，视子所言，皆生人之累也，死则无此矣。子欲闻死之说乎？'庄子曰：'然。'髑髅曰：'死；无君于上，无臣于下，亦无四时之事，从然以天地为春秋，虽南面王乐，不能过也。'庄子不信，曰：'吾使司命复生子形，为子骨肉肌肤，反子父母、妻子、闾里、知识、子欲之乎？'髑髅深矉蹙额曰：'吾安能弃南面王乐而复为人间之劳乎！'"(《庄子·至乐》)

既然人生就是痛苦，那人怎么生存、如何处世呢？既然人的本性应体现为清静、无为，而现实又无法超越于"物欲横流"的社会现象之外。对此，庄子提出了消极避世的处世之道，以追求人格的独立和精神的自由。

庄子在他的《逍遥游》中指出，人们只有破除功、名、利、禄、权、势、尊、位的束缚，才能回复自然的本性。因此，他要求人们"乘物以游心，托不得已以养中。"(《庄子·人间世》) 真心做到"有人之形，无人之情"(《庄子·德充符》)，一切顺应自然的变化。他还具体地要求人们一方面不要分彼此，亦不必分是非曲直。因为世界上根本没有彼此是非的分别，也没有区分是否的标准可言。既然如此，何必去自寻烦恼呢？另一方面，要追求一种似是而非的满足，用不着去别成败、辨荣辱。再一方面，要培养自己无知无欲、不计成败，成为呆如木鸡的"真人"或者"圣人"。他说："古之真人，不知说生，不知恶死；其出不䜣，其入不距，翛然而往，翛然而来而已矣。不忘其所始，不求其所终，受而喜之，忘而复之。"

(《庄子·大宗师》)

同时，庄子认为，人生在世"游"不出盘根错节、混浊难处的人世间。而且人世间这种人与人之间的关系是互相利用关系，每个人都要被人当作可以利用的工具。为应付这种社会现实，老庄提出了"缘督以为经"（《庄子·养生主》）的处世方法。

何谓"缘督以为经"？即是说，在复杂的社会生活中，要善于寻找"空隙"，求得生存，如"为善无近名，为恶无近刑"（《庄子·养生主》）。即是说做好事不要追求名誉，做坏事不要触犯刑律，最好是忘记善恶的界限，不好不坏，不会惹人注意，这样对保全自己有利。

为了形象地阐发这一处世之道，庄子特意用"庖丁解牛"的寓言来说明，据说有一个厨夫给梁惠王解牛，在做好各方准备的情况下，刀子一动，牛的骨肉就呼的一声分离了。主人赞赏他技术高超。庖丁却不讲技术问题，而是吹了一通他如何"得道"的经历。说他这把刀子已经用了十九年，解了数千头牛，现在刀刃还像新的一样。原因是他解牛主要不靠刀刃，而已经达到了"神行"的水平。他的结论是："彼节者有间，而刀刃者无厚，以无厚入有间，恢恢乎其于游刃必有余地矣。"（《庄子·养生主》）主人听了深有感受，悟出了"以无厚入有间"的养生道理。认为在复杂的社会中，同样存在着空隙，存在着没有任何具体原则的"有间"，只要采取"以无厚入有间"之术，就可以在任何情况下，应付自如，达到保全自身的目的。

除此以外，还要面对现实，"安时而处顺，哀乐不能入"（《庄子·养生主》），即顺世从俗、随机应变。如，为了应付世俗的骚扰，他又不得不主张保留他极为反感的刑罚、礼仪、知识、道德等东西。尽管真人是顺其自然之"圣人"，但他还需"以刑为体，以礼为翼，以知为时，以德为循。以刑为体者，绰乎其杀也；以礼为翼者，所以行于世也；以知为时者，不得已于事也；以德为循者，言其与有足者至于丘也，而人真以为勤行者也"（《庄子·大宗师》）。而且，"托不得已"以"乘物"，"彼且为婴儿，亦与之为婴儿；彼且为无町畦，亦与之为无町畦；彼且为无崖，亦与之为无崖"。（《庄子·人间世》）

老子和庄子的人伦思想，两者没有本质的区别。要说区别，只是对人生现实思考，老子比较伤感，且消极遁世思想浓厚。庄子有所不同，他尽管也愤世嫉俗，但他在主张避世的同时，更多的是在寻求人生之出路；顺应自然尽管是他的处世准则，但也没有忽视面对现实追求，人格上的独立和精神上的自由。所以，长期以来给老庄思想一概冠以"悲观厌世"，恐实属不妥。事实上，在没落、混浊的社会中生活中，采取避世、逍遥的态度，在某种意义上来说就是一种积极的人生态度。

老子和庄子在更多的思想观点上是一致的。尤其是关于人性自然的思想，比起儒家的"仁者，人也"（《孟子·尽心下》）的思想来说，它更多地考虑到了人的行为背后。可以说，老庄关于人的概念的理解比儒家关于人的界限在理论深度上多进了一道门。事实上开辟了一条新的理解人的问题的思路。

在人格追求和人生处世问题上，儒家思想强调的是"克己复礼"，主张忘我、为仁。而老庄思想则注重自我"保身""全身"，强调主体完善、"个人的觉醒"。他们所谓的"清静"、"无为"、超脱、逍遥，目的仍是"不损性"。尤其是追求人格独立和精神自由，这对后人有着十分重要的启蒙或启迪意义。事实上历代知识分子中的骚人墨客的刚毅与洒脱的个性，应该说是受到了老庄思想的影响。当然，老庄总是以蔑视的眼光看待世界，且又没有（当然也不可能有）"改革"现实社会之思路，更不主张为社会和他人行仁义，故老庄思想之片面、低沉显而易见。

道家思想发展到汉初，由于道家学说所提倡"清静无为"的治政方针，与当时秦王政刚刚灭亡，汉朝刚刚建立，统治阶级深知暴政结局的悲惨，需要"无为而治"十分一致；同时，也与民众在社会大动荡、大混乱之后，急需休养生息的历史背景非常贴切。所以，诸如曹参的"贵清静而民自定"和汲黯"上无为而下有为"的黄老政治，深得汉初统治阶级重视，故自成一体的黄老之学也就在当时成了社会意识形态之统治思想。这也为先秦道家的人学思想在汉代的发展提供了一个极有利的条件。

黄老二人，指黄帝和老子。黄帝能成为汉初道家崇尚之人，且与老子结合成为学派"始祖"。这倒不是因为黄帝有什么系统的适应当时社会历史背景的思想，而是因为传说中的黄帝是古先圣王的楷模和统一四海的君主；再加上按照秦汉之际流传的五行论和五德终始的历史循环，黄帝代表土德，而汉朝恰好是土德，故汉初道家托名黄帝，意在树立旗帜和宗师，制造一个"无为而治"的政治范本。

黄老之学的人伦思想，与先秦道家之人学思想在本质上是一致的，其主要思想反映在刘安主编的《淮南子》和司马谈的《论六家要旨》等著作中。

《淮南子》认为，人是有形骸、有血气、有精神、有性命的存在。"夫形者，生之舍也。"（《淮南子·原道训》）生命存在于形体。"气者，生之充也。"（《淮南子·原道训》）生命的充盈在于有血气。血气亏耗了，形骸毁坏了，生命也就断绝了。精神是生命的机制、是心的机能。而心又是"形之主"。因此，形与气是指人的肉体，心与神是人的精神。在这里，《淮南子》关于人的概念继承了道家人即自然的思想，而且进一步强调，在天地、物我之间，没有什么绝对的原则。《淮南子》说："烦气为虫，精气为人。是故精神天之有也。而骨骸者地之有也。精神入其门而骨骸反其根，我尚何存？……夫精神者，所受于天也；而形体者，所禀于地也。"（《淮南子·精神训》）不过，《淮南子》在人生哲理思考上，在人之内涵界定上面，比先秦道家高了一个台阶，因为《淮南子》毕竟提出并站在自身角度解释了"精神"这个概念。大学问家司马谈在《论六家要旨》中认为，在六家之中，道德家（黄老之学）最高，认为道家的思想能够包括其余五家的长处，而没有它们的短处。故他重复了先秦道家人的本质在于自然的思想。他说："凡人所生者神也，所托者形也。神大用则竭，形大劳则敝，形神离则死。死者不可复生，离者不可复反，故圣人重之。由是观之，神者，生之本也，形者，生之具也。不先定其神，而曰'我有以治天下'，何由哉？"（《史记·太史公自序》）在他看来，形神合，人则生，形神分离，人则亡。在这里他也提出了人除肉体外，还有神。神是什么？司马谈没有解释过。据有的学者说，这个神可能就是稷下黄老之学所讲的精气。大体上也相当于《淮南子》提出的"精神"概念。

尽管这里用了"精神""精气"概念，但说到底仍然是人之本性为自然，因此，《淮南子》与先秦道家一样，认为"原人之性"，只知饮食休息，依靠天和地生活，不辨是非曲直，不知仁义道德，这便是"率性而行之道"。由于这种人性表现为自然无为，不加人工外力之性，所以，此人性为善性。同时《淮南子》还指出，尽管人的天然本性是安静无为，不求有为而动。但由于外物的引诱和感触，人会为物欲而动，由此伤害了人性。《淮南子·原道训》说："人生而静，天之性也；感而后动，性之害也。物至而神应，知之动也；知与物接，而好憎生焉。好憎成形而知诱于外，不能反己，而天理灭矣。""夫喜怒者，道之邪也；忧悲者，德之失也；好憎者，心之过也。嗜欲者，性之累也。"所以人性本善，则是欲望使人邪恶，即所谓的："故日月欲明，浮云盖之；河水欲清，沙石秽之；人性欲平，嗜欲害之。"（《淮南子·齐俗训》）

由此，《淮南子》提出了"返本归真"的德育和修养之道。《淮南子》首先强调人生必讲仁、智。"凡人之性，莫贵于仁，莫急于智。仁以为质，智以行之"，并且指出："遍知万物而不知人道，不可谓智；遍爱群生而不爱人类，不可谓仁。仁者爱其类也，智者不可惑也。"（《淮南子·主术训》）为此，《淮南子》主张教人之所为，同时要求人们"以恬养性，以漠处神"（《淮南子·原道训》），"适情辞余，无所诱惑"（《淮南子·氾论训》）它说："静漠恬澹，所以养性也。和愉虚无，所以养德也。外不滑内，则性得其宜。性不动活，则德安其位。养生以经世，抱德以终年，可谓能体道矣。"（《淮南子·俶真训》）"心与神处，形与性调。静而体德，动而理通。随自然之性，而缘不得已之化。"（《淮南子·本经训》）这里就指出了修养的办法是向内用力摈弃物欲，恬静虚无，无为无欲。

《淮南子》关于德育和修养的思想，与先秦道家"清静无为"的思想是矛盾的，就其自身强调"无为无欲"来说也是不一贯的。这一矛盾不能被视为理论上的不足或失误，而应被视为汉初黄老之学对人性后天培养的重要性在理论的自相矛盾中跨出的理智一步。这实际上是汉初黄老之学独辟的一条道家学说新思路。否则，在人性问题上始终处在消极境地。

综上所述，与其说汉初黄老之学发展了先秦道家思想，倒不如说汉初道家在笃承先秦道家学说的同时，吸收了其他学派的思想，使之在杂中见全，自成一体。除了他提倡"无为"政治同时倡导仁义外，还积极主张"利人""兴利除害"，在强调道德教育的同时又在发挥道家主张,提倡愚民政策。因此,汉初黄老之学中的人学,以先秦道家思想为主体,它兼收了先秦各家的人学观点。其在汉初统治阶级那里受宠,这也应该成为一个理由。

汉初黄老之学在董仲舒的"罢黜百家,独尊儒术"被汉武帝采纳后,黄老之学失宠。直至汉皇朝衰落,由于社会剧烈动荡,导致了人们的思想发生了重大变化。在现实面前,人们开始怀疑儒家的正统观念,开始觉察到它的烦琐、迂腐、荒唐等。因此,儒家道统学说作为统治思想很难再坚持下去,于是,相对于两汉经学而被称为玄学的新学便在新的历史条件下产生了。

汉后的魏晋玄学,它是思想家采撷先秦道家思想,兼综儒家有关学术,讲究抽象、思辨的理论形态。玄学本论经典为"三玄",即《老子》《庄子》《周易》。玄学之"玄"字取义于《老子》首章"玄之又玄,众妙之门"。魏晋时期的玄学思想家主要代表有何晏、王弼、阮籍、嵇康、向秀、郭象等。

在人伦问题上,魏晋玄学一反董仲舒关于"天人合一"的人学目的论思想,否定了长期禁锢人们思想的天的存在,恢复了理性的尊严,同时也提高了人自身的地位。

魏晋玄学家继承了先秦道家天地万物以"自然"为理法的思想,他们明确指出天、人本于自然。阮籍说:"天地生于自然,万物生于天地。自然者无外,故天地名焉","人生天地之中,体自然之形"。(《达庄论》)郭象也说:"万物必以自然为正","知天人之所为,皆自然也"。(《庄子注》)天、人本于自然的思想的阐释,给人以同源以及相等的地位。

魏晋玄学与先秦道家在人伦思想的根本问题上基本是一致的,但由于"人的自觉"的加强,它培养了一大批潇洒飘逸、放浪形骸和愤世嫉俗、高蹈浪漫的骚人墨客,形成了一种不拘传统规则、思想解放和追求个性自由的士风,即所谓"魏晋风度"。

魏晋风度在当时的士大夫生活中具体表现为,为人处世不拘礼节;男女交往心正而忘却其"别";及时行乐而不求身后(虚)名声;逍遥而从不问他事,等等。如《世说新记·任诞》中记载:"阮籍嫂尝还家,籍见与别,或讥之。籍曰:'礼岂为我辈设也。'"还记载说:"张季鹰纵任不拘,时人号为江东步兵,或谓之曰:'卿乃可纵适一时，独不为身后名邪？'答曰：'使我有身后名，不如即时一杯酒。'"由此我们可以看到，魏晋风度既表现出了对盛行于汉代的天道观的蔑视，也表现出了对儒家伦理纲常的反动。同时也表现出了他们对人世间黑暗现状的无能为力以及消极处世的态度。

魏晋风度表现的不是表面的情绪，而是内在的精气神。难怪魏晋风度为千古所称道。事实上，魏晋风度在中国人伦思想发展史上，就其注重人的主体性、注重人的内在精神，促使个性解放这一点来说，是具有划时代意义的。

当然，魏晋风度作为当时的时代精神体现，尽管具有十分重要的理论和实践意义，但这种超脱避世的思想和行为，应该说是消极的。假如说传统儒学迂腐、烦琐，这里就不免有些庸俗和放旷了。

（原载《伦理学研究纲要》，中国广播电视出版社1992年版）

简论存在主义人生哲学

存在主义是 20 世纪西方哲学主要流派之一。它形成于第一次世界大战后的德国，第二次世界大战期间流传到法国等国，战后又盛行于美国和其他西方国家，五六十年代成为西方世界最时髦的哲学派别。尽管 60 年代末存在主义开始衰落，但至今仍是西方资本主义世界流传很广的哲学流派之一。

存在主义哲学研究的中心问题是作为存在的人的问题，并把人的存在即人的主观意识作为研究的基础和出发点。所以，存在主义者又把他们的哲学称为人学或人的哲学。

一 危机时代的"危机哲学"

存在主义的产生，反映了德国资产阶级受挫时期的情绪。德国是第一次世界大战的魁首，它给世界各国人民带来了灾难，也使德国人民陷入水深火热之中。德国战败以后，巨额战争赔款以及同时发生的欧洲的经济危机，使德国遭到更加沉重的打击。中、小企业纷纷倒闭，大批工人失业，农民破产，凶杀、抢劫盛行，整个社会道德败坏。资本主义社会的政治、经济、文化等各方面出现了每况愈下的景况。就在这个时期，马克思主义学说已经在德国工人阶级中广为传播，尤其是十月社会主义革命的胜利促进了欧洲无产阶级革命运动的高涨。工人罢工运动如火如荼，工人武装起义此起彼伏，严重地威胁到资产阶级的利益，这更使西方资产阶级尤其是德国资产阶级感到沮丧，终于陷入忧虑、烦恼、恐惧和绝望之中，一些中小资产阶级也在这种动荡中深感不安。他们怀疑自己存在的意义，一些资产阶级思想家也着力研究人的存在，试图建立一个"能说明人生的哲学"。由此,反映资产阶级的悲观主义情绪的存在主义就在德国应运而生了。

　　第二次世界大战期间,存在主义在法国得到了广泛的流传和发展。这主要是由于希特勒法西斯专政、屠杀和集中营等暴行以及第二次世界大战的战火给沦陷的法国带来了深重的灾难。在这种情况下,法国的一部分自由资产阶级、知识分子和城市小市民感到忧虑和彷徨,他们在厄运面前无所适从,原先崇扬的自由、平等、博爱的理性王国在战火的燃烧下化为灰烬,人的尊严、人的价值和自由成了被无端践踏的对象,这使得他们不得不在消沉、悲观、失望的气氛中重新思考人的生存和人的价值等问题。然而,这种心境正是第一次世界大战后德国资产阶级的心境,于是存在主义很快在法国乃至整个欧洲得到了信奉和流行,并很快成为一种时髦的哲学。

　　第二次世界大战以后,资本主义世界的生产发展和科学技术革命,大大地改善了人们的社会物质生活条件。但是,尽管人们的生活改善了,精神上却十分空虚。因为,在资本主义世界中,人们无力对付腐朽没落的社会病害,自己也好像总被什么控制着,生活在不由自主的环境中。尤其是劳动人民并没有得到什么真正的自由与民主,资本主义的现代化成了奴役劳动人民的枷锁。于是,人们面对社会,反省自身,在观望、在沉思,企图为自己找一条理想的出路。对此,雅斯贝尔斯(Karl Theodor Jaspers)曾做过这样的描述:"如果说最近一世纪来整个时代特征已经有所转变,时代重心转到了平均化、机械化、大众化,已不再有任何个人的独立存在,而只还有任何人都能代替任何人的那种实在,那么,这种时代特征毕竟是一个足以令人觉醒的背景。在这种背景下,在这种无情的、使个人不成其为个人的空气里,那些能够成为他们自己的人们,都觉醒过来了。他们愿意严肃认真地生活;他们寻找隐藏含蓄着的现实;他们盼望认知可以认知的东西;他们试图通过他们对自己的了解达到他们的根源。"[①] 而严酷的现实,决定了他们不仅找不到正确的出路,解决不了他们想解决的问题,而且是越发使他们产生悲观、失

[①] 中国科学院哲学研究所西方哲学史组编:《存在主义哲学》,商务印书馆1963年版,第153页。

望的心理。然而，反映并迎合了这一心理的存在主义，却再一次受到了人们的宠爱，并一度形成了"存在主义狂热"，使得存在主义发展到了顶峰。

综上所述，存在主义哲学是典型的危机哲学，是西方社会政治、经济危机、人们精神危机的反映。

二 真正的哲学是人学吗？

存在主义认为，传统哲学是内容抽象空洞而又不着边际的哲学。不管是把"物质世界"看作第一性的实在的唯物主义，还是把某种"抽象的精神"看作第一性的实在的唯心主义，它们离人们的实际生活太远，人们无法理解，更谈不上对人们的实际生活起指导作用了。因此，存在主义认为传统哲学不是真正的哲学。

存在主义指出真正的哲学是人学，这是因为，哲学的基本问题是存在问题。那么，存在又是什么呢？存在主义者认为存在不是指河海山川、飞禽走兽、生产资料或生活用品等实物的东西，存在是指人的存在或叫作"我的存在"。海德格尔（Martin Heidegger）说，一切存在者的存在总是自我的存在。雅斯贝尔斯也说，存在就是大全，而大全就是自我。萨特也指出，存在就是"人的实在"，即自我。那么人或自我又是以什么形式来体现的呢？当然不可能是指人的身躯，更不会指社会生活中的活生生的人们，而人的存在或自我的存在，主要是指人的主观意识的存在。海德格尔认为，存在的问题归根结底就是思维的存在，没有思维的存在，也就无所谓万物的存在，万物都存在于自我之中。雅斯贝尔斯指出，自我就是大全，大全就是一般意识。任何客观存在，包括自我的躯体都是自我意识的派生物，都是存在于自我意识中的东西。萨特则干脆强调，世界上绝没有一种真理能够离开"我思故我在"，他认为，从这一点可得到一个绝对真理：自我意识是存在的。

为了进一步说明自我意识就是存在，萨特（Jean-Paul Sartre）特地把存在分为两个范畴：自在存在和自为存在。所谓自在存在，指的就是外部的客观世界。萨特把它归纳为三个基本特征。第一，"存在就是存在"。就是说，它是纯粹地、无条件地存在着。它没有来源、没有秩序，一切都是偶然的。所以它是不可捉摸的毫无意义的东西。第二，"存在是自在的"。它独立于上帝又独立于精神，不依赖于任何其他东西而自在，它就是它自身。它不在关系中存在，它从来不作为相异于他物的存在而出现，它也不能支持他物之间的任何关系。"它是不能自己实现的内在性，是不能肯定自己的肯定，是不能活动的能动性，因为它是自身充实的。"① 第三，"存在就是它所是的那个东西。" 就是说，它既然完全被自身充满，它就应该是充实的、无空隙的、完全是不透明的。它对于自己，对于外部意识，对于其他存在都是不开放的、关闭的。而且，是其所是的存在没有时间性关系，既没有过去和现在，也没有将来，它就是它。它除了"没有时间的不动性"之外，便什么也不可能有，在什么也不可能有、什么也不会发生的地方，那是死的王国。所以，萨特指出，自在的存在的胜利就是死亡，就是非存在的存在，因此，自在存在就是非存在。

所谓自为存在，就是指人的主观意识，是"认识主体"的存在。它的一个重要特征是"虚无"，并具体表现为"虚无化"和"否定性"。一方面，萨特认为，自为的存在不是独立的实体，它是依赖于自在而存在的，"自为自在就是某种抽象的东西：它就会像一种没有形状的颜色、一种没有音高和音色的声音一样不可能存在"②。因此，意识都只是对某物的意识，意识本身没有内容，是虚无。同时，作为自为存在的意识，是通过对自在的存在的虚无化而产生的。萨特这一思想可以用这样一个例子来说明：我想在教室里找一个人，在找到这个人以前，其他人的一张张脸都只在我眼前作为短暂的形式出现就被疏远开来。也就是将这些我不要找的人虚无化，从而使我要找的那个人在这许多人的教室中表现出来。人们要认识（意识到）一个对象，也都有一个虚无化过程。因此，本来自在存在是完全充实的，意识也是虚无的，但虚无化使自在存在出现裂缝，使自在存在发生全体的变动，意识也就从自在存在中浮现出来。另一方

---

① ［法］萨特：《存在与虚无》，陈宣良等译，生活·读书·新知三联书店1987年版，第25页。

② ［法］萨特：《存在与虚无》，陈宣良等译，生活·读书·新知三联书店1987年版，第791页。

面，萨特认为，作为自为存在的人的主观意识是积极的、主动的，它总是在"规定"着非存在的存在。即是说，非存在即自在的存在如果没有自为的出现，如果脱离了人的主观意识，"自在"就是一种毫无意义的存在。它只有依赖于人的意识才能得以说明，才能成为有意义的存在。

由此可见，萨特意在强调人的意识是真正的存在，物质世界是非存在，作为自在存在的物质世界只有通过作为自为存在的人意识才有其意义。

正因为唯一真正的存在是人的意识，所以存在主义者都反对哲学以客观实在的自然事物作为研究对象，强调人是存在主义的出发点，存在主义是一种人学，是一种"提高人类"、给人类以"尊严"的哲学。海德格尔曾说，真正的哲学就是对亲在的存在状态的分析，就是研究我在的在的意义，即研究人的存在的意义。萨特也指出，由于人的实在，才有万物的实在，人是万物借以显示自己的手段。

存在主义把哲学看作人学，显然是片面错误的观点。这是因为，哲学尽管要研究人，但并不只是研究人，人的哲学问题仅仅是哲学研究的一个方面。马克思主义早就科学地指出，全部哲学的最高问题是思维和存在的关系的问题。并强调客观物质存在决定主观思维，意识是存在的反映，作为意识形式的哲学是关于自然知识和社会知识的概括和总结。因此，存在主义认为世界决定于人，所以哲学必然是人学。这种思想是唯心主义的，它颠倒了物质和意识的关系。所以，哲学就是人学的结论本身没有客观依据。存在主义者把人当作意识主体本身，这倒说明存在主义想要建立的人学，是不着边际的抽象的东西。当然，存在主义客观上确认了人的主观能动性，表明了人在自身与世界的关系中是能动的，这又包含着一定的合理因素。然而与此相矛盾的是，存在主义却又处处体现出对人生问题的悲观情调，这个矛盾也是他们无法克服或说清楚的。

三 没有自由内涵的命题："人就是自由"

存在主义者标榜其哲学是人学，是唯一给人以尊严的学说。他们反对一切压制人的观念，强调人的自由选择、自由创造，强调每个人自由规定自己的本质。而这些，是以一条被萨特称为"第一原理"的命题为前提的。

萨特认为，人作为一种单纯的主观性存在，人的本质、人的其余一切都是后来由这种主观性自行创造的。他自己解释说，首先是人存在、露面、出场，后来才说明自身。人之初，是空无所有；只在后来，人要变成某种东西，于是人就按照自己的意志而造就他自身。所以说，世界并无人类本性，因为世界并无设定人类本性的上帝。这就是说，人之所以为人，是由人按照自己的意志而造就的，人不外是由自己造成的东西，这就是存在主义的第一原理。萨特还进一步指出，人与物不同，对于物来说，是本质先于存在。因为物本身是没有意义的，只有当人授予它意义，它才存在，才有所谓物的本质。人在授予它意义以前，它只能是一个毫无意义的荒谬世界。萨特举裁纸刀为例说，在裁纸刀被制造出来以前，制造者首先要有裁纸刀的概念，然后按照他的理解去造一把裁纸刀出来才有刀的存在。因此，就裁纸刀而言，可以说是本质先于存在。萨特强调，不能因为物的本质先于存在就认为人的本质也先于存在。不能把人降到物的地位，把人当作东西。而应当把人当作人。既然人的存在先于本质，他就不是谁规定的，不受任何东西制约和支配，他一定是通过自由意志来创造自己的本质，自己决定自己成为一个什么样的人。

萨特用他的这一基本原理否认了上帝的存在，反对了决定论，同时也取消了人性。首先，萨特宣称可能的上帝是不存在的，或者说上帝不过是一个技术专家，他还以上帝无法主宰人的存在的思想否认上帝的存在。在《苍蝇》一剧中，他借着众神之神朱庇特的口说："神祇与国王都有痛苦的秘密，那就是人类是自由的。""一旦自由在一个人的头脑里爆发开，神祇对这个人也就无能为力了。"同时还借主人公俄瑞斯忒斯之口说："你是诸神之王，朱庇特，你是石头和繁星之王，是海浪之王，但你不是人类之王。"所以，萨特自己说，寄希望于人，而不是上帝，因为"上帝死了"。其次，萨特认为，如果存在确实先于本质，就无法用一个定型的、现成的人性来说明人的行动，换言之，不容有决定论的存在。萨特指出，事物的存在都是偶然的，无规律可言，不存在因果制约性。没有什么外界的必然性使得事物成为现在这样的事物，这些事物也完全可能是别的什么事物。我们甚至不能问一下这一切东西是从哪儿来的，也不能问为什么要有一个世界，而不是什么也没有。他还说，在生活中，什么事情都不会发生。只不过是背景经常更换，有人上场，有人下场，如此而已。萨特认为，懦夫之所以是懦夫，不是因为他的本性是怯懦的，不是因为他有一个胆怯的心、肝或头脑，造成懦夫的东西，是自己的行为。

从上述萨特关于存在先于本质的论述中可以看出，存在主义主张人的本质不是先天决定的，不是上帝赋予的，也不是后天因素、社会环境决定的，而是由人自由选择的结果。就是说，一个人通过自由选择，自己规定他的本质。这一观点，对于发挥人的主观能动性，激励人的积极进取精神，是倍受人们欢迎的。

从存在先于本质的命题可以看出，自由同人的本质是密切联系的。自由并不是人的本质，因为自由在先，本质在后，萨特说"人的自由先于人的本质"。但是，人的本质的实现却离不开选择的自由。在萨特看来，人可以根据自己的意愿去设计、规划、选择和决定自己的本质，而这是完全自由的。所以他在否定了决定论、人性论后说，人是自己的，人就是自由。这样，萨特又把人的自由同人的存在等同了起来。

人就是自由，那么自由又是什么概念呢？萨特说，我们要求的是以自由为目的的自由，是在各种情况下均有的自由。自由不是一种力量，它不受因果关系的制约，自由是不能被限制的。可以看出，萨特的自由概念指的就是绝对的意志自由。

当然，萨特的所谓人的绝对意志自由，不是指可以任意套用在人生存状态的任何过程，他仅仅是把它同人的行为选择瞬间联系起来，即是说，自由只是人的选择自由，他自己解释说，事实上我们只是一种进行选择的自由，而并不是选择"成为自由"。进而萨特还指出了选择自由的三个方面特征。

第一，选择自由无处不在、无时不有。因为一个人一生的历史，就是不断自由选择自己本质的历史。他说，一个人，不外就是一系列的事业，他就是造成这些事业的种种关系的总数、组织和整体。他并且强调，人无法生存于选择之外的境地，总是处于要么这样选择，要么那样选择的矛盾之中。就是不选择也是一种选择，这说明人选择了不选择，否则，就无法说明人的存在。

第二，选择自由不受动机目的制约。萨特认为，主观的思考往往是骗人的。动机仅仅是为了意识。因此，自由不是一般意义不遵循某种预定规律而行使的自由，也不是顺应某种必然性而成的自由。假如承认了必然性以及对必然性的认识，就意味着人成了必然性的奴隶，人的自由就受到了限制，从而就失去了自由。同时，自由也不在于得到人所要求的东西，成功与否对自由来讲是毫无价值的，因为自由只是指选择的绝对自由。由此，存在主义认为，只要在自由中加上任何一点附加成分，自由就会异化，就不能称之为绝对的自由。萨特在《苍蝇》里通过主人公奥列斯特表达了这种不受限制的绝对自由的选择。奥列斯特在替父亲复仇以前找神王朱庇特请教，朱庇特要奥列斯特屈从命运，但奥列斯特没有听从朱庇特的旨意，他反驳说："从你把我制造出来的时候起，我就不再属于你了……在天上就什么都不存在了：没有善，也没有恶，没有任何人给我发布命令，我命定是只拥有我自己的法律，我再也不回到你的法律之下……因为我是一个人。朱庇特，每一个人都应该开创他自己的道路。"奥列斯特最后没有听从朱庇特的告诫，杀了仇人。萨特认为这就是个人真正的自由。同时还举了许多例子来说明选择自由就是自己选择本身。他在小说《艾罗斯特拉特》中，写了主人公希贝尔特通过自由选择来创造自己本质的过程。希贝尔特认为自己的生命是短暂可悲的，却又不甘心于默默无闻，他决心向艾罗斯特拉特学习，即使不能流芳百世，也要遗臭万年。他扬言要用枪中的六颗子弹杀死六个人，最后终于在光天化日之下枪杀了无辜之人。在萨特看来，希贝尔特的行为是自由选择，他只是选择了杀人凶手的本质。按照存在主义的观点，一个人自杀也是自由选择，而且这才是真正的自由。

第三，选择自由体现在行动中，表现在"介入"上面。萨特认为，真正有意义的自由就是"介入"到行动中去，他指出，对于人类来讲，自由是没有等级的，但并不是所有的人都能到达自由的第二阶段，有的人害怕行动，总处在选择行动前的苦恼中，这样的人就不是理想的自由人。因为"除了行动以外，无所谓实在"，"人无非就是人打算要做的东西。人实现自己有多少，他就有多少存在。因此，他就是他的行动的总和，他就只是他的生活"。由此可以看出，萨特的思想逻辑是人就是自由，自由就要"介入"行动。他这种自由表现在积极行动中的思想在他的文学作品《自由之路》中反映得也十分明显。主人公玛第厄，在行动前感到自己的自由、存在没有着落，无所支撑。后来战争爆发，他参加了抵抗运动。并在一次战斗中，在面对德军只剩下自己一个人的情况下，他找到了"介入"到行动中去的机会，发誓再坚持十五分钟，因此拼命射击，而且每一枪都是为了一件他过去想做而由于种种顾忌而没有成功的事情。例如，一发子弹是为他想写而不能写的书，一发子弹是为了射向那些他应该报复而没有得逞的人，等等。十五分钟后他倒下了。在萨特看来，玛第厄这个人完成了自由的重负，是真正"介入"到行动中去的存在主义英雄。

存在主义的自由观念，尤其是上述萨特的自由理论，是存在主义的核心内容，是所谓存在主义人学的精髓。不过，萨特的自由观念从根本上说来是错误的。

第一，他排除了必然性。萨特认为自由就是指人们可以离开对客观必然性的认识去随心所欲地选择自己的行动，这不仅仍然没有摆脱唯心主义的窠臼，而且这种抽象的自由观念，带来的只能是盲目和不自由。不可设想那个人们可以随心所欲的社会会是一个什么样的社会，可能连生存的自由也没有了。恩格斯说："自由不在于幻想中摆脱自然规律而独立，而在于认识这些规律，从而能够有计划地使自然规律为一定的目的服务。"[①]

第二，萨特的"自由选择"是空洞抽象的概念。马克思主义认为，自由选择的基础是人们在对必然性和规律性认识基础上的预见性，萨特否定了必然性，也就否定了自由选择的可能性，正如恩格斯曾经指出的，行为的任意选择"恰好由此证明它的不自由，证明它被正好应该由它支配的对象所支配"[②]。当然，萨特自己强调，他所讲的自由选择不是马克思主义的认识规律基础上的自由，而是自

---

① 《马克思恩格斯全集》第20卷，人民出版社1971年版，第125页。
② 《马克思恩格斯全集》第20卷，人民出版社1971年版，第125页。

由选择本身，不管在什么情况下，只要排除一切干扰和制约，凭任性去选择行动就是自由。哪怕是关在监狱里，人也能自由，自由选择逃跑就是了。不仅如此，他说不选择也是一种自由选择。照此看来，人总是在选择，人就不存在不自由。然而，不存在不自由的自由还有什么意义呢？它不成了抽象空洞的概念了吗？

第三，萨特的自由选择论宣扬了极端个人主义，按照萨特的自由选择理论，那么任何人都在凭自己任性的自由选择中生活，这就必然要产生人与人、人与社会的矛盾。对于这些矛盾，萨特主张为了实现以自由为目的的自由，可以按照"不冒险，无所得"这句西方古代格言去行动，去创造自己的本质。这实际上为极端个人主义者提供了一条理论依据。

尽管萨特的"人就是自由"的思想错误是明显的，但并不是一堆废话，有些地方也值得我们深思。首先，萨特的自由理论客观上在强调人的主观能动性，强调人的一种自立精神。他要求人们不信上帝，自己掌握自己命运，自我创造未来，这无疑是有积极意义的。当然，他任意夸大人的主观能动性，把主观因素孤立起来并使之成为绝对的东西，这在理论上是荒谬的。其次，萨特认为理想的自由人必须"介入"到行动中去，尽管这与马克思主义的"实践"概念大相径庭，甚至他所谓的行动是盲动、蠢动。但是它从一个侧面告诉我们，自由不是空喊来的，更不是靠谁的恩赐，它只有在行动中才能体现，否则就是一个无着落的东西。

四 悲观绝望的哀叹："他人就是地狱"

存在主义在提出人就是自由的同时，还进一步强调，这种自由是"我的自由"。存在主义认为，在这个世界上人的存在不是孤立的、纯粹的。海德格尔说："此在的世界是共同世界，在之中就是与他人共在。"① 他并指出，他人的存在是"此在"（指人的存在——编者注）自身中引出的，"例如我们'在外面'沿着走的这块地表

---

① ［德］马丁·海德格尔：《存在与时间》，陈嘉映、王庆节合译，生活·读书·新知三联书店1987年版，第143页。

现为是属于某某人的，由他正常保持着；这本在用着的书是从某人的书店买来的，是由某某赠送的，诸如此类。靠岸停泊的小船在它自身的在中就指点着一个已知的用它代步的人；即使对我们来说这是一只'陌生的小船'，它也指点着其他的人"①。萨特也指出，事实上，不管我们采取什么样的行为，我们总是在一个已经存在着别人，并且对别人而言我是显得多余的世界里，完成着我们的行为的。

按照存在主义观点，我的存在是主观意识的存在，那么"他人"或"别人"指的又是什么呢？海德格尔认为，这个他人是不确定的，"不是这个人，不是那个人，不是人本身，不是一些人，不是一切人的总数，"这个人"是个中性的东西，就是普通人"。②萨特也认为，从根本上说，他人就是另一个，也就是不是"我"的"我"。并且，这个他人不是作为肉体存在的他人，而是作为意识存在的他人。这就是说，他人也是自为的存在。

既然我与他人同时存在，那么存在着什么关系，这种关系又是如何表现的呢？萨特认为，我与他人的关系是存在与存在之间的关系，而不是认识之间的关系。而既然我与他人都是一样的存在，那么，他人就和我周围的东西不同，我们同在一个实在的世界中，我们各自用不同的方式表现自己、表现着世界。但是，萨特进一步指出，在我与他人存在的世界中是混乱和动荡不安的。他认为，我是一个自为存在，但当他人注视我时，我在他人的眼中成了一个东西，变成了"为他人的存在"，我也就事实上被贬低到物的水平。例如，当我在门孔上偷听别人的谈话时，我完全专注于我的目的，以致把我自己和门孔以及周围的一切都变成了一个服务于同一目的的工具。但突然走过来一个人，他在注视着我，这时我已成了注视着我的那个人的客体。而且我通过他人的出现而发现了我自己。此时的我是感到"羞耻"的我，所以萨特说，羞耻是在他人面前对自己的羞耻。在这种情况下，我成了"为他的存在"，使一个自由的，作为他人的

---

① ［德］马丁·海德格尔：《存在与时间》，陈嘉映、王庆节合译，生活·读书·新知三联书店1987年版，第155页。
② 徐崇温主编：《存在主义哲学》，中国社会科学出版社1986年版，第36、37页。

主体确立了。当然，萨特又从另一个角度指出，我在他人面前是不甘心于客体的地位的，他人把我当作一个客体、一个物、一种自在的存在，那我也要把他人当作东西，恢复我的主体性，恢复我作为自为的存在。因此，萨特说，人与人之间不可能是互为主体的关系，而只能是"主奴关系"。而且谁都只想当主人，在这种冲突中，一方面我要设法从他人的掌握之中解放我自己，另一方面他人也在力图从我的掌握之中解放他自己；一方面我竭力要去奴役他人，另一方面他人则又竭力要奴役我。萨特还在剧本《禁闭》中利用三个鬼魂在地狱的行为来形象地描绘了人与人之间的对立、冲突的关系。在地狱里，三个鬼魂（一个是由于背叛而被枪毙了的加尔散，一个是赶走丈夫的情妇引起丈夫自杀的伊内丝，一个是溺死私生子而犯法的艾丝黛尔）仍然相互角逐、折磨。三人在一起，只要有其中两个人表示亲近时，就有第三个人进行破坏。他们总是处在无休止的勾心斗角的过程中。为此，剧中人物加尔散感慨地说："别人不让我有做我自己事情的时间。""地狱原来是这样。我从来没有想到……提起地狱，你们便会想到：硫黄、火刑、拷架。……啊，真是莫大的玩笑，何必用拷架呢？他人就是地狱。"

由此，萨特得出结论说，自由是不允许他人自由的"我的自由"。在这个世界上，我的存在就是对别人的限制，尊重别人的自由是一句空话。

萨特这些思想，应该说反映了当代西方社会生活中带有普遍意义的"境况"，揭露了资本主义社会中的一些阴暗、肮脏的人际关系。但是萨特所做的分析解释是错误的。首先，他把人际关系中的冲突现象理解为社会必然的、唯一的人际存在方式，抹杀了社会人际关系存在和发展的辩证法。实际是在宣传悲观、恐惧情调。其次，把人的自由理解为"我的自由"，并认为在人际关系中自由是不可能同时体现在几个人或每个人的行动中的，一个人的自由或"我的自由"同时也意味着对"别人"的自由设定了界限，抑制了别人的自由。这是主观唯心主义的概括。假如世上只有一个人的自由或"我的自由"，那么这样的自由是一种虚幻的自由。最后，萨特从人的意识的结构出发去分析解释人与人之间的矛盾和冲突，实际上就是从人的本性出发去解释这种矛盾和冲突。其实，在任何一个社会形态下的人际矛盾和冲突，都只能从社会的物质生产方式，从社会的经济基础或生产关系去分析。否则，既找不到矛盾和冲突的原因，也找不到解决这一矛盾和冲突的根本方法。

关于社会人际关系，海德格尔以"社会是烦恼"的命题做了概括，并提出必须以个性自由来创造"本真"的我。

海德格尔认为，人们日常共在的特点是"淡漠"，因为人们之间的共在，无非是尔虞我诈、勾心斗角。所以，与别人打交道总是件"麻烦"的事，他还描绘道：人与他人共在时，或者要与他人合谋，或者赞成他人，或者反对他人，总是要为同他人区别而烦，当和别人差距很大、关系紧张的时候，就想缓和一下，不紧张的时候，又想超过他人；已经出人头地了，还想保持这种优越性和压制他人。因此，他人的存在对我来说非常"烦心"，尤其是"被安插在同一事业中的人们的相互共在，常常只是靠猜疑来滋养的"。①

不仅如此，海德格尔还指出，此在在日常生活中，在与他人的共在中，它自己并不能独立自主地存在，它总是处在他人的号令之下，受他人的摆布。这是因为，每一个人都属于既不是抽象的也不是具体的，既不是一些人也不是一切人的"无此人"，它是一种匿名的、中性的东西，即所谓的"人们"。所以说，日常共在中的此在自己就是"人们"自己。当然他是非本真的自己，因为此在在这种情况下便处在"人们"的独裁统治下。海德格尔写道："在利用公众的交通工具的情况下，在使用诸如报纸之类沟通消息的设施的情况下，每一个他人都和另外的他人一样了。这样的相互共在完全把本己的此在消融在'他人的'在的方式中。而这些他人在各种不同的却又明显的情况下越发消失不见了。在这不引人注意而又不确定的情况下，'人们'展开了他的真正的独裁。'人们'怎样享乐，我们就怎样享乐；'人们'对文艺怎样阅读怎样评论，我们就怎样阅读怎样评论；'人们'怎样从'大众'中退步抽身，我们也怎样退步抽身；'人们'对什么东西'愤怒'，我们就对什么东西'愤怒'。……就是

---

① ［德］马丁·海德格尔：《存在与时间》，陈嘉映、王庆节合译，生活·读书·新知三联书店1987年版，第159页。

这个'人们'规定着日常生活之在的方式。"①

那么此在又如何转化为"人们"呢？海德格尔用"此在之沉沦""沉沦状态"解释这个问题。他说："闲谈、好奇、两可，这些就是此在日常用以在'此'，用以开展出在世来的方式的特性。……在这些特性中，以及在这些特性合乎在的联系中，就暴露出日常生活中的在的一个基本样式；我们把它称为此在之沉沦。"② 这就是说，由于闲谈、好奇、两可使得此在在日常生活中失掉自己的本真性，转化为"人们"。所谓闲谈，指的是交谈者无所事事，凭道听途说、捕风捉影而空发议论，或者人云亦云，没有自己的主见，成为公众舆论的传播者。所谓好奇，指的是人们在日常生活中为物质欲望所驱使，贪新骛奇、追求外表，为好奇而左右，为好奇而分心，使自己失去独立的创造精神。所谓两可，指的是人们在社会生活中总是受外在的东西的制约，自己不能掌握自己的命运，自己不能抉择自己的未来，模棱两可，踌躇不决。按照海德格尔的意见，人们"沉沦"的过程就是本真的人的异化过程。所以，此在要真正实现其自身，表现出本真性，就要使我获得真正的自由，本真的我只能是在自由的前提下自我设计、自我创造的我。

海德格尔论述人际关系状况的角度尽管与萨特有所区别，但表达了同一个思想：存在是我的存在，自由是我的自由。他的一个值得注意的思想是他不自觉地承认了人的社会性。因为，按照他的观点，"人们"尽管在异化着人，但"人们"的在的方式是日常生活中"最实在的主体"，"人们"是一种存在状态，此在是不能完全摆脱"人们"的束缚的。这一思想与前面所述是矛盾的，要求人们摆脱被异化状态，又说不能完全摆脱。但是，它毕竟说明了这样一个事实：人并不能离开社会而生存，更不可能天马行空、独往独来，只有在社会中才能实现他本真的存在。不过，海德格尔的"沉沦"思想割裂了个人与社会的关系，把个人的自由

---

① [德]马丁·海德格尔：《存在与时间》，陈嘉映、王庆节合译，生活·读书·新知三联书店1987年版，第164页。

② [德]马丁·海德格尔：《存在与时间》，陈嘉映、王庆节合译，生活·读书·新知三联书店1987年版，第219页。

或"我的自由"建立在对社会约束的摆脱上面，主张随心所欲的自由，这只能为极端个人主义提供理论依据。假如说海德格尔这一思想出于对资本主义现状限制了人的发展不满的话，那么，作为对个人与社会关系的概括则是极其错误的。人不仅不能离开社会而存在，更重要的是人还需要在认识和运用社会发展客观规律的基础上，体现人存在的意义。

五 荒谬的人生论、虚无的价值观

存在主义在它的"自由理论"基础上阐发了人生价值思想。存在主义认为，一切价值都没有它的客观标准，我的自由的存在才是有价值的存在。萨特指出，既然上帝是没有的，那么我们便不能利用任何价值或圣训，使自己的行为合法化。因此，在广大的价值领域，我们在自己的身后找不到任何足以支持我们的辩解，在自己的面前也找不到任何报偿。还说，我的个人自由是价值的唯一基础，因而绝对没有任何东西可以为我提供承认某种价值、某种价值源泉的根据，价值的存在依靠我而得以维持。然而，我的存在状态是选择自由，既不能被创造又不可回避，所以，我的一切自由选择是我的价值的内容，人的一切活动都是与价值相等的。所以萨特说，价值无处不在。其实存在主义的所谓人的价值仅仅是一种虚无的主观价值。在萨特看来，自由、选择、虚无化、暂时化是一回事。选择主体没有任何前提，也没有任何固定的目的，常常是随意飘动的。每一次选择由于它毫无支撑点，由于它向自己规定着自己的动机，所以可能显得是荒谬的，而事实上也的确是荒谬的。人的一生的选择自由则是在连续的虚无中获得肯定。由此看来，既然选择自由是虚无的、荒谬的，那么，"价值是人的存在的虚无的一种产物，它除非被人的意识选择"，否则，价值就是"乌托邦"，"无处在"。

存在主义这一价值论思想是二律背反的，但是，其目的还是要说明离开了主观的自我，价值就不存在。价值属于自我的判断。说它"无处在"，是因为自由的选择在何时、何地、何种情况下选择何种行为是无法预料的（实际上能预料就说明先前有标准，那就是不自由了），它是没有理由的、任意的，所以自我无法判断价值。说它无处不在，是因为，我的存在离不开自由选择，在接连不断的自由选择中构成了我的价值。

那么，如何实现人的价值呢？照以上说来，我的选择行为自由了，就体现了我的价值。其实并不然。存在主义认为世界是荒谬的，我也是荒谬的，在这个荒谬的世界里，价值的实现也是荒谬的。这是因为，人类历史永远是一片黑暗，人生只能是充满着悲哀和冒险，追求人生价值是"一场空忙的激动"。存在主义认为，人类历史是不可捉摸的，其中充满隐蔽的可能性。雅斯贝尔斯说，对我们来说，过去充满了空白，而未来又是昏暗的，只有当下才显得是清晰的，我们只是生活于当下。然而，对我们来说，当下本身是一望无际的，因为我们只有完全认识了为当下做好准备的过去以及当下隐于其中的未来，当下才是清晰的。我们希望洞察我们时代的处境。但是这种处境充满了隐藏的可能性，这些可能性只有在它们得到实现时，才是可以觉察出来的。由此，存在主义进一步认为，既然人类历史是不可认识的，人就必然在社会面前软弱无力，必然要受到历史的摆布。尤其是在科学技术越来越发展，社会组织越来越完善的历史条件下，人是越来越被动，他不可避免地越来越丧失"本来的自己"，"异化"自己，使自己变成不是"真正的人"。因此，人要想成为什么样的人是无法知道的，甚至人是"被抛弃的可能性"，更无法规定。在这样的情况下，人生是没有把握的，它只能是没有尽头的悲剧。尽管如此，人"在世"又必须生活、必须选择，这也就必然以盲目的冒险来创造个人的生存，实现自由选择。而冒险本身就意味着人生的一切（包括人生价值）都是偶然的、无着落的。这就是萨特所说的"荒谬"。

面对这荒谬的世界和人生，存在主义提出了一条荒谬的"返本归真"、实现人生价值的途径。

首先，从畏中实现本真的存在，真正让此在可以自由地选择自己。海德格尔认为，畏是此在先天就有的基本情绪，它与怕不同，怕是指人们对某一具体的对象、现象、事实感到害怕，或者对某一环境感到害怕，甚至在繁忙活动中也会产生怕的情绪。而畏是没有确定对象的，畏之所畏的东西是在世的在本身、是世界本身，而不是一般的在世内的在者。因为，一方面，人的沉沦必然会产生一种

"茫然失措"的情绪,这也就说明,存在自身必定根本就具有威胁的性质。所以海德格尔说:"畏之所畏者就是这种在世的在。"① 另一方面,按照海德格尔的思想,使人生畏的东西既然不是世内某一确定的在者,它就既不是畏这个或那个,也不是为这个或为那个而畏,它无所在,但又无所不在,它是这样近,以致紧压人而使人屏息呼吸。但尽管这样,人们又说不出所以然来。所以,畏是一种"不是任何东西、没有任何状态的无",它仅仅是"一般在手头东西的可能性,也就是说,是世界本身"。② 然而,世界本质上属于在世的在,畏本身作为现身状态就是此在在世的基本方式。

尽管畏是此在在世的基本方式,世界其他一切都是虚无,畏就必然会使人醒悟到社会一切都是虚假的、不真实的。并由于畏而使此在可以自由地选择自己,达到真正的存在,实现真正的价值。

其次,存在主义认为,只有通过死才能走到自己本真的存在,才能体验到自己存在的意义和价值。存在主义这里所谓的"死",不是指自身生命的终结,不是对现实生活的否定;而是指一种非真正的死,即对死的先行领会,是对死的自觉、对死的恐惧。当人们领悟到在这个世界上死是唯一真实的,不可避免和"不可超越"的,人生就是奔向死亡的过程;同时,体验到"死是此在最本己的可能性"。它只属于自己,和别人无关,旁人也绝对不可代替的时候;当人们意识到,我们枉费心机,永远把自己一次又一次地坐落在一个火山口上,这个火山之将要爆发是肯定的,只是不确定在什么时候怎样地爆发,即随时有可能死亡的时候,人们就会敢于拒绝他人的支配,摆脱社会的束缚,保持自己的独立自主。同时在向着死亡的终点奔去的旅程中,人们就会毫无牵挂地自由地开展出它的各种可能性来,即是说,自由地选择了他自己。由此可见,真正的个人存在的价值在于"先行到死中去"。

再次,存在主义认为,"返本归真"还需求助于良心。因为良心

---

① [德]马丁·海德格尔:《存在与时间》,陈嘉映、王庆节合译,生活·读书·新知三联书店1987年版,第230页。
② [德]马丁·海德格尔:《存在与时间》,陈嘉映、王庆节合译,生活·读书·新知三联书店1987年版,第230页。

是内在的，它不起源于上帝，不起源于精神或社会。良心表现为呼声，良心能在人被"异化"过程中，自觉有责任地把人的本真的存在从"人们"中召唤回来，在抵制社会的束缚中保持自己个人的独立性，实现个性自由。所以良心可以说是人的价值的同伴。

存在主义的人的价值观念及其关于实现人的价值的途径的思想，是危机时代悲观主义人生哲学的集中体现，它不仅把社会看得十分灰暗，而且在割裂了个人与社会的关系的情况下谈人的价值（或自由选择），那只能是一种在悲观情调下自欺欺人的自我安慰，同时，尽管存在主义重视良心在实现人的价值过程中的作用，但由于存在主义者不承认社会的良心和公共的良心，把良心当作纯粹主观的内在的东西。并认为人只有遵循自己内在的不知从何而来的良心的呼唤，我行我素，才能成为价值高尚的人。这实际上是在主张和宣传非道德主义。

（原载《伦理学研究纲要》，中国广播电视出版社 1992 年版）

谈我国伦理学教材建设存在的问题及其改革措施

我国高校恢复伦理学的教学已近十年的时间，作为一门既古老又年轻的学科，经过理论工作者的辛勤耕耘，取得了喜人的成果。然而，我们经过几年的教学实践，深感我国伦理学教材在理论和应用的研究和阐释上存在诸多不尽如人意的地方。在教学过程中，教材是介于教师与学生之间的枢纽和桥梁。教师与学生的双边活动，是围绕着教材展开的。所以，我们在努力搞好这门课程的建设时，不妨从教材建设入手，改变教材落后于教学要求的现状。

一　现有教材的问题

自 1982 年以来，社会科学的研究机构和一些高等院校相继出版了一大批伦理学教科书和专著，这对于伦理学的教学无疑起了积极作用，但是我们也毋庸讳言，作为理论载体的伦理学教科书的现状，与时代的要求还有相当大的差距，存在着不少缺憾。主要表现在五个方面。

（一）体系僵化

任何学科都有自己内在的一套体系。但这种体系绝非凝固不化的，而应是随着外部条件及本学科的自身发展而变化的，它应当是动态性的、开放式的体系，可是，目前的伦理学学科的体系却是一个自我封闭、缺乏生机的体系，造成此现状的原因有三。

1. 没有处理好马克思主义基本原理与伦理学的关系，马克思主义的诞生，给社会科学研究带来了一场深刻的、根本性的变革。在浩瀚的马列著作中，对社会伦理道德作过大量的、精辟透彻、有血有肉的分析，它对我们剖析纷繁复杂的社会道德现象有着根本性的指导作用。但是，我们应当承认（尽管有时这种承认显得相当痛苦），我们在学习、运用马克思、恩格斯有关伦理道德方面的理论时，在编写我们的教材时并没有全面、正确地把握住，而是采取经世致用的实用主义手法，拘泥于马克思、恩格斯所讲的只言片语。使他们的丰富多彩的伦理思想成为仅仅只有决定作用、反作用之类的干巴巴的几条，忽视了在马克思主义指导下对伦理学基本出发点的全面阐述。诸如对于道德自觉、个性完善、人际和谐等一些重要理论问题没有给予必要的阐释。更没有能运用马克思主义的基本观点全面评析传统伦理和当代西方伦理。所以，我国现有的教材都程度不同地缺乏说服力。

2. 20世纪50年代苏联模式的影响。四十年前，由于苏联在国际共产主义运动中所处的特殊地位，我国在大学建制、教学方法、教材编写等诸方面完全仿效苏联。进入80年代以后，苏联已经在伦理学领域进行大刀阔斧的改革，并卓有成效。可是，我们仍未摆脱苏联教科书的影响，很少能体现中国的特色。其实，中国伦理学建立的社会背景尽管在社会制度、意识形态的确立等方面与苏联基本一致，但在民族生活习惯、传统文化影响上存在差异，伦理学的建立不能在几条基本原理上一套了之，要有符合中国特色社会主义的理论探索。

3. 封闭式的理论体系。现有教材总是把富有活力和朝气的社会道德现象都归纳进三个僵硬的框架（道德理论、道德规范、道德实践）之中，诸如人生观、道德选择等重要章节似乎硬塞进伦理学体系中，放在教材中明显地表现出缺乏逻辑联系。尤其是不能正视社会生活中的人，把关于人的问题的科学研究抛在一边。作为研究人伦问题的伦理学，不对人的问题做科学研究，是大缺陷。我们不能有效地评判西方人学思潮，这与我们的理论建设这一欠缺不无关系。

（二）理论贫乏

任何学科的产生及存在价值，理由都在于它们的功利性效用。诚如马克思所言："理论在一个国家实现的程度，总是取决于理论满足这个国家的需要的程度。"① 由于大部分的伦理学教科书流于对纯理论的阐述，而忽视了理论对现实的指导与解释作用，造成理论与现实社会不能融合，教科书中所设计的道德规范，缺乏感召力和说服力，被读者或学生扣上"教条"的帽子，对现实状态中日益增多的社会敏感性问题，如：安乐死、试管婴儿、器官移植、人的道德权利、人与自然的关系、婚外恋等问题，抑或是束手无策，或是蜻蜓点水，造成理论与现实的脱离。

（三）方法陈旧

学科之间之所以能够区分，就在于有不同的研究对象，对不同对象的研究，就应当有不同的研究方法和途径。现有的伦理学教材所谈的伦理学研究方法，几乎是清一色的三个方法：辩证唯物主义和历史唯物主义的方法、理论联系实际的方法、阶级分析方法。这是社会科学的一般研究方法，它同样可以适用于历史学、政治学、社会学、文艺学等学科。伦理学还应该有适合自身学科和时代特征的方法，应该通过特有的研究方法来体现伦理学学科的特色。我们认为，当前伦理学研究应注重思辨与通俗相结合、专题研究与体系构建相协调、现代观念的创立与优秀伦理传统继承同时并举等方法。

（四）学科研究的出发点不明确

伦理学是一门专门研究人的行为的科学，专门研究为人之道、诲人致善的学问。当然，它亦研究社会道德现象的发生、发展、变化的规律，研究特定时期人们所应遵守的各种行为标准和规范等问题。这也就是说，研究出发点应该是人生的完善和人际关系的和谐。现有的教科书恰恰忽视了这一点。满足于几条哲学原理的套用，注重于一般规范的一般罗列。整个理论构架，使人读来有知其然而不知其所以然的感觉。事实上，忽略研究人和人生完善的伦理学是半截子的伦理学。我们目前的伦理学教材只能是半部伦理学教科书。

当然，前几年在理论界出现的以研究人论来达到提倡个性至上、反对集体主义的目的，这是理论研究上对科学伦理学的背离。这种

---

① 《马克思恩格斯文集》第 1 卷，人民出版社 2009 年版，第 12 页。

现象必须坚决摒弃，一个理论体系的构建以及出发点的确认，只能以探索真理为前提。

（五）形式单一

如果说，1982年由人民出版社出版《马克思主义伦理学》使伦理学体系从无到有的话，那么，尽管以后雨后春笋般地出现了二三十部教科书，都不过是它的继承和修补，没有出现多少有突破性的、有创见的、别具一格的版本，这种雷同且形式化是令人遗憾的。

作为教材，应当博采众长，是社会科学最新科研成果的体现者。可是，相当多的教科书，对于新科研成果是近视的，一些很有创新的科研文章没能及时地吸收到教材中去，故造成了人云亦云的众生相。

二 教材改革的几点建议

教科书中存在的上述五个方面的问题，其原因是多种多样的，我们认为，目前最重要的任务就是找出病症之后对症下药。

（一）伦理学要建立开放式的学科体系

1. 伦理学的发展不能脱离社会科学、人文科学、自然科学，尤其是与伦理学相邻学科发展的成果和方法来研究历史的、现实的和未来的道德问题和道德理论，以客观公正的态度来积极吸收国内外各家各派研究伦理学的精华，同时处理好经典与最新成果之间的关系，不要新旧内容叠加，使篇幅增大。而应当以少而精为原则。

2. 尽可能翻译一些国外同类型、风格各异的优秀教材。学习他们编写教材的长处，多多与他人交流，以促进教材向更高层次发展，写出具有中国特色的伦理学教材。

3. 要鼓励竞争，写出各有特色的教材。如教材可以对重大学术问题、不同学派的论点加以介绍，可以指出尚未解决的问题等，以利于学生掌握最新学术动态，鼓励学生学习热情，培养学生独立思考的能力。

（二）贴近现实

伦理学是一门实践性很强的科学，伦理学如果离开对现实生活的指导就等于失去了灵魂与精神。所以，我们应以解决现实生活中的道德问题为其最基本的宗旨。用来源于现实生活中的典型事例来阐述伦理道德理论，这对激发学生的求知欲是很有益处的。现实生活中的两难道德选择是相当多的。用来自现实中的事例来阐述理论，就是探寻理论与现实的最佳交叉点，能引起学生的兴趣和共鸣。我们教学实践的点滴经验亦证明了这一点。

（三）借鉴新方法

对于任何学科来说，很好地借用一个新方法，很有可能导致学科体系的震荡，甚至革命。英国著名哲学家、伦理学家乔治·穆尔，在1903年出版的《伦理学》一书中，正因为他一反西方研究伦理学的传统，把逻辑分析方法引入伦理学，把伦理学界定在对道德概念判断的逻辑分析上，而成为元伦理学理论的鼻祖和一代宗师。

今天，世界科学技术的发展趋势越来越向整体化发展。伦理学的未来发展亦应当适应这种大趋势。具体体现并借鉴其他学科的新方法。如数学化的定量伦理分析法、个案分析法、社会调查法、心理实验法、系统论法、控制论法等。上述诸方法中，尤其是用心理学的方法来分析研究伦理学，或许更为直接有用。这是因为，伦理学是教人至善之学，就是指人的道德社会化过程，它不能不涉及人的心理接受和反馈机制的变化。

（四）改变编写体例

过去的教材大都是专著式的。充其量是每章后有一些思考练习题，但它仍然没有超脱专著的大块结构模式。我们认为，国外的一些教材编写体例很值得我们借鉴，基本设想是以提问的方法引出问题（问题可以用现实生活中的道德两难选择题）点出本篇本章所要达到的目的，教学目标很明确。正文是基本理论部分。保证有一个完整的理论体系，不能零乱、分散，难以掌握，对重大学术问题、不同学派的论点加以介绍，并指出尚未解决的问题。这样做，以利于学生掌握学术动态，保持教材的先进性。在课文中穿插教学案例，用所学理论来分析案例，锻炼学生的分析问题和解决问题的能力。还要辅以思考练习题，旨在引导学生掌握基本内容、培养独立思考问题的能力。每章末列出重要参考书目，对拓展学生的阅读面以及理解编著者的写作意图很有好处。

上述的编写体例还有一大好处：可以改变教学上的注入式、满堂灌的传统教学法，发挥学生主观能动性，培养学生的创造性思维能力，真正做到教师、学生、教材三要素的效能充分发挥。

（五）要编写丰富多样、风格各异的教材

目前我国高等教育办学是多层次、多类型的，越来越多的学科专业开设伦理学，这就要求以对象的不同来编写不同内容和特色的教材，以适应不同层次教学的需要，形成竞相争艳的学术、教学氛围。

回首伦理学发展的十年轨迹，尽管伦理学建设步履维艰，但只要经过大家的不懈努力，在马克思主义理论指导下，依据我国客观实际，先利其器，进行教材改革，是完全能够使伦理学真正成为先导学科的。

［原载《南京师范大学报》（高教文集）
1990 年版；与许永平合撰］

我国伦理学教材的历史沿革

大凡一门学科，总有它的发展沿革史，倘使付诸一定的教育形式，又必然可探寻到其学科教育发展的轨迹。而研究这种沿革变化的过程和发展轨迹，对我们今天的学科发展和学科教育质量的提高，会有某种借鉴与启发作用。正是出于这种认识，本文从伦理学教材的沿革变化这一角度做简略的分析，试图为读者留下一轮廓式的印象。

一　中国古代的伦理学教材

以"伦理学"命名的教材只是到了近代才出现，但是，这并不影响我们对伦理学教材沿革的久远历史做出叙述和分析。我们知道，伦理学是教导人如何做人的关于道德问题的一门学问。就此意义而言，我国早在春秋战国时期（甚至更早一点）就已有了伦理学教材。我国古代"唯一发达之学术"是伦理学说，众多学者的著作，其论述的主要内容是人伦道德问题。而且事实上，古代教育家在教学过程中传授的重点是"人生与处世"问题。

我国早在夏、商、周时代就有学校，"明人伦"即传授伦理道德是其主要的教育目的。孟子说："夏曰'校'、殷曰'序'、周曰'庠'。学则三代共之，皆所以明人伦也。"（《孟子·滕文公上》）当时的教材是"典册"。《尚书·五子之歌》说："有典有册，贻厥子孙。"

"典册"在当时本是书籍之通名，《说文解字》曰："典，五帝之书也，从册在丌上，尊阁置也。"所以，作为伦理道德教材的"典册"，又称"帝典"。"典册"记述的主要是"帝"之言行，其中内容比较杂，但重要的还是记述"德政"和做人的。如《尧典》中一开始就说:"曰若稽古,帝尧曰放勋,钦、明、文、思、安安,允恭克让,光被四表,格于上下。克明俊德,以亲九族;九族既睦,平章百姓;百姓昭明,协和万邦;黎民于变时雍。"(《尚书·尧典》)意即是说,尧帝德之大,可以纵横观天地四方,既自明美德,亦将其推行到亲属百姓,以"协和万邦"。同时《尧典》中还叙述了尧帝举人才、位传舜等事。因此,可以说典册是我国完整意义上伦理学教材的雏形。

到了春秋战国时期,我国古代杰出的教育家孔子、孟子、荀子等人,都以"文行忠信"为教学内容,"文"即文化知识,"行"、"忠""信"属于伦理道德范畴。伦理道德教材是"诗、书、易、礼、乐、春秋"六经,或称"六艺"。《诗经》虽为文学作品,但大都反映世故人情,讲的是人情事理,正如近代学者蒋伯潜在其《十三经概论》中所说:"诗之抒情,多温柔敦厚者,故可用以陶冶感情;诗中多至情至性之作,多美刺政治之作,足以涵养品德,增长见识。"所以孔子早就说过:"不学诗,无以言。"(《论语·季氏》)《书经》即《尚书》,是中国最早的历史书籍之一,是关于尧、舜和夏、商、周至秦穆公的历史文件的汇编。书中尽管记述了奴隶社会的制度和重要的历史事件,但诸如书中《周书》十九篇等,通篇都是道德文章,提出了"以德配天""敬德""保民""明德慎罚"等具有重要理论价值的范畴和命题。《易经》是古代卜卦的记录,内容主要包括六十四卦的卦辞和三百八十四爻的爻辞。卦辞和爻辞是占卜吉凶之依据,其内容是繁杂的,而且充斥着天命鬼神的迷信思想。但由于卜卦人不可能完全离开当时的生活实际,故伦理道德亦是其占卜吉凶的重要内容。因而可用于伦理道德教育。《易经》中既有诸如"仁""义""谦"等非理性的理念,也有诸如"妇孕不育,凶"等非理性的理念。《礼经》即《礼仪》和《周礼》之统称。① 《周礼》亦称《周官经》,是做官的行为规则,其中不乏讲官德或道德

---

① 后人认为,孔子曰:"吾学周礼,今用之,吾从周",此"周礼"与孔子上文"复礼""殷礼"并举,指周代之礼,非指《周礼》之书。"周礼"之名由刘歆改定,原名为"周官",据此说来,《礼经》作为伦理学教科书,在春秋战国时不包括《周礼》,亦有人认为《周礼》是周公所作,孔子"学周礼",理应为《周礼》。

的内容。《仪礼》的主要内容是做人和与人交往的法则和礼节。用现代意义上的伦理学概念来说，《礼经》在当时可称得上实用伦理学教材。《乐经》尽管讲的是音乐，并常常配合德与礼来演奏，但古人仍是从道德意义上去开设这门课的。因为正如《礼记·乐记》篇一开头就说的，乐起于人心之感动，听乐能发现人心中的情感、能陶冶人的情操。《春秋经》是一本史书，怎可谓伦理学教材？这是因为该书尽管编史，但以"正名"之"大义"为其要旨。"正名"说论道德注重"居心"，强调"以仁存心，以礼存心"之"存心"；论行为注重"动机"；论政治、教育，注重"以身作则"和正己以正人之"德治""德化"。同时，《春秋经》还经常以史实隐含"微言"，让人从中体味做人的道理。

对于以上六本经典，荀子做过如下评价："礼之敬文也（礼是重恭敬的文献）。乐之中和也（乐是培养中和的情感的）。诗、书之博也，春秋之微也，在天地之间者毕矣。"（《荀子·劝学》）还说："书者，政事之纪也；诗者，中声之所止也；礼者，法之大分、类之纲纪也。"（《荀子·劝学》）至于存在的问题，他说："《礼》《乐》法而不说（只讲法度，未说明道理），《诗》《书》故而不切（讲过去，不切今用），《春秋》约而不速（太简单，不易速解）"（《荀子·劝学》），都难于致用。从作为伦理学教材的角度来看，荀子的总结也是切中要害的。

我国到了汉代，已形成了较为完备的教学制度。由于汉武帝采纳了董仲舒"罢黜百家，独尊儒术"的主张，因此在汉代最高学府的"太学"中坚持以孔子修定的"五经"（易、书、诗、礼、春秋）为教材。不过，当时的"五经"教材已是"今文经学"的代表作。由于董仲舒伦理观的哲学基础是："道之大原出于天，天不变，道亦不变"（《春秋繁露·对策》），"天者，百神之大君也。事天不备，虽百神犹无益也"（《春秋繁露·郊语》）。还认为："人之为人本于天，天亦人之曾祖父也，此人之所以乃上类天也。"（《春秋繁露·为人者天》）因此，董仲舒用神学、迷信观点来解释经文，使伦理学教科书内容带上了神秘主义的色彩，充满了迷信内容，抹杀了"五经"作为伦理学教材的学术价值。

唐宋元明时期的国子学或太学的伦理学教材仍是"经书"。此时的"经书"有增补。主要是以《周礼》《仪礼》《周易》《尚书》《孝经》《论语》等为教材。朱熹把学校教育分为"小学"和"大学"两阶段后,他所列"四书"(《论语》《孟子》《大学》《中庸》)、"五经"(《诗》《书》《礼》《乐》《春秋》)此时已成为十五岁前的教材,大学教材为《大学章句或问》《论语集注》《孟子集注》《中庸章句或问》《孟子或问》,同时还包括续读"五经"。

"经注"是后来儒者注解"经书"的著作,其中当然包括著者的个人理解,也包括著者的阐发。然而,"经书"思想具有绝对的权威性,注解之目的,仅仅"注"而已,其基本内容是一以贯之的。有阐发也只是以"经说"为主导。

"四书"和《孝经》此时已不同于其他经书,已经成为较完整意义上的伦理学著作。

孔子的《论语》一书是我国最早的一本系统的伦理学教科书。书中提出了以"仁"为核心的道德规范体系,其中"礼""孝""忠恕""勇敢""恭宽信敏惠""中庸"等道德规范一直是我国两千多年来封建伦理纲常之根本内容。同时,《论语》对道德教育、道德修养和"为仁之方"的阐述,也是全面而又深刻的,甚至提出教育的根本就是道德教育。至于"道德的起源""人格理想"等一些伦理学的重要内容,《论语》一书都有所涉及。甚至书中还重点阐述了教学伦理和政治伦理等部门伦理思想。可以说,孔子以后的中国古代伦理学理论,无不可以在《论语》中找到"前奏"。

《孟子》一书,我们一般把它看作孔子的《论语》"仁学"思想的继承和发展。笔者认为,从教材角度看,可以把《孟子》看作《论语》的"修订本"。《孟子》首先提出了"人性善"理论,最早创立了"良心"观念。同时概括了著名的"五伦"(父子有亲、君臣有义、夫妇有别、长幼有序、朋友有信)道德规范。并从天赋道德观念出发要求人们"修身""养性""反省内求",从而发挥人的本心、扩充人的善性,养成"至大至刚"的"浩然正气",从而"反身而诚"达到"至诚"的道德境界。

《大学》一书原是《礼记》中的一篇,它可谓当时高等学府中的伦理学专门教材。书中教导人怎样在大学里学习博大的学问、培养管理政治的"大人"。全书以修身为中心,系统说明了道德修养的途径、方法、目的和意义。提出了"明德""新民""止至善"三条基本原则和"格物""致知""诚意""正心""修身""齐家""治国""平天下"八条纲目。《大学》的伦理思想不仅培育了一代又一代知识分子的人格,而且影响了一代又一代的整个社会道德生活。

《中庸》一书也是《礼记》中的一篇。书中把"中庸"作为最高道德原则,系统地讲述了"中庸之道"的重要性和它的含义、内容,并重点阐述了实现"中庸之道"的途径是"诚",强调"至诚"才能"至德"。这本书作为教材很有特色,叙述伦理思想的主题突出,理论目的也十分有个性。就教材意义而言,可谓独树一帜。

《孝经》是一部专门性教材,或称部门伦理学教材。书中集中叙述了孝道和孝治思想,提出了一整套关于天子、诸侯、卿大夫、士、庶人各自应该遵循的孝道。在"夫孝,德之本也,教之所由生也"的思想指导下,强调以孝"顺天下"、以孝"治天下"、以孝和民众。因此,孝道人人要有,《孝经》也必然是读书者必修之教材了。

清代配合科举考试,严格规定以"四书""五经"为教材,"四书"主朱熹《集注》,《诗》主朱熹《集传》,《书》主蔡沈《传》,《易》主程颐《传》和朱熹《本义》,《礼》主陈澔《集说》,《春秋》主胡安国《传》。当时还规定不许采用别家注疏,否则就是离经叛道。

二 近现代伦理学教材

到了近代早期,清政府明确了"高等学堂"要上"伦理"课,不久课程名称又称"人伦道德"。当时没有固定的教材,其讲授内容为历来诸贤名理等,务以周知实践为归。舒新城编《中国近代教育史资料》(中册)中说,外国高等学堂均有伦理一科,其讲授之书名伦理学,其书内亦有实践人伦道德字样,其宗旨亦是勉人为善,而其解说伦理与中国不尽相同。中国学堂讲此科者,必须指定一书,阐发此理,不能无所附丽,以致泛滥无归。查列朝学案等书,乃理学诸儒之言论行实,皆是宗法孔孟,纯粹谨严,讲人伦道德者自此书为最善。

在中华民国时期，高等学校文理科普遍开设"伦理学大要"或称"伦理学"课程。有的学者根据当时讲授"本国道德之特色"和"演习礼仪"等要求，课堂上以自己所撰讲义授课。同时在高等学校也出现了以"伦理学"命名的教材（中华民国时期社会上以"伦理学"命名的著作已达数十种之多），这里列举有一定影响的两本。

《伦理学教科书》由清末民初的著名学者刘师培著。是中国文献史上第一部以"伦理学"命名的教材。该书是当时的"国学保存社"编写的"国学教科书"之一种，由上海国学保存社光绪三十二年（1906）印行。全书的理论核心是传统儒家伦理思想，兼采诸子百家之说及西方思想，融各家之长为一炉，形成一部系统的国学伦理教科书。全书分两册。第一册叙"伦理学之大纲及对于己身之伦理"，特详于心身关系。第二册主要为家庭伦理与社会伦理。作为中国第一部系统介绍伦理思想的教科书，其开创性意义是不言而喻的，许多内容也是十分深刻的。只是由于时代和作者所持立场的局限，全书总倾向是推崇以传统儒学为代表的封建伦理道德观。

《伦理学原理》是19世纪末德国著名的伦理学家包尔生所著《伦理学体系》一书的第二编，由蔡元培先生译，商务印书馆1908年出版。该书亦被有些学校选为伦理学教材。全书对伦理学基本概念和原则问题做了系统的论述，旁征博引、有史有论，尽管观点不尽正确，但在当时来说，则是一本很有理论价值的教科书。正如毛泽东同志所说："我们当时（指他在湖南长沙第一师范上学时——笔者注）所学的，尽是一派唯心论，偶然看到像这本书上的唯物论的说法，虽然还不纯粹，还是心物二元论的哲学，已经感到很深的趣味，得到了很大的启示，真使我心向往之了。"[①]

三　当代伦理学教材述略

中华人民共和国成立后，由于20世纪50—70年代高校不开设伦理学课程，故一直没有出版过社会主义伦理学或称马克思主义伦理学教材。自20世纪80年代初高校开设伦理学课程以来，全国已

---

① 李锐：《毛泽东同志的初期活动》，中国青年出版社1957年版，第41页。

出版过 40 部左右的伦理学教材。从教材整体情况来看，其中有十多部教材或各具特色，或有一定代表性，或造成了较大的影响。兹分类略述于后。

第一类是带头性、权威性教材。主要是我国当代伦理学家罗国杰教授先后著述或主编的三本伦理学教材。

《马克思主义伦理学》，罗国杰主编，人民出版社 1982 年出版。这是我国第一部马克思主义伦理学教科书。全书分三大部分：一是关于伦理学的研究对象、基本问题、历史发展等基本理论问题；二是关于共产主义道德规范体系的阐述；三是关于道德教育和道德实践部分。最后还有关于"现代资产阶级伦理思想批判"一章。全书材料比较丰富，信息量大；论证比较严密，体系性强。该书出版受到了热烈欢迎，体现了开创性教材的重大意义。不过，从教学实践看，作为教材，全书分量偏大了一点。

《伦理学教程》，由罗国杰、马博宣、余进合著，中国人民大学出版社 1985 年出版。该书可看作《马克思主义伦理学》的修订本。全书对许多问题的分析更加精确化、条理化，体系更加严谨。作者的理论视角比较开阔，并很注意用辩证思维的方法分析伦理学问题，表明作者在这方面有较深的功力。

《伦理学》，罗国杰主编，人民出版社 1989 年出版。该书依据中国社会主义初级阶段的实际国情，依据经济体制改革和政治体制改革后出现的利益关系的新变化，力求客观地分析中国现阶段道德关系的状况。在理论联系实际原则的指导下，在吸收以前伦理学研究成果的基础上，对于一些重大伦理学理论问题进行了新的概括、论证和分析，在伦理学的体系框架和内容上都有新的突破。该教材最大的一个特点是：冗长的、说教式的规范戒律几乎没有了，而对人们的道德教育和价值导向，却贯穿于全书的各个部分。故可称得上我国伦理学教材之力作。

第二类是篇幅适中，信息量大，理论阐释的角度有程度不同的新意的教材。

《伦理学简明教程学》，魏英敏、金可溪著。北京大学出版社 1984 年出版。全书加重了伦理思想史的分量，在一些诸如"伦理学的基本问题""道德基本原则"等问题上提出了独立见解。是一本有特色的教材。

《简明马克思主义伦理学》，唐凯麟主编。湖北人民出版社1983年出版。该教材明确地把伦理体系分为理论篇、规范篇、实践篇。书中认为道德就是一种"实践—精神"的掌握现实世界的特殊方式，它通过善恶评价，用应该不应该的方式来调节人们的行为，推动人们的行为从"现有"到"应有"的转化。全书结构安排也有一些新意，特别是一些重要范畴被分放到其他各章，这在当时是较新颖的思路。

《伦理学基础》，张善城编著。黑龙江人民出版社1983年出版。全书思路清楚，信息量大，思想表述不落俗套，是一本较理想的教材。

《伦理学》（修订本），华东地区师范院校协作教材，鹭江出版社1988年8月出版。全书思路简洁，信息量大。在一些基本理论的阐述上角度比较新颖。

第三类是篇幅适中，信息量大，在构建理论体系中力图做出一些突破的教材。

《伦理学纲要》，唐凯麟等编写。湖南人民出版社于1985年出版。全书分四编：第一编系统地阐述马克思主义伦理学的基本原理；第二编系统而简洁地阐述从先秦到五四运动时期中国伦理思想发展的历史；第三编系统而简要地阐述从古希腊罗马到十九世纪空想社会主义者的伦理思想的发展过程；第四编对现代西方资产阶级伦理思想进行评述。该书作为教材，分量偏大，事实上普通高校的伦理学课程是讲不完这么多内容的。

《伦理学通论》，王小锡、郭广银主编，中国广播电视出版社于1990年出版。该书独到地把伦理学研究对象概括为"是关于人际关系和谐和人生完善之规律性的一门学问"，并把道德定义为"是调整人们之间关系的善恶价值取向及其应该不应该的行为规定"。据此，构建了全书新的理论框架，是近年来出现的一部颇有新意的教材。书中对诸如"马克思主义伦理学的性质""道德的起源""道德的原则"以及"道德行为的选择"等重要理论问题的阐述，都体现了新的思维角度。罗国杰教授为该教材题写书名，唐凯麟教授作序，并称"《伦理学通论》是一部有相当力度的好著作"。

第四类是体系清晰，理论思路简明扼要；既有一定的理论深度，又有广泛可读性的教材。这主要有张培强、陈楚佳主编，武汉大学1985年出版的《伦理学概论》；王育殊、王小锡编著，江苏教育出版社1986年出版的《伦理学》；包连宗、朱贻庭主编，河南人民出版社1985年出版的《伦理学概论》；章海山编著，中山大学出版社1986年出版的《简明伦理学》。此类教材很适合作公共课、专业课教材，亦适合作专科学校教材。

近几年来部门伦理学教材也相继出现。理工科院校开设了"科技伦理学"课，医学院校开设了"医学伦理学"课，师范院校开设了"教师伦理学"课，并都有相应的教材。

根据我国伦理学研究的现状，今后几年我们伦理学教材的编撰将会有以下几个特点：一是注重体系性、逻辑性、学术性，伦理道德的哲学思维将会引起理论界的普遍关注；二是理论体系的构建和理论观点的阐释将出现文理渗透、各类社会科学互相渗透的新态势；三是理论观点的论证将面向社会、面向生活，将会出现理论能切实说明和解释现实，现实能证明理论的新思路；四是部门伦理学教材将日臻完备。

［原载《文教资料》（南京）1991年第1期］

伦理学研究中的方法论偏向

对伦理学理论的系统研究，在我国还只是20世纪80年代开始的事。因此，本文所要揭示的是十年来我国伦理学研究中的方法论问题。

我国的伦理学研究"工程"在20世纪80年代初就引起了理论界的广泛注意，诸如伦理学原理研究、伦理思想史研究、职业道德研究、部门伦理学研究、人生哲理研究等在十年中都取得了长足的发展。短短的十年，我国伦理学作为一门学科从无到有，并在社会科学领域取得了足以使人们普遍关注的地位。尤其是随着社会主义精神文明建设的逐步深入，伦理学研究的社会效应不断有所增强，这就为本学科的发展创造了良好的社会基础。

但是，回顾十年来伦理学发展的进程，除了文章和著作的数量在逐年增多、研究范围在逐年扩大、个别理论研究有所成就以外，理论上没有更多的创新和深入，基本上在20世纪80年代初就已形成的理论程度上徘徊。诸如"道德的主体性""道德的基础"等专题曾经引起过理论界的关注和激烈的争论，但要么争论不休各执己见；要么抱成见乱发一通议论；更有甚者拿着"西方招牌"到处"招摇过市"，企图建立一个"全新"的中国伦理学。而事实上，看上去是新的议题、新的思路，却由于对理论研究的出发点和归宿没有产生最基本的共识，故不能体现理论的新发展。甚至在旧的腐朽思潮泛滥时，一些所谓的"新思路"实际是混淆了理论视听，严重干扰了伦理学发展的基本进程。造成这些问题的主要根源应该是多方面的，但一个不容忽视，而且必须解决的问题是伦理学研究中存在着严重的方法论问题。方法上的偏向，造成了理论研究上的不同（甚至对立）的趋向。

一 研究脱离实际，缺乏理论依据

我国的伦理学就其较完整意义上的体系来说，目前还处在创造时期，因此在理论研究上，一方面要加强道德范畴的创造或观念更新，注重道德命题的逻辑确认；另一方面要面对社会现实，在科学地阐释社会道德现象的同时，揭示社会主义条件下道德发展的基本规律。近几年来这一工作在许多方面取得了重大的进展。如"集体主义"概念在更深层次上的阐释；"社会主义人道主义"在马克思主义基础上的确认；"公正""责任""理解"等一些基本道德范畴的科学解释和合乎逻辑的应用，等等。但是，一些争论不休的重大理论问题，客观上又严重影响着伦理学体系在较完整意义上的确立，其中一个不容忽视的问题是一些理论研究工作者无视中国现实，先入之见地在预先设定的理论结论上搞概念游戏，就拿影响最大、争论时间最长，也最激烈的"道德主体性"来说，主体性问题的提出，这本身不是问题，而且，就我国道德教育的实践和理论研究的现状来说，只有主体的自觉才有自觉的道德行为；只有对道德主体性做科学的阐释，才能科学地构建伦理学理论体系。但问题是少数人提出"道德主体性"的出发点是为了说明"道德约束性"的不科学和以集体主义为原则的社会道德规范的非理性或反理性，从而建立以人性或人的需要为基础，以个人主义为原则的伦理学。这样，就造成了一场波及整个理论界的辩论。这种"经院式"的思维定向存在着明显的思维方法问题。第一，它撇开了社会主义公有制这个现实，大谈什么承认道德主体性的存在，就应该强调"人的需要"或"人性"是道德存在的基础，是道德发展的原动力。持这种观点的人还认为，要实现真正的"个性"必须打破纯粹外部的"抑制"人发展的枷锁，即排除发端于整体利益、集体利益的行为法则或社会规范。然而，这实质上是翻版西方近代早期资产阶级已系统地提出过的人性思想，其实质也就可见一斑了。离开了社会发展的具体的历史阶段，不承认人在社会化过程中不得不受社会制约和影响的基本道理，不承认在公有制条件下个性的发展必然以社会的发展为前提，那只能捧出一个赤条条的与动物没有区别的"生物人"。确立这样一个思维前提，再谈道德又有何意义呢？第二，马克思主义从来没有忽视个人在社会生活中的地位，列宁曾经明确要求人们："必须把国民经济的一切大部门建立在个人利益的关心上面。"① 同时，马克思主义还强调，人性就是社会性，人的本质是一切社会关系的总和。因此，少数人离开"关系"或者"歪曲关系"（否认人际关系的双向性和互动性，坚持以"个人"为衡量一切的"坐标"），把社会仅仅当作"个性"存在和发展的一种"工具"、一种"陪衬"。这是一种典型的形而上学的思维方式。

二 自我封闭式的研究思路

大家知道封闭式的理论研究方法，是僵化的形而上学的方法，它的必然结果是理论活力的丧失。因此，封闭的理论研究等于"慢性理论自杀"。我国十年来的伦理学研究当然还谈不上"自杀"，但伦理学理论体系的十年一贯之，足以说明我国伦理学的研究仍然处在一个较封闭的圆圈中。首先，近几年来的一股"反传统"思潮，似乎中国的传统文化、传统伦理只有腐朽和保守，只能一概抛弃，故对传统伦理思想采取了弃之不问甚至彻底批判的态度，坚持唯"西方"是真的思路。其实这似乎开放，实质也是一种封闭。尽管有些学者也知道没有继承就没有发展，试图对传统伦理做一些清理，但也只是描述性多，联系社会主义现实，分析、批判、吸收少。因此，中国古代文化以"伦理性"著称，但我国现有的伦理学原理却不能充分研究和反映中国古代伦理思想的精华与糟粕，很少有论著去论述优秀伦理传统的当代价值。其次，随着我国改革开放的发展，西方文化和思想也大量涌进，但认真地做点分析研究，揭示其可取之处、批判其腐朽思想的人不多。尤其是伦理学界，所有伦理学原理教材除了辟专门章节做了原则性归纳以外，在理论体系中很少概念或命题是从西方伦理思想中引进的。研究方法也没有明显改观。是没有一点可借鉴之处吗？并不是。如许多现代西方伦理学流派都十分注意人的心理、社会心理和道德之间关系的分析研究，使伦理

---

① 《列宁全集》第33卷，人民出版社1957年版，第51页。

学的思考进入了更深层次。而我国伦理学的研究至今仍忽视这一点，就连我国社会道德生活中的基本心理特征分析也只在近年来才引起理论界的关注。再次，当代科技革命已经和正在改变着人们的社会生活、人与人和人与自然之间的关系，同时也在改变着人们的价值观念。诸如外国"科技伦理学""生态环境伦理学""医学伦理学"等一些部门伦理学获得了长足的发展。我国伦理学原理也应该适应这一客观现实，自觉吸收自然科学成就，把科技发展与社会道德现象有机地结合起来，从中考察人们的道德心理和精神世界的变化，充实伦理学基本原理。马克思也早就指出过，"自然科学往后将包括关于人的科学，正像关于人的科学包括自然科学一样：这将是一门科学"①。而我国伦理学原理研究的现实是，不仅经验性地忽视自然科学成就的伦理意义，而且诸如"安乐死""遗传控制""环境保护"等一些明显地与人的发展和人际关系协调有关系的自然科学问题也没有做出令人满意的理论探讨。最后，近几年我国伦理学界出现一个怪现象，一些人声称理论研究要开放，并且也确实罗列了许多时髦范畴和命题。但对他人的思想观点一概不予理睬。更有甚者，对不同观点采取了攻击、辱骂的态度，固执己见，唯我独真。看上去这些人似乎是开放的，实质上是地道的自我封闭式的研究方法。

三 急功近利，做表面文章

近几年来，我国社会科学界的理论研究工作中产生了一个"浮"的不良学风。一些同志不愿做实际的调查研究，不愿做艰苦细致的分析工作，满足于自己的文字见报、见书。尤其是伦理学界，此风甚盛。发表的文章和出版的著作很多，但有个性或有创见的文章和著作却不多，这无疑是我国伦理学发展缓慢的一个重要原因。有的人热衷于"拼凑文章"和"翻版著作"，理论思路始终没有超出已有的理论范围，形成一种无效的"炒冷饭"学风；有的人一篇文章多次改头换面出现在报纸杂志上，更有甚者，同一篇文章换个题目就又可作为一个成果；一些研究历史的人满足于资料归纳和堆积，

---

① 《马克思恩格斯全集》第 42 卷，人民出版社 1979 年版，第 128 页。

不愿联系现实社会生活做认真的分析探讨，据说这样做在政治上稳妥一点，即所谓的"中性"研究法。诸如此类现象，如不加以纠正，伦理学的理论研究势必难以向纵深发展。这种"浮"的研究方法客观上阻碍了理论发展的正常思路。

中外古今大凡有名望的理论家，大都学风严谨在"研究"上下功夫的人。有的学者一辈子只研究一个概念，有的专家终身只有一个独特命题。但这始终没有影响他们的理论成就和社会影响。而我们有的学人尽管文章和著作以数十甚至上百计算，但由于缺乏理论研究的深刻性，真可谓废纸一堆。可悲的是好多文章和著作在发表或出版时就是废纸一叠。谁看？恐怕有的连作者自己也不愿再去看一下（当然，这里绝不是指一些宣传性、普及性的通俗理论文章，仅指以学术界出现的"炒冷饭"文章）。由于指导思想上的问题，使得我们的一些理论工作者不能对国内外出现的新情况、新问题从理论上做应有的说明和概括；对一些理论问题原则性议论多，缺乏严密的逻辑论证；结论性经验性命题多，论证却软弱无力；等等。

四　缺乏理论研究的严密性和宽容性

理论研究来不得半点的虚假和意气用事，更不能凭感情来确认理论思路。而事实上在我国伦理学界这几年来在这个问题上亦比较突出。

一方面表现在理论研究上，一些"反传统"者压根儿没有去认真研究一下中国的传统特点到底是什么？精华和糟粕如何分别？完全是凭一种直观现象，激情加口号，"乱反"一通。采取了极不严肃的态度。对于西方伦理思潮的评价同样是坚持了"西方的月亮比中国圆"的形而上学思维方式，不分青红皂白，一概予以接受。其实，这些人真正懂得西方伦理思潮吗？不见得。因为，一些主张伦理理论西化的人从来没有将中国的社会现实和西方的社会现实这样一个理论的客观社会依据做过比较，仅仅是凭一种情感。甚至有些人完全是带进了非理性的色彩，似乎没有"人性至上"或"个性至上"命题莫谈伦理。

另一方面，一些人把不同的学说观点看作水火不相容，容不得他人的理论非议。一旦学术观点对立就似乎势不两立，没有商榷的余地。更有甚者，个别人采取了赌咒、谩骂、讽刺、挖苦的恶劣手段，将理论研究限制在他们所理解的范围内。伦理学研究工作者采取这样一种偏激方法，是学术研究上的"逆道德"行为，这是最好不过的"自嘲"。

再一方面，我国伦理学界有一部分人热衷于对他人思想甚或他人的学术水平的"评头品足"（笔者并不是反对理论研究上的商榷甚至批评），总认为自己的观点是导向性的，别人都是些"理论倒爷"。这种自我孤立的学术研究方法，不能借鉴和吸收他人的学术研究成果，往往容易导致偏激或片面的观点。

五 研究方法的理论研究与应用之间不能有效统一甚至自相矛盾

符合伦理学学科特点的研究方法的研究，应该说十年来理论界普遍关注不够，至今没有出现一些足以使伦理学产生理论活力的特有的伦理学研究方法。就是一些适合各社会科学学科的一般研究方法，伦理学研究中应用的也不够得力，甚至是说说而已。更有甚者，说和做的自相矛盾。说要理论联系实际，而十年来伦理学研究的一个重要缺陷是，理论与实际脱节，没有真正转变人们的"道德是说教"的观点，没能彻底改变人们所认为的"伦理学是清谈"的形象。

说要坚持历史唯物主义，而不能正确对待传统的或西方的伦理观，要么"反传统"，要么"复兴儒学"；要么"彻底批臭"，要么"伦理西化"，诸如此类，都是历史唯心主义的一套。一些人对于社会现实更是采取了视而不见的态度，不切实际地提出"个性至上""为个人主义正名""为'向钱看'进行道德辩护"等等。

至于比较分析法，按理应该比较中西伦理的异同，比出各自的长处和短处，从而取长补短发展我国的社会主义伦理学。可是近几年来的情况是，一部分人由于立场或偏见问题，硬是要比出个"西方的月亮比中国圆"，论证出一个僵化、保守的中国的道德体系。有的文章通过比较分析，结论是中国传统伦理是保守的、腐朽的，现代社会主义伦理是教条，只有西方伦理观才是正确的。一部分人的文章只是为比较而比较，只有异同，没有借鉴与否之分析。甚至有的专著洋洋几十万言，很少有地方正确阐述可借鉴之处。

六　满足于对现实经济、政治注释的单打一的研究方法

为社会主义的经济、政治做论证和宣传，这是伦理学研究中义不容辞的责任。否则，"经院式"的伦理学研究是毫无意义的。但是，几年来，伦理学界对于经济、政治形势往往是为论证而论证、为宣传而宣传，不能以伦理学的特有的把握世界的方式和功能去揭示我国经济、政治形势的客观规律性和存在的问题。如，前几年强调社会主义的商品经济，有一些文章只是一般地论证"社主会义商品经济的发展必然促进道德的进步"。既没有客观地分析商品经济条件下的道德"走向"，也没有能从道德的认识角度去观察商品经济发展的基本规律。所以一般的解释和论证，使人们在社会道德风貌较差的情况下，对"社会主义商品经济"产生迷惑和错觉。

并且，为论证而论证是肤浅的研究方法。近几年来我国的伦理学的哲学思考不能深入，总是停留在 20 世纪 80 年代初的水平上，其中一个主要原因是伦理学研究较普遍地没有创新精神，没有学术研究的"立体理论感"，不能多角度、全方位思考一些问题。有鉴于此，笔者认为，对于传统伦理观念和西方伦理思想；对于伦理学研究方法和研究思路；对于现实的道德问题及其深刻的道德理性反思等一些问题，只要以历史唯物主义为指导，都可以去涉及研究。单打一的研究方法本身不是科学的研究态度。不改变这一偏向，伦理学就总会使人觉得是"道德的唯物史观"，而不是"唯物史观的道德论"。

(写于 1991 年 3 月；原载《社科信息》1991 年第 8 期；
人大复印报刊资料《伦理学》1991 年第 10 期全文转载)

中国伦理学向何处去

在我国强调和坚持社会主义市场经济的今天，如何建设具有中国特色的伦理学？伦理学如何为社会主义精神文明建设服务？这很需要广大伦理学理论工作者冷静地、实事求是地做一反思。否则，我国伦理学研究将改变不了固板的思维定式；突破不了十多年来一以贯之的理论框架；不切生活实际的书斋文章亦将无法成为社会主义建设事业的先导或先声；社会生活的实际道德问题与理论上的道德文章仍无法"接轨"，甚至两者的"游离"距离将越来越大。

当然，20世纪80年代初以来，我国伦理学发展的势头一直是比较好的。一方面，就伦理学研究工程来看，的确是"从无到有，从小到大"。首先，自从1982年我国当代著名伦理学家罗国杰教授主编出版我国第一本伦理学原理教材《马克思主义伦理学》以来，全国已先后撰写了三十多种伦理学原理著作或教材。许多教材在理论的逻辑体系和内容的深浅轻重上都做了各自有特色的研究和阐释。其次，对伦理学理论历史的研究，应该看作我国伦理思想发展史上最繁荣的时代，将近十种中外伦理思想史方面的著作，有的不仅填补了我国伦理思想史研究方面的空白，而且改变了大部头中外伦理思想史著作由外国人来写的局面。再次，我国的部门或职业伦理学的研究可以与伦理学原理研究成果相提并论，甚至更具有特色。已经出版的生命伦理学，婚姻家庭伦理学、教师伦理学、医学伦理学、军人伦理学、科技伦理学、青年伦理学等方面的数十种部门伦理学著作，已成为我国伦理学发展的广度和深度的一种标志。再其次是辞典建设，这应该是我国伦理学界值得骄傲的地方，不少于六种的伦理学辞典，为我国伦理学的研究和普及提供了比较系统的资料。还有，伦理学专题研究可谓我国伦理学发展的主攻方向，十多年来的数千篇伦理学研究论文，不仅全面系统，而且引发了许多诸如"人生价值""道德基础""人道主义"等热门课题，创造了伦理学界一派欣欣向荣的景象。尤其是近几年来对历史人物和无产阶级革命家的伦理观的研究、对少数民族道德的研究、对生命伦理和人口伦理等的研究，以及对马克思主义经典著作伦理思想的研究，开创了我国伦理学研究的新局面。

最后还要特别指出的是，曾钊新教授等人的关于道德心理论的研究，开拓了我国伦理学研究的新领域，在更深层次上发展了我国伦理学理论的研究。① 从某种意义上说，道德心理论的研究把我国伦理学研究推向了一个新台阶。

另一方面，从伦理学理论本身的研究来看，不仅理清了一些重要理论问题，而且确立了一些新的重要伦理观念。这主要表现在两点。② 首先，自觉不自觉地统一了伦理学研究的理论目的，一是要恢复和发展伦理学的哲理性思维，二是要面对社会现实，为改革开放服务，真正促使人生完善与社会和谐。其次，确认人道主义为社会主义道德的基本原则，同时认为伦理学不能忽视人及人性问题的研究。当然这里的人的概念是社会性与自然性的统一和"经济人"与"道德人"的统一的概念。再次，恢复和发展了社会主义集体主义这一价值导向的科学内涵，对集体和个人关系做了客观而又辩证的理解，纠正了长期以来在集体主义概念理解上的左的思想倾向。再其次，在人生价值的理论上，以前单一地宣传奉献是人生价值的体现或人生价值在于贡献，通过几年来理论上的探索已达成一种新的共识，即人生价值在于自身的不断完善与最大限度的奉献。最后，大多数理论工作者认为，中国传统的伦理道德观念不能彻底抛弃，西方的伦理道德观念亦不能照搬，只能采取鲁迅的所谓"拿来主义"态度。彻底否定传统伦理文化，全盘照搬西方道德观念，这是愚蠢的行为。

---

① 参见曾钊新《道德心理论》，中南工业大学出版社1987年版；曾钊新、李建华《德性的心灵奥秘：道德心理学引论》，辽宁人民出版社1992年版。

② 许多学者从伦理学原理各个理论观点上来泛泛概括十多年来伦理学的发展，笔者觉不妥，好多诸如道德的特征、道德的本质、道德的规范内容等专题，都只是罗国杰主编《马克思主义伦理学》中的内容重复和翻版，体现不了十多年来的理论发展。

尽管我国伦理学几年来的发展成就是显著的，但笔者认为我国伦理学界的这一成就还只能说是"从无到有"，伦理学研究的实际意义远没有充分体现，我们还不容盲目乐观。

第一，在伦理学研究内容上，许多问题似空中楼阁，脱离实际生活太远。有些理论思路完全是在书斋里弄出来的，主观设定的观念往往成了理论文章中概念游戏和空话连篇的根源。例如人们实在不明白道德原则是一条、两条，还是三条、四条，甚或更多条的争论有何实践意义，同时亦不知道道德范畴是四个或八个的争论有何区别。说实话，尽管此类问题谈谈无妨，但这是"秀才"坐在家里的闭门造车。

对于社会主义商品经济是促进道德进步还是使道德堕落的争论，真不知道专家们做过多少实实在在的调查研究。事实胜过雄辩，只要到群众生活或社会实践中去走一走、看一看，笔者想不至于好多文章的论据都是一些大家看得见的表面现象，甚至仅仅是观念推理，而没有对人们生活过程的心理和行为活动的剖析。

对于传统伦理思想的研究，我国伦理学界十分敬佩当代一些著名伦理学家的开山之巨作。① 但笔者不敢恭维十多年来的一系列对传统伦理文化研究的其他有关著作和文章。这不是怀疑和否认这些作者们的研究成果，而是感觉到，忽视或回避现实生活和现实问题，仅仅是钻在古书堆里做文章，实乃为研究而研究。尽管传统文化不能不研究，但不知通过换换角度或搞搞资料重新组合能不能比两千多年来先哲们的研究更能揭示中华民族的优秀伦理文化传统；亦不知为研究而研究，不考虑为现实服务，其研究价值如何体现。假如一味钻古书堆就是做大学问，说不定到了什么时候，"四书""五经"的每一个字将会被评述成一本专著。其实，搞搞资料重新组合，热衷于换角度出文章，绝不是学问。真正的学术研究的宗旨历来是立足于现实、着眼于未来，古的、洋的思想文化从来只是通过加工

---

① 如罗国杰、宋希仁编著《西方伦理思想史》上、下册（中国人民大学出版社1985年版），章海山编著《西方伦理思想史》（辽宁人民出版社1984年版），陈瑛、温克勤、唐凯麟、徐少锦、刘启林《中国伦理思想史》（浙江人民出版社1985、1988年版），沈善洪、王凤贤《中国伦理学术史》上、下册等（贵州人民出版社1985年版）。

改造而作为为现实服务的工具。

第二，在伦理学研究方法上，理论脱离实际，习惯于资料分析，忽视道德生活问题。① 就目前我国伦理学研究成果来看，只有一部分的研究成果是在调查研究基础上形成的；反映第一手资料的研究材料也只是少数。因此，绝大部分著作和文章是靠资料分析研究出来的，这就难免要出现理论研究上的"观念化"倾向。例如，关于商品经济是促进道德的进步还是促使道德堕落的问题上，我国曾经有过观点截然相反的思想。要不是坐在家里单靠分析得出的结论，一定会一分为二地做出恰如其分的阐述，不至于出现这两种形而上学的观点。再如，为什么我们有的伦理学著作和文章不能引起人们的关注，读者寥寥无几，甚至有些论著和文章刚问世就是废纸一堆。其原因是我们的理论研究不切实际，通篇大话、官话甚至废话，都是作者靠资料整理或想象推理出来的。而人们所关注的安乐死、试管婴儿、自杀、企业管理、家庭、离婚、经济人、回扣、"下海"等一系列生活、工作现象中的伦理道德问题往往不能做出使人信服的阐述和回答。

作为道德哲学的伦理学，纯哲理性思维是需要的和应该的，同时，利用资料搞学术研究亦无可非议。但需要注意的是，社会主义伦理学的纯哲理性思维绝不等于主观臆造或仅仅是资料提炼，伦理学的哲理性思维的生命力只能来自实践和服务于实践。十多年来称得上伦理学界的一场大论战的道德主体性问题讨论，如不谈这场论战的各自的理论目的，道德主体性问题的理论本身就是一个不是问题的问题，这样的讨论在某种意义上说是画蛇添足。因为社会主义伦理学始终在强调主体——人的完善，十分关注人的道德自觉，并在社会实践中努力通过教育和培养实现这一道德目的。因此，少数人对道德主体性问题的研究实在是为了说明和主张某个观点而进行的理论狡辩。而且，事实上，道德的主体性问题，是人为地模仿了其他有关学科关于主体性的阐述。为此，把这称之为现代"经院哲学"式的研究并不过分。

第三，在理论研究的目的上，满足于"从无到有"和"适应形

---

① 笔者拙文《我国伦理学研究的方法论偏向》一文已详细提及。

势"。如果说"从无到有"作为20世纪80年代前期伦理学成就的概括的话,那么,到了80年代中后期,就应以其特有的理论思维和理论成就来概括其新进展。可是这一"从无到有"的概括法一直延续至今,以致伦理学界的"炒冷饭"式的所谓成果,一直成为大家骄傲的理由。假如这种风气任其发展,创造性思想不被重视,伦理学将会自我萎缩。"适应形势"的最终后果亦是生命力的丧失。任何理论都不仅仅是为了解释世界,更重要的是要服务于世界。伦理学对于人们的社会生活来说应该起到实实在在的价值导向作用;对于社会发展来说应该起到独特的先导作用。特别是在当前我国加强改革开放、完善社会主义市场经济的历史条件下,伦理学不应该仅为了适应形势去单一地论证改革开放和市场经济的合理性,应该站得高一点、看得远一点,以伦理道德的特有洞察力,从伦理道德角度揭示社会发展的未来走向,从而对人们起到启发、引导的作用。真正以先声或先导的姿态出现在社会运行过程中。

还必须指出的是,我国十多年来的伦理学研究的文字成果是丰硕的,但社会效益如何呢?平心而论,我们的伦理学理论研究和现实社会生活在一定程度上是脱节的,诸如集体主义、爱国主义等重要伦理原则还停留在概念分析上,如何展示在实际生活中还有待深入探究。道德教育还徘徊在重要性和必要性的叙述上面,其可操作性手段的研究还没有引起理论界的足够重视,难怪有人说,伦理道德在社会生活中"不实用"。

形势在发展、改革在深入,社会主义市场经济将以"务实"精神冲击着人们的传统思维方式,面对这一严峻的形势,中国伦理学向何处去的问题是摆在我国伦理学工作者面前的首要问题。如何正视和解决这一问题,就目前来说,至少有三点思路值得注意。

一 社会主义伦理学必须切实地以马克思主义为指导

社会主义伦理学是社会主义公有制条件下的道德观念的哲学概括,它是发展了的马克思主义的一个组成部分,因此,它的进一步发展必须以马克思主义为指导。离开甚或违背了这一基本思想,社会主义伦理学就无法体现或服务于社会现实,将失去它应有的社会作用。

当然,强调社会主义伦理学必须以马克思主义为指导,并不是要照搬书本,更不是去寻找马克思主义原著中的只言片语作为社会主义伦理学的立论依据。而是要弄通弄懂马克思主义的基本理论,从中掌握其基本立场、观点和方法,并在此基础上,紧密结合中国社会主义的现实,研究和阐释在马克思主义"原本理论"指导下的"发展理论",真正赋予社会主义伦理学以现代意义。

多年来,在伦理学原理的研究方面,一部分人总习惯于到马克思主义原著中去找理论依据,以此来说明其所阐述观点的正确,同时也以此加强其论著的所谓力度。从一般意义上说,这种研究方法不成其为问题。但是,作为社会主义伦理学理论研究的新观点,它不能停留在这一水平上。假如新论点在马克思主义原著中能找到说明,那就不是新论点,它只能是马克思主义伦理学的"原本理论"。我国社会主义伦理学的研究应该是马克思主义伦理学的"原本理论"与中国特色的社会主义相结合的"发展理论",即中国特色的伦理学。

社会主义伦理学坚持以马克思主义为指导,并不意味着要在西方伦理道德观念和中国传统伦理道德之间划一道鸿沟。恰恰相反,只有在马克思主义指导下,科学地分析、借鉴西方伦理道德观念,恰当地批判吸收中国传统伦理道德文化,才能谈得上充实和发展社会主义伦理学。西方特别是当代西方的伦理道德观念,其本质是资产阶级利益在它意识形态上的反映,存在着许多唯心的、腐朽的,甚至是反动的东西。但是,应该承认,人类存在着许多共同的社会生活背景,对一些社会问题尤其是社会伦理道德问题必然会以这样或那样的方式产生情感上的共鸣和思想上的共识;亦必然会以不同的角度和深度揭示同一个社会现象的本质内涵。尽管这些文化创造往往总是与剥削阶级意识形态的污泥浊水搅杂在一起,但通过在坚持马克思主义基础上的分析批判,总是能有许多值得借鉴的地方。作为更多具有共同性生活反映的社会伦理道德,更应该注意外来伦理道德观念的可借鉴之处。至于中国传统伦理道德文化,在一定意义上说,它与社会主义伦理学的发展有着天然的联系。因为中国特色的社会主义伦理学，必然内含着中国优秀的伦理道德传统。否则就不能称为我国更高社会发展阶段更完善的伦理学。而且事实上，中国传统伦理道德文化有许多精华之处，诸如"先天下之忧而忧，后天下之乐而乐"，"天下兴亡，匹夫有责"等道德格言曾经是中华民族精神之所在，因此，割裂了传统伦理道德文化就等于消除了传统民族特色，那么，中国特色的社会主义伦理学将是不伦不类的不完整的伦理学。

二 社会主义伦理学必须走出书斋面向社会实践

应该承认，中外古今许多伦理学家都十分关注伦理学的存在意义和发展依托。例如，在我国，先秦时期儒家伦理学说的创始人孔子就曾面对动荡的社会现实和"礼崩乐坏"的道德面貌，深感其根本原因是人们对礼或仁的不自觉。认为"人而不仁，如礼何？人而不仁如乐何"（《论语·八佾》）如果不把礼或仁建立在人们的真实情感的基础上，那么它是发挥不了作用的，也是无论如何不会长久的。为此，孔子将春秋以来注重人事、"人道"的思想提到了一个新高度，建立了直接面对生活的以仁为核心的伦理思想体系。被称为继孟子以后千余年才复明"圣人之道"的理学开创人周敦颐，在哲学上创立了一个自"无极而太极"的客观唯心主义宇宙生成论体系，其中"以诚为本"的道德观念则深化了伦理学的实践意义。他认为，"诚"是道德本质，亦是道德践行之前提，指出："诚，五常之本，百行之源也。静无而动有，至正而明达也。五常百行，非诚，非也，邪暗，塞也，故诚则无事矣。"（《通书·诚下》）按照周敦颐的说法，诚为仁、义、礼、智、信之本，全部道德之出发点，实现了作为"静而无思"的诚，就能"至正""明达"而不暗塞。同时，周敦颐还强调，只有既"正至道"，又"明大法"，才能促使人们具备各种德性，并从事一切道德行为。在西方，早在古希腊，伦理学创始人亚里士多德就注意到伦理学不是抽象的学问，它是道德实践的概括。他认为，美德则是与人的特殊功能相联系的，并且是在人的社会生活和反复训练中得到的。伦理学就是研究人的道德品性的学问。西方近现代一些资产阶级思想家也在大声疾呼，伦理学的生命力在于生活实践，一些学者亦指出伦理学的未来趋向是"实践道德理论"的完美发展。由此可见，伦理学离开生活、离开社会实践将是地道的道德说教。这样的伦理学是没有发展前途的。中西方传统伦理思想经两千多年而没有在世界文化发展史上消失，这与历代伦理学家自觉不自觉、或多或少关注伦理学的实践意义是分不开的。

社会主义伦理学是揭示人民大众生活的道德学说，理应是来自社会生活、面向社会实践的具有强大生命力的道德哲学。但是，由于长期以来"左"的思想影响，伦理学一直被作为超前的意识形态来研究和宣传，似乎道德教育只能着眼于未来，似乎有了远大的道德理想就会有理想的现实道德生活。这在客观上忽视或抹杀了伦理学的实践意义，削弱了伦理学的发展依托，把伦理学仅仅当作"形而上"之学问来研究。还有一部分人，无视我国社会主义的现实和人民大众的生活实践，搬弄一些西方伦理学词汇和基本命题，试图创立一种新的伦理学体系，这实际上是在做呓语文章，其本质也是一种空洞的说教，只能是聒噪一时。近几年来我国伦理学界许多专家学者对伦理学如何服务社会的问题做了不懈的探索，终因没有使理论与社会生活实践获得有效"接轨"而困惑。

社会主义伦理学如何发展？如何增强自身的生命力？在这里，首先是离开本本，不在书堆里漫游。不是以主观设定的理论思路去套现实生活，而是要到社会生活实践中去提炼观念。要一个一个问题分析、一个一个领域研究、一层一层理论探索，从而使伦理学建立在坚实的社会生活实践基础上。就当前来说，只有对社会主义市场经济条件下的竞争现象、"回扣"现象、"经济人"现象、有劳必有酬现象、业务往来中的礼品和吃喝现象、经营服务中的小费现象、离婚现象以及安乐死，生态平衡等一系列问题做出深刻的哲学分析，才能做出令人信服的道德回答，真正实现伦理道德观念的科学转换。

其次，要深入各种管理领域，调查研究伦理道德在经济管理、行政管理、企业管理、学校管理、公共生活管理和家政管理中的作用及其表现形式，在理论和实践的结合上使人们真正认识到，没有伦理道德及其手段的干预，任何一项管理和任何一类生活都不可能实现正常或完善的运转。

再次，伦理学作为教导人做人的一门学问，它应该密切联系人们的日常生活和各种利益追求，切实说明什么是应该的、什么是不应该的。并在此基础上提出系统的道德行为规范。仅仅是出于良好的愿望，而离开人们的生活追求和生活目的去谈什么道德行为规范，这很难引起情感上的共鸣，也就不可能实现行为自觉。而且，确认各种道德行为规范除了要与人们的日常生活和利益追求挂钩以外，一方面，还要注意建立循序渐进的道德行为规范模式，只有从点滴小事做起才谈得上形成高尚的道德品质，假如连随地吐痰、不乱扔杂物等这样的起码生活要求都不能做到，又怎么能做到大公无私或全心全意为人民服务呢？同时，只有从身边做起，才有可能逐步达到崇高的道德境界，不可能设想，在家中不能很好履行道德责任，或者不愿意承担赡养老人义务，或者不能负责地抚育子女，而在单位或社会上的某些道德行为是出于自己的觉悟。因此，社会主义伦理学研究和确认的道德行为规范应该是"金字塔"式的。集体主义、大公无私、全心全意为人民服务等道德行为规范是在现在社会条件下的最高道德要求，大量的行为规范只能是日常生活中的道德责任的体现。宣传社会主义道德规范务必从点滴要求和生活中的基本要求开始，逐步加强道德情感共鸣，循序渐进地实现对最高道德要求的共识。否则，社会主义伦理学尽管充满理想色彩，但却没有决定生命力的实践意义。另一方面，还要注意道德行为规范的可操作性。伦理学通过对道德行为规范的确认，不仅要求人的行为有据可依，而且要求能直接对照操作。否则，连"尊敬师长"这样一条极简单的行为规范也会成为空洞的教条，至于"集体主义""爱国主义"等行为规范更是无法实施的口号。

最后，社会主义伦理学要研究社会主义道德建设工程。伦理学的理论研究不是为研究而研究，它的基本理论目的是利用道德的特有功能服务于人类社会的发展。然而，功能发挥要有一系列切实可行的工作程序。因此，道德建设工程研究既是伦理学的基本任务，亦是伦理学体现其社会实践意义的最基本前提。长期以来，我国比较注意一般性的伦理道德宣传，但往往收效甚小，这里的一个主要原因是道德建设工程不配套。诸如研究什么，宣传什么；写什么，怎么写；道德文化环境怎么设置；一个企业单位、一个学校在运行过程如何充分应用道德机制；在各种不同的地方和各个不同的人物身上，道德的物化表现应该是什么等一系列问题都应该是伦理学所要研究和阐释的问题。在某种意义上说，这就是伦理学研究的基本出发点。这也是伦理学作为理论学科的特色所在。

三 社会主义伦理学必须重视其本身研究方法的改革和完善

理论研究的方法从严格意义上来说是无法统一的，尤其是伦理学的研究方法更应该是多方面的。这是因为伦理学所研究的道德作为社会现象是以"实践—精神"的形式出现的，它既是社会意识形态，又是社会实践行为方式；同时，道德不是也不可能是作为社会现象的纯粹形式出现的，它的出现总是要伴随着人类心理的、经济的、政治的、法律的等活动。因此，伦理学研究的方法无法确定固定模式。

不过，从我国目前伦理学的研究方法来看，存在许多片面之处，而且停留在很一般的操作水平上。满足于一般的理论和资料归纳。以至于十多年来少见有力度的真正有自己创造性见地的理论著作和文章。从一大批理论阐述平平的著作和文章来看，我们有些同仁也许从来没有思考过伦理学研究的方法问题。

为完善我国社会主义伦理学的研究方法，需要明确三点基本思路。

第一，社会主义伦理学所研究的社会道德现象尽管具有直接的现实性，但它绝不是直观的经验性概括，绝不能仅以现象本身来做出什么是应该的、什么是不应该的哲学概括。它应该从社会道德生活的现实具体出发，通过分析、概括、提炼、逻辑地实现科学的抽象，并由此上升到实现多种因素统一的理论。只有这样，我们的伦理学理论和道德规范才能被人们理解和接受。当然，否定伦理学是直观的经验性理论概括，同时还要否定把伦理学当作纯思辨哲学来看待的做法。大凡把伦理学当作纯思辨哲学来研究的人，最终必然导向伦理唯心主义，有的甚至成为道德怀疑论者。

第二，伦理学研究应该建立在人和社会的需要的基础上，这也是伦理学体现其实践意义的必要条件。离开人和社会的需要去谈人生和社会的完善和应该问题，实际上抽掉了作为伦理学研究对象的道德的现实基础。

在这里，需要说明的是，一方面，社会主义制度作为人类社会发展至今最完善的存在形式，为社会主义道德要求的全面实现提供了重要条件。伦理学研究不能忽视或回避这一现实。另一方面，人和社会的需要是具体的，而且这具体的需要必须具有时代特征，不能与社会发展进程不一致或相抵触。否则，不健康的需要不仅不是社会主义伦理学研究的基本出发点，而且是社会主义道德力主排除的。

第三，既然作为伦理学研究的对象的道德渗透在社会生活各个领域，那就应该首先面对复杂的社会生活，通过考察人们的心理活动，研究伦理心理学；通过考察人们的经济活动，研究伦理经济学和经济伦理学；通过考察人们的政治活动，研究伦理政治学和政治伦理学；通过考察人们的宗教活动，研究宗教伦理学等。与此同时，充分利用心理学、经济学、政治学、宗教学等一系列社会科学的研究方法和手段来加强对伦理学的研究。只有这样，才能有效地改变我国伦理学界目前普遍存在的简单、肤浅的研究方法和干巴、枯燥的理论思维。

（原载《江苏社会科学》1993年第1期）

儒家人学思想的辩证思考

儒家人学是古代思想史上的一颗瑰宝，挖掘其精华，对发展我国社会主义人文科学将是一件十分有意义的事。

儒家人学思想的一个根本特征是其伦理性。整个思想体系的逻辑起点是人之所以为人的问题，其理论目的是教导人们如何立身处世、如何成为仁之至者的圣人。因此儒家人学究其实质是伦理人学。

一 人与人格

人是什么？人何以为人？孔子认为，"仁者，人也"。这里的人有两层含义。一是人只有在社会关系中才能体现，离开关系人就无法作为人而存在。所以"仁"字是由"二人"构成，人是在"二人"对应中体现出来的，诸如我国传统人际关系中的君臣、父子、夫妇、兄弟、朋友等概括都表明了这一点。[1]

二是指德者，人也。正因为单个人的存在是毫无意义的，那么个人的私欲和私利等都不是人的本质内涵。在二人或二人以上的人际关系中一定是情感和德性的一致，否则二人就不能是仁，是两个或多个个人。所以，孔子和孟子又都强调"仁者，爱人"，只有"爱人"的人，做到了"己所不欲，不施于人"，"己欲立而立人，己欲达而达人"的人，才是一个完整意义上的人。孟子也认为，人的重要特点是和禽兽的区别，人之所以为人有"本心"或"四端之心"，即"恻隐之心、羞恶之心、恭敬之心、是非之心"。这就是仁心、仁道，或称人心、人道。所以"仁，人心也；义，人路也"

---

[1] 参见孙隆基《中国文化的"深层结构"》，广西师范大学出版社2006年版。

（《孟子·告子上》）。同时孟子指出，"四端"之心人人皆天生有之，但这只是善之开端，有成"人"之前提而已，并不就是每个人都能成其为人。只有"尽心""存心"者才能称为人，那么，如何做到"尽心""存心"呢？只要尽量发挥自己的善端，做到"养心""寡欲"，使仁、义、礼、智之"四端"能坚持下来，并积善成德，那便是人了。当然，假如人不能"尽心""养心"，这就与禽兽无异了。"无恻隐之心，非人也；无羞恶之心，非人也；无辞让之心，非人也；无是非之心，非人也。"（《孟子·公孙丑上》）

  儒家学说创始人在这里模糊地看到了人是社会的人，这在当时实属难能可贵。尤其是从伦理道德角度揭示了人是"理性动物"，这是中国先秦文化之精华所在。它不仅影响着两千多年来中国人的生活，至今仍不失其借鉴之意义。

  我们目前主张和实行的是社会主义市场经济体制，这市场机制的完善不是一个纯经济问题，社会主义市场经济说到底就是通过完善市场机制，对各种资源实现合理、有效的配置，加速发展社会主义生产力。而对资源的合理配置，具体化就是人力资源和物质资源的合理配置。而人力资源的合理配置，逻辑的内涵有以下几个目标，一是人的素质（包括体质、思想品质和心理素质等）要实现完善地发展，处在最佳生存和能量发挥最佳的状态；二是人（力）与人（力）之间要实现最佳的和谐协调，人际形成最佳劳动创造的合力；三是人应该处在最适合的工作岗位，实现最佳成就。这就清楚地告诉我们，人力资源的合理配置需要人们具备一种理性与道德精神。就物质资源的合理配置来说，物本身无从谈配置，只有在人起着决定作用的经济运行过程中才谈得上配置问题。那么人或人群体的素质，特别是他们对市场经济运行规律的自觉程度和主动调控能力，以及他们对人际利益的认识程度和协调水平往往直接影响着物质资源的合理有效的配置。因此，理性与道德精神是完善社会主义市场机制的一种内在动力。尽管儒家学说创始人重仁义轻物质利益，但我们现在不能走向另一极端，重视物质利益而忽视人的理性与道德精神。

  当然，儒家"仁者，人也"的定义是社会功利主义的概括，这是符合奴隶社会的绝对专制和封建大一统社会的要求的。这一思想在中国两千多年的传统生活中一直规定着人们的伦理价值取向，也客观上形成了封建大一统社会的精神支柱。而个人存在被否定、个性被压抑，又使得人们在几千年社会历史中按一个模式生活，造成了几千年社会生活的一潭死水，个性无法表现、社会没有活力。这与社会主义市场经济要求充分发展和发挥每一个人的个性和能力又是对立的。

由先秦儒家关于人的界定随之而来的是儒家创始人强调的圣人理想人格。所谓圣人，即"仁之至者"。孟子具体称之为"息邪说，距诐行，放淫辞"的发善心之人。

从儒家创始人的思想来看，圣人在社会生活中的模型就是君子，因为君子屡被他们当作人格楷模来倡导。可是，在孔子看来，君子和圣人又有区别，他曾提到君子"畏圣人"（《论语·季氏》），"圣人，吾不得而见之矣，得见君子者斯可矣"（《论语·述而》）。既然如此，那么，从君子与"小人"对应来看只能是指一般理想人格体现了，即"君子喻于义"，是讲求仁义之人。然而，君子要成为圣人，那就得达到"至善""至德"，如《中庸》一书指出："唯天下至圣为能聪明睿知，足以有临也；宽裕温柔，足以有容也；发强刚毅，足以有执也；齐庄中正，足以有敬也；文理密察，足以有别也。"此意指，唯有天下至大至高之圣人能聪明过人，足以应变于生活之中；温柔宽容，足以容人；刚强、发奋之精神，足以能坚守信念，完成操业；仪态之庄重，足以受人敬重；高深广博之学问，足以判别是非。难怪孟子要说："圣人者，百世之师也。"（《孟子·尽心》）

《中庸》人格之条件简明而又深刻，这些条件可以归纳成智慧、宽容、坚毅。长期以来有人总是把儒家的圣人、君子人格斥为封建专制主义的卫道士，是不求进取的奴性人格，是抹杀个性的道德服从型人格，如此等等。笔者认为这种判断不无一点道理，因为说"仁义"也好，说"养心""存心"也好，这都包括笃信、笃行封建伦理纲常的要求，舍此又如何成圣人呢？但是这种判断是以偏概全了，智慧、宽容、坚毅就其人格特质来说，可谓万世之格言。不能因为圣人的学问内含封建礼教；宽容和坚毅维护的是封建专制秩序，就像倒小孩洗澡水时连小孩也一道倒掉一样，连儒家人格内涵之精华也排除掉了。要知道儒家人格之精神培养世代中国人，中国传统人格两千多年一以贯之，不能说此人格力量不大，更没有必要推之甚远，生怕腐蚀今天倡导之新人格精神。其实，传统人格精神和其他传统民族文化，都是当今文化之来源，也只有前后贯通，才能体现当今文化的全面、深刻且富有生命力。离开传统民族文化这个基础，就无法建立所谓的新文化，"空中楼阁"的文化是不可想象的。即使建立了似乎前后、左右都不靠的"全新"文化，也不一定是新时代文化。因为离开了传统文化，所谓新文化无法比较是非；无法贴近人们长期形成的文化结构心理，就容易形成"经院"文化，在极"左"思想泛滥的年代，我们的一些舆论宣传和文化建设确实是劳而无功的"经院"文化。更有甚者，假如社会经济、政治、文化等体制不完善，甚至僵化落后，那么，在丢掉包括优秀传统文化在内的所有民族传统文化的情况下，以及在这样的社会背景下建立的文化，包括人格精神，不是更落后、更腐朽吗？"十年动乱"的历史教训足以使我们清醒了。由此我们值得重新审视一下儒家的人格理想。

儒家学说发展到汉代，汉代儒学集大成者是董仲舒。董仲舒提出了著名的"天人合一"的思想，按照他的说法，由于人是天的一部分，所以人和人的行为的根据，务必要到天的行为中去找。这就形成了他特有的"天人"之人学思想。董仲舒把天当作最高的人格神，说："天者，百神之君也。"（《春秋繁露·郊义》）"天者，群物之祖也。"（《春秋繁露·对策二》）人当然也就是天创造的了。他说："人之为人本于天，天亦人之曾祖父也。"（《春秋繁露·为人者天》）因此，人就是天的体现、是天的副本。

董仲舒还具体解释道："是故人之身，首妢而员，象天容也；发，象星辰也；耳目戾戾，象日月也；鼻口呼吸，象风气也；胸中达知，象神明也；腹饱实虚，象百物也。百物者最近地，故腰以下地也。天地之象，以腰为带，颈以上者，精神尊严，明天类之状也；颈以下者，丰厚卑辱，土壤之比也；足布而方，地形之象也。"（《春秋繁露·人副天数》）又说："人之血气，化天志而仁；人之德行，化天理而义；人之好恶，化天之暖清（晴）；人之喜怒，化天之寒暑；人之受命，化天之四时。人生有喜怒哀乐之答，春秋冬夏之类也。喜，春之答也；怒，秋之答也；乐，夏之答也；哀，冬之答

也。天之副在乎人，人之性情有由天者矣。"（《春秋繁露·为人者天》）

为了加强他关于天按照自己的构造创造了人类的思想，他还举例说：人有小骨节三百六十六个，天有三百六十六日；人有大骨关节十二节，天有十二月；人有五脏，天有五行；人有四肢，天有四时；人有视瞑，天有昼夜；人有刚柔，天有冬夏；人有哀乐，天有阴阳；人有计虑，天有度数；人有伦理，天有天地。

董仲舒的具体解释是说明人从形体到精神活动都是天的特有表现，是天按照自己的样子创造了人。所以，人是什么，人即天。这一定义与孔孟之关于人的定义有着明显的区别，尽管孔孟关于人的定义有很多唯心思想，但没有像董仲舒那样简单明了的概括。董仲舒把孔孟的人学思想神秘化了。

不过，这里还应该看到董仲舒关于人的内涵的叙述，改变了先秦儒家朴素的经验性的概括，在唯心主义前提下实现了理性抽象。这一思维方法为使人对自身的认识逐步接近于人本身开拓了前景。客观上董仲舒关于人的定义为使先秦儒家关于人的含义发展到宋明理学的更深刻的阐释起到了承上启下的作用。

董仲舒由天人思想自然地把天当作最高的人格神，人应天是人格之所在。在人如何"副天道"的问题上，董仲舒回到了先秦儒家的老路，提倡人们成为体现了"天意之仁"的圣人。因此，在人格问题上，董仲舒没有创见，仅仅是借天增强了人们对圣人的神秘感以及不服"天威"、不仁义的畏惧感。

宋明时期，儒家主要代表二程朱熹对人是什么的问题有更深刻的理论阐释。他们首先用道与器或理与气的范畴来说明天地万物，包括人在内是怎么形成的，认为道与理是根本，是万物之源，器与气是派生的。程颐说："道则自然生万物"，"道则自然生生不息"。（《河南程氏遗书》卷十五）"莫之为而为；莫之致而致，便是天理"。"又问天道如何，曰：只是理，理便是天道也"。（《河南程氏遗书》卷十八）在道与气的关系上，他强调"道是形而上者""气是形而下者""形而上者密也"。这个形而上之密、不可见的道或理是高于一切的。朱熹亦说："有是理，后生是气"；"未有天地之先，毕竟也只是理"；"且如万一河山大地都陷了，毕竟理却只在这里"。

（《朱子语类》卷一）他强调的也是"理在气先""理生化万物"。

那么，理是什么，它又如何生万物呢？在他们那里，理就是天，即所谓"天者，理也"（《河南程氏遗书》卷十一）。所以，理也称为"天理"。事实上，理、天、天理，在他的观念中，与道、帝、神等是混为一个东西的。尽管有时连他们自己也讲不清理为什么是神，甚至有时也不完全愿意承认鬼神的存在。程颐说："以形体言之谓之天，以主宰言之谓之帝，以功用言之谓之鬼神，以妙用言之谓之神。"（《河南程氏遗书》卷二十二）这就把理当作神，神当作理了。

在天理如何生万物的问题上，二程、朱熹各有具体阐述。二程认为，理生了气，世界的创造就开始了。"万物之始皆气化。既形，然后以形相禅。"（《河南程氏遗书》卷五）海上露出沙岛，过些时候，就生草木；有了草木，就生了禽兽；人着新衣，过几天生了虱子；这些，在他看来都是"气化"的例子。朱熹在阐释天理生万物时运用了二程之师周郭颐的"太极"范畴。运用时概念很明确，"太极只是一个理字"（《朱子语类》卷一）"太极乃天地万物自然之理"（《太极图说》）。他说："太极生阴阳，理生气也。"（《太极图说》）"天地初间只是阴阳之气，这一气运行，磨来磨去，磨得急了，便拶出许多渣滓。里面无处出，便结成个地在中央。气之清者便为天，为日月，为星辰，只在外常周环运转，地便只在中央不动，不是在下。"在此基础上"阴阳，气也，生此五行之质，天地生物，五行独先。地即是土，土便包含许多金木之类。天地之间，何事而非五行？五行阴阳七者滚合，便是生物的材料"（《朱子语类》卷九十四）。至此，天地间万物就化出来了。

既然如此，那人是什么的问题，他们也不会离开天理和气来解释。他们认为，人是"形而下者"，是理决定的一种气。我们从程颐的一段话中可以理解这一点。有人问程颐：雷震死人，是不是有神主使？他说："不然！人之作恶，有恶气与天地之恶气相搏，遂以震死。"（《河南程氏遗书》卷十八）这就是说，人的行为就是气，人受气规定和制约，朱熹对此说得更明确，他认为人到底生出个什么人来，父母就做不得主了。做主的是什么呢？朱熹认为是"气数"。学生问他：以尧为父而有丹朱，以鲧为父而有禹，是怎么回事，朱熹回答道："这个又是二气五行交际运动之际有清浊，人适逢其会，

所以如此。如算命推五行阴阳交际之气，当其好者则质美；逢其恶者则不肖，又非人之气所能与也！"（《朱子语类》卷四）

在人格理解上，二程朱熹当然要以天理为思考前提。由于"父子君臣，天下之定理"（《河南程氏遗书》卷五），"忠者天理"（《河南程氏遗书》卷十一）"礼即是理也"（《河南程氏遗书》十五）仁、义、礼、智为天理。故"存天理"谓之圣人之人格。

与董仲舒相比，二程、朱熹的人与人格思想，其基本思路是一致的。但加强了哲理性思维，思考的角度也有了新的开拓。正由于这一思维特点，人们对："天理人格"及存天理人格的内涵有了更深刻、更自觉的把握。尽管二程、朱熹对人与人格的理解是唯心主义的。但是，理论越是做唯心的抽象越能迷惑人，越使人感到不可不信。因此，天理人学曾经不仅影响了历代知识分子，而且影响着整个社会生活。当今人文科学研究的一个重大缺陷是"书斋理论"，不能把握广大的人民群众。改变这一状况的当务之急是改变我们的理论研究方法，不能只满足于发表宣传性的或诠释性的文章。要加强人文科学的哲理性思维，以越来越抽象的理论，不断地真正反映和揭示各种社会现象，以求得全社会成员在人的完善理解和人格的崇高追求上实现情感上的共鸣和理论上的共识。

二　人性与道德

人性问题是儒家人学研究的根本问题，其根本原因是这些先哲们十分注重人的修身养性问题，故不能不谈人性问题。

有人考据，人性问题早在《尚书》就已出现，但笔者认为完整意义上的人性范畴的提出当以孔子为开山祖，因为明确人性是人之要旨的最早的命题是"性相近也，习相远也"（《论语·阳货》）。

继孔子以后，在人性问题上出现了儒家学说内部的对立观点，一是孟子的性善论，一是荀子的性恶论。

孟子认为，人生来就有善性。他说："恻隐之心，人皆有之；羞恶之心，人皆有之。"（《孟子·告子上》）还说："人皆有不忍人之心。……所谓人皆有不忍人之心者，今人乍见孺子将入于井，皆有怵惕恻隐之心——非所以内交于孺子之父母也，非所以要誉于乡党朋友也，非恶其声而然也。……恻隐之心，仁之端也；羞恶之心，义之端也；辞让之心，礼之端也；是非之心，智之端也。人之有是四端也，犹其有四体也。"（《孟子·公孙丑上》）

孟子还进一步强调："人性之善也，犹水之就下也。人无有不善，水无有不下。"并指出："仁义礼智，非由外铄我也，我固有之也，弗思耳矣。"（《孟子·告子上》）

既然人性皆善，那孟子又为何要求人们修善呢？孟子认为，人虽有其善之"本心"，但人的私欲往往"放其良心"，丧失了"四端之心"。他说："牛山之木尝美矣，以其郊于大国也，斧斤伐之，可以为美乎？是其日夜之所息，雨露之所润，非无萌蘖之生焉，牛羊又从而牧之，是以若彼濯濯也。人见其濯濯也，以为未尝有材焉，此岂山之性也哉？虽存乎人者，岂无仁义之心哉？其所以放其良心者，亦犹斧斤之于木也，旦旦而伐之，可以为美乎？"（《孟子·告子上》）那么，如何寻找"放心"找回善性呢？孟子说："养心莫善于寡欲"（《孟子·尽心下》）并要求人们自察反省，"以仁存心，以礼存心"，修养至大至刚之"浩然正气"。

修养途径虽说来自"寡欲"，但把人的正当欲望亦归为"心之害"，实属不妥。不过，修养强调自我反省，这在当时是十分理智的概括，以至于今天仍是人们进行道德修养的一条有效途径。

荀子在人性善恶问题上竭力反对孟子的性善论思想，提出了著名的"人性恶"思想。

荀子说："今人之性，生而有好利焉，顺是，故争夺生而辞让亡焉；生而有疾恶焉，顺是，故残贼生而忠信亡焉；生而有耳目之欲，有好声色焉，顺是，故淫乱生而礼义文理亡焉。"（《荀子·性恶》）在荀子看来，人生来"好利""疾恶""好声色"，如果不"求礼义""知礼义"，那就必然是"争夺生而辞让亡""残贼生而忠信亡""淫乱生而礼义文理亡"。同时还认为："凡人有所一同：饥而欲食，寒而欲暖，劳而欲息，好利而恶害，是人之所生而有也，是无待而然者也，是禹、舜之所同也"（《荀子·荣辱》），连尧、舜和君子、小人也都一样。

既然如此，以上善行又是怎么产生的呢？荀子认为："其善者伪也。"（《荀子·性恶》）"凡礼义者，是生于圣人之伪，非故生于人之性也。"按照荀子思想，善即伪善，是人为的结果。而且人欲为善，这本身也是"性恶"的一种表现，因为"今人之性，因无礼义，故强学而求有之也，性不知礼义，故思虑而求知之也"（《荀子·性恶》），既然人要"强学""思虑"才能为善，这不正好说明"人之性恶"吗？故为善者"伪也"。人性生来既恶，就必须修身养性"化性起伪"，以节制人之情欲。

荀子和孟子虽人性善恶各持己见，但在强调德育上是一致的。而且不管"养心"也好，"化性起伪"也好，都认为修养的目标是反对"纵欲"，个人的正当欲望并非违礼行为。

先秦儒家都强调反对私欲，反对"纵欲"，把行仁义放到至高无上的地位，甚至提倡为仁义而"杀身""舍生"，这固然是视欲望为恶之源的道德至上论。但是它客观上警告人们在社会生活中应以仁义为重，欲望应受到限制，否则祸害无穷。

与先秦儒家相比，董仲舒在人性问题上考虑得更细一点，在道德修养和教化问题上说理更实、呼吁得更强烈。

董仲舒认为，既然人本于天，那人性就当然也是天的体现了。他说："今善善恶恶，好荣憎辱，非人能自生，此天施之在人者也。"（《春秋繁露·竹林》）"人受命于天，有善善恶恶之性，可养而不可改，可豫而不可去，若形体之可肥臞，而不可得革也。"（《春秋繁露·竹林》）

所以，董仲舒得出结论：人性只是人得之于天的自然资质。所谓"性之名非生与？如其生之自然之资，谓之性。性者，质也。"确立了这个理想前提，董仲舒继续分析说："天两有阴阳之施，身亦两有贪、仁之性。"而且"身之有性情也，若天之有阴阳也。言人之质而无其情。犹言天之阳而无其阴也"。（《春秋繁露·深察名号》）这就是说，人这种天生的资质，与天的阴阳之气相当，一性有两即性情。即是说性包含性与情。那么，性情又是指什么呢？性中之性是阳、是善、是仁；性中非性即情，是阴、是恶、是贪。性情同属于人性，故人性是善是恶不能简单规定，需要分析。这是董仲舒的独特和深刻之处，也是他有效强调道德教育的关键所在。

董仲舒进一步认为，由于天施于人的阴阳二气的搭配因人而异，故人性可有三种表现：一是情欲很少之性，即不教而先天为善的

"圣人之性"；二是情欲很多之性，即教也不能为善的"斗筲之性"；三是既有善质又有情欲，教而后方能为善的"中民之性"。他说："名性不以上，不以下，以其中为之。"（《春秋繁露·深察名号》）"圣人之性，不可以名性。斗筲之性，又不可以名性。名性者，中民之性。中民之性，如茧如卵，卵被覆二十日而后能为雏，茧被缲以涫汤而后能为丝，性待渐于教训而后能为善。善，教训所然也，非质朴之所能至也，故不谓性。"

在董仲舒看来，"性"中包含有善恶之资质，要由圣王教训、教化而可以为善。所以他说："性者，天质之朴也。善者，王教之化也。无其质，则王教不能化；无其王教，则质朴不能善。"（《春秋繁露·实性》）

这里董仲舒提出了，教化与否，是人能否成为善者的前提。现在社会也是如此，忽视道德教育就等于忽视了真正的人才培养，同时也就意味着任其社会产生一些"渣滓"。

如果说董仲舒在人性与道德问题上考虑得更细更实，那么二程朱熹在理学范围就阐述得更加完备了。朱熹认为"事事物物；皆有其理"，每一个具体事物都有自身之理。也即所谓的"万物之中各有一太极"（《通书·理性命注》），万物诸理都是"太极"的具体体现。这就是朱熹所谓的"理一分殊"。万物皆由"太极"来，是谓"理一"；"太极"又派生出万物诸理，形成千差万别的事物，是谓"分殊"。

那么，人之殊理怎么理解呢？二程认为，天理"在天为命，在义为理，在人为性"（《近思录》），人有人性。

二程在差不多同时代张载提出的"天地之性"和"气质之性"的思想基础上，提出人性有二的思想。后来朱熹也说："有气质之性，无天命之性，亦做人不得，有天命之性，无气质之性，亦做人不得。"（《朱子语类》卷五十九）

二程说："性字不可一概论。'生之谓性'此训所禀受也。'天命之为性'，此言性之理也。今人言天性柔缓，天性刚急，俗言天成，皆生来如此，此训所禀受也，若性之理也，则无不善，曰天者，自然之理也。"（《河南程氏遗书》卷二十四）在这里，二程将人性分为体现天理的天命之性和人生而具有的气禀之性两类。天命之性是"性之理",它是理所派生的,是纯粹的善、绝对的善。"气禀之性"是有善有恶之性。二程说:"人生气禀,理有善恶,然不是性中无有此两物相对而生也。有自幼而善,有自幼而恶,是所禀有然也。善固性也,然恶亦不可不谓之性也。"(《河南程氏遗书》卷一)还进一步指出:"性无不善,而有不善者才也。性即是理,理则自尧、舜至于涂人,一也。才禀于气,气有清浊。禀其清者为贤,禀其浊者为愚。"(《河南程氏遗书》卷十八)

朱熹十分欣赏二程以及早些时候张载的人性二元说,认为天命之性(天地之性)和气禀之性(气质之性)的提出,弥补了孟子性善论的不足,纠正了荀子性恶论的偏误,使人性善恶的问题得到了圆满的解决。他说:"诸子说性恶与善恶混,使张、程之说早出,则这许多说话自不用纷争。故张程之说立,则诸子之说泯矣。"(《朱子语类》卷四)

朱熹继承并发挥了二程的天命之性和气禀之性的思想,使人性二元论得以充实和完备。朱熹认为:"论天地之性,则专指理言;论气质之性,则以理与气杂而言之。"(《答郑子上》)这就是说,天地之性体现的是"理",因此是纯善的;而"理"体现在每一个具体的人身上,又须与构成人的形质的"气"相合相杂,成为气质之性。作为气质之性来说,它有善有不善。一方面原因是气禀不同,"人之所以有善有不善,只缘气质之禀各有清浊。"(《朱子语类》卷四)他还具体解释说:"日月清明,气候和正之时,人生而禀此气,则为清明浑厚之气,须做个好人;若是日月昏暗,寒暑反常,皆是天地之戾气,人若禀此气,则为不好底人无疑。"(《朱子语类》卷四)另一方面原因是物欲之累。他说"目之欲声,耳之欲色,口之欲味,鼻之欲臭,四肢之欲安逸,所以害乎其德者又岂可胜言也哉"(《经筵讲义》)。人"禀其清明之气,而无物欲之累,则为圣;广察其清明而未纯全,则未免很有物欲之累而能免以去之,则为贤;禀其昏浊之气,又为物欲之所蔽而不能去,则为愚、为不肖,是皆气禀、物欲之所为,而性之善未尝不同也。尧舜之生所受之性亦如是耳,但以其气禀清明自无物欲之蔽,故为尧舜。初非有所坊盖于性分之外也"(《玉山讲义》)。

朱熹这个思想与二程没有多大差别,都是在唯心地杜撰天命之性（天地之性），都认为"欲之害人也"；人欲是蒙蔽天理、恶流行的根源。

朱熹在分析天地之性和气质之性时亦表明了两者的关系。认为两者既有区别又有联系，它们相互依赖、相互统一。所谓的"论气质之性，则以理与气杂而言之"和"天命之性，若无气质，都无安顿处"的思想，说的就是两者的依赖关系。朱熹还说："性离气禀不得，有气禀，性方存在里；无气禀，二性便无所寄搭了。"（《朱子语类》卷九十四）"性非气质，则无所寄；气非天性，则无所成。"（《朱子语类》卷四）朱熹的这一思想，就其内容来看毫无道理，是书斋里的游戏。但是，尽管他说过以下的话："合虚与气有性之名，有这气，道理便随在里面。无此气，则道理无安顿处，如水中月，须是有此水，方映得天上月。若无此水，终无此月也。"（《朱子语类》卷六十）认为天地之性和气质之性是一种月在水中的混合关系。但是，他毕竟是在两者关系中思考问题，以思辨方式去论述人的有关理论，这在我国人学发展史上是开创性的。与孔孟"仁者，人也"的直观、经验式的思维方式相比，这可以称为人学思考的新阶段。

朱熹把人性分为天地之性和气质之性，那它们安顿在人的什么地方呢？他认为这两种人性都包在心里。他说，心是人身的主宰，"心，主宰之谓也"，所以，"舍心则无以见性"。不仅性受心主宰，而且"心者，一身之主宰；意者，心之所发；情者，心之所动；志者，心之所之"（《朱子语类》卷四）。人的意、情、志都受心主宰。

既然性安顿在心上，怎么会出现人的天地之性和气质之性呢？他指出："只是这一个心，知觉从耳目之欲上去，便是人心；知觉从义理上去，便是道心。"（《朱子语类》卷七十四）即是说，每个人心只有一个，但假如受物欲的牵累，"有气禀物欲之私"，就形成"人心"；假如行为至善而无物欲之私，就形成"道心"。朱熹还说："人心者，人欲也"；"道心者，天理也"。故"人心""人欲"和"气质之性"趋恶性是一回事，"道心""天理"和"天地之性"是一回事。

既然如此，"人心""人欲"，"危者，危殆也"；"道心""天理"，"微者精微"，为使人树"道心"去"人心"，就必须"存天理，去人欲"，"革尽人欲，复尽天理"，这才符合人之本性或本心。

在这里，理学家们在倡导僧侣式禁欲主义，把"禁欲"作为修身养性的最高标准；在人性与道德之间画上了等号，使得"仁者，人也"的思想获得了充分的体现。

对于理学家的人性与道德思想来说，除了加强哲理性思维以外，没有更新的理论阐释，尤其是人学理论的基本目的仍然是强调人性修养的重要性，以致当时整个封建社会以修养论人品。当然，由此我们可以更深刻地获得一个道理，修养为人性完善之途径，亦是完善人格之重要内涵。从某种意义上说，社会是否提倡道德修养是衡量社会发展程度的一个重要标志。

三　人欲与克己

人欲是儒家伦理人学中的一个重要概念，亦是其思想体系中需要解决的一个重要问题。

尽管先秦儒家提倡重义轻利，汉代董仲舒主张"防欲"，宋明理学要求"存天理，灭人欲"，然而儒家人学又都认为利和欲在人的生活中是不能完全排除的。孔子在《论语》一书中极力提倡"养民"，即要给人民休养生息的机会，他赞扬子产"其养民也惠"，还要求从政者"因民之所利而利之"。当冉有问到，人口众多该怎么办时，他回答说："富之。"这说明，正当的物质生活需求在孔子那里是被认可的。董仲舒的"防欲"思想并不要"灭欲"，他懂得"利以养其体"的道理，主张应保持必要的利益。朱熹力主"存天理，灭人欲"，但他认为只有不正当的欲望才称为"人欲"，正当的欲望属于"天理"。他说："若是饥而欲食，渴而欲饮，则此欲亦岂能无？但亦合当如此者。"（《朱子语类》卷九十四）

由此可见，儒家反对的仅仅是无度量的私欲、贪欲等。荀子说："人生而有欲，欲而不得，则不能无求；求而无度量分界，则不能不争。争则乱，乱则穷。先王恶其乱也，故制礼义以分之，以养人之欲，给人之求。"（《荀子·礼论》）《吕氏春秋》中明确指出：黄帝言曰："声禁重，色禁重，衣禁重，香禁重，味禁重，室禁重。"董仲舒的"防欲"是为了防止欲破坏"法度之宜，上下之序"，也就是说要把欲限制在封建秩序允许的范围之内。他说："故圣人之制民，使之有欲，不得过节；使之敦朴，不得无欲；无欲有欲，各得以是，而君道得矣。"（《春秋繁露·保位权》）朱熹也不例外，反对的只是受物欲的牵累，"有气禀物欲之私"的欲望。

在如何反对无度量的私欲和贪欲的问题上，儒学思想家们都认为应修身克己。孔子主张"克己复礼为仁"，即是说，讲求仁义应节制自己的欲望，同时做到"非礼勿视，非礼勿听，非礼勿言，非礼勿动"。孟子强调克己寡欲以"养心"。他说："养心莫善于寡欲。其为人也寡欲，虽有不存焉者，寡矣；其为人也多欲，虽有存焉者，寡矣。"（《孟子·尽心下》）董仲舒要求人们"不谋其利""不计其功"，克服贪欲。宋明理学家们则强调要通过自我内心的修养，通过养心、养气、顺理、顺性，排除外物诱使，克己控欲以复礼，以穷理尽性。

儒家把人的欲望分正当的和无度量的，并主张反对贪欲，这是深刻的道德哲学概括。但经常把人的欲望与理性对立起来，忽视或看不到两者之间的逻辑联系，以致最终视欲望为恶源。社会主义的道德哲学应在儒家学说的基础上，给欲望以科学的概括。就欲望来说，人人都有，没有欲望就没有生活。从一定意义上看，欲望是人生完善的杠杆、社会发展的动力。社会主义从来不排斥人们的欲望。正当的欲望不仅需要保护，而且社会应创造条件促使人们欲望的满足。在社会主义市场经济条件下尤其要尊重人们的各种正当欲望。当然，对一些贪得无厌者和缺乏理性的所谓"权力欲""金钱欲""享乐欲"等要给予坚决的抵制，以保证社会主义市场机制的完善和人的全面发展。因为，不正当的欲望的满足往往是以牺牲别人利益和社会利益为代价的，它对社会进程是一种反动，任其贪欲蔓延，必将是社会的混乱和倒退。因此，对利欲熏心、贪得无厌者给予严厉制裁，才能为社会主义市场经济的发展开辟广阔的道路。

（原载《东方文化》第三辑，东南大学出版社 1994 年版）

以新的视角观察道德现状和道德作用

在社会主义市场经济条件下，我国的道德现状是进步了还是退步了？是上升了还是滑坡了？社会主义道德在现阶段还起不起作用？在多大程度上和多大范围内起作用？诸如此类问题至今仍困扰着许多人，很有必要以新的视角，正确地分析和认识这些问题。

一 改革在深入，道德也在进步

我国改革开放以来，社会道德状况时有不尽如人意的地方，如一连串大案要案的披露、假冒伪劣商品充斥市场，黄赌毒一定程度的泛滥等，以至于许多人感叹世风日下、道德滑坡，有的人甚至撰写文章大声疾呼要"救救道德"。但如果仅仅看到社会上出现的一些不道德现象就断定道德在退步，那是不切实际的表面的认识。换个角度和思路去观察社会道德现象，不难发现我国改革开放20多年来的道德在总体上呈现进步和上升趋势。

首先，道德观念在更新，这不仅蕴含着巨大的道德发展潜力，而且本身就是道德进步的重要标志。

改革开放以来，尤其是在现有社会主义市场经济条件下，个人的生存和发展是每一个人思考人生的逻辑起点；人的价值的实现，要靠社会，同时也要靠自身的努力。因此，人的主体或主体性意识在逐步确立和增强，人们注重在学习与工作上的自我加压、在道德品质上的自我修养、在思想政治上的自我改造，努力使自己适应社会主义市场经济发展的要求。所谓的"文凭热""下海经商热"等，尽管有一些负面效应，但人们主动地"自我设计""自我奋斗""自我定位",适应现实社会对个人的要求,这不能不说是道德的进步。一个没有个性活力的社会,不仅个人总是处在被动的生存状态中,而且社会也没有朝气和活力。

社会主义市场经济在培养理性的主体或主体性意识的同时,也在培养着人们的集体观念。看上去市场经济条件下似乎人人只为自己着想,他人和社会的利益似乎与自己无关。其实,个人的发展还要依赖于诸如制度、法规、政策等社会环境条件,也离不开社会和他人的支持和帮助。现实情况是,社会主义制度不主张也不允许破坏社会生存环境的状况存在,而且,理智的人们已经深切地体会到国家的强大、集体的发展、社会环境的改善与个人的生存和发展息息相关;不希望国家和集体利益发展,甚至损害国家和集体利益,也是对自身不负责任的表现。因此,社会主义市场经济体制把集体利益与个人利益分得更清,同时也联系得更紧密,关心集体已逐步成为人们普遍能接受和推崇的美德,正常人不会再指责关心集体行为是愚蠢行为。

平等和竞争意识也在实践中得到了理性诠释。改革开放以来,人们已经普遍接受以下观念,即平等不等于利益均等,更不等于平均主义,利益结果的平均主义在现时代是非理性行为,它只会培养不思进取的作风;机会、起点的均等,利益结果与劳动成果相一致,这才是社会主义市场经济条件下真正的平等。同时,人们赞赏并乐意接受与之相关的多劳多得的利益分配政策。接受了现时代的平等观念,也就必然会确认社会主义市场经济条件下的竞争意识,人们意识到,优胜劣汰是为了互相促进,不断地重新定位、重新发展。胜者优上更优,淘汰者重新定位,艰苦拼搏,争取新的更好的生存条件。为此,人们业余求学精神的增强,不能不说是激烈竞争环境下的理性选择。

服务意识也已在全社会得到加强。一方面,人们已经普遍地认为,良好的服务本身是道德觉悟的标志,更是工作绩效的标志,工作的过程与工作的结果的评价应该是一致的。为此,许多单位又重新在醒目位置贴上或雕刻了"为人民服务"的巨幅标语。另一方面,服务是付出也有收益。良好的服务必然会赢得服务对象的信任,被服务者的"回头率"将会大大提高服务工作的效益。这在商业系统表现得更为明显。就是在政府部门，良好的服务也会赢得最广大民众的理解、信任和支持。

其次，道德的功能已被广泛认同，道德实践已结出较为丰硕的成果。

许多企业不仅充分认识到道德也是资本，而且在实践中取得了应用成果。江苏的春兰集团和小天鹅集团等企业管理以人为本，服务于社会和顾客信誉至上，这不仅大大提高了职工的劳动积极性和工作责任心，而且大大提高了市场占有率。青岛海尔集团能在欧洲市场占有一席之地，其中一个重要原因是通过调查研究和艰苦探索，生产出了符合欧洲人生活特点和要求的产品。没有对用户负责、对自身企业负责的精神是做不到这一点的。

改革开放以来，实事求是精神也体现在对先进人物和道德典型的培养和评价上面，使得诸如江苏徐州的下水道四班、连云港长途汽车总站的"雷锋车"、上海的徐虎、北京的李素丽、援藏干部孔繁森等先进人物和道德典型产生于实实在在的社会生活中，激起广大民众的共鸣，并由衷地崇敬这些先进人物和道德典型。在先进人物和道德典型的影响下，全社会不断地掀起学先进做好事的热潮。向受灾地区捐款捐物在全社会已蔚然成风，助人为乐、见义勇为已逐渐得到社会的支持和赞誉，甚至做好事不留名的无名英雄也不时涌现，这些都成了社会道德进步的重要标志。

我们不否认在一定时期、一定范围内的某些不道德现象和行为，有的甚至相当严重，社会影响也极坏，但这并不像有人描述的"道德滑坡"。道德滑坡应该是社会整体道德堕落。而事实上，社会风气总体呈好转趋势，人们的道德认识水平在不断提高，道德责任心和羞耻心也在逐步深入人心。在好人好事不断涌现的同时，诸如随地吐痰、乱扔瓜果皮壳类废物等有违社会公德的现象已有明显的改观。贪污腐败、坑蒙拐骗等一些道德堕落现象也已明显得到扼制，受到广大民众的赞赏。可以说，社会主义市场经济不断发展的同时，社会风气也在不断得到净化。

二 社会主义市场经济条件下道德的作用

邓小平曾经指出"没有共产主义道德，怎么能建设社会主义"[①]。这是十分精辟的概括，因为，一方面，科学的道德觉悟，是确立人生崇高价值取向的前提，没有正确的人生目标，也就没有积极的人生态度和工作状态。另一方面，良好的社会道德秩序能促进社会主义建设事业健康、有序、高效发展，反之，社会主义建设事业将会被自私、贪婪、腐败堕落等不道德行为腐蚀。

共产主义道德基本的社会功能和道德目标是人生的完善和人际关系的协调，并由此而形成人生动力和人际合力。为此，社会主义的经济建设、民主政治建设和文化建设都离不开社会主义、共产主义道德的参与和支持。

笔者曾经撰文指出，社会主义生产力的发展有赖于道德的进步，人的道德觉悟直接影响人的生存态度和劳动态度；人与人之间的和谐协调程度也直接制约着人对劳动资料和劳动对象的认识、改造、利用和发展等。就社会主义经济建设的出发点来说，它要最大限度地实现经济效益，使国家、集体、个人三者利益获得最佳协调，绝不是为了少数人的经济利益。就社会主义经济建设的基本目标来说，它要实现资源的合理配置。然而资源的合理配置主要地应理解为人力资源和物质资源的最佳存在样式，其能量亦能实现最佳程度的发挥，而这在很大程度上取决于人的道德素质。假如没有进取精神，没有对国家和人民利益负责的精神，人不可能有一个理性生存状态下的能量的最佳发挥，物质资源也难以被合理利用和开发。就社会主义经济建设的过程来说，以人为本的管理才能充分调动人的积极性，实现人际利益的最佳协调，才有可能形成 1 加 1 大于 2 的合力，从而才能使经济建设实现快速、高效的发展。

社会主义民主政治建设内含着道德建设，而且社会主义、共产主义道德建设也是民主政治建设的基础工程。一方面，社会主义民主政治建设集中体现了最广大人民群众的利益，它首先需要最广大

---

① 《邓小平文选》第 2 卷，人民出版社 1994 年版，第 367 页。

人民群众的参与，同时要求广大人民群众以主人翁姿态、以对国家和对人民负责的精神参与民主政治建设。唯此才能以大局为重，维护党的领导、维护安定团结、维护真正的民主权利，反对各种无政府思潮和自由主义。为此，加强社会主义、共产主义道德建设，将有利于人们科学地掌握道德评判依据和尺度，努力创造民主政治建设的条件。再一方面，民主政治建设需要有道德感召力，需要通过努力赢得人民群众的信赖。因此，政治道德建设、干部道德建设应该是民主政治建设首要的基础性工作。

社会主义文化建设直接受制于社会主义、共产主义道德作用的发挥。一方面，科学的道德决定着社会主义文化建设的性质和方向。社会主义文化是人类文化发展至今最先进的文化，其先进性在于既体现大众要求，又具有时代特征，还有着正确的文化发展趋势。然而，文化的先进性，其核心是道德价值观的科学性，没有科学的道德价值观，其文化的价值层面或价值内涵将无法定位，更谈不上保持正确的发展趋势。另一方面，社会主义文化建设基本的核心的内容是道德建设，人们只有在实现生存自觉和人际理性共存的情况下，社会主义文化建设的方方面面才能实现良性运作。这也是社会主义文化建设的重要标志之一。忽视或失去社会主义、共产主义道德内容的文化建设，其文化将是没有灵魂的文化，甚至可能是畸形文化。再一方面，道德本身也是文化，道德文化是社会主义文化的一个重要方面，诸如道德理论研究、道德规范体系的构建、社会道德风尚的培养、道德环境的创造等，不仅直接影响文化发展的品位，而且直接关系文化建设的质量。

（原载《党的生活》2000 年第 9 期；获全国党刊优秀文章一等奖）

道德、伦理、应该及其相互关系

多年来，我国伦理学界对道德和伦理两个范畴的研究与应用始终是在较为模糊的状态下展开的。学术界和学术论著中经常出现的一些争论，在一定意义上是由于对这两个概念的不同认识视角造成的；一些学生对伦理学理论的困惑往往来自一些教材中道德和伦理两个概念要么等同意义上使用，要么交叉使用，要么"道德伦理"连成一词使用，他们在理解基本概念时无所适从；一些其他学科对伦理学的误解，往往也是伦理学自身对这两个基本概念缺乏基本思维定式造成的。

道德、伦理和应该范畴在伦理学理论体系中属核心范畴，对这些范畴的理解和定位，不仅影响基本的理论思维定式和思维方法，而且直接影响伦理学理论体系的内容和构建方式，同时，也会影响道德建设的意识指向、目标的确定、途径和方法的设定等。因此，对道德、伦理和应该范畴的正确认识具有重要的理论和实践意义。

一 目前对道德和伦理范畴的几种理解和把握

一是将道德和伦理范畴混合使用。有著作认为，伦理学是关于道德的科学或称道德哲学。因此伦理学就是道德科学。由此理念而出现了两种情况。一方面，许多著作名为伦理学，但全书讲的是道德及其基本理论体系。正由于此，有的学者认为与其"名不副实"，还不如就称该门学科为道德学或道德哲学。我国著名道德理论家周原冰先生生前不把研究道德的科学称为伦理学，一个重要原因就在于他对这两个范畴有独到的理解。另一方面，许多研究成果中，道德和伦理两个范畴交叉使用，尽管有的是在不同的话语背景中使用道德和伦理一词，但同一作品中的混合和交叉使用屡见不鲜，以至于许多研究成果由于其在道德和伦理两词的使用上没有一个基本的思维定式，直接影响人们对其研究成果的理解和把握。再一方面，有的认为伦理是道德行为的缘由，是理念形态的东西，而道德则是意识形态，是人的行为活动，这在实际上分不清两者到底各有何特点，区别在何处。故著述行文时往往没有规律地交替使用。

二是将道德和伦理范畴截然分开使用。有的作者认为，伦理不是道德，道德也不是伦理。认为伦理是指人际关系和伦理关系及其所应该遵循的行为规范，道德是做人的标准或人的品性。这样去确认这两个范畴，对于从某个角度研究某个学术专题来说并非不可，问题是在一个比较完整的理论体系中，离开人和人的品性去理解人际关系和伦理关系的本质内涵，或者离开人际关系和伦理关系去理解人和人的品性与本质都有可能产生理论偏见。多年来，我国伦理学理论研究在20世纪80年代学科基本形成的基础上突破不大，其中一个重要原因是对道德和伦理两个范畴之间的逻辑联系研究不够。因此，学术界虽认可道德和伦理两词是相通的，但具体应用过程中往往是当作"两张皮"在使用。

三是将道德作为伦理的对象，即有的学者认为认识伦理必须研究道德。这在两者的关系上来思考，这样的观念不无道理。由此引申，有的作者认为，伦理学是一门科学，道德是客观社会现象，伦理学是把道德作为研究对象的。道德反映人类道德生活的丰富内容，它是由一定经济关系决定的，依靠社会舆论、传统习惯、内心信念来维系的表现为善恶的心理意识、原则规范和行为活动的总和。因此，伦理学是关于道德观念和道德实践的理论概括。

四是将道德和伦理作为"相通"或"相同"意义来使用。有的著作中指出，伦理在西方有"性格""品质""德性"的意思，道德有"规律""性格""品质"等含义，故道德与伦理基本上是相通的。有研究成果认为，伦理是指人类社会生活中特有的协调人与人之间关系的行为准则，道德是指规范人的行为的准则，就这一点来说，道德和伦理可以作为同义词来使用。

以上对道德和伦理两个范畴的理解和确认，有的是受中西方传统理解的影响，有的则是约定俗成，而这样的约定俗成似乎是在模糊意识状态下形成的，有的则是在特定话语背景下的自我确认。以笔者浅见，对道德和伦理两个范畴，学术界应该通过研究，有一个视角基本一致的定义，从而弄清两者的关系，以便有利于我国伦理学体系的新一轮研究的全面展开。

二 道德、伦理与应该

道德一般是指人"立身""处世"的现实的应该。人们通过善待人生来调节好各种人际关系；通过理性处世来体现人生境界，这就是科学、理性的道德之所在。

首先，人只有认识自己，才能弄清楚自己理性生存的依据是什么。而认识自己必须真正认识和重视"关系"。

人之为人，强调的是人的存在的合理性问题。如果你的存在是不合理的，就等于说你不是正常意义上的人。简单说，你不是一个真正的人，甚或不是人。古希腊哲学家苏格拉底说过，人是对于理性问题给予理性回答的理性动物。中国古代思想家孟子认为，"仁也者，人也"（《孟子·尽心上》），即"己欲立而立人，己欲达而达人"（《论语·雍也》），"己所不欲，勿施于人"（《论语·颜渊》）。也就是说人的存在的合理性在于人的理性。亚里士多德指出："对于人来说，合乎理性的生活是最好的、最愉快的生活，因为没有任何东西比理性更属于人了。"[①] 正因为人是有理性讲道德的，所以，人与动物的根本区别在于人是自觉的存在，这是人之为人的根本。

那么，人的自觉的前提是什么？伦理学意义上的前提就是对人和人际关系的理性认识和把握。人是在关系中生存的，人是关系之人，也就是说，人的本质是关系。孔孟提出的"仁者，人也"思想的另一层意思，指的就是二人对应才能理解人的含义。马克思曾科学地指出："人的本质不是单个人所固有的抽象物，在其现实性上，它是一切社会关系的总和。"[②] 因此，人失去社会关系就不成其为

[①] 转引自［美］莫蒂默·艾德勒、［美］查尔斯·范多伦编《西方思想宝库》，吉林人民出版社1988年版，第10页。

[②] 《马克思恩格斯选集》第1卷，人民出版社1995年版，第60页。

人；排除人之社会关系，人的本质就讲不清楚。为此，人的存在的合理性首先是人类所特有的人之关系性。同时，人的存在的合理性也表现为人必须对其所面对的关系负责，因为人是社会的人，社会不仅为人的存在提供了依据，而且为人的生存和发展提供了条件。而社会是在不断发展着的历史过程，每一个受到社会"恩泽"的人有责任为社会的发展作出自己的贡献。就道德生活来说，每一个人理所当然地要维护和协调好所面对的各种社会关系。缺乏对其面临的关系负责的精神，人在关系中就是一个被动的存在物。更有甚者，人如果人为搅乱人际关系、破坏人际关系，人就等于丧失了自身存在的合理性，就失去了做人的基本资格和条件。而且，只有在社会关系实现和谐的状态下，人的理性存在、合理存在才有可能。否则社会人际网络关系遭到破坏，社会道德将受到严重损害，人性也将遭到压抑甚或遭到摧残。所以，人对其自身所面对的社会关系负责是人自身合理存在的前提。这个前提也就是人作为人而存在的"应该"。这里的"应该"，"从一种角度看它是关系，从另一角度看它也是要求"①。

其次，人只有对社会人际关系负责，才能说明人是完美之人。而人要对社会人际关系负责，就是要以实际行动保证其生存其中的立体的网络人际关系的正常，即协调状态下的存在。

那么，保证这种人际网络关系正常存在的依据是什么？人是怎么保证正常关系存在的呢？这就需要人们自觉地"按理性生存"，即遵照规范生活。然而，生活中有许多行为规范，如法律条规、政治原则等，他们是保证人际网络关系实现理性状态的强制性规范，道德伦理就是保证人际网络关系理性地存在的依靠教育来实现的规范。这里的规范体现的就是社会生活中的"应该"。政治有政治的"应该"、法律有法律的"应该"、宗教有宗教的"应该"、道德伦理有道德伦理的"应该"，他们都起着对人的行为的约束的作用。而且，不同领域和不同层面的"应该"及其规范的提出，都带有"角色意蕴"和"利益意蕴"的特质，因此，对于一定的角色和利益来说，体现为规范的特定的"应该"都是"应该之应该"。即是说，对于

---

① 宋希仁：《正确认识道德的"应当"》，《南昌大学学报》（社会科学版）2000年第4期。

一定的角色和利益来说,体现为规范的"应该"都是合理的。当然,政治的、法律的、宗教的"应该"等都只能是一定阶层和阶级的"应该",只能是一定生活领域的人的利益所体现的"应该"。马克思指出:"人们按照自己的物质生产率建立相应的社会关系,正是这些人又按照自己的社会关系创造了相应的原理、观念和范畴。所以,这些观念、范畴也同它们所表现的关系一样,不是永恒的。它们是历史的、暂时的产物。"① 而"以往的全部历史,除原始状态外,都是阶级斗争的历史"②,因此,在阶级社会中,"应该"都有阶级的烙印。"人们自觉地或不自觉地,归根到底总是从他们阶级地位所依据的实际关系中——从他们进行生产和交换的经济关系中,吸取自己的道德观念。"③ 而科学的道德伦理之"应该",不同于政治,不同于法律,也不同于宗教,它讲的"应该之应该"其本身就是"应该"的。这个"应该之应该"的"应该"不受任何因素的制约,是一种"应然"。它是社会生活中的客观要求,你承认也好,不承认也好,它总是客观存在着。当然,这种科学意义上的道德伦理与社会主义共产主义的经济关系要求是一致的,它符合历史发展规律的基本要求。因此,就本质意义上来说,此种"应该"是社会生活关系或伦理关系中的客观要求,是科学道德之本体。它不是强制履行的,其本身就是应该践行的。为此,除科学的道德伦理之"应该"体现的规范是不需要也不应该以"强力"或"外力"约束人的行为外,其他的"应该"所体现的各种形式的规范对人们行为的约束都或多或少带有强制性。

由此,我们可以得出结论,人的合理的、自觉的存在就是"应该"的"应该之应该"的"人格化",就是要自觉履行应该体现的道德责任,自觉按道德规范生活,这就是人的"德性"之所在。

当然,要履行"应该"体现的责任、规范和义务,相对于主体来说,对方的存在必须是"应该"的、合理的。如果对方的存在是不合理的,相对于主体来说,就没有必要为其履行义务。这合乎理

---

① 《马克思恩格斯选集》第1卷,人民出版社1995年版,第142页。
② 《马克思恩格斯全集》第20卷,人民出版社1971年版,第701页。
③ 《马克思恩格斯选集》第3卷,人民出版社1972年版,第133页。

性的人际网络关系的客观要求。换句话说,只有人际的"应该"的实现达到对称性、均衡性,才谈得上人际和谐。为此,在伦理关系中"应该"状态的生成,其条件是伦理主体间必须互相具有存在合理性。整个社会关系的合理存在,意味着每个主体都必须是合理的。所以社会道德水平的提高,意味着每一个主体道德水平的提高。当然,当对方的存在处在不合理状态时,履行"应该"有利于纠正其不合理状态,并进而有利于关系的修复与和谐,行为主体仍然应该履行"应该"之责任。实际上,承担此类责任既是合理存在的写照,更是人际网络关系正常存在并保证自己合理存在的条件。

要指出的是,就道德主体来说,我是主体,你是主体,他是主体,大家都是主体。同时,道德主体是个人,也是集体。作为道德主体的集体也要承担应有的责任。看一个社会的道德水准如何,不仅要看每一个个人,也要看集体,看现实存在的单位和集体对每个人的利益协调是否合理,对与其他单位关系的处理是否按现代理性要求的规范行动。从上面的分析我们可以认为,把道德仅仅理解成行为规范显然不妥,理解成一种社会意识也有失偏颇,正如许启贤在《中国当代伦理问题》一书中所说,道德实际上是道德意识和道德活动相当严整的体系。具体地说,科学的道德是人们立身、处世的应该,"应该"体现为规范,规范必须体现"应该"的"应该之应该";同时,规范必须被履行,它才有存在的理由。因此,道德是应该体现的规范及其被践行。罗国杰在《罗国杰文集》(上卷)中曾指出,我们所说的道德和古人所说的大体相同,他说,从一定意义上看,道德这一概念是由荀卿提出的,荀卿认为只要一切照"礼"这样的原则去做而有所得,就是道德。对道德的这样的理解,不仅有助于我们充分认识道德史,还有利于我们适当区分道德与伦理的关系。

伦理一般是指人立身、处世的体现应该的理念。首先,伦理是对道德及其应该的理论分析。伦理也是人的立身、处世的应该的体现。科学意义上的伦理是对人的道德性、体现"应该之应该"的规范的本质、作用等的探讨,它侧重对应该的学理透视。因此,前面对道德之应该的理论分析即伦理。罗国杰在《罗国杰文集》(上卷)中说,伦理一词,在宋明以后,不但有人和人之间的准则、关系之义，而且有道德理论的含义。

其次，伦理是对人类理性关系和关系理性的揭示。东汉学者郑玄认为，伦犹类也，即人是动物的一部分，但他同时认为，人又在"理"上区别于动物。郑玄已自觉不自觉地认识到只有人类社会才是一个关系整体，而且是由行为规范协调的关系整体。所以，在郑玄看来，伦理是人类社会所特有的人类自觉到的由规范协调的关系整体。马克思曾指出：动物没有关系，"动物不对什么东西发生'关系'，而且根本没有'关系'；对于动物说来，它对他物的关系不是作为关系存在的"[①]。换句话说，脱离了人之关系，只能是动物。按照马克思主义的观点，伦理是人类认识自身及其关系的重要标志，也是人类完善和发展自身的重要依据。

宋希仁曾在《伦理与人生》一书中指出，"伦理"一词的本义就是人与人之间应有的关系（这是道德现实——作者注）和道理。并指出，有关系就有要求，有要求就有应该如何的价值取向。因此，伦理是人和人之间应有的关系、要求及其理由。

如上所述，道德、伦理和应该是相通的，道德、伦理和应该的关系可以简单做如下表示：

伦理 ←——理论分析—— 应该 ——规范践行——→ 道德
　　　　　　　　　　立身处世

三　科学的应该之一般和特殊

必须指出的是，虽然应该的"应该之应该"是一种客观存在，这不是哪个人规定的，它不受任何外力影响，并且在全球化趋势下，体现应该的"应该之应该"的人类共同道德（全球道德、普遍道德、普世道德）将不受任何外力影响地被逐步确认，这是其"一般"本质所决定的。但是应该的"应该之应该"受人们所处的经济、社会、文化背景的影响。因此，应该在不同国度、不同民族、不同地域的人的理解是不一样的。对"应该之应该"的理解和把握

[①] 《马克思恩格斯选集》第1卷，人民出版社1972年版，第35页。

不一样，就会影响一个人、一个群体或一个民族的价值取向。《杂文选刊》2001 年第 3 期中有这么一个故事，日本某公司招聘雇员，一个年轻人去应试，应试后，自我感觉很好，高高兴兴在家等待消息，结果公司通知说，他没被录取。年轻人为此要自杀。后来公司又来报喜，说是电脑出了毛病，把他的分数给搞错了，他被录取了。但当公司知道他自杀未遂的事后，公司又通知他不能被录取。理由是，这么一个小的挫折都经受不了，肯定不是一个好的雇员，所以不被录取。作者进一步描述说，这件事，如果出在德国，德国人的家长会认为，这样的公司，即便孩子被录取了，也不能去。因为，公司作风如此差劲，进入这家公司对儿子的成长毫无益处。这样的事如果发生在美国，肯定会有很多律师去找这个年轻人，要帮助打官司，让公司支付精神损失费。再如，据报载，我国有个留学生留学国外时，看到一个小孩跌倒了，他马上上前去要把他扶起来。结果小孩母亲不高兴了，叫他不要扶，让小孩自己爬起来。以上两例说明，对诸如招聘工作失误、小孩跌倒之类事情的处置中所注重的应该之价值取向，在人类社会中不可能是完全一致的，不同民族文化、不同国度的人有不同的符合其特定的社会生活之客观要求的价值取向及其行为方式。所以，应该的"应该之应该"也是一个在特定时间和特定地域的特定的价值取向和价值观问题。当然，强调特殊是为了说明应该的多样性，其实质仍然是应该的"应该之应该"。

（原载《江海学刊》2004 年第 2 期；人大复印报刊资料《伦理学》2004 年第 7 期全文转载）

新中国伦理学 60 年学术进路

新中国伦理学 60 年的发展，虽历经坎坷，步履艰难，却柳暗花明，日趋繁荣，并正在以"显学"的态势屹立于我国人文社会科学之林。60 年来，我国的伦理学发展主要经历了三个阶段：一是从中华人民共和国成立之初至改革开放前；二是从改革开放至社会主义市场经济体制的确立；三是建设社会主义市场经济以来。在此期间，我国伦理学的发展每一阶段都与不同时期的经济社会发展息息相关，它面向实践，不断创新学术理论，增强了学科的活力和魅力，彰显了伦理学学科的价值。

一 新中国伦理学 60 年发展历程回顾

（一） 从中华人民共和国成立之初至改革开放前是新中国伦理学的萌芽期

中华人民共和国成立后，鉴于前 30 年伦理学基本被作为"伪科学"而无法进入我国人文社会科学的学科殿堂，缺乏学科和意识形态之认同条件和社会背景，故新中国伦理学一直处于被压抑状态中。客观上讲，经济社会的发展以及人们的社会生活中必然蕴含着伦理道德，它总是以各种不同的方式存在于经济社会发展和社会生活的方方面面，人们无法也不能摆脱生产和生活中伦理道德的内容，因此，人们在思考经济和社会问题时，不管人们承认与否，在经济、政治、文化等诸领域中，都会自觉不自觉地涉及伦理道德维度的考量，从而形成了特殊时期的独特的伦理道德观念。当时，伦理道德观念主要体现在先进榜样的思想和行为中，在人们创作的文化产品及其社会观念中，在党和国家领导人的思想中，必然会涉及伦理道德理念。诸如毛泽东同志早在 1939 年撰写的《纪念白求恩》一文中提出的"毫不利己，专门利人"的思想和在 1944 年追悼张思德的会议上的演讲中提出的"为人民服务"思想，以及中华人民共和国成立后作为社会主义道德原则的集体主义思想等；雷锋、王杰、焦裕禄等先进人物的思想和行为等；《欧阳海之歌》《铁道游击队》《林海雪原》《红旗谱》《青春之歌》《烈火金刚》《红岩》等反映革命道德和新时代精神的文艺作品等，都曾经体现和宣传主流道德观并长期影响中国的经济社会建设，至今仍在经济社会发展进程中发挥着道德主旨的作用。这表明，在相当长的一段历史时期中，我国的伦理道德观念曾经得到了一定程度的张扬和发展，只是伦理学尚未作为一门具有正当"名分"的学科而已。

同时，中华人民共和国成立后不久，在 1960 年，中国人民大学组建了伦理学教研室。这是中华人民共和国成立后我国的第一个伦理学教研室。也就是大约在此前后的 20 世纪 50 年代末至 60 年代初，罗国杰、许启贤等撰写了学术记忆深刻的系列研究伦理学的理论文章，这标志着伦理学研究曾出现过短暂的繁荣。

中华人民共和国成立之初至改革开放前这段历史时期，冯友兰、张岱年、周辅成、李奇、周原冰、冯定、罗国杰、许启贤等老一辈哲学家和伦理学家们相继发表了许多伦理学方面的理论文章和相关著作。诸如张岱年的《中国伦理思想发展的基本规律》（1958 年），周原冰的《培养青年的共产主义道德》（1956 年），冯定的《共产主义人生观》（1956 年），李奇的《道德科学初学集》（1979 年）以及周辅成编的《西方伦理学名著选辑》（上卷，1964 年）等，这些学术论文和著作研究范围比较广泛，其论题涉及伦理学的研究对象、研究方法和基本问题，道德与社会物质生活条件之间的关系，道德的起源、演变和社会作用，道德的阶级性与继承性，共产主义道德及其原则，幸福范畴，人生观，道德评价，以及一些中国伦理思想史和西方伦理思想史方面的著述。在有些问题上，还产生过影响很大的争论，比较突出的是伦理学的基本问题和道德的阶级性与继承性问题，且尤以后者为最。可见，新中国早期的伦理学研究已触及了不少最基本的学科基础理论问题。但是研究多是浮光掠影，浅尝辄止，而且由于研究中的政治意识浓重，在相当程度上冲淡了客观、公正而自由的学术探讨氛围，故而讨论的也多是一些最为基本的大问题，其主要目的仅仅是为了共产主义道德的宣传和教育。但回头来看，尽管这短暂的繁荣似"昙花一现"，但它却投射出了新中国伦理学史上的第一缕春光，让伦理学人体验和感受到了伦理学学科魅力之所在。

（二）从改革开放至社会主义市场经济体制的确立是新中国伦理学的形成期

"文革"结束后，特别是党的十一届三中全会后，借着改革开放的春潮，科教事业百废待兴，伦理学的学科建设和科研工作也逐步开始恢复。1979年中国人民大学恢复并组建了伦理学教研室，之后北京大学、华东师范大学和中国社会科学院的伦理学教研室也相继建成。1980年全国第一次伦理学代表大会在江苏无锡召开，中国伦理学会随之成立。次年，中国人民大学受国家教委委托开始举办全国高校伦理学教师培训班。伦理学教师培训班历时两届（1981年和1982年），有学员近80人，为新中国伦理学的发展培养了第一批重要的学术骨干。1982年，罗国杰主编的新中国第一部伦理学教科书《马克思主义伦理学》问世（先是作为中国人民大学的内部教材）。而后陆续出版了唐凯麟和唐能赋主编的《马克思主义伦理学原理》（1982年），张善城的《伦理学基础》（1983年），李奇的《道德与社会生活》（1984年），魏英敏和金可溪的《伦理学简明教程》（1984年），章海山的《西方伦理思想史》（1984年），唐凯麟主编的《伦理学纲要》（1985年），包连宗和朱贻庭主编的《伦理学概论》（1985年），罗国杰和宋希仁主编的《西方伦理思想史》上卷（1985年）及下卷（1988年），沈善洪和王凤贤的《中国伦理学说史》上卷（1985年）及下卷（1988年），宋惠昌的《马克思恩格斯的伦理学》（1986年），甘葆露的《马克思主义伦理学》（1986年），陈瑛等的《中国伦理思想史》（1985年），石毓彬和杨远的《二十世纪西方伦理学》（1986年），肖雪慧和韩东屏的《主体的沉沦与觉醒——伦理学的一个新构想》（1988年），王兴洲的《伦理学原理》（1988年），曾钊新的《人性论》（1988年），罗国杰主编的《伦理学》（1989年），朱贻庭主编的《中国传统伦理思想史》

（1989年），李奇主编的《道德学说》（1989年），宋希仁的《不朽的寿律》（1989年），万俊人的《现代西方伦理学史》上卷（1990年）、下卷（1992年），王小锡和郭广银的《伦理学通论》（1990年），夏伟东的《道德本质论》（1991年），章海山的《马克思主义伦理思想发展的历程》（1991年），龙静云和乔洪武的《钥匙的魔力——企业道德概论》（1991年），唐凯麟的《伦理学教程》（1992年），樊浩的《中国伦理精神的历史构建》（1992年），李书有主编的《中国儒家伦理发展史》（1992年）等著作。其间，还出版了一些研究和阐释共产主义道德的有影响的著作，诸如刘启林的《共产主义道德概论》（1981年），周原冰的《共产主义道德通论》（1986年）等。同时，1984年中国伦理学会和天津社会科学院主办的会刊《伦理学与精神文明》（1985年改为现刊名"道德与文明"）公开发行。同年，中国人民大学在我国最早获得伦理学专业博士学位授予权。至此，从学科建设的角度来说，伦理学的学科体系已初具规模，大致成形，这为伦理学的理论研究工作奠定了一定的基础，提供了一定的条件。

在学术研究方面，这一时期伦理学的研究工作也取得了长足的进步。一般说来，对理论问题的探讨，既有来自社会思潮方面的影响，也会受学科自身发展的规律所制，还会因新领域中的新问题而带出新的理论生长点。这些方面往往交织在一起，相互作用，错综复杂；同时，关注和研究的热点也在不断地向纵深推进。归结起来，这一阶段大致有五个重要的热点问题。

1. 社会主义和共产主义道德有无时代意义？改革开放后，商品经济的发展在很大程度上使得社会伦理关系和人们的伦理道德观念发生历史性的嬗变。当时社会上曾一度出现"一切向钱看"的口号，一时间所谓"享乐主义""拜金主义""金钱至上主义"的思潮沉渣泛起，喧嚣一时，并对原先我们所宣传的社会主义和共产主义道德观产生了一定程度的冲击。对此，伦理学界对围绕在新形势下如何看待社会主义和共产主义道德的时代价值以及如何坚持和发展社会主义和共产主义道德的问题曾进行了集中探讨。同时，由于"一切向钱看"思潮直接冲击和影响了许多不同的职业领域，因此，在一定程度上，当时对社会主义和共产主义道德的讨论也与职业道德问题的探讨紧密相连。

2. 对民族虚无主义和全盘西化思潮的批判。对民族虚无主义的批判是与如何对待传统伦理文化联系在一起的，主要讨论的是要不要继承中国传统社会中的伦理道德以及中国传统道德中哪些可以继承以及如何继承的问题。而对全盘西化的批判则是与如何对待西方社会的伦理思想和道德文化联系在一起的，主要讨论的是应该借鉴和吸收什么样的西方道德文化和伦理思想，应该把借鉴和吸收来的东西放在什么样的地位上，如何为我所用？可以说，对民族虚无主义和对全盘西化的批判有着密切的内在关联。其中心问题实质上是应该如何对待传统的和西方的道德文化，如何建设社会主义的道德体系和理论体系的问题。

3. 如何认识社会主义和共产主义的道德本质及其道德原则？一度出现的全盘西化思潮只是一种对方式和过程的描述，但全盘西化什么呢？从伦理学上讲，针对的其实是个人主义和人道主义问题。对于个人主义而言，焦点集中在是以坚持集体主义为价值导向，还是以个人主义为价值本位。对于人道主义而言，当时的理论界有过很大的争论，伦理学界也有所参与。它的焦点在于如何认识人、人性和人的需要问题，在伦理学上就是如何认识人、人性和人的需要在道德生成和发展中的影响和作用。由此，一些和伦理学基本原理休戚相关的重大问题，例如：如何认识集体主义、个人主义、人道主义及其相互关系问题，如何认识和处理集体利益和个人利益的关系，如何认识道德的起源和本质，以及社会主义的道德原则应该是什么等这些与伦理学基本原理休戚相关的重大问题。对这些问题的不同回答曾引发过一些争论，其中最有影响的莫过于对道德本质问题的争议。

4. 20世纪80年代初，国内掀起一场关于人生观的大讨论，并由此引出了一个引人注目的命题：主观为自己，客观为社会（他人）。到了1989年，"潘晓问题"再次引起了全社会对人生观，尤其是青年人人生观的讨论。在这场热烈的争论中，伦理学界也积极介入。讨论人生观，就是讨论人生的价值问题，实质上是讨论人生价值与社会的关系问题，强调的是应该坚持什么样的人生观、价值观以及如何才能树立正确的人生观、价值观。这场贯穿80年代的人生观大讨论，尽管众说纷纭、难有定论，但却引起了全社会对人生观和价值观问题的关注，在一定程度上起到了解疑释惑、激浊扬清的作用，提升了人们的人生境界。

5. 应用伦理学在 20 世纪 80 年代初已开始登堂入室。医学伦理、生命伦理、科技伦理、政治伦理、法律伦理、环境伦理、生态伦理、性与婚姻家庭伦理、军事伦理、经济伦理、管理伦理、教育伦理、宗教伦理、体育伦理等应用伦理学分支学科和研究方向相继出现并渐渐崭露头角。不过，虽然"应用伦理学"的概念已经出现并展开了一些相关的研究，但在当时还未有对应用伦理学"元理论"问题的专门研究。应用伦理学多被理解为一般伦理学的"实践"方面，而对各个分支的应用伦理学研究尚处于起步阶段。

总体上看，这一阶段的伦理学研究从理论性质上说，大都属于马克思主义伦理学，但也不是说就没有不同的立场和派别；从理论构架上说，马克思主义伦理学的理论体系已基本成型，但也不是说就没有需要进一步修改和完善的地方；从研究方向上说，已形成了包括伦理学原理、伦理学史、应用伦理学以及道德建设在内的较为全面的研究体系，但也不是说彼此之间就没有隔阂与分歧；从研究水平上说，理论的深度和厚度在某些方面已较为凸显，但也不能说在其他某些方面就没有隔靴搔痒之嫌。总之，在这一阶段，一是伦理学在新中国从无到有、从小到大，且已对基本原理、思想史、学科应用等全方位展开了研究，伦理学崛起势头迅猛，并已渐趋成熟；二是研究成果起点高，有特色、有个性、有深度，有极强的学术记忆度；三是马克思主义伦理学体系基本成型，而且后来的学术进程说明，这一时期形成的理论体系影响我国伦理学理论体系至今。

（三） 建设社会主义市场经济以来是新中国伦理学的发展期

党的十四大确立了社会主义市场经济体制，进一步扩大的"改革开放"和新一轮深入的"解放思想"不仅"搞活"了经济、"搞活"了社会伦理道德生活，也"搞活"了伦理学研究。面对着全新的契机和全新的挑战，新中国的伦理学研究开始迈上了它那奋发有为、积极进取的新征程。

1993 年湖南师范大学继中国人民大学之后成为我国第二所具有

伦理学专业博士学位授予权的高校。此后，多家高校获得了伦理学专业博士学位授予权，如今，若把具有哲学一级学科博士学位授予权的高校统计在内，那么，设有伦理学专业博士点的高等学府在全国就已达22家。这为推动我国伦理学专业教学和研究工作的发展奠定了坚实的人才基础。1995年中国社会科学院和复旦大学成立了应用伦理学研究中心，之后，北京大学也在1999年建成了应用伦理学研究中心。此后，国内多家高校和科研院所也相继筹建了类似的学科研究机构。应用伦理学研究一时蔚然成风。2000年和2004年，中国人民大学的伦理学与道德建设研究中心和湖南师范大学的道德文化研究中心先后被确定为教育部人文社会科学百所重点研究基地。自落成以来，这两家重点研究基地为推动我国伦理学的学科建设作出了历史性的贡献。2002年，由中国伦理学会委办、湖南师范大学主办的专业期刊《伦理学研究》创刊，它与《道德与文明》一起同被列为中国伦理学会的会刊。2004年中共中央决定实施马克思主义理论研究和建设工程，在首批的"马克思主义经典著作基本观点研究"课题中就列有"经典作家关于意识形态、先进文化和道德的基本观点研究"的子课题。2008年《伦理学》教材编写也被列入了马克思主义理论研究和建设工程项目。这标志着马克思主义伦理学已正式进入国家哲学社会科学和文化发展战略的规划之中。在伦理学的学术交流方面，日渐频繁的国内、国际会议也对我国伦理学的发展起到了一定的促进作用。在国内，除了两年一度的中国伦理学会的年会和一年一度的中国人民大学伦理学与道德建设研究中心的基地年会之外，与伦理学相关的全国性和地方性的诸如"应用伦理""经济伦理""生态伦理""政治伦理"等学术会议每年例行召开。此外，一些高校和科研单位开始和国外高校及科研机构联合进行与伦理学专业相关的学历教育、访问交流和项目合作，国际学术会议也年年进行。其中最具代表性的国际学术交流年会是自1987年开始的"中日实践伦理学讨论会"和自1993年开始的"中韩伦理学国际学术研讨会"，前者已达22届，后者也已有17届。总之，这些重要的举措和活动不仅加速了伦理学学科建设的发展进程，同时也开启了理论研究上新一轮的繁荣局面。

自1992年党的十四大以来，中国伦理学研究堪称"百家争鸣、百花齐放"。其研究领域之广、学科交叉之密、主题热点之多，真可谓前所未有。概言之，研究主题有四个方面。

1. 关于伦理学原理的研究。自20世纪90年代初开始，在理论研究上，除了众多的系列学术论文外，这期间还出版了诸如魏英敏主编的《新伦理学教程》（1993年），万俊人的《伦理学新论——走向现代伦理》（1994年）和《寻求普世伦理》（1994年），廖申白和孙春晨主编的《伦理新视点》（1997年），章海山和张建如的《伦理学引论》（1999年），唐凯麟的《伦理大思路——当代中国道德和伦理学的理论审视》（2000年）和《伦理学》（2001年），郭广银和杨明的《当代中国道德建设》（2000年），李景源等的《〈公民道德建设实施纲要〉学习读本》（2001年），杨国荣的《伦理与存在——道德哲学研究》（2002年），王海明的《伦理学方法》（2003年）和《伦理学原理》（2009年），江畅的《走向优雅生存——21世纪中国社会价值选择研究》（2004年），何怀宏的《良心与正义的探求》（2004年），唐代兴的《优良道德体系论——新伦理学研究》（2004年），高国希的《道德哲学》（2005年），高兆明的《伦理学理论与方法》（2005年），李兰芬的《当代中国德治研究》（2008年），廖申白的《伦理学概论》（2009年）等著作。同时，在这期间，国外的一批伦理学文献及其研究成果也陆续被引进，因此，伦理学原理研究中的话语体系发生了微妙的变化，同时并存两套话语体系，即马克思主义话语体系和西方伦理学话语体系。相应地，在理论立场上，也就有了中国化的马克思主义伦理学和的西方伦理学之分。尽管有不少学者试图在研究中融合两种话语体系，不过，由于各自的理论前提和出发点不尽相同，所要研究的问题域也各有差异，因此，两套话语体系基本上是在各行其是，即使有所交融，大多也是貌合神离。在马克思主义伦理学研究方面，体系化、系统化的趋势日益明显，基本上已形成了一套以唯物史观为基本立场、以道德与利益的关系为基本问题、以集体主义为首要原则的成熟的伦理学理论体系。有了前期研究的积淀，这一阶段的马克思主义伦理学在原理研究上的理论厚度和深度都有了很大的进步和提高，比如对毛泽东、刘少奇、邓小平等老一辈无产阶级革命家的社会主义和共产主义道德观的研究更为系统、深刻，在道德本质和集体主义等问题上的阐释更为全面、辩证和精当，等等。同时，对经典作家伦理思想的研究和对马克思主义伦理思想发展史的研究也逐渐展开，对经典作家的文本解读更是蔚然成风。但实事求是地说，当下马克思主义伦理学研究所面临的问题是：在理论逻辑的自洽性上和成熟度上虽已基本圆满，但对现实中的具体问题却少有研究，缺乏有说服力的中层理论和微观理论。

相比之下，西方伦理学研究有其自身独到的理路和特点。虽然西方伦理学基本原理并没有一套较为统一的理论体系，但在许多具体问题和实际问题上仍然有其一定的解释力和说服力。应当看到，尽管西方伦理学在理论立场和出发点上与我们有着本质的区别，但其学理研究仍不失其独到之处，许多我们当下碰到的问题，他们已有较长时间的研究积累，许多我们尚未触及的问题，他们已进行了开拓性的研究。因此，随着新一轮"西学东渐"的影响，在这样一种知识背景下，借外来之合理的研究成果解决和完善当下的理论和实践问题也不失为一种明智的选择。实事求是地说，在伦理学原理方面，有一些研究西方伦理学的学者并不是在"照搬照抄"，而是有自己的独立思考的，"中国语境下的西方伦理学"也在逐渐显现。但这并不是说在借用西方伦理学研究原理的过程中就没有"照搬照抄""生拉硬套""断章取义""牵强附会"，等等，这也是西方伦理学研究缺乏学术市场的症结所在。

总之，无论是中国化的马克思主义伦理学，还是西方伦理学，从伦理学原理研究的角度上讲，只要能坚持真理，去伪存真，就一定会在新的视野中、新的背景下、新的问题上，探索出中国特有或自有的伦理学理论体系和知识构架。

2. 关于中国传统伦理的研究。对中国传统伦理的研究一直是伦理学研究中的一大传统。更何况，对于我们这个有着悠久的伦理文化传统的国度来说，如何对待传统的问题在一定意义上也是我们如何理解当下自身的问题。所以，就中国伦理学研究而言，如何对待传统伦理或许会是一个永恒的话题。在这期间，出版了诸如李书有主编的《中国儒家伦理发展史》（1992年），陈谷嘉的《儒家伦理哲学》（1996年），张锡勤的《中国传统道德举要》（1996年），焦国成的《中国伦理学通论》（1997年），巴新生的《西周伦理形态研究》（1997 年），樊浩的《中国伦理精神的现代构建》（1998年），唐凯麟和张怀承的《成人与成圣》（1999 年），张怀承的《无我与涅槃》（1999 年），唐凯麟主编的《中国伦理学名著提要》（2001 年），唐凯麟和王泽应的《20 世纪中国伦理思潮》（2003 年），葛晨虹的《中国特色的伦理文化》（2003 年），陈瑛主编的《中国伦理思想史》（2004 年），罗国杰主编的《中国伦理思想史》（上、下卷，2008 年）等著作。从已经发表的成果来看，这一阶段的传统伦理研究成就斐然。在思想史研究方面，关于断代史、通史、专门史的研究均有涉猎。研究不仅涵盖了对传统伦理思想总体特征的把握和对一些主要问题的归结，还涉及了以史为基础的全面性的通论性研究。在人物思想研究方面，可以说，历史上绝大多数带有伦理思想的人物几乎都被"触碰"过。不过，思想研究的热点多集中在一些重要人物身上，如先秦诸子之孔、孟、老、庄、墨、荀、韩，以及一些重要的汉儒、魏晋玄士、宋明儒士等，且尤以先秦诸子为最。在传统伦理思想的现代化研究上，既有用现代人文社会科学知识解读或"翻读"传统伦理以挖掘资源充作现世之功用的情况，也有从传统伦理出发引申附以现代之价值而阐发问题的情况。在比较研究上，有人物思想比较、流派思想比较、历史比较、问题比较等不胜枚举，且以人物思想比较居多，而尤以中外人物思想比较为最。在流派研究上，以儒家、道家、法家、墨家等居多，且尤以儒家为最，以新儒家为热。总之，这一阶段的传统伦理研究甚为繁荣，寻求传统伦理的现代意味，找寻现代伦理文化的传统之根成为众人关注的焦点。不过，也应该看到，无论是传统伦理的现代转型，还是以现代眼光重构伦理传统，如何在把握传统伦理与建设现代伦理之间找到平衡和进行平稳过渡这一问题仍然没有得到较好的解决。就那句耳熟能详的"取其精华、弃其糟粕"而言，究竟何谓"精华"，又何谓"糟粕"呢？此外，还有这样一个明显的问题值得注意：研究传统伦理，研究者要具备包括考据、训诂等国学功底，若不然，就可能会出现误读和曲解的情况，这样一来，所得出的结论也将难以立足。而这一情况，目前在学界并不在少数。

3. 关于西方伦理思想的研究。自 20 世纪 90 年代初以来，对西方伦理学的研究渐成风尚、蔚为壮观。国内的西文译著及其研究成果可谓汗牛充栋。诸如高国希的《走出伦理困境——麦金太尔道德哲学与马克思主义伦理学研究》（1996年），杨方的《第四条思路：西方伦理学若干问题宏观综合研究》（2003年），孙伟平的《伦理学之后：现代西方元伦理学研究》（2004年），宋希仁主编的《西方伦理思想史》（2004年），万俊人主编的《20世纪西方伦理学经典》（Ⅰ—Ⅳ）（2004年），唐凯麟等的《西方伦理学流派概论》（2006年），陈真的《当代西方规范伦理学》（2006年），向敬德的《西方元伦理学》（2006年），张之沧的《西方马克思主义伦理思想研究》（2009）等。在已经出版的著作中，在思想史研究中有断代史、通史、国别史、流派史、专门史等研究成果。研究中不仅有用马克思主义伦理学的基本原理梳理历史的情况，也有从伦理思想自身的发展逻辑和理论问题出发梳理历史的情况。在人物思想研究上，主要集中在古希腊时期的重要人物、中世纪时期的重要人物、近代英国和欧洲大陆地区的重要人物以及当代著名哲学伦理学家上，且尤以古希腊时期重要人物和当代西方伦理学重要人物居多，前者有如苏格拉底、柏拉图、亚里士多德等，后者有如罗尔斯、麦金太尔、哈贝马斯等。在比较研究上，不仅有人物思想比较、流派思想比较、历史比较、问题比较等，还有方法比较、体系比较、专题比较等，数不胜数。在专题研究上，正义和公正问题、自由问题、德性问题、民主问题、幸福问题、善恶问题等涉及最多，辐射最广。在方法研究上，既有从理论体系的层面讨论元伦理、规范伦理和描述伦理的，也有从流派上讨论契约主义、共同体主义、直觉主义、理性主义、感性经验主义、境遇主义、普适主义、后果主义和义务论的。此外，这一阶段还出现了大量具有资料汇编性质的名著提要、文献选辑和著作摘编，为西方伦理学的研究提供了质量较高、来源较新的资料信息平台。总之，这一阶段的西方伦理研究无论是从所涉及的领域、方面、层级、维度上说，还是从研究所达到的深度和广度上说，都要大大地超过前期的历史水平。但问题是，尽管20世纪以来，关于西方伦理研究的国际化程度越来越高，国际交流也愈发频繁，但真正能够和国际接轨并在了解国外相关知识背景和文化背景的基础上有一定深入研究的学者并不多。这样一来，大量国外伦理学著述和人物思想的引进和介绍性成果良莠不齐，甚至把国外的"一般著作"

冒充"名著"的情况也屡见不鲜，似乎只要是国外的就是名著。因此，西方伦理的研究若要再上台阶，那么，除了要在理论思考上下功夫之外，这种去伪存真、去粗取精的工作也十分必要。

4. 关于应用伦理的研究。可以毫不夸张地说，20世纪90年代初以来的新中国伦理学研究从某种意义上说是应用伦理学支撑着整个伦理学的学科发展大厦。在这一阶段中，不仅早期就已出现的应用伦理学研究分支学科"更上一层楼"，而且还涌现出不少新的研究方向及其研究成果，出版了诸如解坤新的《民族伦理学》（1997年），周昌忠的《生活圈伦理学》（1997年），张玫玫等的《性伦理学》（1998年），王正平和郑百伟的《教育伦理学理论与实践》（1998年），余谋昌的《生态伦理学》（1999年），厉以宁的《超越市场与超越政府：论道德力量在经济中的作用》（1999年），高崇明和张爱琴的《生物伦理学》（1999年），刘光明的《经济活动伦理研究》（1999年），徐嵩龄主编的《环境伦理学进展：评论与阐释》（1999年），吴灿新主编的《政治伦理学新论》（2000年），戴木才的《管理的伦理法则》（2001年），李培超的《自然的伦理尊严》（2001年），黄瑚的《新闻伦理学》（2001年），李伦的《鼠标下的德性》（2002年），徐大建的《企业伦理学》（2002年），何怀宏的《生态伦理：精神资源与哲学基础》（2002年），吕耀怀的《信息伦理学》（2002年），李春秋的《当代生命科技的伦理审视》（2002年），朱之江的《现代战争伦理研究》（2002年），周中之和高惠珠的《经济伦理学》（2002年），张康之的《公共管理伦理学》（2003年），罗能生的《产权的伦理维度》（2004年），曹孟勤的《人性与自然：生态伦理哲学基础反思》（2004年），孙慕义的《医学伦理学》（2004年），刘湘溶的《人与自然的道德话语：环境伦理学的进展与反思》（2004年），赵红梅和戴茂堂的《文艺伦理学论纲》（2004年），乔法容和朱金瑞主编的《经济伦理学》（2004年），王小锡等的《道德资本论》（2005年），战颖的《中国金融市场的利益冲突与伦理规制》（2005年），曹文妹、瞿晓敏的《生命伦理与新健康》（2005年），韩立新的《环境价值论——环境伦理：一场真正的道德革命》（2005年），李建华等的《法律伦理学》（2006年），胡旭晟的《法的道德历程：法律史的伦理解释（论纲）》（2006

年），陈晓兵的《军人德性论》（2007年），倪愫襄的《制度伦理研究》（2008年），刘湘溶和刘雪丰的《体育伦理：理论视域与价值导范》（2008年），王露璐的《乡土伦理》（2008年），甘绍平和余涌的《应用伦理学教程》（2008年），陆晓禾的《经济伦理学研究》（2008年），卢风和肖巍的《应用伦理学概论》（2008年），郭建新等的《财经信用伦理研究》（2009年），黄富峰的《大众传媒伦理研究》（2009年），肖平的《工程伦理学》（2009年）等。就已经发表的成果来看，除了研究领域的拓展和研究问题的深入之外，应用伦理学的"元理论"问题也被提上议事日程，并加以广泛而深入的讨论。从一般理论到应用领域的专业知识，应用伦理学在日趋成熟、日渐成形的过程中已基本上"自成一体"，并引领了伦理学研究中众多的热点问题的探究和大致的走向。从应用伦理学的"元理论"研究上看，尽管有些学者认为"应用伦理学"的提法实属多此一举，所谓"元理论"更是不存在，不过学界大多数人均认同"应用伦理学"的学科合法性和存在"元理论"的合理性。从应用伦理学各专业领域的发展状况来看，经济伦理、生态伦理、生命伦理、网络伦理、环境伦理、科技伦理、政治伦理是应用伦理学这一"显学"中的"显学"。有许多应用伦理学科目甚至已"自成体系"。以经济伦理学为例，在研究层面上涉及宏观的经济制度伦理、中观的企业管理伦理以及微观的企业家道德和员工道德；在研究环节上涉及生产伦理、分配伦理、交换伦理、消费伦理；从交叉研究上看，循环经济伦理研究涉及环境伦理和生态伦理，网络经济伦理研究涉及网络伦理和信息伦理，科技管理伦理研究涉及科技伦理等。此外，经济伦理学还涵盖劳动伦理、产权伦理、信用伦理、金融伦理、会计伦理、审计伦理、财税伦理、广告伦理等研究领域。可以说，自20世纪90年代初以来的应用伦理学研究已然成为新中国伦理学研究史上一道靓丽的学术风景，是当代伦理学中最为新颖、最为前沿、最富生命力的研究领域。不过，问题还是存在，主要有二。其一，在各种具体的现实问题中，应用伦理学的研究多数还停留在提出问题、分析问题、说明问题、解释问题的基础上，就解决问题而言，应用伦理学的"应用度"显然还不够。其二，尽管各应用伦理学科目之间都具有相互交叉的知识特性和研究倾向，但实际上，"隔离""绝缘"的现象还大量存在。

综上所述，我国建设社会主义市场经济以来，一是伦理学作为显学已经逐步凸显，并已经逐步被学界认同；二是学科发展中充分体现的兼容并蓄、中国特色、实践应用等特点已经成为伦理学学科成熟的重要标志；三是由于学科队伍的壮大、学科意义的凸显、学术交流广泛深入等展示了学科极大的发展潜力。

二 新中国伦理学60年发展中存在的问题

综观新中国伦理学60年的发展，学科建设成就前所未有，学科意义和应用价值日益凸显，学科境界日益提升，伦理学已然成为时代的"学科宠儿"。然而，学术研究中带统摄性的问题尤其是学术研究理路和方法问题应该引起我们的深刻反思。

其一，有的学者研究传统仅仅满足于资料的重新堆积和重组，研究西方只满足于照搬、照抄、照传。实际上，这是拿中外学术资源来做学术"忽悠"，是低层次的资料搬弄。事实上，如果研究中国传统伦理不去积极发掘其当代意义，其必然的偏向是在古人的思想窠臼里玩文字游戏。同样，如果研究西方伦理思想，而不做深度的批判性研究，其结果只能是自我陶醉和孤芳自赏，难以解决实质性的理论问题，更不可能将研究指向现实的当代中国与当代世界。有些人甘心让自己的大脑成为他人思想的"跑马场"，情愿做学术理论上的"侏儒"。这样做若非出自主观故意，实属可悲；如果是明知故为，则尤为可鄙。说实在的，研究西方伦理热衷于抽象空洞的理论假设、醉心于简单问题复杂化的学术卖弄，终将只能制造学术"繁荣"的外观，与理论创新和实践指导差距甚远。

其二，人为割裂形而上研究与形而下研究之关联，制造不必要的研究"壁垒"，以致缺乏创新和对现实问题的解释力。真正的学术不仅需要宽广的学术视野，更需要形而上与形而下、理论与实践的结合，这对于以实践理性为特质的伦理学来说尤为重要。离开了应用或没有应用价值、缺乏对当今社会现实之观照的所谓"形而上"的理论研究，或者缺乏理论透视和理论支撑的所谓"形而下"的应用研究，皆与学术研究的本真精神相悖。正如萨特所言，理论和实践分离的结果,是把实践变成一种无原则的经验论,把理论变成一种纯粹的、固定不变的知识。历史证明,真正的学术创新永远是形而上和形而下的自觉结合的产物。以形而下为支撑的形而上研究,其理论境界将会更加高远;以形而上为指导的形而下研究,其应用的普适性将会进一步加强。当然,就个人能力和兴趣而言,学者可能存在偏重于某方面研究的情况,但是至少在思想上对此要有清醒的认识。正是由于形而上与形而下、理论与实践的割裂,从总体上看,中华人民共和国成立60年来伦理学界真正具有创新价值的时标性作品和思想观点较少,给人们留下历史记忆和学术(思想)记忆的学术观点还十分稀缺。尤其是近年来,伦理学对诸如汶川大地震、三鹿奶粉、金融海啸等热点社会现实问题或语焉不详,或言之甚少,甚或处于"失语"状态,在一定程度上这也是伦理学发展中形而上与形而下、理论与实践相割裂所形成的一块"短板"所造成的。因此,这是今后中国伦理学争取学科话语权、实现快速发展所必须关注和解决的问题。

(原载《道德与文明》2009年第6期)

正确认识和应对我国的"道德气候"

"道德气候"是指一定社会条件下的道德态势。它至少可以从以下几方面来说明：一是人们的道德觉悟的程度；二是社会道德的风尚状态；三是道德发展的前景。就道德发展前景来说，不同的时代背景下有不同的道德境界和道德要求，不同的地域、民族或国家也有不同的道德生活境界和方式。

就我国若干年来的"道德气候"来说，学界一直存在着"道德滑坡"还是"道德爬坡"之争。"道德滑坡"论者往往例数社会上的各种不道德现象，认为社会道德世风日下，道德堕落日益严重。有的甚至认为经济发展与道德堕落是社会发展的必然趋势。更有甚者，认为经济发展需要以牺牲道德为代价。有的学者则明确表明，经济学不讨论道德问题，经济学家研究道德是"狗拿耗子，多管闲事"。"道德爬坡"论者认为，道德作为社会意识形态，作为人们的精神境界，它必定随着经济社会的发展而发展，发展的经济与落后的道德并存只能是暂时现象，就社会发展的总趋势来说，经济发展了，道德必然进步。其实，"道德滑坡"论者是一叶障目，不见森林，或者是以点盖面，忽视了大局。"道德爬坡"论者也不应该只是赞赏"道德气候"的莺歌燕舞，也应该看到道德堕落的一面，以便有切实的对策来应对。

一 改革开放以来社会道德的总趋势是不断进步的

我国若干年来尤其是改革开放以来，社会道德的总趋势是在不断进步的，道德气候是趋善和向前发展的。这主要体现在五个方面。

(一) 道德观念不断更新，德治理念逐步深入人心

改革开放以来，尤其是建设社会主义市场经济以来，一是人们的主体意识有了进一步的增强。人的完善和发展是道德的基本价值指向和基本目的，而人的主体意识是人的完善和发展的重要标志。可以说，没有人的主体意识的增强就谈不上道德的进步。因此，当一个社会关注个人的完善与发展，当社会的每一个个体首先关注自身的完善与发展，并善于自我设计、自我奋斗、自我完善的时候，就意味着社会道德在向前推进。二是和谐关系资源意识在增强。社会道德良好或进步，关键还在于社会人际关系是否和谐，同时还在于人们有没有把人际关系当作重要的经济社会发展的资源。换句话说，人们如果自觉地把和谐人际关系当作经济社会或国家发展的重要软实力，那么，社会道德将会不断完善与发展，将会成为经济社会发展的重要精神力量。三是理性竞争意识在不断增强。竞争不都是优胜劣汰或你死我活，理性意义上的竞争是把优胜劣汰当作手段，目的是共同进步与发展。这样的竞争是道德进步的又一重要标志。社会主义市场经济在其本质上主张通过竞争，让部分地区和部分人先富裕起来，最后走向共同富裕。

(二) 人们的道德资源或资产意识、道德功能意识在不断加强

随着社会主义市场经济运行机制的不断完善，道德不仅影响着企业或经济活动的发展方向，而且明显影响经济的效益和发展速度，有时在很大程度上制约着企业或经济建设的速度和效益。我国近年来在食品工业中出现的"毒奶粉""苏丹红""有色馒头"等事件，不仅影响甚或葬送一个企业的发展前景，而且，使得整个食品企业的信誉受到影响，以至于让全社会商业信誉蒙羞。不讲道德或丧失信誉的企业没有立足之地，这也从一个侧面说明社会道德的进步。应该说，对道德或道德资产的关注、对道德缺损以至于影响企业发展的关注是我国道德进步的重要表征。

事实上，我国的社会主义市场经济发展到今天，人们已经将道德作为工具理性，自觉让其渗透在生产和生活的各个环节，发挥着独特的经济增值作用。人们在社会实践中也深刻体会到道德观念的

不可缺失。大凡有道德观念渗透其中的产品更受人欢迎，大凡有道德观念渗透其中的经济制度，更显科学和高效。尤其是以人为本的道德管理已经成为当今经济社会管理经典，影响着整个社会的发展进程。我国许多企业在改革开放的大潮中一路顺畅，效益逐年提升，规模也在不断扩大，其中重要原因是尊重人、关注人性需求、重视合作多赢的理念已经渗透在生产和销售等各个经营环节，充分发挥了道德作为资产的角色和作用。

（三）社会道德风尚在不断改善

无偿救灾、拾金不昧、助人为乐等已经成为良好的社会风气，尤其是社会慈善活动已经成为影响巨大的道德风景线。以赈灾为例，近年来我国接连发生的地震、洪水泛滥等特大自然灾害，给我国政府和人民带来一次又一次的大考验。我国政府和人民面对灾难所表现出的"万众一心、众志成城，不畏艰险、百折不挠，以人为本、尊重科学"的救灾精神成了社会主义道德最好的诠释。一是真切而崇高的道德良心充分彰显。面对重大灾难，真切而崇高的道德良心在干部、军人、警察、医生和教师等各类群体身上表现得尤为突出。他们在或交通中断或天气险恶的情况下，强忍着悲痛和煎熬，在第一时间坚守在救灾现场，尽一切可能组织抢救或自救。许多人在救灾现场晕倒，有的甚至献出了生命。二是爱国爱人之大爱和强烈的民族责任感凸显。大灾有大爱，真情系灾区，关爱汇暖流。在每次大灾难发生以后，中华民族的大爱精神得到进一步的展示和增强。全国人民和海外华人高度关注灾情，纷纷以各种形式捐款捐物，以强烈的爱国热情投入如火如荼的救灾中去。三是以人为本、执政为民理念发扬光大。在每次灾难面前，党和政府都对抗震救灾工作给予了坚强的领导，把"救人"放在所有工作的第一位，这既是重视生命、尊重生命，也充分体现了我们党以人为本、执政为民的政治理念和人民至上、生命至上的人文关怀。四是社会主义集体主义精神极大弘扬。"一方有难，八方支援"，这句话在历次特大灾难发生后都得到了真实而生动的体现。中共中央总是以最快决策建立对灾区的救援或支援机制，举国上下第一时间捐款捐物，人们排队献血而引起了交通拥堵，等等。可以说，只有社会主义制度才能动员全社会的力量以最快的速度抗灾救灾、安定生活、恢复生产、重建家园。这不仅进一步展示了社会主义制度的伟大与优越，而且进一步增强了中华民族的凝聚力和向心力。

（四）道德榜样的示范作用在明显增强

近年来，全国道德模范评选受到全国人民的关注，道德模范的可敬佩、可亲近、可学习的行为，感动和影响着当代人的道德理念和道德习惯。人们在赞赏和接纳道德模范，并主动宣传和发扬道德模范的精神，主动实践社会主义道德要求。当代雷锋郭明义的先进事迹不仅说明道德榜样的实在和真切，而且还带动了一批社会成员自觉学习雷锋精神，做雷锋一样的人。道德榜样还让人们能够正确地认识到当今社会的道德堕落现象代表不了社会道德发展的主流。相比之下，人们会从道德榜样身上看到社会道德发展的光辉前景，并能进一步增强道德信心，并由此对经济社会的发展也充满希望和期待。这是当今社会最明显的道德进步。说实在的，一个社会如果对道德榜样麻木不仁，这样的社会的道德气候将会是"乌云遮日"的状态，即将会是道德堕落的社会，是没有希望的社会。

（五）道德环境建设成就卓著

社会道德进步的一个重要标志是道德环境崇尚人道、仁爱与祥和，主张积极向上的生活态度。我国若干年来尤其是改革开放以来的道德环境建设从不重视甚至不自觉到自觉，并由此让人们看到了道德希望。就硬环境上来看，城市公共交通工具优先、盲人道逐步连成片、新建筑物都配置无障碍通道、人性化的生活设施越来越多等，这让人有一种清新、舒畅和幸福的感觉；就软环境上来看，很多城市或地区建立的快速反应机制、社会治理制度日益人性化，社会主流价值观亲切而又高尚，等等，这让人有种安全感，也让人对未来充满信心。这些都说明社会公德观念在渗透和影响着人们的社会生产和生活的方方面面。

二　社会败德现象不容回避

不可否认的是，在"道德气候"不断改善的同时，改革开放也让西方社会主张的所谓的自由主义、个人主义、拜金主义等观念渗透到我们的社会生活中，腐蚀我们的社会有机体，影响甚至破坏经济生态、政治生态、文化生态等，形成"阴冷"的"道德气候"。例如，有的商人的确成了奸商，唯利是图，坑蒙拐骗，无恶不作，危害极大。又如，"苏丹红""有色馒头""毒奶粉"事件等在影响人们身体健康的同时还影响社会的稳定与和谐；有的人跑官、要官、买官、卖官，将商业习气搬到官场，影响官德的正常发展。更有甚者，有的官员利用手中权力，贪赃枉法，鱼肉百姓，大大削弱了道德在社会上的影响力和作用力；有的人热心于低俗文化，价值取向庸俗而又浑浊，造成近视的生活目标和颓废的生活方式；还有的人与人交往缺乏诚信，丧失生产和生活中的人脉资源，以致成为孤家寡人。所有这些现象，说明社会道德堕落在一定范围内或在一定的生活领域还比较严重。但无论如何这不是社会道德的主流。不过，这像社会毒瘤，如不加以控制或遏制，将危及社会正常生活和社会的正常发展。

社会上不良道德气候的形成是诸多原因所造成的，主要有三个方面。一是文化发展滞后于经济发展，人们的文化水准适应不了快速发展的经济，影响了人们的道德观念和道德辨别力。尤其是当人们对于社会主义核心价值体系还处在一知半解甚至知之甚少的情况下，善恶不分、良莠不分，没有崇高道德追求将造成低迷甚至落后的道德气候。二是经济社会体制以及经济社会运行机制的不完善会使腐朽没落的道德沉渣泛起。道德是靠通过教育和实践来逐步提高人们的觉悟的，但教育不是万能的，道德觉悟也不是自然地提升的，尤其是在现阶段，由于制度的缺陷，难以通过良好的制度和合理的运行机制来规范人们的行为，并进而养成人们的道德习惯，改善社会道德风尚。三是物欲横行且没有有效的约束或限制，往往造成唯利是图的社会风气，甚至不惜牺牲他人和社会利益来实现个人的私利。这样的道德气候会影响甚至阻碍社会道德的进步。四是政府及其官员往往把道德建设作为软任务放在可抓可不抓的地位，导致以道德力为核心的经济社会发展软实力的低、弱，等等。

三　积极改善当前的社会"道德气候"

要改善当前的"道德气候"，必须努力关注和落实四个方面。

1. 党和政府以及各级官员的道德面貌是社会道德的风向标，也是老百姓树立道德信心的重要前提

党德、官德是改善社会"道德气候"的钥匙。党德、官德不能改善和提升，道德建设永远是事倍功半的。因此，党和政府以及各级官员应该首先成为学习和践行社会主义道德的代表。要在真正学通弄懂马克思主义道德观的基础上，深刻理解社会主义核心价值体系，在真正知道何为道德的基础上，勤于道德实践，不断提升道德觉悟。同时，党和政府以及各级官员应该将道德教育和道德建设列入议事日程，应该作为工作的第一要务抓起来。同时，要身体力行，做践行社会主义道德的模范。

2. 要清醒地认识到以道德力为核心内容的文化软实力是经济社会发展不可或缺的精神动力

一方面，经济的发展要靠资金、技术、资源等，但是，经济是人和为人的经济，是人际关系和良好人际利益关系协作的经济，换句话说，经济在一定意义上是道德经济，经济发展不能忽视道德和道德作用的存在。忽视甚或排斥道德在经济发展中的作用，这样的经济一定是没有活力的经济，是要逐步萎缩甚或垮塌的经济。另一方面，社会发展与进步的前提是社会和谐，其发展的基础也是社会和谐，这就更需要道德的推动与支撑。因此，要像抓经济和社会工作一样抓道德建设，唯此才能在经济社会发展过程中软实力和硬实力并进，也才能真正促进经济社会的完美发展。

为此，要充分认识到社会主义道德和道德建设是经济社会发展的重要精神力量，要将道德建设作为系统工程来抓，诸如理论的深入探究、道德行为规范全面而系统的揭示、道德实践体系的科学设计、道德环境的全面规划、道德约束机制的合理把握等，都应该是整体推进道德建设不可或缺的重要环节。

3. 要构建社会道德实践体系，让不同年龄段的社会群体、不同社会生活领域等均具有有针对性的道德实践模式

客观地讲，长期以来，我国的道德建设虽然滞后于经济社会的发展，但是全社会总体上还是比较重视道德建设的，道德和道德建设还是在曲折中前进的。不过，我国的道德实践体系始终没有得到正确的认识和把握，因此就会出现人们常说的小学生进行爱国主义、集体主义的教育，而大学生进行基本礼貌教育的德育倒错现象。尤其是针对不同年龄段的社会群体、不同社会生活领域应该如何展开道德生活，人们往往无所适从。因此，要研究不同年龄段的社会群体、不同社会生活领域的道德实践内容和形式，并通过实践磨炼，真正让道德成为人们的生活内容和生活方式，并以此推动人的完善和社会的和谐。

4. 要狠抓道德环境建设

道德环境既是"道德气候"的标志，更是道德发展的重要条件。道德环境在帮助人们提高生活质量的同时，能熏陶人们的心灵、提升人们的境界、改变人们的人生价值观念、促进全社会积极向上。堕落腐朽的道德环境只会腐蚀人们的心灵、败坏社会风气、影响经济社会的发展、影响人们的生活质量。因此，要把道德环境建设作为经济社会发展的题中应有之义抓紧抓好。否则，经济社会发展很有可能出现畸形的状况。当然，道德环境有硬环境和软环境之分，要通过对具有道德性的道路、建筑、桥梁、雕塑等的硬环境建设和对充分体现道德内涵的制度、宣传、文艺等的软环境建设，真正让人们生活在浓郁的道德氛围中，时刻接受社会主义道德的熏陶和教育。尤其要着力改变社会风尚，大树特树社会主义道德模范，以与时代同步的道德偶像引领青少年确立正确的人生观和价值观，使之成为提升国家文化软实力的主力军。

（原载《思想政治教育》2012 年第 9 期）

同步于时代的中国伦理学

  中国当代伦理学学科是随着我国改革开放的步伐而不断发展与完善，并逐步成为哲学社会科学之林之显学的。尤其是近年来的发展态势更是令人鼓舞。首先，颇多理论建树，使得当今伦理学理论体系日臻完备。一是马克思主义伦理思想研究形成了新的平台，产生了崭新的研究成果。中共中央马克思主义理论研究和建设工程重大项目，"经典作家关于道德的基本观点研究"课题和《伦理学》教材编写以及学界关于马克思主义伦理思想研究、马克思恩格斯道德哲学研究等专题，促进了伦理学界一批学者集体攻关、创新成果，不仅推动了伦理学理论体系建设，而且进一步增强了伦理学学科的地位。二是不断涌现的新颖的理论观点，要么弥补缺陷、要么填补空白、要么纠正错误地完善着伦理学的理论体系。诸如若干年来提出并论证的"环境伦理""生态伦理""政治伦理""行政伦理""生命伦理""教育伦理""医学伦理""公共伦理""民族伦理""经济伦理""网络伦理""底线伦理""美德伦理""发展伦理""人口伦理""道德生态""道德悖论""道德推理""道德资本""道德生产力""道德权利""道德自由""道德风险""道德气候""道德能力""公正""正义""平等""自由""尊严""诚信"等范畴及其思想，让我国伦理学理论建设耳目一新。尽管有的观点不免有些偏颇，但是，在客观上促进了伦理学理论思维及其伦理学理论的调整与完善。三是中外伦理思想史研究的学术境界在提升，尤其是改革开放以来，一些伦理学学者的中外伦理思想研究，反对搬弄词汇、故弄玄虚，力避"炒冷饭""跟尾巴"式的研究，力求深究中华传统伦理道德思想之精华和外国伦理道德思想之合理成分，产生了公认的时标之作、传世之作，甚至有的著作一再修订改版，在国际国内产生了良好的学术影响。四是应用伦理学理论研究蹊径独辟，以独特的观点，为伦理学的社会认同发挥了独到的不可替代的作用。诸如行政伦理学、政治伦理学中对新自由主义的批评和政务诚信、公正、正义的现代诠释，经济伦理学的道德资本、道德生产力和道德经营等概念的提出，生态伦理学的伦理生态、道德生态的论证，网络（信息）伦理学对"鼠标道德"、虚拟关系伦理、网络道德准则等理念的关注，等等，不仅促进了应用伦理学理论和实践的发展，而且为经济社会的理性发展提供了难得的决策依据。

同时，伦理道德建设与实践由被动适应社会走向主动引领生活。实事求是地说，我国伦理学学科在初创乃至发展过程中的好长一段时间里，由于自身的基本理念和理论体系的不成熟，对于许多重大的或突发的社会现象往往是疲于应付，使得学科对解释社会现象的能力也显得有限，以至于对抗击"非典"、汶川抗震救灾、食品问题等的道德反思、道德渗透与道德引导，基本上处于"慢一拍"甚至失语状态，更谈不上以特殊的学科能力引领经济社会的建设和发展。随后，随着伦理学界同仁的惊醒与努力，学科发展在努力适应经济社会发展的同时，也在努力为经济社会的发展有所作为和贡献。例如，如何让人们在看似世风日下、人心不古、坑蒙拐骗、腐化堕落的社会，不让一叶障目不见森林，看到道德的进步和社会的发展，学界有数篇文章，以学科特有的视角，从人的主体性的加强、人际关系的协调重要性认识的提高、道德榜样号召力的增强、道德力的被重视等，论述随着改革开放的发展，道德也在不断进步，让人们认识了分析问题的应有方法，看到了社会道德的进步与希望。又如，每次社会重大问题或事件的出现，人们往往无所适从，怪罪指向混乱，其实，最根本的原因是科学制度建设的滞后，是道德制度化或制度道德化程度不高。对此，学界相关研究文章的发表，既引导了人们对社会重大问题或事件的正确认识，也提醒人们尤其是决策者、领导者要注意道德及其规范在制定科学制度中的基础和核心作用。再如，社会的发展不能忽视弱势群体的利益诉求和愿景，这是建设和谐社会、凝聚经济社会建设力量的重要前提条件之一，可以说，伦理学学科多视角的分析和论证，为领导决策和社会治理能力的提升提供了重要的学科理论依据。事实上，近年来，全国道德模范的评比、各地道德讲堂的开设，以及志愿者活动的广泛展开，等等，也将道德建设活动置于引领经济社会建设的实践平台上面。

上述研究成果说明，中国伦理学学科强有力的发声，不断宣示着学科的进步和道德力量的增强，客观上强化了伦理学学科的声望和地位，增强了伦理学学科的生命力。同时也告知着经济社会的快速发展，不能忽视伦理学学科的作用。

当然，与时代同步的伦理学，也是在不断调整中进步，在不断克服自身的缺陷中发展的。当今，不得不注意阻碍伦理学学科发展的一些学科弊病。一是空谈理论，不接地气。学界有那么一种现象，即乐于把简单的问题复杂化，将好端端的一个概念或命题，硬是绕来绕去，绕个谁也不知所云，甚至变着法子把本已清晰的词汇和命题晦涩到画蛇添足的地步，以至于现实问题及其解决方案，从来不在其研究理路之中，似乎这就是学术。其实，没有社会依据或根基的所谓学术，再深奥的语言也无济于事，也只能是在制造文字垃圾。二是伦理学学科的本质指向模糊甚至错误。伦理学学科的生命力及其本质指向应该是在于人的完善和人际关系的和谐，即伦理学学科就是教导人做人、引导人际和谐的应用性学科，而"教导"和"引导"的一个重要环节是建构系统的行为规范体系，让人们言有依据、行有规则。现在的问题是，规范的研讨和建构成了伦理学学科发展的"短板"，如果这"短板"效应长期下去，人们将怀疑伦理学学科的存在理由。三是理论研究不接地气。伦理学的研究和发展理应解释或解决现实道德问题，但现在的问题是要么玄而又玄、不着边际地谈论所谓的理论问题，要么面对现实道德问题，曲解缘由，错判本质，误导社会，产生了违背学术伦理的所谓伦理学研究，等等。这些伦理学学术弊端的存在，客观上将影响中国伦理学的时代步伐，这应该引起学界认真的关注。

中国伦理学应该坚持"顶天立地"的学术战略思想，真正体现中国话语、中国风格、中国特色、中国气派，才能真正成为中国哲学社会科学之林之显学。

（原载《中国社会科学报·哲学版·学者个人专栏》2014年6月30日）

罗国杰"新德性论"思想的价值旨归

罗国杰先生数年前以一生鲜有的口吻说,"我是'一个马克思主义的新的德性论者'"①,并进而系统阐释了"'新德性论'的伦理思想"。他并认为,德性论的思想不论从哪个方面来看,都要比功利论的思想,具有一种对提升人的道德素质和道德人格更具有意义的内容。为此,罗国杰十分重视他所提出的"新德性论"思想,并给"新德性论"以全面、深刻的阐释。可以说,"新德性论"是罗国杰一生从事马克思主义伦理学研究的重要学术结晶,这一思想对于我国伦理学学科建设事业的发展和不断推进社会主义公民道德建设具有十分重要的理论和实践意义。

一 揭示了伦理学的学科性质、功能和愿景

罗国杰明确认为,伦理学绝不是一门纯理论的科学,而是一门强调实践的科学。在各种学科中,伦理学是对人的道德品质和思想素质的塑造最为重要的科学。伦理学的功能,绝不在于使人们获得关于伦理学的理论体系和讲授伦理学的能力,而在于它的形成、教育、塑造和升华人的道德人格的力量。这就明确指出了作为实践科学的伦理学的学科导向和学科目的就是培养和提升人的德性。为此,罗国杰还指出,伦理学有两个方面的任务:一是培育和决定人生的目的是什么,即关涉一个人的"人生观"或者"人生意义"这一重要问题;二是要实现和达到人生目的之方式和手段,即要探讨和追求"圣人"和"贤人"之所以能够达到所必经的路径。从一定意义

---

① 罗国杰:《伦理学探索之路——罗国杰自选集》,首都师范大学出版社2011年版,第15页。

上看,"圣人"和"贤人"只是一个"未能实现的崇高目标",而"所实现的途径"才是更加重要的关键。

自从20世纪80年代初罗国杰主编我国第一本伦理学教材以来,全国各种类型的伦理学教材有数十种,其中关于伦理学的学科性质、功能和愿景之论述,虽然仁者见仁、智者见智,但基本上没有超脱罗国杰最初出版教材的基本理路。"新德性论"强调伦理学既是理论科学更是实践科学,这进一步加强了伦理学是实践学科的理念。应该说,在这一点上,以往教材并不是没有注意到伦理学学科的实践性,但大都自觉不自觉地贯彻"伦理学是哲学"的理念,以至于在勾画、阐释和叙述伦理学的"实践板块"时,很少涉及、观照具体的现实道德问题的研究和解决,除了近年出版的中共中央马克思主义理论研究和建设工程重点教材《伦理学》专设"道德建设"一章外,其他教材鲜见专门研究人的德性培养的基本工程和有针对性的实践路径。为此,罗国杰特别指出,从一定意义上看,"圣人"和"贤人"只是一个"未能实现的崇高目标",而"所实现的途径"才是更加重要的关键。这是多么重要的提示啊!早就听说罗国杰要重新组织编写一本多卷本伦理学原理,可惜在他仙逝之前没能如愿。我们相信,在他的"新德性论"理念下,新编伦理学教材应该是以充分体现实践性哲学伦理学理念、切实解释和解决现实社会生活中的道德现象和道德问题、研究和阐释人的德性及其有针对性的实现路径为宗旨。同时,我们相信,具有罗国杰"新德性论"思想烙印的伦理学理论体系一定会相继问世。

二 注解了美德之为美德

进入21世纪以来,我国伦理学界对美德问题给予了不同视角的研究和阐释,有"人性说""自由说""善行说""功利说""义务说"和"习惯说"等,然而,罗国杰从本体论意义上坚持了动机与效果统一说。首先,罗国杰认为,道德行为一定是动机和效果统一的行为,一个人行为本身的价值,其主要的根据,不是别的,而是也只能是一个人的有道德的动机及其所产生的有道德的结果,为什么我们说,判断一个人的行为的善与恶的主要根据,是他的有道德的动机及其所产生的有道德的效果呢？因为，只有人们的社会实践和行为的过程及其结果，才能从各方面告诉我们，在经过人们的社会实践检验之后，这一行为是善的或恶的。同时，罗国杰指出，如果只顾客观效果而不问动机，就不可避免地会把那些效果虽好而动机不好的歪打正着的行为，也当作有道德的行为。只看动机，不问效果的观点，是极为有害的。根据这种观点，一些人把那些在动机上抱着自私自利、损人利己的目的而产生的所谓好的效果，也看作有道德的行为，更是错误的"，正如"一个援救溺水的人，如果抱着要求获得某种经济的、精神的报偿的人，即如是把溺水的人从水中救出，也不能称为一个真正道德行为。"为此，罗国杰强调说，"我执著地认为，一切歪打正着的行为，尽管它也可能产生所谓好的效果，它只能是一种歪的行为。这种歪的行为，无论从什么视角和方面，都不能说是有道德"。罗国杰从美德之为美德角度谈论动机与效果的统一性问题，既有哲学依据，也有践行条件和可能。

罗国杰还特别指出在判断人的行为善恶时，不能像康德那样，认为"道德本身即有价值""只要有善良动机"而不问效果和"为道德而道德"的理论，当然是不全面的。他认为，一个道德行为之所以能称为"道德行为"，必须是不以享受某种道德权利为前提的。如果说一个人在从事道德行为的时候，就考虑着自己在实行这一道德行为后所能得到的"道德权利"，这就不能说是一种真正的、纯粹的道德行为。当然，承认功利主义的合理内容与功利主义的思想或者说功利论的思想是有区别的，功利主义的思想，或者说功利论的思想，容易引导人的行为向着"追求功利"的目的，向着"追求最大利益"的方向倾斜，归根到底，是无益于人的道德素质和道德品格的塑造和形成的。这是对美德的完整的、辩证的阐释，在一定意义上回应并弥补了在美德论问题上的"人性说""自由说""善行说""功利说""义务说"和"习惯说"上存在的或多或少的问题或欠缺。

三 揭示了理想的"道德理想"

中外古今的关于道德理想或理想人格的设想颇多，中国古代有

"圣人""君子""仁者""真人""德配天地""无为而治"等，西方有"至善""自由""平等""博爱""神的德性"等，罗国杰说，在我国今天，"就是我们所说的'毫不利己专门利人的精神'，就是'无私奉献''大公无私'的品格"。

罗国杰在给当今中国道德理想或理想人格定位的基础上强调，道德理想或理想人格就是要追求崇高，并认为，"一些人常常以这些要求太高一般人难以做到为借口，否认崇高的道德理想的重要，甚至把这种最高的理想，看成一种'理想主义'的狂想。这种认识，'近视'而'狭隘'，是一种片面的、有害的观点。正像古人所说的，对于高尚的道德理想，既要看到它的崇高和不可能轻易达到的一面；又要看到它'经过努力'终究可以达到的一面"。主张"我们每一个人都应当有一种'虽不能至、心向往之'的意向和渴望，都要有一种'努力攀登、永不停止、不达目的、决不放弃'的决心和信心"。这是十分深刻而又明确的道德理想或理想人格的现代表述。这既反对了庸俗的所谓个性至上的道德理想或理想人格的谬论，也纠正了道德理想或理想人格不能要求太高的观点，为我们今天确认和宣传当今中国需要坚持的道德理想或理想人格提供了坚实的思想基础。

要指出的是，罗国杰理想的"道德理想"观，主张"毫不利己，专门利人"，"无私奉献"，"大公无私"等，看上去似乎忽视了个性及其个性的发展，其实不然，我们从他的"道德责任"和"道德义务"观就可以看出，理想的"道德理想"与人的"道德责任"和"道德义务"是一致的。罗国杰首先指出，从某种意义上，道德责任也就是道德义务，道德的义务要求我们忠于祖国，要求我们诚实守信，要求我们爱人如己，要求我们尊老爱幼等。道德本身所包含的一个重要的元素就是义务（责任），没有责任，也就没有道德，一个人、一个民族、一个集体、一个国家。它的道德风尚和人们的道德品质的高低，一个主要的指标，就是看人们履行道德责任'的自觉性的程度。

四 勾画了培育"人的德性"之图景

罗国杰指出:"新的马克思主义的德性论,极端注意人的道德修养,提倡'修身''慎独',把个人的'自我完善'看作道德行为的重要方面。道德的他律,对当前社会中的人来说是必要的,但是,从根本上来说,一个人的道德品质的提高和道德人格的升华,是要一个人的'道德自律'的觉悟和实践的。没有道德的'自律',没有个人的'良心'的觉悟,没有对道德的'崇高'和'神圣'的内心的诚挚的追求,要想提升个人的道德品质和道德人格,是不可能的。"这就是说,"人的德性"的培育最关键的是要靠"自我完善",最根本是要靠兼顾人的修养路径和崇高目标的"慎独"。为实现"自我完善"和"慎独",完善"人的德性",罗国杰提出了四个方面有针对性的要求。

其一,必须坚持正确的价值导向。罗国杰十分严肃地说:"有一种看法认为,既然是一个'多元化的社会',那么,各种不同的思想就应当不分优劣'平起平坐',任何一种思想都可以作为社会的价值导向,都可以不受限制地以自己的思想体系和要求来影响他人、影响社会。有人明确提出,要以西方个人主义作为我国社会主义的道德原则,以合理利己主义作为我们的行为规范等,这些思想是极端模糊和错误的,是要坚决批评并抵制的。中国特色的社会主义要求我们的价值导向必须具有保证社会主义道路向前发展的重要作用,忽视或背离这一价值导向,就有可能误入歧途。社会主义国家必须坚持与社会主义本质一致的价值导向,即坚持为人民服务,坚持集体主义。"[①] 说实在的,一个人、一个民族、一个社会、一个国家如果没有正确的价值导向,那就像大海航行没有方向,再怎么讲道德修养或道德建设,那也等于"白搭"。其实,这也是罗国杰一生所坚持的理论主张和道德实践宗旨。

其二,让"道德需要"成为人生自觉的行为选择。道德是人的行为准则,也是人的行动目标,更是人的生活内容。这是罗国杰关

---

① 罗国杰:《伦理学探索之路——罗国杰自选集》,首都师范大学出版社2011年版,第386页。

于人的德性培养观中的十分可贵的理念，他说："道德需要作为一种特殊的、高级的社会需要，它同一般的物质需要和精神需要不同，它不是从社会去获得、索取、占有、使用、享受某种物质的或精神的产品来满足自己，而是通过对社会或他人的给予、奉献、牺牲来满足自己。道德需要是建筑在高度自觉的、完全自律的、依靠内心信念来满足的一种需要。道德需要作为一种心理机制，它表现出一个人能够把对社会、对他人的献身、贡献和给予当作一种崇高的义务和责任，并能够在履行这种义务和责任时感到愉快、感到高兴，而且在内心中有一种满足了自己最崇高的需要的欣喜愉悦之情。道德需要是行为者的感性和理性认识的统一，是同行为者的高尚的道德境界密不可分的。"① 他并以雷锋为例，指出雷锋的道德需要已经成为他生活尤其是精神生活的重要内容，他说："雷锋是一个有高尚道德的人，它的许多行为，都是从一种自觉的道德需要出发，在做出了对他人和社会的奉献以后，发自内心地感到幸福和快乐。"② 由此，我们可以看出，道德需要在人的德性培育过程中有着举足轻重的作用，尤其是能让道德需要成为人们生活的主要的且重要的内容，这将是人的德性培育的最佳路径和最好目标。

其三，用中国优良道德传统和革命道德传统滋养人的德性。罗国杰说："中国古代的优良道德传统，是我们的宝贵遗产，以革命先驱、仁人志士和道德楷模的事迹来教育广大人民群众，对于从事社会主义建设的广大工人、农民和革命知识分子，则有更为重要的意义。"③ 接着，罗国杰深刻地指出，中华民族的优良道德传统与中国革命传统，"尽管它们是在不同的时代、不同的社会关系中形成的并有着不同的意识形态的特点，但二者又有着作为整体的民族感情、民族心理、民族素质所凝结成的民族特色。中国古代传统道德中的为民族、为社会、为国家而献身的整体主义思想和爱国主义精神，同中国革命传统道德中的关心人民、爱护人民、献身人民、献身祖国的思想和爱国主义，有着民族的思想渊源关系。中华民族古代道

---

① 罗国杰：《罗国杰文集》下卷，河北大学出版社 2000 年版，第 196 页。
② 罗国杰：《罗国杰文集》下卷，河北大学出版社 2000 年版，第 197 页。
③ 罗国杰：《罗国杰文集》下卷，河北大学出版社 2000 年版，第 552 页。

德传统中'见利思义''见得思义''先义后利'和'以义求利'的思想，在经过批判的改造以后，就能够使我们的广大人民更容易、更亲切地接受和认同社会主义道德的以人民利益、国家利益为基础的义利并重的价值观念，因而，也就更有利于我们反对自私自利、唯利是图、损人利己、损公肥私等腐朽思想，有利于我国的社会主义市场经济的健康发展。同样，我国革命传统道德中对社会主义和共产主义的坚定信念和对理想人格的执着追求，也就是中国古代优良道德传统的'杀身取义''舍生取义'在社会主义革命和建设时期的飞跃和升华，是这一思想在社会主义时期的时代体现。因此，弘扬中国古代优良道德传统和新时代的革命道德传统，并使二者有机地结合起来，才能更好地形成有中国特色的社会主义新道德，更有利于增强我们民族的凝聚力和向心力，更有效地提高广大人民群众的道德水平"[1]。换句话说，有机结合、着力弘扬中国古代优良道德传统和新时代的革命道德传统，是滋养和培育人的德性的不可忽视的关键环节。

其四，在实践中提升和完善人的德性。罗国杰说："从根本上说，要想很好地树立起一个人的道德人格，最重要的还是要持久不断地加强个人的道德修养和锻炼，使自己成为有道德的人。"[2] 并强调指出，要在道德上提高自己，就是要在改造客观世界的实践中来改造自己的主观世界。因此，脱离社会生产生活实践，去空谈所谓道德上的"自我锻炼""自我修养"，甚至关起门来进行"省察克治"，是绝对不能有什么成效的，是永远也不能达到提高自己道德品质的愿望的。[3]

事实上，只有在社会实践中才能够使社会主义和共产主义的道德规范转化为人们的意识和品质，才能使道德教育不致成为毫无用处的空谈；只有在社会实践中，人们才能认清马克思主义的修养观与旧的、剥削阶级的修养观的本质区别，并进而提高社会主义和共产主义道德修养的自觉性；只有在社会实践中人们才能正确地认识

---

[1] 罗国杰：《罗国杰文集》下卷，河北大学出版社 2000 年版，第 553—554 页。
[2] 罗国杰：《罗国杰文集》下卷，河北大学出版社 2000 年版，第 1132 页。
[3] 参见罗国杰《罗国杰文集》上卷，河北大学出版社 2000 年版。

自己，才能通过道德行为反映出自己的道德水平，才能了解自己在道德上的差距，才能体会到自己的道德境界。罗国杰还举例说，周恩来同志之所以能够成为共产主义道德的光辉典范，就是因为他在各方面严格要求自己，能够在长期的革命斗争实践中严肃地、认真地进行"自我改造"和"自我锻炼"。①

（原载《齐鲁学刊》2016年第4期，与郭建新合撰）

---

① 参见罗国杰《罗国杰文集》上卷，河北大学出版社2000年版。

简论道德风险

道德风险是20世纪80年代由外国经济学学者提出的一个经济哲学范畴，当时主要是指在经济活动中的不讲道德的损人利己的危险行为。"道德风险这一概念起源于保险业"，它"泛指由于委托人和代理人之间信息不对称导致代理人为追求自身利益最大化，危害委托人利益而不必为其承担责任的行为"。[①] 而后主要出现在金融学和经济学界等，各自的解释均存在一定的偏差，主要表现为：要么宽泛地把经济风险均理解为道德风险，要么狭窄地把道德风险仅仅理解为缺德经济行为，甚至有的文章干脆把可能出现的社会及其道德问题与道德风险等同，等等。其实，道德风险有其自身特定的内涵，它应该是指在人们的生产和生活行为中潜藏着的并可能出现的与道德有关的危险境况。

道德风险概念是指讲道德或不道德有风险，还是经济社会发展中的风险涉及道德的生存和发展？笔者认为前后两者都可以涉及，但主要是前者。道德风险在我国学界暂时还没有作为常用词被应用，在一些学科领域还比较陌生。不过，道德风险作为客观存在的社会现象，对经济社会的正常运行和发展有着不可低估的危害，它将导致"交易成本的提高和制度效率的降低""市场运行机制的失灵""社会道德秩序和社会公平的破坏""法律和制度约束机制的软化"等[②]，因此有必要正视一些客观存在的社会道德风险问题，认真分析形成道德风险的原因，提出切实规避道德风险的举措，有利于促进我国公民道德建设的发展。

[①] 郭建新等著：《财经信用伦理研究》，人民出版社2009年版，第78—79页。
[②] 郭建新等著：《财经信用伦理研究》，人民出版社2009年版，第87—88页。

一

道德风险类型大致有四种。第一，负道德下的道德风险。负道德即负能量道德①，也就是不讲道德。不讲道德当然有风险。按理，不讲道德形成不了风险，因为，明显不讲道德的行为是得不到人们的认可的，除了人性扭曲的社会，缺德行为一般是没有生存时间和空间的，人们绝不允许以缺德来获取个人的私利。问题是经济社会发展及其人性确实遭到扭曲的时候，社会道德判断力和自觉抵制不道德行为的能力比较弱的时候，不讲道德对于他人和社会来说就有风险。事实上，一般情况下，行为者不讲道德是不会预先公告的，而且一定是隐秘的，因此，这样的不讲道德行为的危险性更加可怕。经济领域封锁不该封锁的信息、发表虚假信息、价格欺诈等，其所带来的后果不只是当事者之间的利益竞争及其利益互损问题，而且是社会不安定的重要源头。如在金融活动中，道德主体违背合同、契约，不能守信、承诺、尽责的失约风险；思想不诚实，披露的信息不真实，弄虚作假，欺骗他人的失真风险；违背公正、公平、公开原则，不一视同仁，没有透明度的失公风险；违背忠诚事业、尽职尽责的原则，工作不努力，或不作为、无效作为的失职风险；等等，不仅扰乱金融业务，更将动荡社会。② 可以说，负道德即不讲道德与风险同在。

第二，亚道德下的道德风险。亚道德即为社会道德状况不理想但也不是恶德流行，换句话说，崇尚道德没有蔚然成风，但不道德现象也没有形成气候，善恶态度不明是人们的基本道德生活态度。在这种社会道德状况下，道德风险来自人们的"道德麻木"或"道德冷漠"症。这是因为，一些缺德者为了一己私利，往往利用社会"道德麻木"或"道德冷漠"症下的对缺德行为的熟视无睹和麻木

---

① 负道德即负能量道德，指的是与正道德相对的一面。从严格意义上来说，道德是中性词，道德有讲道德与不道德之分、新道德与旧道德之分，这样一来，负道德即负能量道德是存在的。不过，我们的语言习惯中，一般指的道德就是正道德即正能量道德，也就是讲道德。

② 参见梅世云《论金融道德风险》，中国金融出版社2009年版。

不仁，不惜损伤他人和社会利益，为自己谋取不当利益，而且不以为耻，反以为荣。久而久之，社会会被引向负道德状态。同时，一旦人们患上"道德麻木"或"道德冷漠"症，他们自身也将可能消极、堕落下去，这在一定意义上是更大更广泛意义上的道德风险。

第三，零道德理念下的道德风险。零道德理念即是指不认为社会生产生活中存在道德问题，认为在社会生产或生活的某个领域或某个时段不存在道德问题。前者诸如我国经济学界就有学者认为，经济和经济学不存在道德问题，经济就只是投入、产出、效益等物质的和数量的概念，还说经济学家研究和谈论道德问题是"狗拿耗子，多管闲事"。后者表现在我国以阶级斗争为纲的时代就基本上排斥了道德的存在，认为讲道德与讲阶级斗争是矛盾的，当时的道德风险就是人性、人伦关系、价值取向遭到扭曲，在一定程度上影响经济社会的正常发展。其实，这样的零道德只是理念上的，实际的社会生产和生活是排除不了道德内涵的。伦理学常识告诉我们，有人和人际关系的地方就有道德问题存在着。然而，零道德理念的风险是巨大的，它让人们不关注道德，甚至主张社会不要讲道德，这样的道德风险是害己、害人、害社会的，因为，没有道德的社会一定是恶者乘机更恶，善者受气受累的社会。

第四，无道德下的道德风险。"无道德的道德"是后现代主义道德，是"一种鼓励异调与杂音、追求相对与变幻、强调当下体验与情绪解放的游戏化和审美化的道德"，"因此，后现代道德不可能再有普遍伦理的要求，更不可能承诺任何形式的绝对价值原则和伦理规范"[1]，它信奉主观随意性，主张身体的快乐的道德，没有既定的价值信念和理想。这"无道德的道德"实际上是一种相对主义的道德，其理念和行为的发展甚或泛滥，社会将失去基本道德准则，人们将承受经常不断的"道德灾难"。所以，"无道德的道德"在一定意义上就是不道德，类似于"负道德"，前后两者的区别是，"负道德"的表征就是缺德行为，而"无道德的道德"是理念上在排斥普遍伦理道德要求的基础上，认为是"道德的道德"，这其实是社会道德风险的代名词。

---

[1] 万俊人：《现代性的伦理话语》，黑龙江人民出版社2002年版，第34—35页。

二

形成道德风险的原因是复杂的，主要有六个方面。第一，理论"缺场"、理念"缺位"。道德风险在社会生活中早就成为不可忽视的社会道德问题，但是，理论研究的滞后，使得人们没有能力深刻认识社会道德风险的内涵、特征和本质，这就会在人们的理念上出现模糊不清的状况。以至于许多诸如假药问题、网络谣言问题等的当事人有恃无恐地害人害己害社会，而其他社会成员则要么旁观，要么就事论事轻描淡写，没有把这些社会道德问题看作潜在危害极大的道德风险问题。在这种情况下，形成严重的社会道德风险且没有有效地规避和解决举措也就不足为奇了。

第二，私利至上主义。如果说道德风险来自道德知识缺乏，那还可以理解，并容易补救，但是，私利至上主义者，把自己的私利看得高于一切，甚至有不惜损伤他人和社会利益而获取一己私利的思想，那么，道德风险会接踵而来。而且，事实上，由于私欲碰到机会就会膨胀，因此，"在历史上的任何一个时期，只要有可能，就必有置任何伦理道德于不顾的残酷的获利行为"[①]。近年来我国的有害食品的不断出现、置法制和他人人身安全于不顾的矿难事件的频发等，均是私利膨胀而导致的道德风险。还有，一些企业为了自己企业的利益，明里或暗里争夺客源或资源，在争夺过程中互相压价，把企业利润降到最低限度。如果说客源是在国内，那受益者是客源方或者就是消费者，这在一定意义上还不失为是件好事，毕竟肥水流在自家田。如果客源方是国外的，那就是典型的因内部不讲经营规则的道德风险。

第三，社会生产或生活信息的不对称。因为信息了解和掌握的不对称，使得一些投机分子要么钻法律的空子，违法行事；要么利用信息优势，欺诈垄断，损人利己；要么发布虚假信息，以讹传讹，抬高自己，贬低同行；要么误导消费者，造成生产生活资料配置出

[①] ［德］马克斯·韦伯：《新教伦理与资本主义精神》，于晓等译，生活·读书·新知三联书店1987年版，第180—181页。

现畸形状态；等等。前几年出现的毒奶粉案，就是三鹿集团等相关企业利用顾客对"三聚氰胺"和奶粉添加"三聚氰胺"的不了解和管理部门漠视生产流程及质量控管的缺位而导致的道德风险。其实，制度上保证诸如政府信息公开、各类财务信息公开、社会生产或生活信息公开等，将会在最佳社会状态下避免道德风险。

第四，文化认知发展落后于经济的发展，以致道德觉悟不尽理想。由于我国国民的整体文化认知水平跟不上经济发展的速度，影响人们对现代道德理念的理解和把握，再加上道德普及工作同样落后于经济的发展，以致道德普及率适应不了经济社会发展的要求，使得人们的道德辨别力和善德接受力的程度不太理想，对腐朽没落道德以及缺德行为的抵制力有时表现得比较弱。更有甚者，一部分人对缺德趋利行为不以为耻，反以为荣。近年来出现的一些缺乏基本文化认知水准和道德良知的所谓的"网络大V"和"网络大谣"们，要么明知而缺德，要么趋利而缺德，要么求虚荣心而缺德，等等，而且在缺德面前没有羞耻感，反而有一种成就感、满足感、幸福感，个别人更恬不知耻地感觉自己"做大V像皇上"。

第五，道德教育尤其是羞耻心教育的力度不够。我们的道德教育在一定程度上缺乏有效方法和手段，没有把道德教育当作系统工程来研究和把握，往往是头痛医头、脚痛医脚，顾此失彼，甚至忙于"救火"。道德实践体系更是理念不清、安排不当，有的地方甚至基本没有科学系统的道德实践教育活动。至于道德教育中的羞耻心教育的主动性也十分缺乏，导致道德风险概率增加。诸如一些城市随地吐痰要罚款，若干时段以来，经常出现被罚者拿出大钞不要找零，当即再吐几口痰；还有的不劳而获，挖空心思地诈骗钱财，等等，这样的例子，其实都是缺乏教养的丧失羞耻心的严重缺德行为。稍有些羞耻感的人是不可能拿名誉作赌注，去做伤天害理的缺德事的。

第六，社会没有形成完善的对道德与不道德行为的褒奖和惩罚机制。由此，道德风险不仅不能遏制在萌芽状态，而且有时道德风险存在险情加重的趋势。生产和生活中的假冒伪劣产品不时涌现，地沟油、毒食品等有害人们身体健康甚至性命攸关的恶行也屡禁不止，这些都与道德与不道德行为的褒奖和惩罚机制不完善有关。更有甚者，诸如搀扶医治跌倒老人、无偿救助遇难之人等善行往往得不到社会和他人的广泛理解和支持，甚至还反被怀疑和指责，这就加重了社会形成道德风险的隐患。

要减少、减弱或避免道德风险，以上原因应该引起我们的足够重视。

三

为避免道德风险，当前的策略是要从具备清晰的理念和切实的举措诸方面展开。

第一，增强底线思维能力。习近平总书记指出："要善于运用'底线思维'的方法，凡事从坏处准备，努力争取最好的结果，这样才能有备无患、遇事不慌，牢牢把握主动权。"所谓"底线思维能力，就是客观地设定最低目标，立足最低点，争取最大期望值的一种积极的思维能力"。[1] 因此，从认识和避免道德风险的角度来看，底线思维要求我们在认识和推动经济社会发展进程中、在考虑和筹划工作与生活的过程中，要有防患于未然的意识，要有道德风险预测能力，力保守住道德底线，绝不让缺德行为有滋生的土壤或生存的空间。

第二，加快经济和文化的发展。经济发展速度快了，不仅仅是增加了社会财富，更在于能加快文化发展的速度，加快人们思想的解放和道德觉悟的提高。一个文化程度和道德觉悟不高的社会，产生道德风险的机会会更多，抵制道德风险的力量会更弱。我国改革开放的历程已经充分说明，因为经济发展了，我国国民的整体文化水平有了很大的提高，也因此大大促进了全社会道德水平的提升，社会道德风尚始终在不断地改观，所以，产生社会道德风险的概率已经大大降低。

第三，实现道德制度化和制度道德化。避免道德风险不仅仅靠教育，在现有复杂的社会条件下，即在人们的文化认知水平和道德

---

[1] 中共中央宣传部：《习近平总书记系列重要讲话读本》，人民出版社、学习出版社2014年版，第180—181页。

觉悟还不足以有效排除社会道德风险的情况下，更应该加强制度建设，把人们的生产生活行为限制在科学的制度框架下，由制度来限制和铲除产生道德风险的"土壤"。然而，科学的制度需要道德引导和参与，唯有道德制度化和制度道德化才能将道德风险降到最低限度，甚至降低到零。

第四，加强道德教育活动。道德教育非常重要，但问题是如何加强道德教育。笔者认为，当务之急是要加强宣传和践行社会主义核心价值观，要像普及法律一样来普及以爱国主义、集体主义、人道主义为原则的科学意义上的道德，让全体国民真正认识道德的应该，实现道德自觉。不知道道德和道德作用的社会一定是精神落后的社会，也是危险和可怕的社会。因此，道德教育是实现社会进步的首要任务。当然，在坚持普及社会主义道德观念的同时，应该加强道德实践体系建设，让全体国民在有针对性的道德实践活动中提升道德境界，增强抵制腐朽没落道德的能力，并以此遏制道德风险的形成。

第五，完善法制。道德风险的形成往往是信息不对称、利益不均衡、资源配置不合理等造成的投机行为所致，唯有立法和法治才能有效打击、遏制形成道德风险的投机行为，也才能把人们的行为限制或纳入法律所允许的难以形成道德风险的轨道上来。完善法制的同时要注重法治建设，坚持有法必依、违法必究。只有这样，才能有效防范道德风险的形成。当然，完善法制需要依据科学意义上的道德，唯有充分认识和把握社会主义道德要求，才能有科学而有效的法制理念和法治手段。

第六，建立应对道德风险的应急机制。一旦道德风险产生，应该有多管齐下的应急机制：一是要坚决打击严重缺德行为，彻底中断产生道德风险的各种条件和因素，及时有效制止道德风险程度的继续增强；二是要及时公开与道德风险有关的信息，要在正确处理道德风险过程中得到最广大民众的共鸣和支持；三是要及时理清各种道德理念，立场鲜明地反对道德风险行为中的腐朽没落道德观念，坚持并宣传与避免或排除道德风险行为相关的崇高的道德境界。

（原载《知与行》2015年第1期）

论道德之应该的逻辑回归

"道德是什么"的问题，是有关道德概念的本体论追问。我以前已作过相关的研究①，本文就此做进一步深入探讨。事实上，对此问题的认识，因视角不同，存在多种版本的界定。历来仁者见仁、智者见智，有"应该说"（或"应当说""应然说"），有"规范特性说"，有"义务意识说"，有"价值取向说"，有"善行善事说"，有"先天良心说"，有"客观精神说"和"神的意志说"，等等。尽管这些见解均有其程度不同的合理性或者真理性，但是，道德或道德本体究竟是什么的问题仍然是一个值得深究的道德哲学中的基础理论研究之前提问题摆在我们面前，需要我们加以深入探讨。显然，这对于完善伦理学的理论体系，以及对于加强社会道德建设都有着十分重要的意义。

一

对道德本体的研究和阐释需要从道德主体寻求切入点，并由此揭示道德之应该的缘由。

事实上，历史上影响最大、争论最多且最接近于道德本体探究的是关于道德依据的"应该说"。而且，正如我国著名伦理学家宋希仁教授所说："没有对'应当'的自觉和理论认识，就没有科学的道德哲学和科学的发展观。"② 这就是说，建构科学的道德哲学，其

---

① 本文有关观点参见拙文《道德、伦理、应该及其相互关系》（《江海学刊》2004年第2期）和《社会主义道德和共产主义道德的基本特征及其当代启示》（《伦理学研究》2009年第2期）。
② 宋希仁：《马克思恩格斯道德哲学研究》，中国社会科学出版社2012年版，第465页。

最为基础性的概念就是对应该（"应然""应当"）①的正确认识和把握。笔者始终认为，不对道德依据即人立身处世、集体生存发展之应该进行深入的透视，我们对道德的认知将始终停留在浅显的表象层面，以至于我们无法在道德实践中体现"本体"或"本真"意义上的道德。

历史上许多思想家，不管是唯心主义者还是旧唯物主义者，他们对道德之应该的本体论追问要么坚持唯心的所谓辩证法，要么形而上学地去解析道德，难以给予科学的解释。如，近代英国伦理学家沙甫慈伯利（Shaftsbury）对道德上的善恶起源提出了道德感的观点，他认为，人天生具有一种能感悟道德善恶的"内在感官"——"道德感"，人的这种内在的道德感，能够感觉出情感合意与否的样态及行为美丑善恶的性质。因此，人们对道德的价值判断是人的内在感官的直接感悟。②德国哲学家康德认为，道德价值及其道德法则不能建立在感性经验的基础上，而必须建立在人的理性本身的善良意志的基础上。即认为，善良意志不是因人的感觉善而善，即不是因快乐而善、因幸福而善、因功利而善的道德善，而是因其自身善而善的道德善。只有这种善良意志的善，才是无条件的善。康德为了消除人们对于善良意志之道德善是唯意志论的疑虑，着重指出，善良意志不是本能的意志，不是单纯追求感性快乐和幸福的意志，并认为，单靠本能意志指导行为，那是没有理性指导的人所具有的日常生活中的意志。而只有理性才能引导人们去追求更高的目的和价值，理性的最高使命就是产生善良意志，善良意志就是实践理性。总之，在康德（Immanuel Kant）那里，本体意义上的人的道德即为因其自身善而善的道德善。③尽管诸如此类的似乎不同理路的道德解释都力图在寻找道德存在的依据，但是，道德缘何存在，并不是人的感觉或善良意志所能逻辑地说明的。以应该之辩证法视角探讨道德依据即做道德本体论追问更进一步拓展了这一认识，最具代表性

---

① "应该""应然""应当"三词，在伦理学理论应用中，其含义基本一致，但是，"应该"一词更多地内含情理上的必然和必须之意涵，故更接近于道德的内在特质，所以，笔者习惯在文章和言语中用"应该"一词。
② 参见宋希仁《西方伦理思想史》，中国人民大学出版社2010年版。
③ 参见宋希仁《西方伦理思想史》，中国人民大学出版社2010年版。

的是德国哲学家黑格尔（G. W. F. Hegel）。他认为，道德是作为具有普遍意义的"自己在我自身中是自由的"那种自在的应该，是"自然的定在"。① 但他又说，作为主体的人又不同于主体，"因为主体只是人格的可能性"，人其实"是被规定了的东西"，这个被规定了的"规定"，就是自在定在的"自身自由"的道德转变为"主观意志的法"，即所谓的"抽象法"，它既是"自为地存在的自由的道德"自身，又是实现"自为地存在的自由的道德"的手段，"所以法的命令是：'成为一个人，并尊敬他人为人'"。然而，道德自身或称"自在道德"与作为主体的人的道德是有距离的，因为，由于抽象法带有主观性，它难以与自在的道德应该实现同一。为此，黑格尔试图让道德与抽象法在伦理阶段实现统一，他说："伦理是自由的概念。它是活的善在自我意识中具有它的知识和意志，通过自我意识的行动而达到它的现实性；另一方面自我意识在伦理性的存在中具有它的绝对基础和起推动作用的目的。因此，伦理就是成为现存世界和自我意识本性的那种自由的概念。"简言之，主观的善和客观的、自在自为地存在的善的统一就是伦理②。黑格尔明显地把道德与伦理分开的同时，又试图让道德与抽象法在伦理阶段实现统一，并认为，"单纯志向的桂冠就等于从不发绿的枯叶"③，强调，有了"主观的善"，"一个人必须做些什么，应该尽些什么义务，才能成为有德的人"，这就是"伦理性的东西"。这是黑格尔在对道德做本体论阐释中超越康德的地方，也具有一定的思想合理性。但是，实现"伦理性的东西"即主观意志与行为的统一，这是黑格尔的一厢情愿，在私有制条件下，在唯心主义的视阈中，道德的应该和实然的统一是不可能真正实现的，更何况"现存世界和自我意识本性的那种自由的概念"，其本身有一个社会依据及其逻辑理由的合理性问

---

① 黑格尔在这里讲的"自由"是指"一般抽象意志的自由"，"仅仅对自己有关的单个人的自由"，是"自己在我自身中"的不受任何"规定"的自由。这仅是黑格尔对道德的抽象的理解，是一种抽象假设，因为，人是现实的人，这种所谓"自然的定在"其实是不可能的"自然的定在"。这在黑格尔接着谈到人和人格时就说明了这一点。而且，黑格尔的"自由"含义与现代西方学者所表达的"自由"或"自由主义"存在明显的不同。

② 参见［德］黑格尔《法哲学原理》，范扬、张企泰译，商务印书馆1961年版。

③ ［德］黑格尔：《法哲学原理》，范扬、张企泰译，商务印书馆1961年版，第128页。

题。其实，黑格尔思想的问题是，由于时代局限和唯心主义的思维方式，因此，他不可能科学地弄清道德依据及其缘由，更不可能清晰地阐释道德自身就是应该和实然的统一体。事实上，应该如果不内含着未来必然出现的实然要素，这样的应该是没有意义的。尽管黑格尔认识到了"单纯志向的桂冠就等于从不发绿的枯叶"。

不管如何抽象地理解道德，道德仍然是社会的重要组成部分，只有按照马克思历史唯物主义观点，从社会历史尤其是社会关系中来寻找伦理道德的依据，才是唯一可走的正确道路。

道德首先是指人"立身""处世"的客观的应该。而要谈"立身"，那人只有认识自己，才能弄清楚自己理性生存的依据是什么；而认识自己必须真正认识和重视人之关系及其责任，即清晰"处世"的依据和要求。所以，"立身"和"处世"之应该及其所体现的责任是辩证统一的"道德体"。

何为人？人之为人，强调的是人的存在的合理性问题。人存在的不合理，意味着他不是正常意义上的人。简单说，他作为人的存在是不合格的。那么，人的存在合理性是什么？古希腊哲学家苏格拉底说过，人是对于理性问题给予理性回答的理性动物。中国古代思想家孟子认为，"仁也者，人也"（《孟子·尽心下》），即"己欲立而立人、己欲达而达人"（《论语·雍也》），"己所不欲，勿施于人"（《论语·颜渊》），才是真正的人。也就是说，人的存在的合理性在于人的理性。亚里士多德指出，对于人来说，合乎理性的生活是最好、最愉快的生活，因为没有任何东西比理性更属于人了。正因为人是有理性、讲道德的，所以，人与动物的根本区别在于人是自觉的存在，这是人之为人的根本。而且，这种"自觉"不仅是认识论的，更是价值观的，就是说，人具有价值认识的自觉，也就有认识价值的自觉。这种对人的存在的合理性的一般含义的认识是具有其合理性的。

既然人的存在的合理性在于人有理性和自觉性，那么，人的理性和自觉的依据是什么？历来有各种不同的阐释，所谓的"应该说""先天良心说""客观精神说"和"神的意志说"等都有其特有的理念，但是，唯有坚持马克思主义历史唯物主义的立场和方法，才能真正揭示人的理性和自觉的依据。依据历史唯物主义，人的理性和自觉的依据就是对人和人际关系的理性认识和把握。这也是道德即应该之依据。人是在关系中生存的，人是关系之人，也就是说，人的本质是关系。正如马克思所指出的："人的本质不是单个人所固有的抽象物，在其现实性上，它是一切社会关系的总和。"① 因此，人失去社会关系就不成其为人；忽视甚或排除人之社会关系，人的本质就讲不清楚。因此，人的存在的合理性和自觉性内在特质是对人类所特有的人之关系性的认识和把握。

同时，人的存在的合理性和自觉性进而还表现为人必须对其所面对的社会关系负责。因为人是社会的人，社会不仅为人的存在提供了依据，而且为人的生存和发展提供了条件。而社会本质上具有"过程"特质，它是永恒的不断发展着的历史过程，每一个受到社会"恩泽"的人"天生"或"注定"有责任为社会的发展作出自己的贡献，完全应该为社会的发展不断注入自己应该注入的"力量"。就道德生活来说，每一个人理所当然地要维护和协调好所面对的各种社会关系。假如某人缺乏对其面临的社会关系负责的精神，则此人在社会关系中就是一个被动的存在物。更有甚者，某人如果对各种类型社会关系理性生存和发展不负责任，甚至为一己私利破坏社会关系，那此人就等于丧失了自身存在的合理性，就失去了做人的基本资格和条件。而且，只有在社会关系实现和谐状态下，人的理性存在、合理存在才有可能。否则社会人际网络关系遭到了破坏，社会道德将受到严重损害，人性也将遭到压抑甚或摧残。所以，人对其自身所面对的各种类型社会关系负责是人自身合理、自觉存在的前提，这就是说，人之为人在于按社会生活中的客观的立身与处世即道德之应该所体现的责任和规范要求立身与处世。

道德之应该所体现的规范要求有其自身的独特性。各种类型的社会关系，构成了社会人际网络关系，生活中的诸如法律条规、经济运行规则、政治原则、宗教戒律等许多行为规范，就是适应和保障社会人际网络关系实现理性状态的强制性规范，而伦理道德则是保障社会人际网络关系理性地存在的依靠教育并形成自觉行动来实

---

① 《马克思恩格斯文集》第1卷，人民出版社2009年版，第505页。

现的规范。当然，这里的规范体现的都是社会生活中的应该。政治有政治的应该、法律有法律的应该、宗教有宗教的应该、道德伦理有道德伦理的应该，他们都起着对人的行为的约束和指导的作用。而且，不同领域和不同层面的应该及其规范的提出，都带有"角色意蕴"和"利益意蕴"的特质，因此，对于一定的角色和利益来说，体现为规范的特定的应该都是以应该面目出现的，即是说，体现为规范的应该都是以合理的姿态出现的。所以，社会生活中的规范要求均是以"应该之应该"的面目问世的。不过，经济的、政治的、法律的、宗教的应该等只能是一定社会的群体、团体、阶层和阶级等的应该，只能是一定生活领域的人群体的角色和利益所体现的应该。马克思指出："人们按照自己的物质生产率建立相应的社会关系，正是这些人又按照自己的社会关系创造了相应的原理、观念和范畴。所以，这些观念、范畴也同它们所表现的关系一样，不是永恒的。它们是历史的暂时的产物。"[1] 而"以往的全部历史，除原始状态外，都是阶级斗争的历史"[2]，因此，在阶级社会中，应该都有阶级的烙印。"人们自觉地或不自觉地，归根到底总是从他们阶级地位所依据的实际关系中——从他们进行生产和交换的经济关系中，获得自己的伦理观念。"[3] 而科学的道德之应该，不同于政治、不同于经济、不同于法律，也不同于宗教，它不代表某一群体的角色和利益，除非某群体的角色或利益代表着社会历史发展的方向，故体现为科学道德之"应该之应该"其本身就是应该的。换句话说，这"应该之应该"的应该不受任何因素的制约，是一种必然。所以，科学意义上的道德是应该的"应该之应该"，是道德本体之客观依据。

同时，需要说明的是，道德主体是个人，也是集体。由于集体是各个人之个体组成的，各个人之个体的生存样态，也直接影响集体的生存样态和质量，因此，作为道德主体的集体（国家、民族、单位等）也要承担应有的对个人、对社会的责任。看一个社会的道

---

[1] 《马克思恩格斯文集》第 1 卷，人民出版社 2009 年版，第 603 页。
[2] 《马克思恩格斯文集》第 3 卷，人民出版社 2009 年版，第 544 页。
[3] 《马克思恩格斯文集》第 9 卷，人民出版社 2009 年版，第 99 页。

德水准如何，不仅要看每一个人的道德觉悟，也要看集体，要看现实存在的集体对社会和每个人是否承担了应该承担的责任，对社会和每个人的利益关系协调是否合理，对集体与集体之间关系的处理是否按现代理性要求的规范行动。因此，作为国家、民族、单位的集体也有客观的道德要求。社会关系中的道德规范客观上包括作为集体的道德主体和主体之间的道德要求。同时需要说明的是，人自身是社会的一分子，道德要求人们要对社会和社会关系负责，这就意味着，每一个人也应该对自己的生存和发展负责，关爱自己、完善自己。说实在的，一个对自己不负责任的人，是不可能有对他人、对社会、对国家负责的道德境界的。所以，道德也是指集体生存、发展的客观的应该。

由是观之，人和集体的合理的、自觉的存在就是应该的"应该之应该"的人格化，就是要自觉履行应该体现的道德责任，自觉按道德规范生活和行动，这就是人和集体的德性之所在。

二

既然我们所说的道德是人立身处世或集体生存发展之应该的"应该之应该"，并明确提出要对他人、对社会、对自身负责，那么，这样的道德不可能仅仅停留在哲学分析或哲学理念层面，唯有应该的"应该之应该"及其所体现的道德规范与人的完善和人际关系的和谐达到统一甚或同一，我们所说的道德应该才有实际意义，道德之为道德即本体意义上的道德才是可能的或现实的。

这也就是说，本体意义上的道德其实就是人立身处世或集体生存发展之应该实现理性样态下的道德。

伦理思想史上，因为本体意义上的道德理念不一样，所以对理性样态下的道德的认识也大相径庭。客观唯心主义者认为，先在于客观世界的精神决定人和人类社会的存在，道德也随之被决定。黑格尔认为，人类社会连同道德都是由绝对精神外化而来的，道德作为人的自由意志的一个环节，它因人、人类而存在。在黑格尔看来，自由意志体现为抽象法、道德、伦理三个逐步递进的精神现象，其中道德是主观内心的法则，是自我生存的应当的规定，因此，道德因人的存在而存在（尽管黑格尔认为人的本质的绝对精神的真正体现在伦理）。对此，黑格尔说："人格是肯定的东西，他要扬弃这种限制，使自己成为实在的，换句话说，它要使自然的定在成为它自己的定在。"① 黑格尔接着说："法首先是自由以直接方式给予自己的直接定在。"② 按照黑格尔的关于道德实现的观点，道德已经深深地烙上了时代的标记。当然，也不要寄希望于作为客观唯心主义者的黑格尔来真正揭示人类道德的理性样态。事实上，黑格尔对道德本体的理解和产生本来就缺乏科学的社会依据。至于宗教，宗教认为人的德性来自神的德性，神的德性就是人类道德本体，人类道德的理性样态就是按照神的意志行动。这是粗糙的道德本体观，与科学意义上的道德无缘。

主观唯心主义者（或理性主义者）普遍认为，道德决定于人们的"善良意志"，道德天生于人的"良心"。在康德看来，人之为人在于人是有理性的，即是说人是讲道德的，而且，人天生具有"善良意志"。因此，真正的道德就是"善良意志"的发现。"人之初，性本善"是我国传统的主观道德论理念，既然这样，那么，道德就是要开发人们的善心，让人性得以真正体现。主观唯心主义者同样忽视或脱离社会现实谈道德，也都无法真正弄清道德本体及其理性样态。一段时间以来，国外的有的基因决定道德论大概应该属于传统的天生道德论范畴，其问题和错误仍然摆脱不了唯心主义者的思维定式。

历来还有一部分思想者，他们的道德观与唯心主义道德观相左，这些人以旧唯物主义者居多。他们认为，道德目的就是利益，有利则为德，甚至认为利即道德。这样一来，就可能出现道德目的本身不道德的现象。因为，只顾及利益获得，忽视或不顾及获得利益的手段道德与否，往往出现与道德背离的行动。事实上，在旧唯物主义者那里也是不可能寻找到正确的道德本体理念及其我们所理解的道德理性样态的。

---

① ［德］黑格尔：《法哲学原理》，范扬、张企泰译，商务印书馆1982年版，第47—48页。
② ［德］黑格尔：《法哲学原理》，范扬、张企泰译，商务印书馆1982年版，第48页。

马克思认为，道德就是要"使人的世界即各种关系回归于人自身"①。他指出，虽然"任何解放都是使人的世界即各种关系回归于人自身"，但是，真正把所谓"人的世界即各种关系回归于人自身"，并不是靠资产阶级革命带来的"政治解放"来实现的，而只能靠无产阶级革命所带来的"社会解放"来实现。当然，尽管这是经典作家讲的社会主义高级阶段和共产主义道德目的，但适用于现在对道德理性样态的深刻理解和把握。

所谓把"人的世界""回归于人自身"，所蕴含之意一是指社会成员应该具有崇高的精神境界，真正认识到人作为人而存在着的本质在于认识人是理性自觉即自觉到人之关系性之动物，人的存在与对社会、对他人、对自己的责任同一和同在。二是指在完美的社会中，"个人的独创的和自由的发展不再是一句空话"②，而且，这"个人的独创的和自由的发展"应该是在个人应有能力基础上的聪明才智的充分发挥及其创造。三是指"与人相称的地位"，即"每个人都能自由地发展他的人的本性"③，过着"能满足一切生活条件和生活需要的真正的人的生活"④。这里的人的本性应该是与应该的"应该之应该"相一致或同一的人之为人的理由和要求，至于"真正的人的生活"应该是有尊严的、条件合适的、愉快的生活。四是劳动已经不仅仅是谋生的手段，而且成了生活的第一需要。在现阶段，劳动尽管还不可能成为生活的第一需要，事实上，人们已经开始把劳动当作愉快的生活之一和健康的重要条件等。换句话说，人们已经开始逐步向劳动是生活的第一需要的生存状态趋近。

从某种意义上说，回归人的世界就是回归人的关系，因为人的世界是由人、人的关系组成的。在马克思主义看来，之所以把"各种关系回归于人自身"的原因是由人的本质决定的，因为在马克思主义的视阈中，"人的本质不是单个人所固有的抽象物，在其现实性上，它是一切社会关系的总和"⑤。即是说，人是处于"既有的历史

---

① 《马克思恩格斯文集》第1卷，人民出版社2009年版，第46页。
② 《马克思恩格斯全集》第3卷，人民出版社1960年版，第516页。
③ 《马克思恩格斯全集》第2卷，人民出版社1957年版，第626页。
④ 《马克思恩格斯全集》第2卷，人民出版社1957年版，第626页。
⑤ 《马克思恩格斯文集》第1卷，人民出版社2009年版，第505页。

条件和关系范围之内的自己"①,"人的本质是人的真正的社会联系"②。简言之,人不是任何实体性的东西,而是关系性的范畴,因此,把"人的世界""回归于人自身"就意味着必然地要求把"各种关系"回归于人自身。需要指出,把"各种关系"回归于人自身的制度基础是社会主义和共产主义社会所确立的制度框架,没有这一制度框架,所谓回归只是一种无根无据的空论。马克思、恩格斯认为,共产主义社会"每个人的自由发展是一切人的自由发展的条件"③。同时,作为具有真正意义的社会主义和共产主义社会这样的体现为"各种关系"的共同体,是实现"人的世界"的条件,因为"只有在共同体中,个人才能获得全面发展其才能的手段,也就是说,只有在共同体中才可能有个人自由"④。在这样的共同体中,没有贫富差别、没有高低等级、没有剥削、没有压迫、没有歧视等,"我为人人,人人为我"的互利互惠的理性的人际关系和交往关系将蔚然成风,社会和谐将成为社会生活常态。

其实,"使人的世界即各种关系回归于人自身"的道德及其目标,蕴含着道德主体应该承担的责任和规范。唯有承担应该承担的道德责任,才能实现人的完美和建成和谐共同体。坚持和崇尚真正的自由,才能实现全社会的一切人的自由,并形成真正的自由人的联合体;坚持人格和利益平等,才能让人有尊严地劳动和生活,也才能激发人们的劳动和生活积极性;坚持扬善遏恶、伸张正义,才能创建和谐的社会生活环境,实现人的世界即各种关系的回归,等等。

由是观之,马克思的"使人的世界即各种关系回归于人自身"的命题是我们主张的道德即应该的"应该之应该"的规范体现和目标实现。因此,"人的世界即各种关系回归于人自身"的社会就是道德化的社会。

---

① 《马克思恩格斯文集》第 1 卷,人民出版社 2009 年版,第 571 页。
② 《马克思恩格斯全集》第 42 卷,人民出版社 1979 年版,第 24 页。
③ 《马克思恩格斯文集》第 2 卷,人民出版社 2009 年版,第 53 页。
④ 《马克思恩格斯文集》第 1 卷,人民出版社 2009 年版,第 571 页。

三

如何才能使得人立身处世或社会生存发展之应该与实然获得真正的统一或同一，并不断地"使人的世界即各种关系回归于人自身"，逐步实现道德化的社会。答案只有一个，那就是行动。唯有行动，道德之为道德才能真正实现，本体和目标意义上的道德才具备真正的道德意蕴；唯有人人讲道德、行道德，"人的世界即各种关系回归于人自身"才有可能实现。为此，古希腊哲学家亚里士多德说："合乎德性的行为，本身具有某种品质还不行，只有当行为者在行动时也处于某种心灵状态，才能说明是公正的或节制的。第一，他必须是有所知，自觉的；其次，他必须有意识地选择行为，而且是为了行为自身而选择的；最后，他必须在行动中，勉力地坚持到底。"[①] 我国宋代朱熹从另一种角度指出："知、行常相须，如目无足不行，足无目不见。论先后，知为先；论轻重，行为重。"（《朱子语类》卷九）因此，道德行动的本身即内含着"致知""明德"。这就是说，只有坚持知行统一，才能真正实现德之为德。

其一，要人人"知德"。唯有知善恶，才能树立正确的荣辱观，才能不断增强趋善遏恶的自觉性。知德首先要像普及法律一样来普及道德，使所有民众不仅知道社会生活中的善和恶以及道德规范是什么，而且都能懂得人和社会为什么需要道德。当然，不能忽视的重要前提是，要让道德的宣传教育起到理想的效果，还应该重视提升人们的文化水平，让人们在知其然同时又知其所以然中提升道德觉悟。同时，但凡一个道德觉悟及道德水平高的人和集体，其不仅深知何为道德和为什么需要道德，而且熟知系统的道德规范体系，因此，现阶段要深入推进道德的宣传和教育工作，需要加强道德理论和道德规范的研究和阐释，在理论先行的情况下，知德才能知到位。

其二，要人人"敬德"。道德是人立身处世、集体生存发展的要

---

① ［古希腊］亚里士多德：《尼各马可伦理学》，苗力田译，中国社会科学出版社1990年版，第30页。

求，也是社会生活的基本方式和内容。缺少道德，人生、集体和社会将是不完整和不完美的，甚至将是被扭曲的、非理性的。要通过促进养性修德，养成全社会尊德、敬德的良好风尚。尤其要加强积德荣誉感和缺德羞耻感的教育，要在继承和弘扬传统美德、建设社会主义道德的同时，理直气壮地反对腐朽没落道德、反对道德麻木、反对缺德行为，使得全社会扬善遏恶、敬德积德蔚然成风，这也确是敬德的题中应有之义。当然，敬德更重要的是养成敬畏道德的习惯，而敬畏道德即一是要在任何时候、任何情况下坚守道德底线，不敢、不愿有违背道德的言行，及时纠正不适合道德要求的举动；二是要自觉履行应该履行的道德责任，并进而以慎独展示敬德的最高境界。

其三，要人人"践德"。德之为德在于行动，否则，"人的世界即各种关系回归于人自身"将永远不可能实现，那个人的德、集体的德、国家的德、社会的德，也将德将不德。事实上，道德在本质上需要行动，离开了行动，道德就是"空中楼阁"。就我国现有道德建设的状况来说，科学、有机的社会道德实践体系尚没有形成，在一定意义上是我国道德建设的"短板"，因此，也在一定意义上影响着社会践德正常而有效地展开。为此，当务之急是要有践德的战略思路，要有宏观目标，要有社会道德实践的统筹规划；同时，要有切实的践德战术路径，要动员人们积极参与志愿者服务、爱心互助、绿色行动等具体的道德实践活动，促使践德成为人人生活的一部分，让不可或缺的道德要素支持现代完善的人和社会的形成和发展。事实上，正如美国伦理学家麦金太尔在简评亚里士多德对诸美德的解说时说的，"诸美德的践行本身就是对人来说善的生活的一个至关重要的组成部分"[①]。

结语

道德应该，或称道德之应该的"应该之应该"是道德的客观依据；"使人的世界即各种关系回归于人自身"是道德的理想表征；道

---

① [美]麦金太尔：《追寻美德》，宋继杰译，译林出版社2003年版，第233页。

德行动是道德之为道德的前提和根本,因此,本真的道德是人立身处世或集体生存发展之应该和实然的统一体甚或同一体;道德之应该的逻辑回归其实就是应该的"应该之应该"意义上的道德通过行动回归于自身的道德。为此,道德是指不断地回归于应该的人立身处世或集体生存发展的价值取向及其行为规范和自觉行动。

（原载《道德与文明》2016年第3期,发表时有删节;《新华文摘》2016年第21期、《社会科学文摘》2017年第1期全文转载）

何谓德性

严格意义上说，德性在伦理学理论体系和日常话语背景中是中性词，它体现为道德主体的品质和道德认知、道德践行的境界及德行习惯和趋势。换言之，德性有体现为善的德性和恶的德性。不过，在惯常的理论话语中，"德性"一般被界定为体现道德主体卓越品质的崇高道德境界和善行习惯与趋势。本文在研究中也以此种习惯理论话语中的德性概念即善的德性分析和阐释学术问题。需要说明的是，有时（特别在一些思想家或研究者的著作中）德性和道德、美德、品质等范畴在一定的话语背景中会在同等或相通意义上使用。

中外思想家历来重视"德性"概念，他们从各自不同的视角定义了"德性"概念。

德性即善行或善性。在一些思想家或学者那里，德性指的就是道德境界和道德行为。我国先秦儒家学说创始人孔子思想中的德性即仁义。《论语·卫录尔》中说，"志士仁人，无求生以害仁，有杀身以成仁"，仁者，"爱人"，"克己复礼"，"己所不欲，勿施于人"，"己欲立而立人，己欲达而达人"。通过这些表述可以看出，孔子思想中的德性体现为一种"见利思义"的品格。宋代思想家朱熹继承和发展了孔子的思想，《朱子语类》中认为德性即为"灭私欲，明天理"。而《大学》中的德性即是"在明明德，在亲民，在止于至善"。具体体现在由格物、致知、诚意、正心、修身、齐家、治国、平天下之八德目构成的道德境界上。古希腊哲学家亚里士多德则认为，德性就是控制欲望，追求至善。换言之，德性是人们通过理性控制欲望和情感追求至善的行为。亚里士多德认为，情感和行为有过度与不及的可能，而过度与不及都足以败坏德行。因此，德行应以中道为目的，最终达到人生真正的幸福。当代美国道德哲学家麦金太尔在德性问题上主张回到亚里士多德,对亚里士多德的观点做了现代意义上的诠释,正如宋希仁在《当代外国伦理思想》一书中指出的,麦金太尔依据自己对亚里士多德德性思想的认识和分析,指出德性是指支持人获得实践的善的生活关系及其追求生命整体性的善的生活的崇高品质。

德性即智慧或行为规范。有的思想家或学者依据德性之特点,侧重从知识、智慧和规范角度把握德性的内涵。我国战国末期思想家荀子认为德性在于礼制,《荀子·非相》中说,"人之所以为人者,非特以其二足而无毛也,以其有辨也。夫禽兽有父子而无父子之亲,有牝牡而无男女之别,故人道莫不有辨。辨莫大于分,分莫大于礼"。因此,荀子还认为,德性即"隆礼",正所谓"法之大分,类之纲纪也。故学至乎礼而止矣,夫是之谓道德之极"(《荀子·劝学》)。宋希仁在《当代外国伦理思想》一书中指出,古希腊哲学家苏格拉底强调德性即知识,并坚持认为,诸如勇敢、节制、正义等道德规范知识就是追求有德性的幸福生活,对这种幸福生活的追求使得灵魂处于完善的、真正为人们所期望的状态。该书还认为,依据当代美国著名伦理学家罗尔斯对善和正当的判断,可以认为,在罗尔斯那里,善的德性是指依据某一有关主体的知识、能力及境况以及依据他做出那一行为或使用那一事物的目的与意图都是合理的,并且,这些目的与意图是人们承认合理并都会同意的原则。

德性即良心与良知。在中外思想史上,一些哲学家或学者把德性视同良心与良知来思考问题。我国宋明心学的开山祖陆九渊是典型的德性即良心论者。他在《陆九渊集》中说:"仁义者,人之本心也。孟子曰:'我固有之,非由外铄我也。'愚、不肖者不及焉,则蔽于物欲而失其本心;贤者、智者过之,则蔽于意见而失其本心。"德国古典哲学创始人康德是西方德性良知说的代表人物。康德在他的《道德形而上学原理》中指出,德性就是人们对善良意志的追求。他认为,在这个世界之内,甚至在这个世界之外,除了善良意志,不可能设想一个无条件的善的东西。进一步而言,康德认为善良意志之所以善良,是因为它本身就是善良的,具有无可估量的内在价值。所以,尽到努力后哪怕效果不尽如人意,它的无可估量的内在价值依然存在。

德性即实现个人的快乐或完善。一些思想家或学者主张以个人为本位来把握"德性"概念。荷兰哲学家斯宾诺莎在他的《伦理学》中指出，每个人都爱他自己，都寻求自己的利益，并且都力求圆满实现自己的利益。因此他认为，保存自我的努力乃是德性的首先的唯一的基础，我们不能设想任何先于保存自我的努力的德性。

德性即自由。法国哲学家萨特是德性即自由论的代表人物。萨特在其存在主义思想体系中是这样认为的，即由于人就是自由的，所以人的自由是人的价值之所在，是人的德性之所在。

德性即实现社会的理想、达到社会的完美。有的思想家或学者从德性是付出和奉献的理念来把握"德性"概念。万俊人在《现代西方伦理学史》下卷中指出，英国哲学家格林在其道德哲学体系中一直坚持以人类共同善为本位。格林认为人的善在于对人类理想的贡献，而人类的理想则又在于人的善，因此，德性就是体现为"共同善"的至善或绝对的善，即与人类和社会的完善之一致性的善。同时指出，奥地利哲学家弗洛伊德把超我当作德性的代名词。他认为，超我是一切道德限制的代表，是追求完美的冲动或人类生活较高尚行动的主体。弗洛伊德的超我德性所趋向的目标既非个人内心的心理世界，也不是人的内外统一的现实世界，而是超越个人的理想世界。

德性即人的良好品质。有的思想家或学者把德性视同于人的良好品质或品格。我国民主主义的革命家孙中山认为，德性即善良的人性。美国实用主义代表人物杜威的德性思想视角独特。他认为，德性不是行为的记录，也不是规则的汇集，而是由各种价值观念或价值所唤起的接近和关注人的本性的活动，是不断"生长自身"、完善品格的行为。[①] 日本哲学家西田几多郎在《善的研究》一书中认为，所谓善就是满足自我的内在要求；而自我的最大要求是意识的根本统一力，亦即人格的要求，所以满足这种要求即所谓人格的实现，对我们就是绝对的善。由此，我们不难发现，在西田看来，"意识的根本统一力"就是理性要求，"理性的要求，就是指更大的统一要求，也就是超越个人的一般的意识体系的要求，也可以看作超越

[①] 参见万俊人《现代西方伦理学史》下卷，北京大学出版社1992年版。

个人的意志的表现"。

德性即无德。我国春秋时期道家思想的创始人老子崇尚清静无为，他认为，德性是无知无欲无所求，所谓"含德之厚，比于赤子"（《道德经》第55章）。

通过对中外思想史上德性概念的梳理，可以看出，思想家或学者们关于德性概念的理解和把握，与他们的思想体系及其特点密切相关。各不相同的语境和基本思维定式，使他们对德性的界定有的区别明显，有的大同小异，有的则说法不同而理念一致。总体而言，这些具有代表性的观点为我们正确理解和把握现代意义上的"德性"概念提供了重要的学术资源。

参照中外历史上对"德性"概念的理解和阐释，联系当代的理论视角和思维特点，我认为德性一词是内涵丰富的综合性概念，可以从五个主要维度来把握。

德性是人的德性，是人群体的德性。纵观中外思想史上关于德性一词的表述，思想家或学者们一般把德性仅仅理解为个人或个人行为之德性。其实，除了个人或个人行为之德性外，凡道德主体均有德性。诸如，大到人类的德性、民族的德性、国家的德性、地区的德性等，小到学校的德性、企业的德性、家庭的德性、某个团体的德性，等等。

德性是一种崇善的境界。德性体现为道德主体高尚的价值取向。作为美德之德性所依托的行为，既不是偶然之行为，更不是盲目之行为，美德之德性体现的行为一定是在善意支配下的自觉行动。比如，一个企业的德性应该体现在企业从产品的设计、生产到销售都能主动地想用户所想，对用户负责；企业利润应该是建立在为社会造福、为人类造福基础上的正当的回报。一个国家的德性在于坚持科学发展、真诚关注民生、力保社会和谐、全面增强国力、维护领土完整等。

德性是知识和智慧的理性存在方式。可以说，没有知识和智慧的道德主体，往往是缺乏精神的盲目、落后的主体。苏格拉底的知识即美德的命题尽管有其片面性，但从一定的角度来理解这一命题，不能不说是智慧的命题、道德的命题。假如行为主体不能明确道德为何物，即不知道自身（各类道德主体）的存在及其存在意义，不知道自身的角色及其价值取向,不知道与他人和社会的关系及其关系价值等,那就是德性知识的缺失,也就意味着该主体没有德性目标,更难以产生德性行动。

德性是持久的品质。某一道德主体的德性一定是在崇善精神及其信念支配下已形成习惯的道德行为。因此,德性不是一时一事的举动,也不会因主客观条件的变化而变化。作为持久品质的德性,其最高道德境界是"慎独";作为持久品质的德性主体,是人作为人而存在着、人为他人和社会而存在着的自觉的主体。

德行是履行体现应该的行为规范体系的行为。德行的依据是一定的行为规范体系,这客观上也就成了德行的评价标准。因此,培养人们善的德性,首先应当深刻认识一定社会历史阶段体现"应该"的道德规范体系,同时,应通过宣传教育和道德实践的引导,使得符合现阶段发展要求的道德规范体系成为人们的行动指南和行为标准,从而真正使德性成为规范认同和履行中的德性,成为善的德性。

综上所述,德性是指一定社会的道德主体在崇善的道德境界支配下为实现道德理想而自觉履行道德义务的持久品质。

(原载《德与美》第3版,上海三联书店2020年版)

新中国伦理学70年发展述要

我国伦理学70年的发展历史，可谓是有坎坷有辉煌。就其发展总体过程来说，道路曲折，艰难前行，是改革开放给伦理学发展带来了重要的历史机遇，使得伦理学学科建设迎来了生机勃勃的春天。

一 新中国伦理学学科的曲折而辉煌的发展历程[①]

新中国伦理学学科的发展大致经历了三个阶段，即前30年的伦理学理念乃至伦理学学科的孕育期、从改革开放至社会主义市场经济体制确立的伦理学学科的初创期，以及建设社会主义市场经济以来的伦理学学科的发展期。

（一）前30年的伦理学理念乃至伦理学学科的孕育期

笔者在《中国伦理学60年》的序言中说，"中华人民共和国成立后，鉴于前30年伦理学基本被作为'伪科学'而无法进入我国人文社会科学的学科殿堂，中国伦理学一直处于被压抑状态中"[②]。而且，尽管"客观上讲，经济社会的发展以及人们的社会生活中必然蕴含着伦理道德，它总是以各种不同的方式存在于经济社会发展和社会生活的方方面面，人们无法也不能摆脱生产和生活中的伦理道德内容，因此，人们在思考经济和社会问题时，不管人们承认与否，

---

① 参见王小锡等《中国伦理学60年》，上海人民出版社2009年版。
② 王小锡等：《中国伦理学60年》，上海人民出版社2009年版，第2页。

都自觉或不自觉地涉及伦理道德维度的考量,从而形成了特殊时期的独特的伦理道德观念"①。尽管在 20 世纪 50 年代末和 60 年代初,我国诸多老一辈哲学家和伦理学家们深入研究并阐发了诸多学术观点。但是,伦理学始终没有正当的学科"名分",客观上严重阻碍了学科的正常存在和发展。不过,有人和人的群体就有伦理道德,因此,随着经济社会的发展,伦理道德观念也始终或弱或强地展示在人们的社会生活中,伦理道德理论问题也时不时地出现在学者们的思索视野中。

特别指出的是,尽管受到"左"的和相关偏颇思想的影响,人们自觉不自觉地在思考或研究人的言行和人际关系处置之应该不应该的理念、规范和行为。尤其是 1949 年《中国人民政治协商会议共同纲领》中提出了"五爱"(爱祖国、爱人民、爱劳动、爱科学、爱护公共财物)道德规范。而后,一批诸如冯友兰、张岱年、周辅成、李奇、周原冰、冯定、罗国杰、许启贤等老一辈哲学家和伦理学家们在 20 世纪 50 年代末和 60 年代初相继发表了许多研究伦理学方面的理论文章和相关著作,阐述了涉及伦理学的研究对象、研究方法和基本问题,道德与社会物质生活条件之间的关系,道德的起源、演变和社会作用,道德的阶级性与继承性,共产主义道德及其原则,幸福范畴,人生观,道德评价等诸多理论问题,使得社会主义和共产主义伦理道德观开始逐步趋向完整展示。② 就是在"文革"十年,全社会倡导学"毛选"(《毛泽东选集》),学"老三篇"(《为人民服务》《纪念白求恩》《愚公移山》),看上去是政治要求和政治行为,其实这些经典文献中内含着丰富的中华传统伦理道德精神和当代的伦理道德理念。换句话说,虽然相关偏颇思想影响下不宜着力宣讲伦理道德规范和行为,但社会主义伦理道德思想以"若隐若现"的方式体现时代精神、充实伦理道德主张,且在影响并指导着人们的思想和行为。

---

① 王小锡等:《中国伦理学 60 年》,上海人民出版社 2009 年版,第 2 页。
② 参见周原冰《培养青年的共产主义道德》(上海人民出版社 1956 年版),冯定《共产主义人生观》(1956 年),张岱年《中国伦理思想发展的基本规律》(1958 年),周辅成《西方伦理学名著选辑》(上卷,1964 年)等。

（二）从改革开放至社会主义市场经济体制确立的伦理学学科的初创期

党的十一届三中全会后，伴随着改革开放的春风，伦理学的学科建设工作也逐步开始恢复。一是初建学科学术平台：1979 年，中国人民大学恢复并组建了伦理学教研室，之后北京大学、华东师范大学和中国社会科学院的伦理学教研室也相继建成，昭示着伦理学有了正式"名分"，其教学和研究工作已经有了立足之地；1980 年，全国第一次伦理学代表大会在江苏无锡召开，会议在研讨了相关伦理学理论问题的同时，中国伦理学会随之成立，标志着我国伦理学学科建设有了重要的交流和合作平台；1984 年，中国伦理学会和天津社会科学院主办的会刊《伦理学与精神文明》（1985 年改为现刊名"道德与文明"）公开发行，展示着伦理学界有了自己特有的学术领地。二是伦理学学科建设成就也开始凸显：1981 年，中国人民大学受国家教育部委托，举办了两届（1981 年和 1982 年）有 80 多人参加的全国高校伦理学教师进修班，为新中国伦理学的发展培养了第一批重要的学术骨干，预示着伦理学学科建设的高潮即将来临；1982 年，罗国杰主编的新中国第一部伦理学原理教科书《马克思主义伦理学》的问世（先是作为中国人民大学的内部教材），说明我国有了自己的伦理学理论体系；1984 年，中国人民大学在我国最早获得伦理学专业博士学位授予权。这标志着伦理学的学科体系建设已初具规模，大致成型，这为伦理学学科建设事业的发展奠定了重要的基础。

（三）建设社会主义市场经济以来的伦理学学科的发展期

党的十四大确立了社会主义市场经济体制，这给思想解放带来了新的活力，同时伦理学学科建设和发展也进入了新的发展机遇期。

在这期间，伦理学学科建设平台不断提升和完善。一是湖南师范大学继中国人民大学之后成为我国第二所具有伦理学专业博士学位授予权的高校。自此往后，清华大学、东南大学、中南大学、湖北大学、南京师范大学等多所高校获得伦理学专业博士学位授予权，现今，全国包括哲学一级学科博士学位授予权在内的伦理学专业博士点就已达 20 多家。二是中国人民大学的伦理学与道德建设研究中心和湖南师范大学的道德文化研究中心先后于 2000 年和 2004 年被确定为教育部人文社会科学百所重点研究基地。三是由中国伦理学会委办、湖南师范大学主办的专业期刊《伦理学研究》于 2002 年创刊，它和《道德与文明》一起同被列为中国伦理学会的会刊。四是中国伦理学会先后设置了一批分支学术机构。[①] 五是国内多家高校和科研院所相继建立了涉及经济、政治、科技、工程等诸多方面的应用型伦理学研究机构。六是诸如中国人民大学和湖南师范大学等诸多高校创建了伦理学图书室和学术信息库，且图书资料可以共享。中国人民大学伦理学与道德建设研究中心与南京师范大学经济伦理学研究所合编的《中国经济伦理学年鉴》（2000 年以来，并特设"伦理学前沿"）更是为学界描述了系统的经济伦理学乃至伦理学的发展境况。以上这些是我国伦理学学科发展日趋成熟的重要标志，为推动我国伦理学学科建设事业的发展夯实了坚实的人才培养和学术研究基础。

在这期间，伦理学理论建设、中外思想史研究和实践应用发展迅速。尤其是中共中央马克思主义理论研究和建设工程实施后，在首批"马克思主义经典著作基本观点研究"项目中就列有"经典作家关于意识形态、先进文化和道德的基本观点研究"的重大课题。而后，《伦理学》《中国伦理思想史》重点教材编写也被列入了中共中央马克思主义理论研究和建设工程项目。这标志着马克思主义伦理学已正式进入国家哲学社会科学和文化发展战略的规划之中。同时，诸多有关伦理学理论和实践的国家社会科学基金重大课题、重点课题等先后立项[②]，学术著作、学术论文和学术信息库像雨后春笋般涌现，伦理学应用也已经凸显了其在经济社会发展中的非凡的不可替代的作用和魅力，充分展示了伦理学学科与时代同步、与国际接轨的现时代风格和品位。

[①] 主要有：青年伦理工作委员会、经济伦理学专业委员会、民族伦理学专业委员会、教育伦理学专业委员会、政治伦理学专业委员会、地方高校德育专业委员会、慈孝文化专业委员会、传统美德专业委员会、网络伦理专业委员会、健康伦理学专业委员会等。

[②] 见 2000 年以来《中国经济伦理学年鉴》的"立项课题"栏目。

在这期间，国内国际学术交流日渐频繁。在伦理学的学术交流方面，除了中国伦理学会的年会和中国人民大学伦理学与道德建设研究中心、湖南师范大学道德文化研究中心的基地分别不定期召开的学术大会外，中国伦理学会各分支机构每年也例行召开全国性的与"应用伦理""经济伦理""生态伦理""环境伦理""政治伦理""网络伦理""教育伦理""民族伦理""慈孝文化"等相关的学术会议。区域性、地方性学术会议每年更是接连不断。国际学术会议也不时地举办，其中，定期不定期召开的"中日实践伦理学讨论会""中韩伦理学国际学术研讨会""国际经济伦理学大会"，以及一些诸如"儒学与全球伦理"（2012 年），"全球化时代的传统价值、德性与当代社会"（2012 年），"公民道德与现代文明"（2013 年），"信任与医患关系"（2014 年），"道德责任与人的品性"（2016 年），"道德资本与企业经营"（2017 年）等专题性国际学术会议，有力地推动了我国伦理学学科国际化的进程。值得一提的是，我国伦理学学者的国际学术交流新式多样、效果显著。有请进来、走出去讲学的，有学术对话交流的，更有围绕相关专题研讨、切磋的。同时，我国学界引进并翻译了诸多国外伦理学方面的重要著作[①]，我国学者的著作也被翻译成多种外国文字在海外出版[②]，有的并在全球发行，使得我们在了解世界伦理学发展趋势的同时，也让世界知悉我国伦理学学者的创新思维和学术成果。换句话说，我国的伦理学在世界学术平台上展示了独有的风采和魅力。

总之，70 年来，中国伦理学跟随着中国"雄狮"醒来的步伐，也已经屹立于我国乃至世界哲学社会科学之林，并在经济社会的发展进程中发挥着独特和不可替代的作用。

二 改革开放以来伦理学学术成就

正如前面所说，中华人民共和国成立以后的前 30 年，由于各种

[①] 主要有：《外国伦理学名著译丛》（中国社会科学出版社出版）《经济伦理学译丛》（北京大学出版社出版），《当代经济伦理学名著译丛》（上海社会科学院出版社出版）等。

[②] 诸如《道德资本论》（英文版、德文版、泰文版），《道德资本研究》（英文版、日文版、塞尔维亚文版），《中国传统经济伦理思想》（韩文版）等。

主客观因素，伦理学还处在孕育期，学术成就还只能是阶段性的、碎片化的展示，所以作为学科的伦理学的系统学术成就是改革开放以来才得以完整体现的。

（一）伦理学原理日趋成熟

在伦理学理论体系的建设方面，学界承继前 30 年来虽碎片化呈现，但具重要学科知识节点的关于伦理学的研究对象、关于道德的作用、关于道德的起源、关于道德的继承性等相关观点，不断提出了具创新意味的理念，形成了各具特色的理路和方法，并均以不同视角创造性地阐释并建构了伦理学体系，为伦理学原理的完善提供了有重要价值的学术和理论元素。

伦理学原理的最早完整展示是罗国杰主编的《马克思主义伦理学》①，该书以马克思主义为指导，在伦理学研究对象、伦理思想发展史、道德演变史、道德本质、道德特征、道德规范体系和道德实践等方面做出了适时精当的阐释，有许多概念和理论是第一次提出的，可以说这是我国伦理学原理的开山之作，也标志着我国伦理学已经屹立于我国哲学社会科学之林。时至今日，中共中央马克思主义理论研究和建设工程重点教材《伦理学》②在首席专家召集人万俊人主持下，进一步坚持马克思主义理论与中国现实相结合，完成了最新理论体系的研究和叙述，形成了具时代特征的伦理学理论体系。书中吸收了我国历来的伦理学研究成果，在以新颖的理路概括伦理思想传统的基础上，着重研究了中国特色社会主义理论体系的伦理学创新，以新的视角阐释了社会主义和共产主义道德内涵及其道德规范体系，凸显了道德心理和道德情感、道德传播、道德培育等的理论角色，探讨了系统工程视阈下的社会主义道德建设的实践路径等。

在形成今天的伦理学理论体系的过程中，学者们力图以新的视角探索和完善相关理论，展示了一些独特的方法和具启迪意义的理论思路。

---

① 罗国杰主编：《马克思主义伦理学》，人民出版社 1982 年版。该书正式出版前印制成上下两册内部教学用书，而后几经修改后正式出版。

② 《伦理学》编写组：《伦理学》，高等教育出版社、人民出版社 2012 年版。

有的对伦理学研究对象的道德做出了独特而深刻的探讨，并在批判式或对比式叙述中对社会主义和共产主义道德理论做出了系统的阐释，尤其是依据充分地论述了社会主义和共产主义道德的存在理由和实质、基本原则和规范、社会价值和道德教育、道德修养、道德建设等道德实践（应用）之美好愿景等。凸显的道德自信不仅展示在道德批判中和道德认同中，而且表现在人、社会、民族、国家和人与人、人与社会、人与民族、人与国家关系等各个相关理论节点上。① 尤其是学界对伦理学研究对象之道德的理解，直接影响其对伦理学理论体系的认知和阐释。有的认为，"所谓道德，它必须是确实反映了一定社会的经济基础和时代特征；体现了一定的阶级、一定的民族或一定的社会集团的实际利益和本质要求；确实是从这些实际利益和本质要求所引申出来的，并且为这一定阶级、一定民族和一定社会集团的人们所真实奉行，而在实践行动中得到了证实的行为规范"②。有的认为，"道德就是人类社会生活中所特有的，由经济关系决定的，依靠人们的内心信念和特殊社会手段维系的，并以善恶进行评价的原则规范、心理意识和行为活动的总和"③。有的认为，"道德是由一定的社会物质生活条件所决定的一种社会意识形态，是调整人与人之间、个人与社会之间关系的行为准则、规范的总和，并转化为个人的内心信念和自觉自愿的生活实践；它用善恶、是非、正义非正义等概念来评价人们言行的道德价值"④。有的认为，道德内涵指一切可以做善恶评价的社会道德现象，它既包括个体的道德品质，也包括社会客观的伦理关系，又包括社会的风俗

---

① 参见罗国杰主编《马克思主义伦理学》，人民出版社1982年版；张善城编著《伦理学基础》，黑龙江人民出版社1983年版；周原冰《共产主义道德通论》，上海人民出版社1986年版；罗国杰主编《伦理学》，人民出版社1989年版；王小锡、郭广银《伦理学通论》，中国广播电视出版社1990年版；万俊人《伦理学新论——走向现代伦理》，中国青年出版社1994年版；魏英敏主编《新伦理学教程》（第2版），北京大学出版社2003年版；章海山、罗蔚主编《伦理学引论》，高等教育出版社2009年版；廖申白《伦理学概论》，北京师范大学2009年版；《伦理学》编写组《伦理学》（"马工程"重点教材），高等教育出版社、人民出版社2012年版；王泽应编著《伦理学》，北京师范大学出版社2012年版；甘绍平《伦理学的当代建构》，中国发展出版社2015年版；唐凯麟编《伦理学》，时代出版传媒股份有限公司、安徽文艺出版社2017年版等。

② 周原冰：《共产主义道德通论》，上海人民出版社1986年版，第5—6页。

③ 罗国杰主编：《马克思主义伦理学》，人民出版社1982年版，第4页。

④ 李奇主编：《道德学说》，中国社会科学出版社1989年版，第9页。

习惯与道德评价,它是人伦秩序和个体品德修养的统一。[1] 有的认为,"道德,是人们在社会生活中形成的关于善与恶、公正与偏私、诚实与虚伪等的观念、情感和行为习惯,以及依靠社会舆论和良心指导的人格完善或品德修养和调节人与人、人与自然关系的规范体系"[2]。有的认为,伦理学研究对于人的好的生活,研究实践和实践理智的性质,研究社会人际交往中的正确的、正当的善行为,是以一种包含善、正当、正义、正直、良心、权利与责任、友爱与仁爱等道德理念在内的系统的哲学的伦理学理论体系。[3] 笔者在阐释道德本体是应该的"应该之应该",道德本样是"人的世界即各种关系回归于人自身",道德本真是"知、行常相须"的基础上,认为"道德是指不断回归于应该的人立身处世与集体生存发展的价值取向及其行为规范和自觉行动"[4]。

有的建议并试图从大伦理学视角架构颇具特色的道德理论体系,指出,"'道德形上学'只能到人的社会存在中去探寻,对人的'终极价值关怀'也只有在社会发展的必然性及其所赋予人的历史使命中去确定和追求。这就深刻地表明,中国现代伦理学要真正能够肩负起自己极为艰巨而光荣的历史使命,就必须首先科学地确定自己应有的价值视阈,即:它应当立足于当代历史发展的大趋势,应当深入当代中国社会变革的深层脉搏之中,应当直面当代中国人所面临的诸多的生活矛盾,并对此做出积极的回应"[5]。因此,伦理学应该有当代新技术革命和人的发展的宏观视阈,应该有社会主义市场经济的发展和现代市场理性的构建与培育的中观视阈,应该有我国社会主义初级阶段人们精神生活的矛盾和思想道德建设视阈。同时,"建设和发展有中国特色的社会主义现代伦理学的过程,本身也必然是一个适应和引导当代中国社会道德变革,实现马克思主义伦理学的自我超越、自我完善的过程",因此,"批判地继承和弘扬中华民

---

[1] 参见宋希仁《道德观通论》,高等教育出版社 2000 年版。
[2] 魏英敏主编:《新伦理学教程》(第 3 版),北京大学出版社 2012 年版,第 99 页。
[3] 参见廖申白《伦理学概论》,北京师范大学 2009 年版。
[4] 王小锡:《论道德之应该的逻辑回归》,《道德与文明》2016 年第 3 期。
[5] 唐凯麟:《伦理大思路——当代中国道德和伦理学发展的理论审视》,湖南人民出版社 2000 年版,第 1—2 页。

族的优良传统文化和传统伦理道德文化，科学地借鉴和吸纳西方伦理道德文化的积极成果，就成了建设有中国特色社会主义现代伦理学的两个基本条件"。还指出，中国特色的伦理学更需关注现代中国社会的道德价值选择和价值定位，当然，"道德体系既是一个可供选择的价值系统，同时又是一个结构严密的自组织系统"，并有着内在的运作机制，因此，在对道德运作机制的把握中，既要从道德体系之中做出思考，又要从道德体系之外的社会大环境中做出思考，这样才能完整地认识道德的运作机制。[①]

有的在寻求世界道德共识并在做深入考察和深刻阐释的基础上，给构建现代伦理学理论体系提供了重要的启迪理念。因为，"生活在多种类型的文明和文化传统中的人们仍然存在着某些道德共识，无论是一些基本的道德直觉还是一些基本的道德文化观念，譬如说，人们经常讨论的那些道德的'黄金规则'，像'不偷盗''不奸淫''不无故伤人'等。这些基本的道德规则形成了人类千百年来维持道德生活和伦理秩序的基本规范，也使得人类世界有了达成某种普世伦理的可能性基础"。"然而，这些道德共识仅仅是一般观念上的，甚至是'道德直觉'层面上的，并不意味着生活在不同类型的文明和文化传统中的人们对这些观念性的道德共识的理解和实践必然相同，恰恰相反，人们的理解和实践可能会因为他们各自所接受的道德文化传统的滋养熏陶各不相同，他们的道德生活经验各不相同，以及，更为重要的是，他们道德实践的社会生活条件和道德伦理环境各不相同，因而最终使得他们对这些道德共识的观念理解和实践价值取向也不尽相同，甚至相互冲突。在此意义上，任何道德共识或普世伦理的理性主义推理证明，都必须落脚于各种不同的社会文明语境和道德文化传统语境，否则，所谓道德共识或普世伦理就只能是一种抽象观念，也只能停留在抽象观念的层面而无以实施。"[②]这就说明，伦理学理论体系的构建需要深入研究不同社会生活和文化传统背景下的道德共识，创建国际伦理学是如此，构建具中华民

[①] 参见唐凯麟《伦理大思路——当代中国道德和伦理学发展的理论审视》，湖南人民出版社2000年版；唐凯麟编《伦理学》，时代出版传媒股份有限公司、安徽文艺出版社2017年版。

[②] 万俊人：《寻求普世伦理》，北京大学出版社2009年版，第367页。

族特色的伦理学更是如此。

有的试图从人本伦理学、美德伦理学、元伦理学、规范伦理学等方面创制一种新的伦理学体系，这对我国伦理学理论的发展不失为一种有启迪意义的探索路径和建构模式。[①]

特别指出的是，伦理学理论建设的一个重要目的是研究和提出能引导和规范人们行为的社会主义的道德规范体系。我国党和政府历来十分重视道德规范体系建设，1949年《中国人民政治协商会议共同纲领》中提出的"五爱"（爱祖国、爱人民、爱劳动、爱科学、爱护公共财物）和1982年《中华人民共和国宪法》中提出的"五爱"（爱祖国、爱人民、爱劳动、爱科学、爱社会主义）要求为规范。2001年党中央《关于印发〈公民道德建设实施纲要〉的通知》中明确提出了"爱国守法、明礼诚信、团结友善、勤俭自强、敬业奉献"的基本道德规范。党的十六大报告指出，要认真贯彻公民道德建设实施纲要，要以为人民服务为核心、以集体主义为原则。党的十八大提出，倡导富强、民主、文明、和谐，自由、平等、公正、法治，爱国、敬业、诚信、友善，积极培育和践行社会主义核心价值观。富强、民主、文明、和谐是国家层面的价值目标，自由、平等、公正、法治是社会层面的价值取向，爱国、敬业、诚信、友善是公民个人层面的价值准则，这是当今我国社会主义道德规范的最全面系统的表述。习近平总书记多次提出要努力培育和践行社会主义核心价值观，并指出，"古人说：'大学之道，在明明德，在亲民，在止于至善。'核心价值观，其实就是一种德，既是个人的道德，也是一种大德，就是国家的德、社会的德"[②]。因此，社会主义核心价值观的培育和践行与社会主义道德规范的教育和履行是一致的。

若干年来，许多学者在伦理学体系的道德原则和规范的阐释上提出了自己的观点。就原则来说，有的坚持集体主义的唯一原则，有的则认为，除集体主义以外，还应该有多条道德原则，诸如人道主义、爱国主义、社会公正、互利、同情、诚实信用等都应该是道

---

① 参见王海明《伦理学原理》，北京大学出版社2009年版；韩东屏《人本伦理学》，华中科技大学出版社2012年版；李义天《美德、心灵与行动》，中央编译出版社2016年版。

② 《习近平谈治国理政》，外文出版社2014年版，第168页。

德原则。就规范来说，有的以"五爱"（爱祖国、爱人民、爱劳动、爱科学、爱社会主义）要求为规范。有的在坚持"五爱"规范基础上，将现时代的"保护生态环境""文明礼貌""爱岗敬业""奉献社会"等理念作为道德规范。有的则将公正、义务、良心、荣誉、幸福、尊严、诚实等道德范畴纳入道德规范的内容。还有的继承中华传统道德文化，将明德、贵生、节制、勇敢、中庸、修身、齐家等也作为道德规范体系中的内容。学者们在提炼和阐释道德规范时，既注意到规范的深刻的理论和实践依据，又注重规范践行的可能性和操作方案。这些观点和做法，对完善伦理道德规范体系乃至伦理学理论体系有着不同视角的参考价值。可以说，社会主义道德规范体系的不断探索、发展和成熟是我国伦理学理论体系成熟的重要标志。①

（二）伦理学分支学科或研究方向发展迅速

随着我国伦理学理论体系的逐步成熟，特别是从20世纪80年代以来，伦理学分支学科或研究方向也从无到有、发展迅速。它们以强有力的发展态势支撑着伦理学学科建设之"大厦"。

1. 马克思主义伦理思想及其发展史研究提升到新的高度。早在1991年章海山就撰写出版了系统研究马克思主义伦理思想发展史的我国第一部力作《马克思主义伦理思想发展的历程》②，该书在提出研究马克思主义伦理思想基本方法并深入研读原著的基础上，按照经典作家代表前后不同阶段，对马克思和恩格斯等人的伦理思想、列宁和斯大林等人的伦理思想以及毛泽东和刘少奇等人的伦理思想进行了详尽的叙述，既展示了不同时期伦理思想形成和发展的特点，

---

① 参见罗国杰主编《马克思主义伦理学》，人民出版社1982年版；周原冰《共产主义道德通论》，上海人民出版社1986年版；李奇主编《道德学说》，中国社会科学出版社1989年版；甘葆露主编《伦理学概论》，高等教育出版社1994年版；江万秀《伦理学探本》，中国经济出版社1995年版；郭广银主编《伦理学原理》，南京大学出版社1995年版；何怀宏《底线伦理》，辽宁人民出版社1998年版；魏英敏主编《新伦理学教程》（第2版），北京大学出版社2003年版；刘可风主编《伦理学原理》，中国财政经济出版社2003年版；高兆明《伦理学理论与方法》，人民出版社2005年版；王海明《伦理学原理》，北京大学出版社2009年版；韩东屏《人本伦理学》，华中科技大学出版社2012年版；王泽应编著《伦理学》，北京师范大学出版社2012年版；龙静云主编《马克思主义伦理学》，中国人民大学出版社2016年版；唐凯麟编《伦理学》，时代出版传媒股份有限公司、安徽文艺出版社2017年版等。

② 参见章海山《马克思主义伦理思想发展的历程》，上海人民出版社1991年版。

又揭示了前后不同阶段伦理思想的继承关系及发展规律。

继章海山的《马克思主义伦理思想发展的历程》之后，学界分别研究经典作家和经典著作的相关伦理思想的著作不断涌现①，他们均从一定视阈和一定角度对经典作家的伦理思想进行了系统、深入的概括和阐释，逐步夯实和完善了马克思主义伦理思想及其发展史，使得马克思主义伦理思想及其发展史研究的高度、深度和精度在不断加强。

2. 中外伦理思想发展史形成了中国话语。中外伦理思想发展史的研究也是 20 世纪 80 年代以来才开始并快速发展的，其间形成了鲜明的研究特点。

就中国伦理学发展史的研究来看，近代有日本三浦藤作撰写出版了《中国伦理学史》②，我国蔡元培撰写出版了《中国伦理学史》③，而后至 20 世纪 80 年代以来，我国学界许多学者专注于中国传统伦理学史的研究，出版了系列代表性著作。④ 其主要特点，一是

---

① 主要著作有宋慧昌编著：《马克思恩格斯的伦理学》，红旗出版社 1986 年版；安启念：《马克思恩格斯伦理思想研究》，武汉大学出版社 2010 年版；宋希仁：《马克思恩格斯道德哲学研究》，中国社会科学出版社 2012 年版；韦冬、王小锡主编：《马克思主义经典作家论道德》，中国人民大学出版社 2017 年版；王锐生、景天魁：《论马克思关于人的学说》，辽宁人民出版社 1984 年版；余达淮：《马克思经济伦理思想研究》，江苏人民出版社 2006 年版；刘琳：《〈资本论〉的经济伦理思想研究》，安徽大学出版社 2008 年版；徐强：《马克思主义经济伦理思想研究》，人民出版社 2012 年版；夏伟东主编：《中国共产党思想道德建设史略》，山东人民出版社 2006 年版；王泽应：《20 世纪中国马克思主义伦理思想研究》，人民出版社 2008 年版；吴潜涛等：《中国化马克思主义伦理思想研究》，中国人民大学出版社 2015 年版；刘广东：《毛泽东伦理思想简论》，山东人民出版社 1987 年版；唐能赋：《毛泽东的伦理思想》，西南师范大学出版社 1993 年版；魏英明主编：《毛泽东伦理思想新论》，北京大学出版社 1993 年版；廖小平：《邓小平伦理思想研究》，湖南师范大学出版社 1996 年版；李时权主编：《邓小平伦理思想研究》，广东人民出版社 1998 年版；王小锡、郭建新主编：《邓小平经济伦理思想研究》，南京师范大学出版社 2001 年版；王秀华、程瑞山：《为政治立"法"：毛泽东政治伦理思想研究》，人民出版社 2008 年版；等等。

② 山西人民出版社 2015 年翻译出版了三浦藤作《中国伦理学史》（上、中、下）。

③ 商务印书馆 1910 年版，20 世纪 80 年代以来多个出版社再版。

④ 主要著作有陈瑛：《中国伦理思想史》，贵州人民出版社 1985 年版；沈善洪、王凤贤：《中国伦理学说史》（上、下册），浙江人民出版社 1985、1988 年版；张岱年：《中国伦理思想研究》，上海人民出版社 1989 年版；姜法曾：《中国伦理学史略》，中华书局 1991 年版；李书有主编：《中国儒家伦理思想发展史》，江苏古籍出版社 1992 年版；樊浩：《中国伦理精神的历史建构》，江苏人民出版社 1992 年版；张锡勤：《中国传统道德举要》，黑龙江教育出版社 1996 年版；焦国成：《中国伦理学通论》，山西教育出版社 1997 年版；唐凯麟、王泽应：《20 世纪中国伦理思潮》，高等教育出版社 2003 年版；罗国杰主编：《中国伦理思想史》（上、下卷），中国人民大学出版社 2008 年版；朱贻庭主编：《中国传统伦理思想史》（第 4 版），华东师范大学出版社 2012 年版；《中国伦理思想史》编写组：《中国伦理思想史》（"马工程"重点教材，高等教育出版社 2015 年版）；李兰芬：《百年中国马克思主义伦理思想研究述要》，苏州大学出版社 2015 年版；等等。

注重以伦理学的时代理念考察和"纵""横"归纳中国传统伦理思想发展史，使关注的人对中国传统伦理思想发展史有一种完整、系统、深刻的感觉。二是注重研讨各历史时期的伦理思想形成的历史背景，进而揭示道德形成和发展的依据和特点。三是注重研讨各历史阶段的伦理思想的继承关系，进而自觉把握中国伦理思想发展的基本规律。四是注重研讨中国传统伦理思想的现代意义，为滋养当代中国伦理精神提供建设性意见。与此同时，我国学者对传统的经济伦理思想、政治伦理思想、军事伦理思想、传媒伦理思想、教育伦理思想、法律伦理思想、科技伦理思想、宗教伦理思想、文学伦理思想、家庭伦理思想等的研究也在不断深入。① 展示了扎实的研究基础和可喜的发展前景。

就外国伦理学发展史的研究来看，我国学者以学贯中西的姿态，研究撰写了具中国智慧的外国伦理学史。② 其主要特点是，一是以马克思主义为指导，深入阐释外国伦理学的发展进程、主要内容和基本规律，并力图揭示中外伦理学发展史上的异同。二是认真知晓外国伦理思想的历史、社会和文化背景，熟悉和理解外国学者的理论视角，客观分析外国各阶段伦理思想和各种伦理思潮，尤其是认真地、辩证地研究和分析了西方马克思主义伦理思想的特点和主要观念，自觉摈弃片面、腐朽落后的伦理观念，把握可以汲取的合理的

---

① 主要著作有赵枫：《中国军事伦理思想史》，军事科学出版社1996年版；顾智明；《中国军事伦理文化史》，海潮出版社1997年版；王联斌：《中华武德通史》，解放军出版社1998年版；唐凯麟、陈科华：《中国古代经济伦理思想史》，人民出版社2004年版；汪洁：《中国传统经济伦理研究》，江苏人民出版社2005年版；乐爱国：《中国道教伦理思想史稿》，齐鲁书社2010年版；徐朝旭：《中国古代科技伦理思想》，科学出版社2010年版；曹志平主编：《中国医学伦理思想史》，人民卫生出版社2012年版等。

② 主要著作有章海山：《西方伦理思想史》，辽宁人民出版社1984年版；罗国杰、宋希仁：《西方伦理思想史》（上、下卷），中国人民大学出版社1985、1988年版；石毓彬、杨远：《二十世纪西方伦理学》，湖北人民出版社1986年版；王小锡主编：《当代西方人生哲学》，鹭江出版社1989年版；万俊人：《现代西方伦理学史》（上、下卷），北京大学出版社1990、1992年版；戴茂堂：《西方伦理学》：湖北人民出版社2002年版；孙伟平：《伦理学之后：现代西方元伦理学思想》，江西教育出版社2004年版；李培超：《伦理拓展主义的颠覆：西方环境伦理思潮研究》，湖南师范大学出版社2004年版；唐凯麟：《西方伦理学流派概论》，湖南师范大学出版社2006年版；宋希仁主编：《西方伦理思想史》（第2版），中国人民大学出版社2010年版；张霄：《20世纪70年代以来英美的马克思主义伦理学研究》，北京出版社2014年版；江畅：《西方德性思想史》，人民出版社2016年版；陈真：《当代西方规范伦理学》，南京师范大学出版社2006年版；乔洪武等：《西方经济伦理思想研究》（全三卷），商务印书馆2017年版；等等。

伦理思想。三是对伦理思想的研究自觉融合中外伦理学理念，为我国伦理学走向世界、影响世界提供了厚实的理论铺垫。

3. 应用伦理学研究与时代同步。我国应用伦理学的研究态势也是发力强劲，"特别是经济伦理、生态（环境）伦理、科技伦理、生命医学伦理等当代世界性热点领域的应用伦理研究得到快速发展，相关成果急剧增加，一些方面的研究已经融入国际学术前沿，产生了显著的国际学术影响"[1]。一些学科或学科方向由于直接注解社会生活实践问题，有效引导和指导人们的社会生活实践目标的实现，因此，应用伦理学成了被社会广泛认同和接受的不可或缺的重要因素，更是成了伦理学学科建设和发展的重要支撑力量。多年来，由于学界同仁的努力，应用伦理学产生了一批有影响的具开创性意义或具创新价值的研究成果。[2] 从这些成果及其所造成的影响来看，有的将直接促进伦理学理论体系的完善，有的将改善甚至改变人们的

---

[1] 万俊人：《百年中国的伦理学研究》，《高校理论战线》2012年第12期。

[2] 主要著作有邱仁宗：《生命伦理学》，上海人民出版社1987年版；王联斌主编：《军人伦理学》，上海人民出版社1987年版；王正平主编：《教育伦理学》，上海人民出版社1988年版；王昕杰、乔法容：《劳动伦理学》，河南大学出版社1989年版；潘靖五、茅鹤清主编：《体育伦理学概论》，北京体育学院出版社1989年版；周纪兰：《应用伦理学》，天津人民出版社1990年版；仓道来：《律师伦理学》，北京大学出版社1990年版；吕大吉：《人道与神道：宗教伦理学导论》，上海人民出版社1991年版；刘湘溶编著：《走向明天的选择：生态伦理学论纲》，山东教育出版社1992年版；曾耀农主编：《文艺伦理学》，百花洲文艺出版社1992年版；张怀承：《中国的家庭与伦理》，中国人民大学出版社1993年版；王伟、高玉兰：《性伦理学》，人民出版社1992年版；王小锡：《中国经济伦理学——历史与现实的理论初探》，中国商业出版社1994年版；罗国杰主编：《道德建设论》，湖南出版社1997年版；熊坤新：《民族伦理学》，中央民族大学出版社1997年版；周昌忠：《生活圈伦理学》，上海社会科学院出版社1997年版；苏勇：《管理伦理学》，东方出版中心1998年版；曹开宾等主编：《医学伦理学教程》，上海医科大学出版社1998年版；严耕：《网络伦理》，北京出版社1998年版；《比较伦理学》，山东人民出版社1998年版；厉以宁：《超越市场与超越政府：论道德力量在经济中的作用》，经济科学出版社1999年版；余谋昌：《生态伦理学》，首都师范大学出版社1999年版；高崇明、张爱琴编著：《生物伦理学》，北京大学出版社1999年版；陆晓禾：《走出"丛林"——当代经济伦理学漫话》，湖北教育出版社1999年版；陈泽环：《功利·奉献·生态·文化——经济伦理引论》，上海社会科学院出版社1999年版；李向民：《精神经济》，新华出版社1999年版；任剑涛：《伦理政治研究》，中山大学出版社1999年版；万俊人：《道德之维：现代经济伦理导论》，广东人民出版社2000年版；吴灿新主编：《政治伦理学新论》，中国社会出版社2000年版；肖巍：《女性主义伦理学》，四川人民出版社2000年版；欧阳润平：《义利共生论——中国企业伦理研究》，湖南教育出版社2000年版；李培超：《自然的伦理学尊严》，江西人民出版社2001年版；戴木才：《管理的伦理法则》，江西人民出版社2001年版；王伟主笔：《行政伦理概述》，人民出版社2001年版；黄瑚：《新闻伦理学》，新华出版社2001年版；陈汝东：《语言伦理学》，北京大学出版社2001年版；曹刚：《法律的道德批判》，江西人民出版社2001年版；李建华：《法律伦理学》，中南大学出版社2002年版；李伦：《鼠标下的德性》，江西人民出版社2002年版；余潇枫：《国际关系伦理学》，长征出版社2002年版；裴广川主编：《环境伦理学》，高等教育出版社2002年版；徐大建：《企业伦理学》，（转下页）

道德观念和行为方式，有的将指导经济社会生活中的道德建设并产生明显的物质和精神的效益。甚至，有的研究成果将直接嵌入人们的生产和社会生活中，成为人类生存发展不可忽视的重要元素。可以说，没有应用伦理学的研究和发展，没有道德作为工具理性之作用的充分认识和发挥，就会丧失经济社会发展进程中作为软实力核心要素的道德的作用，就将影响伦理学学科应有的地位，甚至将会导致伦理学学科的衰落。

（接上页）上海人民出版社 2002 年版；张康之：《公共管理伦理学》，中国人民大学出版社 2003 年版；李桂梅：《乐在天伦——家庭道德新探》，湖南科学技术出版社 2003 年版；向玉乔：《生态经济伦理研究》，湖南师范大学出版社 2004 年版；罗能生：《产权的伦理维度》，人民出版社 2004 年版；乔法容、朱金瑞主编：《经济伦理学》，人民出版社 2004 年版；万俊人：《现代公共伦理学导论》，人民出版社 2005 年版；靳凤林：《死，而后生——死亡现象学视阈中的生存伦理》，人民出版社 2005 年版；王淑芹：《信用伦理研究》，中央编译出版社 2005 年版；孙春晨：《市场经济伦理研究》，江苏人民出版社 2005 年版；詹世友：《公义与公器：正义论视域中的公共伦理学》，人民出版社 2006 年版；王莹：《现代商业之魂》，人民出版社 2006 年版；彭定光：《政治伦理的现代建构》，山东人民出版社 2007 年版；曾建平：《环境正义——发展中国家环境伦理思想探究》，山东人民出版社 2007 年版；杨通进：《环境伦理：全球话语，中国视野》，重庆出版社 2007 年版；林春逸：《发展伦理初探》，社会科学文献出版社 2007 年版；左高山：《战争的镜像与伦理话语》，湖南大学出版社 2008 年版；王露璐：《乡土伦理》，人民出版社 2008 年版；吴恒斌：《电力伦理学研究》，水利水电出版社 2008 年版；倪愫襄：《制度伦理研究》，人民出版社 2008 年版；王珏：《组织伦理——现代性文明的道德哲学悖论及其转向》，中国社会科学出版社 2008 年版；孙慕义主编：《医学伦理学》，高等教育出版社 2008 年版；郭建新：《财经信用伦理研究》，人民出版社 2009 年版；甘绍平：《人权伦理学》，中国发展出版社 2009 年版；肖平主编：《工程伦理学》，中国铁道出版社 2009 年版；俞树彪：《海洋公共伦理研究》，海洋出版社 2009 年版；杨明：《宗教与伦理》，译林出版社 2010 年版；梅世云：《论金融道德风险》，中国金融出版社 2010 年版；陈寿灿等：《社会主义宪政的伦理价值研究》，金城出版社 2011 年版；王小琴：《音乐伦理学》，光明日报出版社 2011 年版；刘可风主编：《企业伦理学》，武汉理工大学出版社 2011 年版；曹孟勤：《人向自然的生成》，上海三联书店 2012 年版；周中之：《全球化背景下中国的消费伦理》，人民出版社 2012 年版；任丑：《人权应用伦理学》，中国发展出版社 2014 年版；涂平荣：《当代中国农村经济伦理问题研究》，中国社会科学出版社 2015 年版；周祖城编著：《企业伦理学》（第 3 版），清华大学出版社 2015 年版；唐凯麟主编：《中华民族道德生活史》（八卷），东方出版中心 2016 年版；王小锡：《道德资本论》，译林出版社 2016 年版；赵建昌：《旅游伦理与旅游业可持续发展》，中国社会科学出版社 2016 年版；毛郁欣、赵亮：《大数据时代电商伦理前沿问题研究》，东北大学出版社 2016 年版；曾钊新、李建华：《道德心理学》，商务印书馆 2017 年版；韩作珍：《饮食伦理——在中国文化的视野下》，人民出版社 2017 年版；贾磊磊、袁智忠主编：《中国电影伦理学·2017》，西南师范大学出版社 2017 年版；王明旭、赵明杰主编：《医学伦理学》（第 5 版），人民卫生出版社 2018 年版；肖群忠等：《日常生活伦理学》，中国人民大学出版社 2018 年版；等等。

（三）伦理学特色范畴（专题）研究展示学科魅力

在伦理学学科的发展进程中，一些开创性和拓展性重要理论，增强了伦理学学科的活力和发展潜力。

1. 关于人类命运共同体。人类命运共同体是党的十八大报告中提出的新思想，它是新时代中国的世界关系观、国际社会观的集中概括。习近平主席在联合国成立70周年系列峰会上阐述了人类命运共同体的"五位一体"的内涵，即建立平等相待、互商互谅的伙伴关系，营造公道正义、共建共享的安全格局，谋求开发创新、包容互惠的发展前景，促进和而不同、兼收并蓄的文明交流，构筑尊崇自然、绿色发展的生态体系。这里有理性处理国际关系、"打造公正合理的治理模式"并进而促进世界共同繁荣发展的经济的、政治的、文化的、社会的、生态的等理念要素，同时内含深刻的国际关系伦理精神和伦理目标。人类命运共同体思想既是建设人类命运共同体的重要指导思想和实践指南，也是构建国际关系伦理学的重要理论依据和思想源泉。就命运共同体思想来说，它是我们马克思主义伦理学需要确立的新境界，是新时代社会主义道德建设的宏伟目标。[①]

2. 关于道德本质。对伦理学原理的重要理论方面的道德本质的系统而深刻的研究和概括要数夏伟东的专著《道德本质论》。书中指出，"马克思主义伦理学在审视道德的本质时，应该从更广阔的视角和更宏大的背景上，超越以往一切伦理学流派，并科学地解释道德的外在根据和内在根据"，因此，只有坚持以历史唯物主义为指导，弄清楚道德与利益、个人利益与集体利益关系之有机相连的理论，"才能确立马克思主义伦理学所理解的道德本质观，又能在道德本质观的各个方面，表现出马克思主义伦理学同以往伦理学的根本分野，表现出马克思主义伦理学在对道德本质问题的阐释方面，所做的科学的变革"。在此基础上，书中认为，马克思主义伦理学对道德本质的理解在于三方面，即道德的本质在于它的社会历史性、在于它的特殊的规范性、在于它的特殊的主体

[①] 参见王帆、凌胜利主编《人类命运共同体》，湖南人民出版社2017年版。

性。这一观点，一直在影响、指导着学界对道德本质的理解。该书最后十分明确地指出，"对道德本质的全部探讨，归根到底，无非要确证道德的性质，确认从古到今一切道德形态在人类文明进程中所担当的角色的性质，一句话，是要确证道德是什么，确证道德有什么用"。"我们的全部证明，仅仅是得出这样的结论：所谓道德，就是人类社会中这么一种特殊的社会现象，它通过善恶规范、准则、义务、良心等形式，来反映和概括人类共同生活、共同发展、共同完善所谓客观的秩序需要，并用人类自我觉醒、自我约束的实践精神方式，来表现人类对现有或实有世界的价值评估，表现人类对未来或应有世界的价值追求，从而以人类自我需要的内驱力的方式，激励和推动人类上升到更高的文明世界。"这样的道德本质观，将有利于对伦理学理论体系的认识、把握和发展，有利于对社会主义道德建设的认识和推动。①

3. 关于道德资本。道德资本理念是经济伦理学或伦理经济学的原创学术观点。主要观点是，道德是提高资本增值能力的重要条件，在资本科学运动的过程中，道德能够通过激活人力资本和有形资本促使价值增值；是生产力中人的精神要素之核心，它直接影响生产力水平的提高及经济发展速度和效益；是人性化产品设计和制造的灵魂，它对产品设计和产品质量起着决定性作用；是缩短单位产品劳动时间并进而降低产品成本、增强企业产品的市场竞争力的重要依据；是企业市场信誉之源，用户信任度的提高和信任感的持续取决于产品的道德含量和产品售后服务承诺的兑现程度；是互联网经济的生存和发展前提，诸如信誉、公正、平等、理性等道德要求将成为互联网和物联网时代的利益和利润多寡的重要影响因素；是凝聚企业力量之关键，企业员工的认同度、忠诚度、劳动积极性和企业凝聚力，取决于企业对员工的思想、情感、生活、交往等的关注度和关怀度，即决定于体现为人文关怀的企业道德管理水平。综上所述，道德能够帮助企业获得更多的利润，也足以说明道德也可以是资本。当然，道德资本或作为资本的道德具有自身的逻辑边界，提出和认同"道德资本"概念，并不是要从道德上来粉饰资本、美

---

① 参见夏伟东《道德本质论》，中国人民大学出版社1991年版。

化资本，甚或使道德沦为资本增值的伪善工具，而是强调道德可以而且应该为获得更多效益和利润发挥其独特的作用。而且，事实上，道德一方面充当资本的盈利手段；另一方面却是对资本做"内在评判"，以避免"资本逻辑"的无度扩张或资本本性的非理性膨胀。同时，"道德资本"概念中的"资本"并非马克思使用和论述的经典"资本"概念，而是"资本一般"视阈下的生产要素的资本范畴，即社会道德能够以其特有的引导、规范、制约和协调功能作用于生产过程，促进经济价值增值。而在马克思的政治经济学看来，在资本主义私有制条件下，资本不是物，资本是带来剩余价值的价值；资本是经济范畴，更是经济关系范畴，它体现了资产阶级与工人阶级之间的压迫与被压迫、剥削与被剥削的雇佣劳动的关系。因此，"资本一般"的道德资本与被马克思批判的作为"资本特殊"的"资本"概念并不是一回事。[1] 道德资本理论，不仅从理论和实践上说明道德可以帮助企业赚钱，而且说明了经济建设离不开道德，更是从根本上说明道德的社会作用和存在理由。

4. 关于道德生产力。道德乃经济发展的特殊力量。经济的发展速度取决于生产力的发展水平，大凡先进的生产力一定有快速发展的经济。然而，生产力的发展水平又取决于劳动工具的不断改进与发展，换句话说，劳动工具是生产力发展水平的重要标志，更是提供生产力发展水平的重要推动力量。不过，历史唯物主义认为，"生产力当然始终是有用的具体的劳动的生产力"[2]，而有用的具体的劳动的生产力，是由"物质生产力和精神生产力"构成的，而且物质的生产力依靠精神的生产力才得以成立或形成。没有人及其观念导向，即没有精神生产力或"主观生产力"，生产力将是"死的生产力"，不能成为社会生产力。马克思说过，机器是死的生产力，只有通过作为主观生产力的人去激活作为死的生产力的机器，社会生产力才得以形成。而道德是精神生产力或主观生产力的基础和核心内容。这是因为，生产力的核心要素是劳动者，而劳动者的道德觉悟直接影响他们的劳动价值观和劳动态度，最终直接决定劳动成果和

---

[1] 参见王小锡《道德资本论》，译林出版社2016年版。
[2] 《马克思恩格斯全集》第23卷，人民出版社1972年版，第59页。

生产力水平。至于生产力中的劳动工具要素和劳动对象要素，在其体现生产力水平过程中同样离不开道德。劳动工具的认识、改造、利用和发展，离不开人的对事物发展规律的认识和适时的对劳动工具的改造和更新，抱残守缺、不愿创新的境界是无法主动更新劳动工具并不断提升劳动工具水平的。同样，就劳动对象来说，并不是体现为劳动对象的资源越丰富就意味着生产力水平越高，其实不然，是否在创新发展、协调发展、绿色发展、开放发展、共享发展的理念下对劳动对象进行生态性开发和利用，即是否在作用劳动对象时既考虑到当代人的利益又考虑到后代人的利益，不仅直接影响当下的生产力水平，而且影响生产力水平的未来持续提高问题。一味地考虑当前或当代人的利益，忽视甚至破坏了后代人的利益，这在一定意义上是在破坏生产力水平、影响生产力的发展。这就说明，生产力水平的评价应该从动态和静态两方面考评，而人们的道德觉悟会直接影响考评对象的内涵和状态。所以说，道德也是生产力。道德生产力的提出，有利于完善对生产力内涵的理解，也有利于影响和促进生产力的发展。[①]

5. 关于伦理生态。伦理是人及其关系的"应该"状态，意味着人类社会的理性和谐样态。而生态作为一种哲学——伦理学意义上的概念，亦可用以重新审视和研究人与人之间、人与社会之间、人类与自然之间的关系这样一个系统性的问题。由此可见，伦理与生态有着某种内在的契合性、通约性与一致性，这是构建伦理生态概念之学理依据所在。要言之，所谓伦理生态，就是指人自身、人与人、人与社会以及人与自然的关系达到一种理性和谐状态，也就是一种合理性的人的理性生存样态，是人类生存与发展的"应该"状态。这样的理性和谐状态，将会将不必要的摩擦消耗降到最低，而将互利共赢提升到最高水平，实现人类命运共同体的构建。总体上，伦理生态关涉物质和精神两大领域，它既和一个民族的传统文化相关，更与当下的经济、政治和文化环境关联。作为一个创新性的概念范式，伦理生态的提出，为重新框定伦理学研究的理论旨归与方向，实现伦理学研究范式转换与革新以及构建整体性的伦理学学科

---

① 参见王小锡《道德资本与经济伦理——王小锡自选集》，人民出版社2009年版。

视阈提供了某种可能性。①

6. 关于道德悖论。道德悖论的提出，源于对我国改革开放进程中出现的"道德困惑"的理论思考。作为道德现象世界中一种特殊的矛盾，道德悖论是社会和人在道德价值选择和实现的过程中显现和形成的特殊矛盾，它既是道德生活实践中发生的善恶同在的"自相矛盾"的价值冲突事实，也是评论价值冲突的"见仁见智"的意见分歧事实，是由"价值冲突事实"与"评价分歧事实"二元融合的矛盾统一体。在其本质上，是由于给予型和评价型这两种不同道德生活实践之间不能契合而造成的实践逻辑悖论。道德悖论现象研究有助于人们科学地认识道德发展进步的客观规律，有助于特定时代的人们客观地认识自己所处的社会道德环境，在道德评价和道德建设上坚持实事求是、一切从实际出发的历史唯物主义的思想路线和作风，对道德哲学研究具有一定的理论意义；同时还有助于提升人们的道德能力、培育人们的道德智慧、化解道德实践悖境，对我国的现实道德建设具有鲜明的实践价值。②

7. 关于道德风险。伦理学意义上的道德风险有其自身特定的内涵，它是指在人们的生产和生活行为中潜藏着的并可能出现的与道德有关的危险境况。道德风险类型大致有五种，第一，负道德下的道德风险。负道德即负能量道德③，也就是不讲道德，而不讲道德当然有风险。故负道德即不讲道德与风险同在。第二，正道德下的道德风险。正道德即正能量道德，也就是讲道德。就正常实践规律和基本学理来说，讲道德是不可能有风险的，但是，在经济社会运行制度和机制尚不完善的社会状况中，讲道德吃亏、不讲道义的往往大占便宜是常有的事。第三，亚道德下的道德风险。亚道德即社会道德状况不理想但也不是恶德流行，换句话说，崇尚道德没有蔚然成风，但不道德现象也没有形成气候，善恶态度不明是人们的基本

---

① 参见晏辉《伦理生态论》，《道德与文明》1999 年第 4 期；张志丹《论伦理生态——关于伦理生态的概念、思想渊源、内容及其价值研究》，《伦理学研究》2010 年第 2 期。

② 参见钱广荣《道德悖论现象研究》，安徽师范大学出版社 2013 年版。

③ 负道德即负能量道德指的是与正道德相对的一面。严格意义上来说，道德是中性词，道德有讲道德与不道德之分、新道德与旧道德之分，这样一来，负道德即负能量道德是存在的。不过，我们的语言习惯中，一般指的道德就是正道德即正能量道德，也就是讲道德。

道德生活状态。在这种社会道德状况下，道德风险来自人们的"道德麻木"或"道德冷漠"症。第四，零道德理念下的道德风险。零道德理念即指不认为社会生产生活中存在道德问题，认为在社会生产或生活的某个领域或某个时段不存在道德问题。零道德理念让人们不关注道德，甚至主张社会不要讲道德，而不讲道德的社会一定是恶者乘机更恶的社会。第五，无道德下的道德风险。"无道德的道德"是后现代主义道德，是"一种鼓励异调与杂音、追求相对与变幻、强调当下体验与情绪解放的游戏化和审美化的道德"，它信奉主观随意性，主张身体的快乐的道德，没有既定的价值信念和理想。①这"无道德的道德"实际是一种相对主义的道德，其理念和行为的发展甚或泛滥，社会将失去基本道德准则，人们将承受经常不断的"道德灾难"。在伦理学意义上对道德风险概念的探讨和阐释，将为扩展道德理论视阈并避免道德风险提供了新的理论维度。②

8. 关于底线伦理。底线伦理是指在现代多元的社会中，人们可以追求各式各样的生产和生活目标，可以表现多种多样的生产和生活方式，这其中，人们需要确立与之相适应的价值取向和道德目标，需要遵守与之相符合的行为准则。然而，不同的群体、不同的生活环境、不同的生存条件等，决定了人们的价值取向、道德目标和行为准则有着境界的不一致和行为方式的差异。但是，有一些最基本的行为原则和规范是所有人都应该遵守的，这就是所谓的道德底线。强调遵守道德底线，并不是降低道德要求，更不意味着道德有高或低、好或差的区别，而是要求人们坚守大家在生产和生活中达成共识的基本道德原则和规范。因为，突破道德底线，是不道德行为的起始，那就意味着有可能滑向道德堕落的深渊。道德底线的提出，可以启迪伦理学原理的完善，也可以促进人们的道德底线思维，以确保全社会崇尚道德精神、形成良好社会道德风貌。③

---

① 参见万俊人《现代性的伦理话语》，黑龙江人民出版社2002年版。
② 参见王小锡《道德风险及其规避》，《中国社会科学报》2013年11月25日。
③ 参见何怀宏《底线伦理》，辽宁人民出版社1998年版。

三　当前我国伦理学发展存在的问题、对策及其未来展望

如前面所说，我国伦理学的70年发展历史，虽然进程艰难，但毕竟哲学社会科学之林有伦理学的一席，尤其是改革开放以来，伦理学的显学地位凸显。不过，问题尚存，需要我们正视，并努力克服之。

（一）尚需正视和改进的相关问题

我国伦理学学科发展进程中，在一定角度和一定程度上存在不可忽视的需要进一步改进的问题。

1. 学术尚需进一步抓好"顶天"和"立地"之两头，衔接好"顶天"和"立地"之逻辑关系，以免造成理论没有根据、现实没能升华的局面。就目前情况来看，"一些基本的学理问题还缺乏深入的研究，更缺乏较高的学术共识和理论支持"[1]；一些玄乎、晦涩得让人读不通的语言、看不懂的内容，似乎高高在上，其实缺少实质性内容；一些现实社会生活中的道德问题，解不开、理不清，是也非也、善也恶也，众说纷纭，莫衷一是，这时的理论也似乎成了"水中月""镜中花"。正由于此，往往在社会发展进程的关键时刻，伦理学发声微弱，作为也甚微。

2. 学科理论建设尚需进一步走进马克思主义的经典原著，并全面、系统、正确地理解经典作家及其思想，以避免对经典作家思想做形而上学的理解，甚至仅仅是为了贴标签。同时，尚需进一步在马克思主义辩证法思想的指导下，客观科学地把握西方学者的思想内容及其特点，以免要么囫囵吞枣，要么断章取义，要么随心所欲地选用他们的一些观点；尚需进一步正确对待我们中华民族传统文化中的伦理思想的精华，以免一知半解、似懂非懂，甚至妄自菲薄、不屑一顾。事实上，只有走进原著，弄懂马克思主义，才能科学地汲取中华传统伦理思想之精华、正确吸收西方伦理思想的合理成分，

---

[1] 万俊人：《百年中国的伦理学研究》，《高校理论战线》2012年第12期。

这也才有可能在伦理学理论建设和学科发展进程中充分展示中国精神、中国风格和中国气派。

3. 学风尚需进一步纯正。学界应该避免"学术自恋",即没有学术比较的自信,缺乏学术创新的自信,脱离实际的自信,自说自话的自信。这其实是不自信的自信,最终必定是"竹篮打水一场空"的自信;应该避免"翻烧饼"式的所谓学术研究,即资料搬弄,翻来翻去,文字游戏,没有创新,而且,有时反而翻乱了理念,翻乱了精神,翻成了"焦烧饼";应该避免一味地学术单干,不善于合作交流,导致相互学习、支撑不够,导致集体攻关课题甚少,导致协同解决现实理论和实践问题的力度不够,不仅如此,学术包容性、理智的批评性欠缺,甚至不读不研,妄断是否,相互间的学术支持和鼓励成了稀缺资源;应该避免为学术而学术,以免造成学术与应用、学术与实践相脱离,进而出现把简单问题复杂化、应用问题研究边缘化的现象。诸如此类学风客观上将影响我国伦理学的正常发展。

(二) 伦理学发展的对策与展望

应对新时代我国伦理学的现实发展态势,需要确立四个方面的主要理念。

1. 坚持以马克思主义为指导,结合我国新时代的实际情况,兼容并蓄地继承中华优秀传统伦理精华、吸收外国合理的伦理观念。在当前,尤其需要认真地、系统地读懂弄通马克思主义经典著作和习近平新时代中国特色社会主义思想,并紧密结合我国经济社会发展的现实,理论联系实际地展开学术研究和理论阐释,以学术创新的姿态推动伦理学学科的快速发展。事实上,唯此才能真正创建具有中国特色的社会主义伦理学。

2. 面向社会,走进社会,广泛开展社会调查研究工作,切实了解和认识现实社会问题,用伦理学学科视角及其理论分析方法真正解释和解决现实社会问题,并及时地、科学地发声,以独特的学科力量,为社会的和谐发展、高质量发展作出应有的贡献。同时,应该树立学术为人民的理念,用学术研究的理论成果解析和说明人民群众关心的问题,同时影响、引导人们的思想和行动。唯此才能推动学术发展与人的全面发展、经济社会的发展实现真正的统一。

3. 净化学术风气，让学术回归学术。要避免仅在书斋里闭门造车式地做学术、形而上学地做学术、简单问题复杂化地做学术，避免没有交流与合作的所谓学术、"自恋式"的所谓学术、"拾人牙慧式"的所谓学术、"炒冷饭式"的所谓学术，更要避免东拉西扯、生搬硬套、移花接木式的"幼稚学术"等。唯有让学术回归学术，伦理学才可以不断彰显实力并雄踞哲学学科乃至社会科学之林。

4. 要进一步加强道路自信、理论自信、制度自信、文化自信，有底气地打造具有中国精神、中国风格和中国气派的伦理学。可以说，没有这"四信"，就很难树立我们的道德自信乃至伦理学学科自信，而没有道德自信乃至伦理学学科自信，也就无法打造和展示伦理学的中国精神、中国风格和中国气派。所以，唯有坚持"四信"才有学术动力，才能实现我们的学科建设预期目标。

我国的伦理学学科建设将与新时代发展同步，未来的伦理学将在承继 70 年可喜发展成就的基础上，凸现于哲学社会科学殿堂，成为经济社会发展的不可或缺的重要"杠杆"和人们社会生活中不可多得的"宠儿"。愿中国伦理学以其独特的功能和作用，服务于精神文明建设，服务于经济社会的发展，服务于人民生活质量的提升。

（原载《伦理学研究》2019 年第 4 期；《社会科学文摘》2020 年第 1 期转载）

第二编

道德作用与道德建设

我国现阶段犯罪人
行为的伦理思考

犯罪是一种复杂的社会现象,犯罪行为的产生有各种复杂的社会因素,其中伦理道德最为重要。因为,作为犯罪主体来说,他的犯罪行为往往是道德沦丧的结果。有的突发性犯罪行为,似乎没有一个道德偏离过程,但也是犯罪人潜藏着的主体道德危机的一种表现,有坚定的社会主义道德信念的人是不可能犯罪的。苏联多尔戈娃说:"犯罪行为常常是个人意识的价值方面存在缺点的结果。"[1]他还进一步引用萨哈罗夫的话说:"法律幼稚病或违拗症是个人的某种道德立场。所以应当谈到一般的道德心理上的缺陷。在解释个人的犯法行为时不要认为法制观念有决定性的意义。"[2] 事实上,在人们的社会生活中,伦理道德意识广泛地决定着人的意图和活动。所以,没有一个犯罪行为不是从缺德发展而来的。因此,研究一下犯罪人的伦理道德观念和对犯罪人行为的道德控制规律是一件十分有意义的事。

一 犯罪人伦理道德品质的特征

犯罪人的伦理道德品质表现为一种非理性或非道德性,在主体完善和人生追求方面有着与常人截然不同的价值取向。犯罪人往往就是从对社会时势伦理道德的反动发展到犯罪的。

---

[1] 徐世京等译:《少年犯罪社会心理学》,上海翻译出版公司1985年版,第64页。
[2] 徐世京等译:《少年犯罪社会心理学》,上海翻译出版公司1985年版,第65页。

（一）生物性价值取向

在社会生活中，人们的生活价值取向应该是全方位的，即是说应该包括对精神的和物质利益的追求，包括对社会价值、家庭价值、人际交往价值、政治价值、伦理价值等的追求。同时生活价值取向还应该是高层次的，因为社会生活的一大特点应该是"理性生活"，否则，一味为本能需求的满足而生存，那就把人降低到了动物的水平。正如马克思指出的："吃、喝、性行为等等，固然也是真正的人的机能。但是，如果使这些机能脱离了人的其他活动，并使他们成为最后的和唯一的终极目的，那么，在这种抽象中，它们就是动物的机能。"[1] 从对犯罪人生活追求的调查来看，大部分犯罪人缺乏高尚的精神追求，单纯寻求感官刺激。有调查材料揭示，在对犯罪人的60张问卷中，关于"人生目的"一项，有38人认为是吃喝玩乐，有一个犯罪大学生在他的日记中说："理想是空的，政治是假的，前途是渺茫的，只有吃喝玩乐是实惠的。"有的犯罪人在发给的调查表上说："人活着本身就意味着他在为自己谋取私利，只不过由于各个人的权力和能力不同，而各自谋取的私利有多有少，有大有小而异。"不仅如此，有的犯罪人还说"今朝有酒今朝醉，明日无钱再去偷"。认为"为了享乐，受几次罚算不了什么"。有的竟然表示"宁在花下死，做鬼也风流"。因此，这些人就极易失去人性，敢冒风险，随心所欲，凭兽性行事。想吃喝就去偷盗、抢劫；想满足性欲就耍流氓、强奸妇女，甚至有的女青少年卖淫、玩弄男性，等等。大凡犯罪人在犯罪前就已丧失了理性、人性，把感官享乐提高为生活的第一需要。由此可见，一味的生物性价值取向尽管不能与犯罪等同，但它潜伏着犯罪的危险性。

（二）畸形人格

犯罪人在人格定向上有一个共同特点，即都表现出逆应当或反时势性，仅仅是表现的角度和程度不同而已。

---

[1] 《马克思恩格斯全集》第42卷，人民出版社1979年版，第94页。

表现之一，社会主义伦理道德要求人们在揭示和运用人际交往规律过程中获得真正的人格独立和行动自由，而犯罪人一般希望个人绝对地独立，不愿受任何约束。更有甚者，有的犯罪人宁肯自己的行为被同辈自然团体所"囚禁"，也要从父母或单位的控制中"解放"出来。有一位赌博犯说："一开始我非常厌恶父母亲友的好言相劝，对单位的警告和处分也满不在乎，总感觉他们束缚了我的手脚，所以我越发感到在赌友中活得自在，竟擅自离职，也从不回家，终究陷入了犯罪的深渊。"

表现之二，犯罪人一般欣赏和追求与众不同的气质。倾心于抖威风、讲派头，以神气迷人为荣耀。如，在有些男犯罪人的交代材料中可以看到，他们都认为一生不玩弄几个甚至多个女人，就算不得男子汉。有一流氓团伙甚至互相比赛，以显示自己的本领。又如，有些犯罪人在人际交往中从不示弱，甚至无事生非，无故挑起事端，并把无故伤人自喻为"勇敢"。一名行凶斗殴的犯罪青年说："一次，一个'弟兄'请我去帮忙打架，我邀了二十多个人，带着很多凶器，我想在他们面前显示一下本事。好使大家都敬佩我。于是，就对'弟兄们'说，如果对方人少，我一个人包打包唱。当时，对方没带凶器，我冲上去一拳一脚就打倒了两个。"

表现之三，有些犯罪人既图"实惠"，也求虚荣。有些犯罪人十分贪婪，为使自己吃好、穿好、玩好，手伸得特别长；甚至不惜损害别人，来满足自己的私欲。有一犯罪青年说："有钱不偷等于丢，能拿不拿是呆瓜。"一个20岁的抢劫犯罪者甚至说："我不懂得什么叫道德，我也不需要道德，我只晓得我不吃亏，占到便宜，捞到油水就心满意足了。"同时，有些犯罪人虚荣心也很强。如在穿着打扮上赶时髦，追求奇装异服，在生活上以挥霍钱财摆阔气；甚至一些犯罪女青年以抽烟、喝酒来显示自己的"摩登"化。

表现之四，一些犯罪人不仅仅是人格变态的问题，他们往往在生活中缺乏理性、丧失人格，完全成为兽性。有一扒窃犯连老太婆袋里仅有的五角钱也不放过，有的流氓团伙视赤身裸体肆意淫乱为最自由、最开心的时刻；有的犯罪人为达报复之目的，杀人、放火，无恶不作。

诸如此类的种种表现，说明犯罪人的人格是异化人格，是对社会通行人格的反动，也是犯罪人从缺德走向犯罪深渊的顽症所在。所以矫正畸形人格应该是社会主义法制建设的一项重要内容。

（三）情感倒错的道德标准

社会主义道德情感是指人们对社会主义道德的认识及其在心里对社会道德规范的信任、赞同和支持。对于犯罪人来说，他们的道德情感与众不同，他们所赞扬和爱慕的往往与社会主义道德大相径庭，甚至表现出对社会主义道德的情感反动。对于这些人来说这是严重的道德危机。尽管这种道德表现不一定说明必然逻辑地走向犯罪，但对于犯罪人来说，这的确是他们走向深渊的第一步。

犯罪人情感倒错突出的有三点表现。第一，价值判断以"我的需要"画线。犯罪人一般都把"人不为己，天诛地灭"作为生活信条。把个人需要的满足作为人生的出发点和归宿，其他一切都是无所谓的。对自己需求无关的或无作用的全部可以抛弃（哪怕是丧失人格和良心），有一抢劫杀人犯在日记中写道："一切都不那么可靠，最可靠的就是自己，就是'我'"。19岁的李某在交代她为什么要卖淫时说："现在只要有钱，就有一切，谁舍得给我钱，我就给他一切。"更有甚者，某校一位1982级的女大学生，在交代自己的犯罪事实时说："要面子是活受罪，人格、国格我不懂，只要谁帮助我活得舒畅，我愿意奉献自己的一切。"

第二，人际交往"义气"第一。作为真正的人际友谊应该是建立在真挚诚实、互相帮助、共同进步的基础上的。而许多犯罪人只是从所谓的"交情"出发，认为"江湖义气才够朋友"，"割头不换，两肋插刀才算友谊"。在这种义气观念指导下，有些人陷入了犯罪泥坑。社会上许多犯罪行为，就是因为替哥儿们报复、出气而导致。有一犯罪分子为了帮自己的小兄弟报复，竟找上人家门去，大打出手，致死人命。有的犯罪人为了哥儿们义气而"舍身灭亲"也在所不惜。有亡命之徒徐某，他的两个哥们动刀子打架，想找他帮忙，由于这两个人都是他的"小兄弟"，帮谁都不"够意思"，为了表示对哥们的忠诚，他拔出匕首朝自己的左胸脯猛扎一刀，面对刀口流血、险些丧命的"舍己"举动，两个"小兄弟"感动得当场握手、言归于好。徐某不以为耻，反以为荣。

第三,"胆大为英雄"。有些犯罪人曲解"英雄"的崇高之义,抛开正义、是非的前提,认为敢说敢为,不怕坐牢、不怕杀头的人是真正的英雄好汉,有一犯罪人在被捕前跟他的"小兄弟"们说:"一个人活着只要出人头地,名利双收,无论使用什么手段,都是英雄好汉。"在这种观念影响下。有些犯罪分子胆大妄为,不计后果,残忍地进行打架斗殴,甚至致人丧命。

二 犯罪人社会伦理品质形成的伦理原因

形成犯罪人"逆应该"的伦理品质有多方面的原因,诸如落后的社区环境、不良的家庭教育、病态的人际交往以及社会监督系统的不健全等因素都会在犯罪人的伦理品质上打上烙印。而伦理因素在犯罪人品质形成过程中起着举足轻重的作用,因为伦理缺陷与犯罪人的伦理品质有着直接的"沟通"关系。

(一) 道德文化认知不足与犯罪人品质

道德文化认知指的是人们对作为主体存在的人和社会人际关系及其和谐手段的认识,以及如何对待人和人际关系调节手段的心理状态。人们的道德水平的提高。社会道德风尚的改观,必须以道德主体对道德文化的认知为前提。如果人们对道德文化只知其然而不知其所以然,那么,就谈不上道德水平的提高和道德风尚的改观。因为,一般说来,道德文化认知程度低的人,必然对道德价值缺乏充分的认识,并对社会道德要求处于一种被动服从的状态。对这些人来说,道德主要地表现为"他律",很难形成"自律"。犯罪人的一个共同特点是对道德文化认知不足,有的甚至根本不懂什么是道德,认为社会生活中的"应当"对人是多余的约束。所以,这些人在社会生活中毫无责任心,行动无拘,我行我素。在公共场所可以违反规章随地吐痰,随地乱扔杂物,可以旁若无人地大声喧哗,甚至可以寻衅闹事伤害他人;在家庭可以把父母兄妹当作仆人,甚至虐待打骂或致人丧命;在工作单位可以随心所欲违反纪律,人际交往毫无人情等。犯罪分子陈某,自己和妻子、小孩住四间大瓦房,而在寒冬腊月将自己的瘫痪母亲放到羊圈里的石板上睡觉,一条破棉被盖了胸遮不住脚。当地干部群众指责他没有人性,他竟说:"我在养活她还说没有人性,谁有人性就带回自己家去。"由此可见,缺乏道德修养是犯罪人不负责任、不讲人道的重要根源。

不仅如此,由于人们道德文化认知程度低,也往往容易被腐朽的道德钻空子,腐蚀人们的心灵,甚至出现道德品质沦丧的现象。一段时期一些人道德文化鉴别力薄弱,信奉"不说假话,办不成大事",有的甚至以"头上长角,身上长刺"为光荣,以致自己成了人民的罪人。近几年来,随着改革开放的发展,一些青年人由于不懂得中西道德文化的基本特点。对外来道德影响,善恶不分,是非颠倒,盲目崇拜,盲目效仿,成了腐朽道德的俘虏。有一流氓团伙,认为"性解放"是人性和自由的体现,他们纠集在一起赤身裸体搞淫乱活动,还认为这是"开化道德"的表现。有一调查材料,在20名因交友而坠入犯罪深渊的女少年犯中,其中有15人是因为自己的朋友的"疏导"和"高见",使她们学会了勾引男人,捞到许多钱财。她们还认为是朋友的深情厚谊,使得她们有吃、有穿,十分风流。

(二) 道德矛盾与犯罪人品质

在一般情况下,道德堕落是个人生活中产生的一个或数个矛盾得不到合理解决的结果。苏联阿尼西莫夫曾提出过两种类型的道德矛盾:一是两种道德要求相抵触;二是行为道德要求与非道德要求相抵触。苏联斯克里普尼克对此进一步指出,人的道德堕落基本上是由于伦理生活中一些矛盾冲突而产生的,在这些矛盾冲突中,如果解决得不好,道德戒律会受到践踏,也会造成道德堕落。[①] 从我国犯罪情况的原因分析来看,道德矛盾往往是形成犯罪人逆应该伦理品质的症结所在。一方面,当为满足个人需求的行为与社会道德要求发生矛盾时,假如行为者没有较深刻的道德情感和坚定的道德信念,那么,社会道德规范的约束力就会减弱直至失去作用。行为者就会自觉不自觉地逃避道德约束,为满足自身的某种反伦理需要,

---

① 参见[苏联]斯克里普尼克《论个人道德堕落的若干特点》,鲁军译,《现代外国哲学社会科学文摘》1986年第6期。

昧着自己的良心去行事，成为道德堕落者。少年犯范某，见两女孩在门口玩，而且左右无人，开始想乘机看一下女孩的身体，并没强奸念头，因为他知道强奸不道德，而且是要判刑的。但由于道德自控力不强，在欲望和道德法律约束的矛盾中最后仍置道德与法律于不顾，先后强奸了这两名女孩，成为道德堕落的罪人。

另一方面，当一个人所受的伦理评价与他所指望得到的尊严发生矛盾时，尤其是他的所谓尊严受到别人的贬低或侮辱时，假如行为者能用自己的高尚行动去改变别人对自己的看法，确立自己崇高尊严的形象，那就必然会顺利解决这一道德矛盾，获得别人的尊重。如果在发生这一道德矛盾冲突时，行为者对为实现自己"逆应该"尊严而做的有失体面的事麻木不仁，并不感到内疚，并将别人对自己的鄙视视为理所当然。这样发展下去，不仅绝对得不到人们的尊重和赞赏，而且终究会因为行为者一意孤行地追求自己的欲望而逐步堕落，并最终丧失人性，坠入犯罪的泥潭。苏南地区有一犯罪青年在犯罪前总希望在周围同事中造成一个"有本事""是好汉"的形象，经常寻衅滋事，摆出一副天不怕、地不怕的样子。领导和同事们都指责了他的所作所为。他不仅不听劝阻，而且到处散布说："软的怕硬的，硬的怕凶的，凶的怕拼的，拼的怕不要命的。"并扬言要以"实力"来让大家"刮目相看"。因此，他时刻不忘"英雄"，寻衅滋事，变本加厉。发展到谁要多看他一眼也会遭到一顿毒打。结果以伤害罪被制裁。

再一面，当旧道德观念或宗教道德观念与同样可以接受的新道德观念发生矛盾时，假如当事人能顺应社会潮流，主动吐故纳新，就会形成高尚的道德价值取向。而如果当事人不能摆脱旧观念或宗教观念的束缚。甚至抵制新道德观念的传播，那么，这种人的道德价值取向将由陈旧逐步走向腐朽。发展下去也很可能成为历史的罪人。犯罪分子张某，在女儿自由恋爱时横加干涉，认为在没有得到父母同意的情况下就谈恋爱是有失姑娘家体面的。当他知道无法阻拦他们恋爱时又向这位男青年提出许多苛刻条件，并一直阻止他们俩会面，不仅经常反锁门，甚至发展到捆绑自己女儿，结果造成女儿一气之下自杀的恶果。腐朽的婚姻伦理观念不仅毁了他的女儿，也毁了他自己。

(三) 自然群体变态关系中的道德感染与犯罪人品质

自然群体指的是没有通过专门组织，人们在兴趣、爱好以及情绪、性格等较一致的基础上形成的松散群体。这种自然群体的风貌对群体中每一个人的思想都起着重大的影响作用。尤其是处在变态群体关系中的青少年，群体中的反道德倾向对他们会产生经常、具体、强烈的腐蚀作用。至于变态群体关系中的互动，更具有极大的感染性，它统一和影响着每一个人的情感和意志，以至于他们消极的个性品质会发生一系列连锁反应。

有一个女流氓讥讽17岁的惯窃犯高某说："只会掏包，没别的能耐，算不得男子汉。"高某一怒之下，白天闯进某医院，砍死病人，抢走手表。然后将菜刀、血衣、手表扔到女流氓面前说："怎么样？够不够男子汉？"

更有甚者，一些变态群体关系中的人往往把他们直接相处的那些人的利益作为基本的道德立场，把他们的所谓"侠义"准则作为行为规范，形成流氓团伙。罪犯黄某等六人结伙扒窃后，用分得的钱办了一桌酒席，黄带头喝血酒宣誓说："走路同行，坐船同舱，海枯石烂，死不变心，一人有事，大家都帮……谁要告密，坐牢出来也要报复。"于是乎这些誓词就成了这个团伙扰乱社会治安的规范。由此可见，一个人的堕落，往往是取决于和他直接或间接进行交往的其他人的素质。

三 非理性行为的道德约束

从犯罪人的伦理道德品质的特征和形成原因看，可以说明一个基本事实，即一个人的"逆应该"意识的不道德行为往往是违法行为的前导，道德堕落往往是其违法犯罪的前奏。因此加强对人们行为的道德调节和道德控制是避免犯罪的一项根本性的措施。这对于人生观和道德品质正处在形成时期，且可塑性大而又缺乏自我控制能力的青少年来说，道德调节和道德控制将体现出极重要的社会意义。

（一）加强道德审判

道德审判指的是某些有组织的或人群中自发形成的舆论对涉及人际利益的行为所做的褒贬、毁誉的道德评价。

道德审判是一种精神力量。这种力量虽看不见、摸不着，但却无处不在、无时不有，以它独特的评价、判断方式制约着人们的道德生活。影响着社会的道德风貌，当人们的某种行为符合社会道德要求时，它就会给以支持和赞扬，产生一种激励这种行为的力量，逐渐使人们养成这种道德习惯。相反，当人们的某种行为与社会道德要求相抵牾时，它就会加以反对和指责，形成一种抵制的舆论，以制止这种行为和类似行为的发生。所以，从一定意义上讲，道德审判支配着人们的道德活动，没有道德审判就没有道德生活。

道德审判不同于采取起诉、调查、定案、宣判等程序的法律审判。法律审判的场所以法院为中心，而道德审判则是凭借社会舆论采取褒荣贬耻的方式来完成的，它具有自己独到的广泛性和深刻性。法律审判是依据法律条文确认当事人的有罪与无罪，决定其服刑还是释放，而道德审判则依据人们应该履行的道德规范，分清当事人行为善恶给讲道德者以精神上鼓励，给不道德者以精神上的压力。所以道德审判是深入人们灵魂深处，改变人们道德追求的特有手段。

当然，道德审判的社会作用有多大，取决于道德审判实际通行的范围和人们的道德审判能力。假如道德审判不是全社会性的，仅仅是一些地方，甚至个别地方，假如人们的道德审判能力仅仅停留在直观的经验式的善恶归类上面，不能从人们的社会生活条件、道德价值和人们的道德心理过程做综合考察，那么，道德审判就无法形成一种强有力的犯罪预防力量。近几年来，往往出现这种怪现象：见义勇为者与歹徒搏斗时，众多围观人竟无人协助，以致歹徒逞凶，好人受伤甚至牺牲。这就说明，在我们的社会生活中有道德审判的"空场"地区，一些人已麻木到连善恶的基本常识都没有了。因此，为防止犯罪行为，我们必须加强道德审判的力量。

要充分利用广播、电视、戏剧、电影、报刊等形式，大力宣传社会主义道德，造成一种浓厚的社会主义道德氛围。同时要全面谴责缺德行为，要将非理性言行置于道德审判的控制范围内，造成一个"缺德行为、人人喊可耻"的社会生活环境。

(二) 良心"内控"

良心是个人在同社会或他人的关系上对自己行为所负的道德责任的自我确认。它是一定道德原则、道德理想所体现的道德情感和道德信念在人们意识中的有机统一。因此，如果说道德审判对于非理性行为来说是外部制裁力的话，那么，良心就是缺德者的内控机制。

良心与道德审判相比，在约束非理性行为方面尽管各有各的特殊作用；但是，道德审判的约束作用多少带有强制性的逼迫手段，对于当事人来说这是一种消极被动的手段。当事人的缺德行为被抑制，或犯罪行为被阻止，这仅仅是由于外来的一种压力，是由于害怕受他人和社会谴责或惩罚而迫使自己放弃邪念的。而良心既表现为一种同情心，同时亦表现为强烈的责任感和义务感，它能使这种道德心理向行为动机转化，促使人们始终朝着既定的道德目标行动。因此，良心对于行为者来说，它表现为积极主动的、自觉自愿的调节手段。

良心在调节人际关系、控制人的生活、压抑非理性行为方面有着其他手段无法比拟的作用。由于良心以道德考虑本身为行为目的。所以，一方面，它总是促使人们选择与自己人生观和道德理想相吻合的行为。即使在艰难困苦的条件下，它也会指令人们以炽热的感情、不屈不挠的意志做出正确的选择；就是受高官厚禄、金钱美女引诱，也不会改变初衷；即使是在没有社会舆论监督的情况下，也能坚持"慎独"，保持一种强烈的责任感。另一方面，良心又是自身行为的裁判者，一个具有社会良心的人，当他意识到自己的行为是在为社会和他人谋利益，是理性行为，就会感到良心的满足。尤其是当他发现自己的行为损害了社会和他人的利益，给人们造成了损失，就会受到良心的谴责，从而对自己的行为感到可耻和悔恨。这种情感不仅会及时纠正当事人的偏差行为，甚至会引导他一生走正道，少犯甚至不犯有损社会和他人利益的错误，曾经有未署名的一位青年投书《中国青年报》。说明他一时失足偷了别人的钱包，尽管无人知晓，但事后他深感内疚，吃不好饭，睡不好觉，要求报社将钱转交国家，并表示要悔过自新，绝不再干这类丑事。这种内疚情感和改错决心，足以说明良心内控的力量。由此我们可以体会到，有良心的人在一般情况下不会出现不轨行为，更不可能去犯罪，犯罪总是从丧失良心开始的。

不过，良心观念的确立不是件容易的事情，就我国目前的道德状况来看，必须注意两点。第一，要提高人们的文化水平。尽管文化水平高不一定就能树立崇高的良心观念，两者没有必然的联系。但是，社会主义的良心，必须建立在一定文化程度基础上，假如文化程度限制了人们的思维能力和思维视野，那么，这些人对于社会主义道德原则和规范只能知其然而不知其所以然，这就很难树立高度的责任感。因此，提高中华民族的文化水平，是社会主义初级阶段促使人人讲良心的基本前提。第二，要注重道德修养。社会主义的良心是人们在道德认识和道德实践中反复体验所形成的，不可能凭空形成良心观念。因此，我们要善于学习伦理道德理论，自觉参加道德实践，逐步培养自己的道德情感和道德信念。

（三）培养新的伦理生活习惯

伦理生活习惯指的是在人际交往生活中由于重复或沿袭而巩固下来的一种社会调节风气。

伦理生活习惯的一个明显特点是源远流长，而且它总是和民族道德心理交织在一起，形成带有浓厚民族意识的道德风俗。因此，不同民族的伦理生活习惯往往大相径庭。伦理生活习惯的另一个特点是不依赖舆论工具的传播，主要是依赖历史的沿袭，又具有简易但不肤浅的特点。正由于这些特点，它在约束非理性行为过程中有着特殊的作用。首先，伦理生活习惯用"合俗"与"不合俗"来评判人们的行为，使人们感到它是种生活常规。违反这种常规是伤风败俗的行为，自觉不自觉地把自己的行为纳入一定的伦理生活轨道。其次，伦理生活习惯对人的行为的约束是一种无形的力量。人总是生活在人群中，人与人如何交往不可能是单打一或各人各一套，一般都有一个较普遍、较稳定的伦理生活风气。在既定的伦理生活风气中，人的交往行为是受到严格限制的，一旦有不轨行为，当事人将冒着被全社会谴责、唾弃的危险。

当然，在社会主义初级阶段，人们的伦理生活习惯，有新旧之分，旧的伦理生活习惯在现时条件下已不具有生命力。它的存在不仅不能约束非理性行为的产生，而且总是要影响着新的伦理生活习惯的形成和发展。因此，对诸如哥们义气、买卖婚姻等旧的伦理生活习惯，必须加以限制、废除，为培养和确立新的伦理生活习惯开辟道路。

新伦理生活习惯的培养需要有坚强的信念和踏踏实实的作风。尤其不能操之过急。要从自身做起，从点滴做起，日积月累，逐步扩大影响和范围，最终完全取代旧伦理生活习惯，把人们的伦理生活纳入社会主义所需要的轨道上。

［原载《南京大学学报》（哲学·人文科学·社会科学版）1988 年专辑］

"雷锋车精神"的实质及其时代意义

连云港市新浦汽车总站长途服务组35年如一日坚持"雷锋车精神",无偿接运旅客、免费运送行李,助困解难,以其千千万万个动人事迹铸就了可贵的"雷锋车精神"。这种"雷锋车精神"至少包含三个方面的内容。

一 "雷锋车精神"是一种朴实而高尚的自我定位

人们都自觉不自觉地给自己的现在和将来的生存方式定位,有的好高骛远、不切实际;有的满足于有吃有喝,不思进取,糊涂一生;还有的以自我为中心,私欲膨胀,不择手段地获取一己私利,害人害己害国家,不以为耻,反以为荣;等等。诸如此类,都是人生自我定位的偏差或错误造成的。"雷锋车精神"恰是长途服务组成员自我正确定位的充分体现。现任长途服务组组长、值班站长滕士花,丈夫在边防部队牺牲,由于繁忙的服务工作使得她没有时间照料自己年仅3岁的孩子,时常将孩子关在家里,让她5岁的侄女陪伴,好心人劝她换个岗位,滕士花却说:"假如生活让我有1000次选择,我还要以服务员为终身职业。"这不仅是滕士花的选择,也是几代服务组成员的选择。李保英为别人做了那么多好事,自己的孩子因吃了妈妈被旅客感染的奶水患了小儿麻痹症,她却毫不后悔,认为帮助别人是心甘情愿的。她们生动感人的事迹说明,人们一旦真正认识了自我及其生存价值之所在,就不会以职业论高低贵贱,而会以为人民服务的奉献精神对待自己所从事的工作,通过本职工作实现人生的崇高追求,体现自身的价值。长途服务组成员从高尚的自我定位达到了高尚的境界。

二 "雷锋车精神"是对崇高人生价值的不懈追求

崇高的人生价值不一定总是在惊天动地的宏伟事业中才能体现出来，小事见精神、平凡塑伟大。长途服务组的成员就是在推"雷锋车"的历程中不断追求崇高的人生价值，丰满了为人民服务的光辉形象。在社会主义制度下，义和利是可以统一的，履行了一定的义务，获取一定的报酬也是应该的，这与人们追求高尚的人生价值并不矛盾。然而，长途服务组的同志们更是乐于无偿奉献，方便他人。35年来"雷锋车"免费接运旅客9万人左右，运送行包15万多件，在解难助困中，仅是送危急病人去医院，送迷途老人回家就有300多人次。在她们的眼中，职业的价值和工作的意义在于千千万万双期盼的目光和广大旅客的需要。在利己主义、拜金主义、享乐主义等还在腐蚀社会肌体的今天，长途服务组一点一滴的无私奉献，无不闪烁着共产主义的光辉。

三 "雷锋车精神"是对他人和社会真诚的爱心体现

社会生活中没有不需要他人帮助的人，而且，服务者和被服务者的角色是互换的。全社会人人都献上一份爱，人人又将都是爱的受益者。长途服务组的同志们用动人的事迹昭示了这一道理。她们理解旅客、理解社会，把对旅客的服务当作对旅客和社会应尽的责任。他们深知"在家千日好，出门一时难"的苦衷，提出了"宁愿自己千般苦，不让旅客一时难"的服务宗旨。因此，35年来，在连云港市新浦汽车总站，旅客的困难没有得不到帮助的。长途服务组创造的"雷锋车精神"，是在对他人和社会的真诚理解和帮助中，增进了人与人之间的心灵沟通，展示了社会主义的文明新风，客观上也宣传和激发了一种善与爱的精神。

"雷锋车精神"是广大人民群众高尚价值取向的集中体现，是中华民族传统美德和社会主义精神文明的集中体现，是劳动人民的骄傲，是社会主义的光荣。它植根于民众生活之中，为广大民众所欢迎。同时，"雷锋车精神"代表着时代发展的方向和要求，在当前我国建设社会主义市场经济过程中，弘扬"雷锋车精神"具有十分重要的意义。

1. 发展社会主义市场经济需要人们高尚的自我定位和奉献精神。社会主义市场经济建设的基本目的是资源的合理配置，其中人力资源的合理配置应该体现为人的应有的发展和处在最佳生存状态和最佳位置上，发挥最佳效能。市场经济客观要求每个人处在发展式的动态状态中，并实现人力资源的最佳组合。服务工作是又苦又累的，但长途服务组的同志们不仅乐于干这一行，而且深深爱上了这行工作。他们的精神在今天尤为重要。随着企业改革深化、技术进步和经济结构调整，人员流动和职工下岗是难以避免的。一方面，党和政府要采取积极措施，推进再就业工程。另一方面，广大职工要转变就业观念，提高自身素质，努力适应改革和发展的要求。通过努力，正确调适自我工作定位，在新的工作岗位上发挥应有的作用。可以想象，全社会都能确立"雷锋车精神"，自我利益服从于社会需要，将自我定位与社会需要结合起来，人力资源将会在市场经济条件下，实现最佳配置，发挥巨大的作用，实现巨大的经济和社会效益。

2. 发展社会主义市场经济需要人们互相理解和真情帮助。社会主义市场经济是竞争经济，也是理性经济、道德经济。它遵循优胜劣汰的基本法则，但其目的在于促使竞争各方互相推动、互相帮助、共同发展。事实上，任何单位和个人对于处在不利状态下的单位和个人的理解、支持和帮助，既是付出，也有收益。因为，社会的赞誉和受益者的信任会成为本单位或本人持续发展的无形资产，且必定会产生意想不到的重大效益。为什么小小"雷锋车"能拉出一个团结、互助、友爱的集体，拉出广泛的社会信任等无法估量的无形资产，其根本原因是长途服务组的同志们给予他人和社会以理解和真情。可以相信，"雷锋车精神"也必然会产生更好的经济特别是社会效益。

3. 发展社会主义市场经济需要提倡为人民服务的精神。"雷锋车精神"的核心是为人民服务,社会主义市场经济的发展离不开为人民服务的精神。在社会主义市场经济条件下,经济的发展绝不仅仅是投入、产出、效益等纯经济问题。经济效益的高低往往取决于为人民服务精神的体现程度。这是因为,有了为人民服务的精神才有明确的生产或工作目的,为民众而生产和工作,才能赢得广大民众的认同和支持。为人民服务精神还直接影响产品质量。产品质量取决于技术含量、工艺水平等方面,但更重要的还取决于对人民群众负责的精神。强烈的质量和责任意识必定会促使诸多名牌产品得以逐步形成。名牌产品既是物质实体,也更包含为人民服务的诚意。

(原载《群众》1998年第3期)

论社会主义初级阶段的道德建设

我国正处在社会主义的初级阶段。在这个阶段，社会的政治、经济、文化以及人们的生活习惯，都有其自身的特点。社会主义初级阶段的道德建设必须面对初级阶段的特点正确处理四个方面的问题。

一 道德建设和提高道德文化认知程度

社会主义初级阶段的道德建设，依赖于民族文化水平的提高和道德主体对道德文化认知程度的加强。马克思曾经指出："良心是由人的知识和全部生活方式来决定的。"① 列宁也说过："只有用人类创造的全部知识财富来丰富自己的头脑，才能成为共产主义者。"② 由此可以看到文化知识对道德建设和发展的重要性。一方面，社会主义道德建设目标的实现，必须以道德主体对道德文化的认知为前提，要求社会成员有相当的科学文化知识，尤其是人文科学知识。如果人们对道德只知其然而不知其所以然，那么，道德建设就难以落到实处。因为，一般说来，文化水平是影响道德认知程度的最重要的相关因素。一个人的文化水平低，其道德认知程度也将比较低。而道德认知程度低的人必然对道德价值缺乏充分的认识，并对社会道德要求处于一种被动服从的状态。因此对道德认知程度低的人来说，道德主要表现为"他律"，很难形成"自律"。同时，在文化不发达地区，人们的道德选择很大程度上受着社会舆论的制约，没有

---

① 《马克思恩格斯全集》第6卷，人民出版社1961年版，第152页。
② 《列宁选集》第4卷，人民出版社1972年版，第348页。

深刻的社会伦理心理基础，缺乏道德主动性，难以形成新的生活习惯。另一方面，即使道德文化认知的前提解决了，实现道德建设目标，还必须对道德主体自身有一个自觉的了解和把握。如作为主体存在的个人对自身存在的意义、适应社会的能力、追求的生活目标以及处世原则等，必须有一个正确的认识，才有可能由对道德文化的认知发展到对高尚道德境界的追求。而要做到这一点，也必须以深刻的文化知识为基础。

多年来，社会主义道德建设收效不是很理想，其主要原因之一是处在社会主义初级阶段的整个民族文化不发达，人们的道德文化水准不高；而人们的道德文化认知程度低，又极容易被腐朽的道德钻空子。近几年为什么一部分青年人盲目崇拜西方文化，甚至好坏不分、是非颠倒，其致命弱点在于一些年轻人文化认知程度不高，缺乏正确的观点，不能从理论和实践的结合上去观察分析一些中西方社会现象，而是妄下判断或者人云亦云。

这里要指出的是，人们对文化或道德文化认知程度的高低与对文化知识了解的多少不是一回事。文化或道德文化认知，强调的是人们对自然、社会或道德生活领域客观规律的认识和运用的能力以及主观能动性发挥的程度。比如说，为什么在革命战争年代，革命队伍内部文化知识水平普遍不高，却表现出了高尚的道德风貌，集体主义精神鼓舞着每个革命战士，这是由于革命实践的发展以及革命队伍中马列主义教育的开展，使得革命者既有革命的感性经验，又有对马列主义的理性认识，两者的结合，大大加强了革命者对革命、政治、道德等文化的认知程度。为什么现代有些较高文化的年轻人，道德水准不高呢？这就是他们对当前我国的政治、经济、道德等文化认知程度低，盲目地崇拜"道德偶像"，或轻率地确认自己庸俗的处世原则而造成的。

因此，社会主义初级阶段的道德建设不能仅仅满足于几条道德原则和规范的一般宣传，更不能一味地用所谓阶段觉悟的提高代替道德信念的确立。在整个民族文化水平不高的社会主义初级阶段，加强教育、科学、文化建设，尤其是增强人们的文化认知程度，应该是社会主义道德建设的一个前提条件。

二 道德建设和净化社会生活环境

社会生活环境从生活范围上来说有大环境和小环境之分，大环境主要指社区环境，小环境指学校、家庭等环境。从生活内容上来说，有精神生活环境和物质生活环境、舆论环境等。社会生活环境同化人的思想，人们对道德的觉悟，总是在一定程度上受到社会生活环境的影响和制约。一般说来，我国农村人憨厚勤奋、淳朴和善，并且习惯于一种比较固定的伦理生活模式，满足于田园诗般的慢节奏生活，这不能不说与我国农村的生活环境和传统的农村文化背景有密切联系。再如，观察青少年的成长过程，社会生活环境的作用就更为明显。在他们长身体、长知识的时期，思想可塑性强，社会生活环境、家庭生活环境、学校环境等对他们道德观念的形成，时刻在起着潜移默化的作用。如果不注意环境建设，社会主义道德宣传对于一部分青少年来说犹如耳旁风，在恶劣环境下，甚至会是形成逆反心理的一种催化剂。城市青少年的违法犯罪率比农村青少年高，主要原因是城市生活环境复杂，一些青少年的生活价值取向受到了腐朽观念的腐蚀，以致走上了歧途。镇江市某区的49名犯罪青少年中，就有39名因家庭环境恶劣，得不到良好的教育，以致成了"近墨者黑"的牺牲品。

社会生活环境建设对处于社会主义初级阶段的道德建设来说尤其重要，在改革和开放过程中更应引起足够的重视。在社会主义初级阶段，社会不安定因素甚多，并且由于多种经济成分并存，城乡差别、工农差别、脑力劳动和体力劳动的差别还存在，旧的传统观念残余还存在，再加上西方资产阶级腐朽思想的渗透，因此，社会生活环境十分复杂。不注重对复杂环境的客观分析和综合治理，不仅社会生活环境得不到改造，甚至会在某些地区形成新的不良环境。所以，在现阶段我们必须重视对人们社会生活环境的建设，要坚决取缔肮脏腐朽的生活区域，建设好文明高雅的公共活动场所。当然，社会生活环境建设是一个系统工程，包括逐步消除落后的生活习惯，培养积极进取的生活方式；利用大众传播工具和文化教育实施，形成强大的社会舆论攻势，严肃批评低级庸俗的生活价值取向。建立一套切实可行的伦理生活模式，建立相应的社会监督系统，等等。

三 加强道德建设和坚持改革开放

社会主义新的道德观念，只有在改革和开放过程中才能得到完善和发展。社会主义道德建设的基本方针是必须坚持和体现初级阶段的中国特色。但这并不意味着道德文化可以自行发展不需改革，或可以自身完善不需开放。自发的观念是错误的。社会主义道德文化是迄今为止最新最完善的道德文化，这就意味着，第一，社会主义道德要发展，必须依靠自身赖以生存的社会经济基础的不断改革和人际关系的不断改善，否则道德就容易僵化，就体现不了社会主义道德的"新"了。第二，社会主义道德不应抛弃优秀的传统道德遗产，更不应拒外国优秀道德文化于门外，否则就称不上最完美，"无产阶级文化应当是人类在资本主义社会、地主社会和官僚社会压迫下创造出来的全部知识合乎规律的发展"[1]。因此，今天的社会主义道德建设既不能忽视传统道德的批判继承，更要注意吸收外国的积极的道德文化。现代中国道德发展的历史充分说明，道德的发展不是自发的，必须以改革和开放作为根本条件。五四运动前后，体现着民主意识的新道德观念的产生和形成，很大程度上是受到了外来优秀文化的影响，特别是由于马列主义的传播。我国社会主义制度建立以后，道德文化发展不尽理想，一条根本原因是经济体制僵化导致了道德观念的僵化，道德评价标准模糊不清，甚至是非颠倒、善恶不分。党的十一届三中全会以来的十年，随着改革开放的发展，社会主义道德建设出现了前所未有的新局面。不仅诸如"改革与道德发展""社会主义商品经济和道德进步""社会主义人道主义""社会主义初级阶段的道德特征"等道德理论的探讨不断向深度和广度发展，而且人们的新的道德观念也在逐步形成，有力地促进了社会主义道德建设目标的实现。例如，开拓进取的理想人格观念，由社会主义商品经济发展而形成的时间、效益和竞争观念，逐渐改变着人们求稳怕乱、明哲保身的旧观念；劳动致富观念以及社会和个

---

[1]《列宁选集》第4卷，人民出版社1995年版，第285页。

人正当利益观念的重新确立，共产主义理想和建设社会主义共同理想的结合，增强了人们对自身存在意义的认识。协调着国家、集体、个人三者的关系；尤其是人民群众主人翁思想的树立，干部"公仆"意识的加强，和谐了社会人际关系，大大促进了社会道德风貌的改观。

实践说明，改革开放是社会主义初级阶段道德建设目标得以实现的根本条件。不坚持改革开放，就不能增强社会主义道德的吸引力。因此在改革的洪流中，要继续克服社会主义道德理论研究本身所存在的僵化、教条的思维内容和思维方式；要继续努力吸收世界文明的成果，尤其要注意吸取世界各国科学的道德思考方式和进步的道德内容。以推动社会主义初级阶段道德建设的发展。不可否认，随着改革开放的深入，一些腐朽没落的道德观念必然会影响人们的生活、腐蚀人们的思想，从而影响社会主义道德建设。同时改革过程中新出现的一些道德观念，也不都是体现高尚道德境界的，有些是赶时髦，有些甚至是旧道德的翻版。对此，我们要十分清醒，要认真切实地做好变消极因素为积极因素的工作，通过比较和批判，使人们在比较鉴别中提高道德认知程度，增强扬善抑恶的自觉性。

四　道德建设和法纪手段

道德是调解人们相互关系的行为准则，它是生活规范，说到底也是生活纪律。不过，这种生活纪律已经表现为一种自觉的自我行为规定，即通常所说的"自律"。它同社会生活中的法纪在本质上是一致的，都是规范人们行为的法则。不过，道德表现为内心的法，法纪则是人们行为的外在法。

在社会主义社会，道德和法律总是互为补充、互相作用的，尤其是社会主义初级阶段的道德建设，它客观上需要社会主义法纪来发挥约束保障作用，完全靠人们的自我觉悟，那是不现实的。这是因为，一方面，在社会主义初级阶段，新旧道德还处在交替时期，旧的传统道德以其根深蒂固的习惯势力自觉不自觉地影响或支配着人们的行为，而人们对社会主义新道德的认知还处在情感培养阶段，再加上我国的社会主义刚刚脱胎于半殖民地半封建社会不久，生活环境和人际关系还十分复杂，这就决定了既要通过宣传教育，增强人们的道德意志，又要以政治或行政手段抑制旧道德的复苏和蔓延。尤其要以一定的法规或纪律规范人们的伦理生活，促进新道德在全社会通行，逐步培养人们的新道德习惯。另一方面，社会主义初级阶段，社会生活的小生产意识还在相当程度上占领着人们的思想意识领域。而小生产观念总是本能地要求摆脱束缚，竭力避开法律和道德的约束，因此也容易产生无视法纪的行为。这就要采取一定的经济制裁手段将一部分小生产思想严重的人的行为纳入社会主义道德生活的轨道。并在高尚的道德氛围中逐步消除小生产观念，培养道德的自觉性。

［原载《南京师大学报》（社会科学版）1989 年第 1 期］

我国道德教育的现状简析

在世纪之交,我国社会的道德教育尤其是青少年道德教育已引起全社会的广泛关注,道德教育的内容、方法和效果正在发生着积极的变化,同时,道德教育作为人类社会重要的生存内容和方式,在我国的社会发展进程中正在发挥着任何其他社会生活内容和方式不可替代的巨大作用。但是,相对于我国经济发展速度,我国的道德教育还滞后于经济发展,还不能适应经济发展的要求,这是需要引起足够重视的。

一 良好的发展势头

我国的道德教育,自从改革开放的 20 多年以来,应该说是一直比较受重视的。中国共产党和我国政府始终强调要坚持物质文明建设和精神文明建设俩手一起抓,号召全国人民既要加快速度发展经济,同时也要提高科学文化和思想道德水平。因此,就道德教育来说,在我国至少实现了三方面转变。

(一) 从重智育轻德育向素质教育转变

在尊重知识、尊重人才的思想影响下,我国社会掀起了读书的热潮,国民的文化知识水平也由此跨上了新的台阶。成人的学习热情高涨,仅江苏省每年就有 15 万多人参加成人高考,参加高等自学考试的就有近 80 万人。孩子读书也真正成了全社会关注的大事,任何事情(触犯法律除外),只要是为了孩子读书,都会得到社会的支持和理解,以至于学校超时补习已习以为常,且得到了广大家长的广泛支持。近年来,经政府的三令五申才将学校的业余补习活动停下来。就是这样，家长们还抱怨没有补习班，把孩子的学习时间浪费掉了。为了让自己的小孩最终能读上大学，上小学和中学的择校风也始终没有减弱，家长几乎"剥夺"了孩子正常的玩耍时间。学校为了能提高中考和高考录取率，也是以加重学生的学习负担来保证课余时间用于学习。在十分强调升学率的几年里，小学生和中学生每天晚上至少有3小时用于学习，电视对于他们来说基本上是关闭的。

在把青少年的学习放在重中之重的同时，德育工作被"应试"教育冲淡了，家长和学校不仅没有足够的精力去进行研究并开展有针对性的德育工作，而且古时的"万般皆下品，唯有读书高"的观念产生了德育工作的负面效应。结果是青少年的素质教育出现了许多问题，不仅心理异常不在少数，而且有悖于伦理道德，甚至触犯法律的行为屡见不鲜。

针对这一不可忽视的严重问题，江泽民总书记在去年初关于教育问题的谈话，号召对青少年全面开展素质教育，强调要抓紧对青少年的思想品德教育。学校、社会采取了一系列有效措施来加强素质教育。如，许多地方取消了小学升初中考试，坚持就地入学的原则；任何学校不得在课余时间补习，一经发现就追究校长和责任人的责任；教师不得接受家教聘请，等等。大、中、小学都把德育放到了学校教育的首要位置。而且都开始注意青少年的劳动、参观访问等实践锻炼。原国家教委在20世纪90年代颁发的德育大纲开始得到较好的贯彻落实。有的地方将德育内容与文化知识教育密切联系在一起。广州市等地推出的《德育系统设计方案》，更是加强了德育的针对性和有效性。

（二）从重灌输轻实效向灌输与实效相统一转变

长期以来，我国的道德教育比较注重理论和观念的灌输，而且经常是停留和满足于灌输，不善于研究如何将道德教育的内容付诸实施并产生实效。以至于造成相当多的中小学生知道应该讲礼貌，但在具体的场合往往就不知道怎么讲礼貌，大学生的道德课也变成了仅仅与理论灌输相类似的知识传授课。

近几年来，道德教育的实效性已逐步引起全社会的关注。如宣传和推广先进典型时注重先进人才的崇高和平凡的统一，使得诸如北京公交车想乘客所想的售票员李素丽、江苏的不怕脏不怕累的下水道四班工人、雷锋式的援藏干部孔繁森等一批先进人物不仅受到全社会的认同和赞誉，而且以青年志愿者行动为标志的学先进当先进的先进人物层出不穷，给社会带来了一股新鲜的"道德空气"。中、小学生在学校的安排下，走出校门，宣传环境保护，维持交通秩序，同时参加力所能及的各种公益劳动。学校还把这种德育实践活动作为中、小学教育的重要环节。大学的德育课正在做重大改革，教育部明确提出要实现第二次飞跃，即"要努力实现从课程理论体系向课程教学体系的转变"，"切实增强教学的有效性"。许多大学将理想教育与现实教育锻炼结合起来，平时有保护生态环境的"绿色使者"活动，有为师生无偿服务的"送温暖"活动等，在近几年来还充分利用假期，组织学生下乡送科技、送文化，参加扶贫活动等，大学生们由此得到了教育和锻炼。许多大学生毕业后自愿到农村，立志改变那里的贫困面貌。

为了加强道德教育的实效性，许多大、中、小学和社会的方方面面在注重实践培育的同时，注意道德环境建设。有的学校的名言警句标语牌和名人画像布置得恰到好处，营造了奋发向上的氛围。社会的方方面面也在努力创建良好的德育环境，以人为本的理念正在各级政府的重视下影响农村生活方式，影响城市建筑、交通、雕塑等硬环境，同时，通过对非法电脑游戏机室和黄、赌、毒等行为的打击，软环境也正在发挥良好的德育功能。

就目前情况来看，既注重道德理论和观念的灌输，又注重道德教育的实践手段，是增强道德教育实效性的两个重要环节，因此，这也将是我国道德教育的重要模式。

（三）从重现实轻传统向古为今用转变

重视道德教育是中华民族的优良传统。然而过去很长时间在"左"的思潮影响下，我国的道德教育就现实谈现实，甚至是割断传统道德史进行道德宣传，忽视传统甚至不讲传统。大家也都认为中华民族的优良道德传统应该继承，但始终没有形成明确的观念和做法，一直在似是而非的状态中对待道德传统。在一些宣传媒体上，诸如何认识和对待"仁爱""忠恕""中庸""诚信""孝悌""五伦""八德"以及传统的公私、义利、家国、理欲等道德观念，只是偶尔作为学术问题来探讨一下，我们的舆论工具没有做有系统取舍的研究和宣传，以至于在道德教育中如何正确地对待道德传统往往是无所适从。

江泽民总书记在 1995 年 10 月 6 日为中国伦理学会会长罗国杰教授主编的《中国传统道德》一书题词："弘扬中国古代优良道德传统和革命道德传统，吸收人类一切优秀道德成就努力创建人类先进的精神文明。"李岚清副总理在为《中国传统道德》所做的序中指出："继承和弘扬中华民族的优秀传统文化，尤其是传统美德，无疑是精神文明建设的一个重要方面。"并指出："此书可作为德育的参考教材"，"同时还应把此书内容通过电化教育手段和文艺作品的形式传播开来，以扩大传统美德的教育面"。这是中国传统道德真正实现古为今用的重要标志。

近几年来，大、中、小学德育已开始涉及优良道德传统的叙述，社会公德、家庭美德、职业道德教育也已开始传播相关的传统美德。因此，我国优良的道德传统与以全心全意为人民服务为核心、集体主义为原则的社会主义道德体系正在发生合理的融合，正在形成适应现代社会发展要求的有中国特色的道德教育体系。

二　存在的问题及其对策

总起来看，我国的道德教育体系和取得的效果还适应不了快速发展的社会要求，人的道德化程度总是滞后于社会发展的其他内容和因素。以下六方面的问题至少是当前我国道德教育存在问题的症结所在，需要采取相应的措施着力纠正之。

（一）道德普及率不高

道德是什么？道德有何用？这在我国社会并不是所有人都能认识和理解的，正因为这一点，缺乏良心和羞耻心的大有人在。商业行为中的坑蒙拐骗、制假售劣、尔虞我诈，人际交往中的互不信任、互不关心、互相"计数"，官员腐败，甚至家庭中不讲孝道等败德行为已严重影响社会有机体的正常运作。可悲的是，有的人不以为耻，反以为荣。

道德普及率不高，其重要原因之一是道德教育缺乏深度和广度，缺乏明确的目标和有效的方法，人们的热情也不够。当然，经济不发达和文化教育不发达也是不能普及道德的深层次原因。这当然也是今后需要着力解决的问题。从总体上来说，道德普及率的提高，最终要依赖经济和文化教育的发达，发展经济和加强文化教育投入应该是根本性措施。

（二）缺乏道德生活模式

以"应该"为依据的道德规范在人们的社会生活中是应该成系统的，因为它来自并服务于有序的社会关系。道德教育过程中，人们有责任研究和揭示道德生活模式。对于这一点，就形式上来说，我国封建社会做到的，在社会主义的新中国却在很长一段时间内是一个难题。封建社会的诸如"三纲五常""四维八德"等伦理纲常都是成套成系统地展示在人们面前，而当代只是几年前才提出以全心全意为人民服务为核心、以集体主义为原则的"三德"规范体系。这是一个了不起的成就，但作用于生活还需要逐步深化和细化，使得社会成员无时不在道德规范的协调和制约之下。唯此才能使人们的生活有所适从，也才能把人们的行为纳入社会发展所需要的轨道上来。

（三）道德教育缺乏针对性

平心而论，长期以来，我们的德育教材和德育书出版了不少，道德规范要求也是提了又提，提了不少，诸如集体主义、为人民服务的宣传教育始终没有中断过。但由于道德教育仅仅满足于一般号召，故收效不理想。没有能真正让道德走向生活，让人们真正懂得它的操作性，知道它的实用性，使之成为生活必不可少的一部分。如果人人都通过有针对性的切身体验来体会缺德将要损害自身的形象、生活的环境和生存的质量等，那道德自觉将会成为普遍现象。

（四）法制建设还没能成为道德教育的有效机制

道德教育必须依赖于法制的完善，因为人们道德觉悟的提高和道德习惯的形成尽管需要道德感化，但感化教育不是万能的，在复杂的社会生活环境中，十分需要通过法规来理顺各种关系，限制人们的行为，培养人们的生活习惯。只有不断加强人们的法治意识，才能不断增强人们的道德意识。这在许多国家和地区是成功的经验。我国的法律建设在逐步完善，但法规的健全仍需要有一个过程。当务之急是要完善各种法规，同时加强人们的守法意识。在相当一部分人还不具备法治意识的情况下，道德教育会是事倍功半的。

（五）腐败现象使得"官德"声誉下降，道德信誉也随之下降

在中国，道德该不该讲、道德有没有用、道德风尚能不能不断改善，很大程度上取决于领导干部道德觉悟高不高。官员腐败假如得不到有效抑制，道德教育不可能奏效。长期以来，权权交易、权钱交易、权色交易等腐败现象尽管只在少数官员身上出现，但其负面影响极大，它使人们对社会主义道德丧失信心。更何况，现在的送礼风、吃喝风、裙带风等还在一定程度上和一定范围内蔓延，在这种情况下开展道德教育，反而会造成"腐败与虚假共存"的感觉。

多年来，政府不断在加大反腐倡廉力度，人们对道德作用的信心也在逐步增强。这从正面也说明了"官德"与道德教育效果的直接关联。

当前，在提倡"以德治国"的同时加强惩治官员腐败，这既是治国安邦的重大举措，也是加强道德教育，提高社会主义道德信誉的重要途径。

（六）教育方法和手段单调而"机械"

尽管在理论上可以列举出多种道德教育的方法和手段，但目前对青少年的教育主要还是课堂教学，社会道德教育还处在比较"随意"的状态，没有一套科学而注重实效的系统教育方法和手段，更谈不上不同年龄或不同的角色在不同环境下的不同教育方法和手段。

道德教育的方法和手段的应用是一门科学。它既要有年龄的针

对性，又要有不同生活领域的针对性；既要有不同文化程度的针对性，又要有从事不同工作性质的针对性；既要有思想观念的教育，又要有实践磨炼；既要有情感教育，又要有法规约束；等等。系统而科学的道德教育的方法和手段，是道德教育适应现代社会发展要求的基本前提。

（原载《德育天地》2001年第1期）

科学道德
——公民教育的基础和核心

公民教育是一项系统工程，就时间来说，他贯穿于人的一生；就空间来说，学校、社会、家庭、工作部门都存在公民教育的问题；就教育内容来说，公民教育内含社会科学理论、伦理道德、法律等内容，还应包括科技、人文教育等；就教育方法来说，有理论灌输、文化传授和实践锻炼等；就教育目的来说，他既要完善人的社会化过程，又要稳定社会、规范人的行为，还要为社会发展提供动力和活力，最大限度地实现物质创造和物质利益。

科学道德作为教导人们立身处世的理念，在公民教育这一系统工程中处于重要的地位。没有科学道德介入公民教育系统工程的方方面面，公民教育不可能达到预期目的。因此，科学道德既是公民教育的基础，也是公民教育的核心。我们可以从五个主要方面来充分认识这一观点。

1. 公民个体的理性水平和生活质量，取决于他对自身存在及其生存价值的正确认识。没有正确的人生价值追求，其生存状态必然是被动的、消极的，同时也必然影响社会有机体的活力。一个对自己生存和发展不负责任的人，他就不会有学习、工作或行善的动力，也就难以形成崇高的理想和艰苦奋斗的精神，其人格塑造也往往是扭曲的甚或是畸形的。这样人的生活主要停留在生理满足层面上，他对社会来说仅仅是一个被动和消极的存在，有的甚至是多余的甚或是反动的存在。诸如吸毒贩毒、暴力等行为者，其堕落的主要根源应该是缺乏基本的科学道德素质。

2. 法制教育是公民教育的重要内容，而法制建设的成败，决定于道德教育和道德建设的成败。法律保护每一个公民的权利，同时每个公民又都是法律所规定的公民义务的承担者。因此,被保护者应该是法律的模范执行者。但是,"应该"是一回事,能否真正成为守法者又是一回事。正因为如此,法制建设是每个国家实现法律公正的重要工程。然而,法律主要通过条规来调整和约束人们的行为,违反了就要受法制的制裁。他是以国家的权力来保证实施的,是"惩恶于已然",应该说他的作用带有消极性、被动性。科学道德则是通过社会示范的作用,指导人们应该做什么,怎么去做。他不是靠权力而是以社会舆论、良心、风俗习惯去维持,他所强调的是人们的自觉行为,是"劝善于未然",因而,他的作用是积极、主动的。

事实上,犯罪是从"缺德"开始的,一些染上恶习的青少年,他们并不是不知道法律的惩治性,但由于道德观被扭曲,如他们认为为朋友两肋插刀是男子汉的"气概",对一些"江湖义气"型的犯罪行为不但不指责,甚至赞许仿效,他们一般不肯揭露别人的违法行为,认为那样不够"哥们义气",以至于对法律毫无顾忌。相反,在现实生活中,讲道德者必定是守法者,既然一个人能自觉服从于隐性的客观的"应该",他也必定会执行明文规定的法规(当然,前提是法律条文必须是科学的、公正的)。这就是说,主动的法制建设要以道德教育和道德建设为基础。

3. 经济建设的动力和活力来自道德力。公民教育需要从文化教育角度提供给他们科学知识和技能,仅此还不能意味着公民就能积极创造财富,没有基本的道德觉悟和道德应用水平,渊博的知识和高超的技能也不能发挥应有的作用。只有"德力"和"知力"的结合才能创造更多更好的财富或更好更受欢迎的产品。例如,创造一个名牌产品,需要有相当的科技和工艺等含量,同时,更需要道德含量,以对用户负责的精神和根据用户生理和心理等要求所设计制造的产品必然会受到人们普遍的欢迎。否则,没有对用户负责的精神,制造产品的科技和工艺水平也难以充分发挥出来。因此,高科技产品不一定必然是名牌,小发明、小手工产品不一定成不了名牌,关键还是要看产品内含的"道德量"。同样,一个商业企业能否成为名牌企业,不取决于是否卖名牌产品,而取决于售后服务的到位程度和信誉度的高低。由此看来,道德也是资本。为此,对公民传授知识与科学道德教育应该是同步的，而且科学道德教育更为重要。

4. 科学道德教育是公民教育的基本内容和基本出发点。前面已经提到，公民教育的内容是多方面的，但归结到一点就是公民的素质教育，其基本取向是实现人的全面发展，即要让公民在科技、文化、政治、经济、法律、伦理等各方面获得较全面的知识和圆满的发展。然而，任何事情的成功都是要人具备一定的精神境界的，抱着一种消极遁世的生存态度，即是说缺乏科学道德所要求的理性生存观念，任何其他教育对这样的人来说效果都是甚微的。社会上大凡有成就的人，其对公民教育的主动接受性都是强的，而这样一种人生态度很大程度上取决于他对人和人生意义的科学认识，取决于他追求崇高生存价值的志向。为此，人生的动力在于追求科学道德，科学道德教育是公民教育的逻辑起点，亦应该是贯穿公民教育始终的一条主线。

5. 理解和把握科学道德理论是顺利进行社会科学理论教育的前提和基础。作为一个公民，他必须懂得社会，同时也必须了解社会发展规律，唯此才能以积极主动的姿态去投入社会发展活动中，然而，不懂得科学道德理论，对其他社会科学理论也只能不得全解或一知半解。古希腊一些哲学家早就指出过，研究道德理论的伦理学是社会科学中的核心科学和目的性科学。这就意味着作为最直接、最贴切、最全面研究人的科学道德理论是其他社会科学的基础理论或指导性理论，也是其他社会科学研究的题中应有之义。事实也是如此，不能对人和人生、人际关系和人际和谐等问题做出正确的解释和把握，作为研究人类社会现象某个领域的社会科学理论是难以完备的。由此我们可以得出结论，要使社会科学理论让公民接受，他必须内含道德科学，同时，还必须对公民首先进行科学道德教育。

（原载《德育天地》2001 年第 2 期）

关于社会主义道德建设研究评述

一 市场经济与道德建设关系的研究

我们的社会主义道德建设是在社会主义市场经济体制不断健全和完善的背景下进行的。对于市场经济与道德建设关系的认识，直接关系到道德建设的基本思路和途径，关系到道德建设的最后成效和影响。如此，将道德建设置于市场经济条件下进行研究便成为诸多学者着力的方向。

（一）社会主义市场经济体制不是道德水平低落的根源

大部分学者都认为，社会主义市场经济体制不是道德水平低落的根源。虽然市场经济所具有的一些消极因素会渗透到道德领域中，给我们的道德建设带来冲击，并在一定程度上造成社会道德水平的下降，但这并不意味着市场经济本身应对整个道德领域出现的问题负责任。事实上，诸多道德问题的出现是由在市场经济体制建立、健全的过程中，来自体制、法制、具体政策等多方面的不完善造成的，即我们不能将道德问题的出现单纯地归咎于市场经济体制的建立。相反的，道德问题的大量出现还在很大程度上制约了市场经济的发展，如当前信用道德水平的相对低下就严重地阻碍了健康、完善的市场经济的发展。

（二）社会主义市场经济的发展需要进行道德建设

社会主义市场经济是否需要进行道德建设？回答是肯定的。在如何理解这种需要关系上，不同的学者为我们提供了不同的视角。

有的学者从市场经济是一种规范经济的角度入手，认为市场经济作为一种规范经济，要健康地发展就需要有外在的、他律的规范（法）和内在的、自律的规范（道德）共同作用。社会主义道德建设能够为市场经济提供与其相适应的道德规范体系，因此进行必要的道德建设就成为社会主义市场经济良性发展的必要保证。

有的学者从市场经济的可持续发展角度出发，认为社会主义市场经济作为一种可持续发展的经济，需要来自法制、政策和道德等多方面的支持。社会主义道德建设不仅能够为市场经济创建一定的道德秩序，更会引导人们产生相应的内心信念，进而促进市场经济条件下社会主义经济的可持续发展。

有的学者从市场经济体制建立过程中出现的诸多问题亟待解决的角度出发，提出在市场经济体制逐步建立健全的过程中，人们利益的多元化导致了道德价值取向的多元化，人们对个人利益和功利的过分关注导致了个人主义，这些道德问题的出现妨碍了市场经济的健康发展，亟须解决。进行社会主义道德建设正是解决问题的有效途径，如此，道德建设的重要性和必要性也就不言而喻了。

（三）社会主义市场经济的发展为道德建设提供了新的发展条件

在理解市场经济与道德建设关系的各类观点中，值得肯定的一项是：市场经济的建立与道德状况的提高并非水火不容，它不仅不是道德旁落的根源，相反还给社会主义道德建设提供了新的发展条件。

第一，社会主义市场经济的发展为道德建设提供了经济基础。很多学者都从市场经济发展带来巨大经济进步的角度，论述其为道德建设提供的发展条件。一方面，从经济基础决定上层建筑的角度来看，市场经济的发展为道德提高提供了坚实的经济基础，为道德建设的有效进行提供了切实的保证；另一方面，道德建设的进行本身就需要具备一定的物质条件，社会主义市场经济的发展不断地满足了这一要求，大量物质的、资金的投入保证了道德建设的顺利进行。

第二，社会主义市场经济的发展给道德建设提出了新的道德要求。部分学者提出，市场经济的健康发展需要一定的道德基础，需要包括道德在内的各种制约力量的合力作用。市场经济本身就包含一种内在的道德要求，特别在我国经济体制逐步转型的大环境下，这种道德要求更显迫切。这样，新的或更为复杂的道德问题的出现给我们的道德建设提出了新的要求和新的课题，从而促进了社会主义道德建设的新发展。

第三，社会主义市场经济的发展为道德建设创设了良好的外部环境。有学者提出，社会主义市场经济的发展促进了社会主义民主制度和法制体制的变革，使真正的民主政治和现代法治得以实现，从而为道德建设提供了坚实的外部保障。在这种高度民主、法制健全的社会中，在与政治、法制等多种力量共同作用的前提下，道德领域的进步成为可能，社会主义道德建设的顺利推进获得了可靠的保证。

第四，社会主义市场经济的发展推动了科技的进步，为道德建设提供了新的方法、手段和载体。很多学者都认同并阐述了相似的看法。举例来说，科技的发展为道德建设提供了诸如影音设备、多媒体软件等众多的新载体，使得我们能够将抽象性、文本化的社会主义伦理道德观念转化为具体的、易于受众理解和接受的有形、有音的形态，从而极大地提高了道德建设的生动性和有效性。

二 对以往道德建设的反思

对过往道德建设方式、思路及成效的认识和反思，成为许多学者在讨论道德建设问题时的自觉行动。普遍的认识是，以往道德建设取得了很大的发展，但它的效果不够理想，至少从建设投入与实际效果的比较来看，以往的道德建设是低效能的。主要的缺陷和不足表现为五个方面：

（一）**道德教育的方式呆板。**

道德教育是道德建设的基础，没有科学的道德教育就没有效果良好的道德建设。很多学者在分析以往道德教育失误的过程中都曾指出，以往的道德教育方式过于单一，主要采用了直接灌输式，而疏于对其他道德教育方式的省察和应用。在运用灌输式教育时，教育者往往过于生硬，甚至流于形式主义，从而让受教育者产生逆反心理，在行动上自觉不自觉地抵制道德教育的内容和方式，使得这种道德教育收不到应有的效果。同时，以往的道德教育过于政治化。在这种教育之下，主体的道德行为不是自觉自愿进行的，很多是将遵循道德规范作为一项政治任务来应付，长此以往使得人们缺乏道德选择和行为的责任感和自信心。

（二）道德要求的层次划分简单

许多学者在提及以往的道德建设时都指出，过去道德建设中道德要求的层次性不明显，没有对道德要求进行具体的、科学的划分。以往我们没有认识到道德要求先进性和普泛性辩证统一的关系，没有针对不同的受教育者及其道德层次，进行有序、有区别的道德建设，而是简单化地进行统一要求、同一标准的道德说教，使得那样的道德建设越来越倾向于形式化和空洞化，并最终导致道德建设效率和效果的低下。

（三）道德建设的系统性缺乏

道德建设是一项促进道德进步的系统工程，是一个塑造人的、长期的和系统的工程。有学者就此提出，以往的道德建设缺乏系统性：首先，道德建设作为塑造人的工程，没有深入人心，从提高人自身素质的角度来认识；其次，道德建设没有从实际出发，进行有序的道德教育；再次，道德建设中没有将社会、学校和家庭有效地统一起来，对社会公德、职业道德和家庭美德三方面的投入也不够合理。① 可以说，以往我们没有将道德建设作为一项系统工程来进行，从而造成了很多的失误。

（四）道德实践能力的培育常被忽视

许多学者皆指出，我国以往的道德教育过于重视道德规范的简单灌输，而漠视了道德实践能力的培育和建设。这里的"道德实践能力"，指人们基于道德主体意识而具有的在道德实践过程中进行道德选择、道德行为和道德评价的能力。对培育道德实践能力的忽视

---

① 参见邹凤珍《论经济全球化背景下道德建设的基本思路》，《发展论坛》2002 年第 1 期。

常带来巨大的不良后果，不仅不能有效地培养健全的道德主体意识，促进受教育者增进道德行为、选择的权利感、责任感和自信心，更在很大程度上限制了主体道德选择、道德行为和道德评价能力的提高，使得这些受教育者在面对实际道德问题时局限于道德主体意识薄弱和道德选择、行为、评价能力不强的困境，无力进行有效的道德实践。

（五）公德建设易被忽视

随着社会的进步和道德建设理论研究的深入，我们日益认识到社会公德建设的重要性，而这恰恰是以往道德建设过程中被忽视的一个方面。我国历来有重个人私德的传统，即在道德教育、修养的过程中将主要的精力运用于个人道德素质、道德修养和道德境界的提高上。这种思维模式往往造成人们在道德观念上公私德不分或重私德轻公德，继而在实际的道德建设过程中对社会公德采取轻视的做法。由此而产生的后果是严重的，不仅可能因为对个人行为干预过多而束缚个性的健康发展，更会导致人们"对社会应有的体制、机制、法制规范体系健全的忽视与放松"①。

三 道德建设具体实施方略的探讨

（一）正确对待传统文化和外来文明

第一，坚持继承优良传统与弘扬时代精神相结合。在社会主义道德建设过程中如何对待传统文化，特别是如何对待中华传统道德的争论是比较常见的。一种观点认为，中华传统道德是一种狭隘世俗化、高度政法化的伦理文化，与社会主义市场经济的发展完全不适应，要进行根本改造，在道德建设中没有吸收的必要。一种观点则认为，中华传统道德全是精髓所在，我们没有必要对之进行改造，在市场经济条件下，它完全能够推陈出新，阐旧邦、辅新命。更多的观点认为，以往我们批判得太多，而扬弃的做法太少，对传统文化、传统道德应采取扬弃的方式。

---

① 李德顺：《当前道德建设的重大课题》，《天津社会科学》1994 年第 5 期。

我们认为，应以扬弃的方式去对待传统道德和伦理文化，继承并发扬中华民族传统美德；同时弘扬时代精神，赋予优良的传统文化以新的时代特征。具体地说，在社会主义道德建设过程中，我们应认识到当前的道德建设不能割裂于历史之外，必须继承和发扬中华民族几千年形成的传统美德。同时，又应考虑到社会主义市场经济的新要求，赋予其鲜明的时代特征和适宜的作用形式，使之在新的时代环境和气息中发挥新的作用。总之，我们的社会主义道德建设必须既体现时代要求又大力吸收传统文化的精粹。

第二，坚持吸收外来文明优秀成果与抵制其中消极因素相结合。社会主义道德建设过程中，如何对待外来文明，理论界存在着一些争论，但绝大多数学者都认为，应汲取优秀的外来文明成果并自觉抵制其中存在的消极因素。有的学者从道德建设应有理论资源的角度出发，认为不仅要将中国传统文化作为一种理论资源来汲取，而且要吸收和借鉴外来文明的优秀成果。同时强调不能混淆文明和文化这两个概念，"文明有先进和落后之分，文化则有中西之分，承认文明的高低并不会否认文化的多元"[①]。

归纳起来说，我们的社会主义道德建设不能闭门造车，应加强与不同国家、民族和地区之间的文化思想交流，主动进行不同道德文化的比较研究。在对外来文化进行必要的分析、鉴别和筛选的基础上，广泛吸收世界上的一切先进文化和思想成果，并自觉抵制外来文化中的那些消极腐朽的道德观念和思想，杜绝那些消极因素对道德建设顺利进行的窒碍。

（二）完善道德建设的内部协同机制

第一，坚持先进性道德要求与普泛性道德要求相统一。很多学者提出，社会主义道德建设应从道德要求的层次性出发，改变过去对先进性道德宣传过多的做法，立足于现实的社会经济与道德状况，将先进性道德要求与普泛性道德要求统一起来。先进性的道德要求指共产主义道德，主要是针对共产党员和社会先进分子提出的，对社会道德具有指导性；普泛性的道德要求指对广大群众的基本道德

[①] 张立波：《"市场经济与道德建设"学术研讨会综述》，《教学与研究》1997年第2期。

要求，主要指"五爱"（爱祖国、爱人民、爱劳动、爱科学、爱社会主义）。

有的学者更是对不同层次的道德建设提出了要求，主要包括：首先，应坚持先进性与广泛性的辩证统一，促成两者的互相包容和互相支持，避免将两者人为对立起来；其次，应同时进行两个层次的道德建设，防止一种倾向掩盖另一种倾向；再次，应大力提倡先进性的道德要求，发挥其主导凝聚和潜移默化的作用，不断将人们的道德水平提高到更高、更新的层次，最终在整个社会范围内实现人们道德觉悟的普遍提高。①

第二，坚持整体推进与重点突破相结合。社会主义道德建设应坚持整体推进与重点突破相结合，实现以点带面、整体发展的目标。

一种观点认为，在道德建设中应以职业道德为重点，通过加强职业道德建设，促进整个社会道德风尚的进步。职业道德是人们在职业活动中所形成的特殊行为规范，是社会道德水平的主要标志。社会主义道德建设应着力提高各行各业的职业道德水平，由此影响和带动整个社会风气的好转。

一种观点认为，道德建设的重点对象应是领导干部和青少年。党和国家各级领导干部从事的是一种特殊职业，是社会公共权力的行使者，更是人民利益的代表者。他们的道德状况对广大人民群众具有强烈的示范和导向作用。所以，干部道德建设应成为整个社会道德建设的重点。同样，青少年是祖国的未来，是国家社会主义现代化建设的生力军。加强青少年思想道德建设关系国家和民族的盛衰。我们应依据道德教育的规律，针对青少年的特点，利用能够调动的所有资源，对青少年进行综合、系统的教育。

（三）强化道德建设的外部保障机制

第一，增强道德建设的物质基础。普遍的观点是呼吁政府加大投入。社会主义道德建设的进行需要有强大的经济后盾，政府的相关经济投入是道德建设顺利进行的主要和基本的资金来源。

有的学者提出，可以将道德建设与产业化相结合，以此为道德

---

① 参见朱庆荣《论道德建设中应坚持的基本原则》，《前沿》2003年第2期。

建设提供强大的物质后盾。当前,产业化步伐不断加快,道德作为一种无形产品渗透到有形产业中的意义和价值逐渐被人们认识和重视。自觉地将道德因素融于产品之中,促进产业的发展已经成为人们的共识。这种互动关系可以表述为:道德建设促进产业的发展,产业发展获取效益,反过来为道德建设提供经济支持,推动道德建设发展。①

有学者还指出,"道德建设与产业化相结合,还指各种道德基金不仅要依靠社会各界的资助,而且更重要的是要将基金会的资金投资到各类产业中,或者自行创办企业,将获取的利润用于道德建设的各项工作中,开辟道德建设资金的多种来源"②。

第二,推进制度化保障机制的建立。道德约束,主要是一种依靠内心自省的柔性约束,它的有效性很大程度上取决于行为主体自身的道德觉悟水平,往往约束力不强。这样,在社会主义道德建设过程中就必须坚持柔性约束和刚性制约相结合的原则,尽可能地增强道德规范的约束力。一种观点认为,应逐步将一些具有普遍约束力的道德规范法律化。这种观点以目前我国社会的道德现状为依据,提出了增强道德建设有效性的方案,即"将道德规范中那些具体的、可操作的内容不同程度地纳入法律之中,以他律性的法律来规制人们的社会行为"③。

一种观点认为,应尽可能使道德规范成为一种可以操作的"制度"。有的学者就此提出建立伦理制度的要求,所谓伦理制度是指依道德规范而设置的,督促、监督、保障主体遵循道德规范,实现道德价值的一套"鼓励"与"惩罚"的制度。而要建立健全伦理制度,作为道德建设的社会保障机制应当注意从两个基本环节入手:一是"在全社会相应建立道德建设的执行机制";二是"健全道德建设和道德进步的社会评价机制"④。

事实上,道德法律化的过程是将道德规范上升为法律法规的过

---

① 参见赫鸿雁、孙智捷《新世纪道德建设的新思路》,《行政论坛》2002 年第 5 期。
② 章海山:《21 世纪道德建设的创新思路》,《哲学动态》2001 年第 4 期。
③ 黄海昀、程敬贤:《以道德法律化促进公民道德建设》,《社会科学论坛》2003 年第 2 期。
④ 钱广荣:《论道德建设》,《道德与文明》2003 年第 1 期。

程，这种方案很可能导致道德与法律界限的模糊，且实际操作性较差。相反，将道德规范进行适当制度化的观点则要合理得多。伦理制度是为倡导特定的道德规范而人为设定的要求人们必须怎样做的规定，是人们从事选择活动的理由。在本质上，伦理制度不是法律、行政法规意义上的规范制度，而是"一种与道德建设密切相关的社会保障和监督机制"[1]。建立这种制度化的规范约束机制不是道德建设的最终目的，但却是外在他律走向内在道德自律的必要手段。这样，我们就应充分发挥伦理制度的社会调控作用，增强道德对社会生活的全面的调节作用，进而推动社会主义道德建设的顺利进行。

第三，加强法律支持和政策保障。普遍的观点是，社会主义道德建设是一个复杂的社会系统工程，既要靠道德教育，也要靠法律、政策的支持和保障。所以，我们必须将引导与约束、自律和他律结合起来，综合运用各种手段，充分发挥科学管理的支持作用，推动道德建设的进步。

有的学者则从道德与法律的体用关系入手，阐发了法律支持对道德建设的积极作用。他们认为，因为道德和法律不仅具有"相互渗透、相互影响、相辅相成的原始共性"，还在建构方式、性质、作用方式上具有互补性，所以两者在事实上存在着一种浑然一体的道德为体、法律为用的"体用关系"。这样，"用法律的形式来表达道德规范的实质内容"，就能够发挥法律为体的作用，促进道德建设的发展。[2]

有学者提出，各项政策、规章对道德建设的顺利进行亦有重大影响。各级政府在制定政策时不仅要注重经济和社会事业发展的需要，还要充分考虑道德建设的要求，为道德建设提供正确的政策导向。具体的工作包括：政府出面设计、预制并推广相应的道德规范；政府主动引导社会舆论，利用软约束的方式来支持道德建设；政府专门为这些道德规范配置政策化的硬性约束手段，做到软硬两手抓。事实上，道德建设不是孤立于社会管理和社会调控系统之外的封闭系统，它具有系统性和开放性。所以，我们有必要将道德建设融于

---

[1] 钱广荣：《论道德建设》，《道德与文明》2003 年第 1 期。
[2] 张树志：《道德为体　法律为用》，《湖北社会科学》2003 年第 3 期。

科学有效的社会管理之中，完善道德教育与社会管理、自律与他律相互补充、相互促进的运行机制，切实有效地推动社会主义道德建设的进步。

第四，营造良好的道德建设社会氛围。社会主义道德建设作为一种开放的、复杂的社会系统工程，在推进的过程中必然与社会文化氛围形成互动、互为影响。有的学者就此提出，应利用一切现代化传媒手段如电视、电台、报刊、电脑网络等以各种方式对社会生活的各个方面进行道德评价和引导，为社会主义道德建设营造一个良好的外部文化氛围。

（原载《南京社会科学》2003年第12期，与朱辉宇合撰）

公民道德建设与社会主义市场经济建设

加强公民道德建设，离不开社会主义市场经济建设这个大背景。厘清公民道德建设与社会主义市场经济建设之间的关系，明确公民道德建设在社会主义市场经济建设中的地位和意义，对于加强公民道德建设和社会主义市场经济建设都具有十分重要的意义。

一 社会主义市场经济建设呼吁与之相适应的公民道德

在不断深化和强调社会主义市场经济建设的今天，为什么会提出公民道德建设这个问题呢？搞公民道德建设，是不是与社会主义市场经济建设相冲突呢？答案只有一个：公民道德建设不仅不与社会主义市场经济建设相冲突，相反，它正是推进社会主义市场经济本身所提出的。从直观来看，公民道德建设问题的提出，其起因是我国在道德建设层面上出现了一定的问题。

改革开放以来，我国在经济建设方面取得了举世瞩目的成就，社会生产力的发展速度居于世界首位，人民群众的生活水平也日新月异，国家的综合国力也在快速而平稳地提高。但是，在这些值得欣喜和称道的物质成就背后，人们又看到了几许乌云：我们在精神道德建设方面并没有取得与物质财富建设方面相对称的成就，社会道德领域里一直存在着诸多疑惑：20世纪80年代初出现了"'潘晓'来信"，90年代展开了道德"爬坡论"与"滑坡论"的争论，世纪末又开始了"诚信"问题大讨论。邓小平同志在1989年就意识到了这个问题，他指出："我们最大的失误是在教育方面，思想政治工作薄弱了，教育发展不够。我们经过冷静考虑，认为这方面的失误比通货膨胀等问题更大。"①

从另一方面来说，这些社会道德问题存在于社会主义市场经济建设的发展过程中，它与社会主义市场经济建设有着密不可分的联系。

发生在 20 世纪 80 年代初的"'潘晓'来信"，是对革命年代"大公无私"价值观的一种反思，表达了人们对于个人正当物质利益的一种渴望。经济体制改革回答了这一问题，它借助不断扩大的市场力量，重新确认了个人的合法权利和责任。邓小平同志关于"物质利益"与"革命精神"关系的论述，关于"允许一部分人先富起来"的论述，充分承认和肯定了个人物质利益的伦理正当性。

而道德"滑坡论"与"爬坡论"的争论直接反映了社会主义市场经济建设过程中存在的道德问题。经济体制改革通过肯定个人物质利益的正当性，重新回答了"公"与"私"的关系问题，为生产力的解放找到了巨大的动力。但社会主义市场经济建设过程中又产生了自己的伦理问题：人们在追逐"利"的过程中应该如何处理"利"与"义"的关系？应该如何达到"公"与"私"的平衡？在社会主义市场经济建设过程中，这些道德问题并没有得到很好的处理和解决，出现了一些私利泛滥和道德冷漠的现象，从而引发了人们对社会道德现状的反思。

世纪末的"诚信"问题，则是中国社会主义市场经济建设发展到一个新台阶后出现的问题，也是与社会主义市场经济相配套的道德建设还不成熟的一次根本体现。加入 WTO 是我国经济融入世界经济一体化进程的重要标志。然而，世界市场已经形成了自己的稳定规则，并要求加入这个世界市场的每一个人都能遵循它的规则。在这样一种背景下，我国企业和公民诚信意识薄弱的问题暴露无遗。如果说以前在刚刚起步的国内市场上，凭借薄弱的诚信意识我们还能勉强支撑下去的话，那么在已经成熟的国际市场上，仅仅只具有这种道德观念的企业是远远跟不上趟的。② 这种忧患意识推动了"诚

---

① 《邓小平文选》第 3 卷，人民出版社 1993 年版，第 290 页。
② 这部分观点可以参阅王小锡、李志祥《论经济全球化对中国企业的伦理挑战》，《南京社会科学》2001 年第 2 期。

信"问题的大讨论。

从以上的分析中我们不难发现：我国已经出现过和正在出现的道德问题，都与我国正在进行的社会主义市场经济建设有密切的联系。这并不是说，当前所有的道德问题都是由社会主义市场经济建设引起的，而是意味着，这些道德问题存在于社会主义市场经济建设中，必然会对社会主义市场经济建设起一定的负面作用。要搞好社会主义市场经济建设，就必须正视这些道德问题，着手解决这些道德问题。从这个意义来说，针对社会道德问题而提出的公民道德建设，其实也是社会主义市场经济建设本身所提出来的，是社会主义市场经济建设的一个重要组成部分。

二 公民道德建设可以为社会主义市场经济的发展提供动力

公民既是道德承载的主体，也是社会主义市场经济建设的主体。一个具有良好道德素质的公民，同时也是一个具有强烈动力和优秀品质的经济参与者。因此，加强公民道德建设，提高公民的道德素质，培养有道德的公民，同时可以为社会主义市场经济建设提供必要的伦理支持。

首先，有道德的公民也是具备"社会主义精神"的公民，他们能够充分理解社会主义市场经济本身的合理价值，能够充分认识自己经济行为的道德意义，具备与社会主义市场经济相适应的金钱观、财富观、职业观和劳动观，从而能够更好地献身于社会主义市场经济的发展。早在20世纪初，韦伯就指出：一定的经济秩序必然要求与这相应的伦理精神和具备这种伦理精神的职业人员，任何一种经济秩序、任何一种经济行为，要想得到长久的发展，就必须有与之相应的文化观念和伦理精神，必须有具备这些文化观念和伦理精神的公民。缺乏了这种文化观念和伦理精神，相应的经济秩序和经济行为就很难得到真正长久的执行。[1] 这一思想无疑是非常深刻的，它

---

[1] 参见［德］马克斯·韦伯《新教伦理与资本主义精神》，于晓、陈维纲等译，生活·读书·新知三联书店1992年版。

充分肯定了伦理文化对于经济建设的巨大意义。

在进行社会主义市场经济建设的时候，我们也需要培养与社会主义市场经济建设相适应的、体现"社会主义精神"的文化观念和伦理精神，培养具有"社会主义精神"的公民，使他们能够认同社会主义市场经济，能够理解劳动和职业本身的意义。

对于社会主义市场经济建设来说，公民的伦理素质与他们的科技知识和劳动技能具有同等的重要性。一个人敬业与否，直接影响着他所释放出来的生产力的大小，直接影响着他对社会的贡献。一个劳动者能否很好地与其他的劳动者合作，直接影响着整个经济组织的工作效率。从这个角度来看，只要有一定形式的人类劳动，就必然要有一定的劳动伦理与之相应。

其次，有道德的公民不仅具备积极的职业态度和工作精神，还能正确处理个人与他人、社会之间的关系，既充分追求个人自己的正当利益，还合理肯定他人和社会的正当利益，从而建立一个人人都能够合理追求自己利益的社会关系，为社会主义市场经济建设提供一个宏观上有利的社会伦理环境。

制度经济学的研究成果表明，市场上的资源配置实际上是由两个因素决定的：一个是企业之间的资源配置，这是由价格机制决定的；另一个是企业内部的资源配置，这是由企业家决定的。[①] 这说明市场经济中存在两个核心要素：一个是发生在市场中的交换行为，一个是发生在经济组织内部的合作行为。无论是哪一个要素，都离不开一些基本而重要的伦理环境。

对于市场交换和经济组织来说，都存在一个不易被人重视的理论问题：一个经济主体凭什么会与另外一个经济主体进行交换或合作？经济学家可能会告诉我们，人们是为了获得更大的利益才与另一个人进行交换或合作的。是的，亚当·斯密早已让世人明白：人们确实可以通过交换或合作获得一定的利益，但是，交换或合作双方如何才能相信自己的交换或合作伙伴呢？法学家可能会告诉我们：法律可以充当维护交换或合作顺利进行的武器。但法律真的无所不

---

① 参阅［美］罗纳德·哈里·科斯《企业的性质》，《论生产的制度结构》，盛洪、陈郁译，上海三联书店1994年版。

能吗？撇开法律条文对于具体违法现实的滞后性以及在法律执行过程中存在的问题，如果一个社会的所有交换或合作都要通过法律来予以保障，那么这个社会用来维持正常秩序的法律成本将是不可想象的。

在这种情况下，我们为什么还要去交换或合作呢？福山指出，人类行为有百分之八十符合"经济人"模型，但还有百分之二十不能由经济因素来加以说明，而必须用文化因素才能说明。他的结论是："法律、契约、经济理性只能为后工业化社会提供稳定与繁荣的必要却非充分基础，唯有加上互惠、道德义务、社会责任与信任，才能确保社会的繁荣稳定，这些所靠的并非是理性的思辨，而是人们的习惯。"[1] 由此可以看出，市场交换和经济合作的顺利进行，既离不开经济因素和法律因素的作用，同样也离不开道德文化因素的作用。

一定程度的信任不仅是大规模、深层次的交换和合作行为的基础，还可以为社会节省大笔的经济成本。福山曾经明确指出："一个社会能够开创什么样的工商经济和他们的社会资本息息相关，假如同一个企业里的员工都因为遵循共同的伦理规范，而对彼此发展出高度的信任，那么企业在此社会中经营的成本就比较低廉，这类社会比较能够并井然有序地创新发展，因为高度信任感容许多样化的社会关系产生。"[2]

要形成一定规模的社会信任，要为社会主义市场经济建设提供必要的伦理环境，就需要每一个经济参与者的共同努力，需要每一个人都以"诚信"作为基本的行为准则。公民道德建设要求每一个公民都"明礼诚信"，做到言必信、行必果，从而可以在营造良好的社会大环境方面作出自己的贡献。

三 公民道德建设可以保证社会主义市场经济的发展方向

公民道德建设可以为社会主义市场经济建设提供精神上的动力

---

[1] [美]弗兰西斯·福山：《信任——社会道德与繁荣的创造》，李宛蓉译，远方出版社1998年版，第18页。

[2] [美]弗兰西斯·福山：《信任——社会道德与繁荣的创造》，李宛蓉译，远方出版社1998年版，第37页。

和文化上的必要条件，从而成为社会主义市场经济的一个重要手段。但是，道德对于经济并不只是具有手段的意义，道德还具有一定的超经济性，它既有服从经济的一面，还有超越经济的一面。这种超越性使公民道德建设还负有另一项使命，对社会主义市场经济建设起监督、制约和引导的作用，从而保证社会主义市场经济的正确方向。

首先，公民道德可以提供一个规范和制约社会主义市场经济的更高的伦理标准。市场经济需要与之相适应的道德观念和道德秩序，但是，对市场经济以及与其相适应的道德观念，我们却不能盲目推崇，而必须对它们的适用边界有一个清醒认识。公民道德就可以为社会主义市场经济提供这个伦理边界。

在西方市场经济发展的现有历史中，我们不难发现这么一种趋势：经济及其相关的理论、观念正在不断突破自己的应有边界，强行向一些非经济领域渗透，并试图成为整个现实世界和理论界的霸主。这是一种经济霸权主义的趋势，也有人称之为"经济主义"。当经济学的理论形成一种经济霸权主义的时候，整个社会又将是什么样子呢？法国著名科学家雅卡尔愤怒地指出："将经济学家的主张奉为绝对真理就等于从经济这门科学的边缘，走向经济主义，那是与宗教的完整主义同样具有毁灭性的。"① 这种毁灭性的结局是我们可以想见的。

经济规律、经济理论，以及与之相适应的思想观念，都应该有一个界限，都只能在经济领域里存在，而不能够肆意扩张自己的适用范围。从另一个角度看，这意味着一个事实：经济并不能为自己的存在提供足够的依据，经济本身不是自足的，经济的存在，必须以其他的东西为目的，经济的发展也必须由这样一个东西来约束。在这种情况下，一旦我们将经济奉为至高无上的绝对神明，那就是颠倒了目的与手段的位置。

那么，真正高于经济并且能够制约经济的东西是什么呢？只有一个，这就是"人"。人类社会的一切行为，都只有一个最高的目的，

---

① ［法］阿尔贝·雅卡尔：《我控诉霸道的经济》，黄旭颖译，广西师范大学出版社2001年版，第53页。

那就是人自己。我们认识世界、改造世界都是为了最终满足人类自身的需要，用马克思的话来说就是要实现"全面发展的个人"①。

经济也好、政治也好、文化也好，都是为着这一目的而存在的，都是由于这一目的而发展起来的。一旦经济从服务于人的手段变成了人为之服务的目的，整个社会就处于马克思所说的"异化"状态，它表明"个人还处于创造自己的社会生活条件的过程中，而不是从这种条件出发去开始他们的社会生活"②。

公民道德不是经济的道德，而是人的道德，它不是立足于纯粹的经济之上，而是立足于人的全部现实生活关系之上。相对于经济标准而言，公民道德标准具有更高的约束力，它可以约束经济生活。从这个意义上说，在社会主义市场经济的发展过程中，我们不能够只从经济本身出发，不能把经济效益当作唯一的最高标准，而是必须将经济发展与人的发展结合起来，将经济标准与公民道德标准结合起来，使经济走上一条符合人的发展之路。

其次，公民道德建设可以在一定程度上确保社会主义市场经济的社会主义方向。市场本身只是一种"经济手段"，是"可以为社会主义服务"的。③ 如果撇开强调市场这一点，我们从邓小平同志的这些论述中还可以发现另一层意思：市场本身既不姓"社"，也不姓"资"，因此，市场本身是不具有方向性的。但是，我们建设的是社会主义市场经济，社会主义市场经济是有方向性的，这是一种不同于资本主义市场经济方向的市场经济。那么，社会主义市场经济的社会主义方向该如何保证呢？公民道德建设可以在这方面起一定的作用。

关于社会主义的方向性问题，邓小平同志那两段经典论述已经说得很清楚了。他在区分姓"社"姓"资"的标准时指出："判断的标准，应该主要看是否有利于发展社会主义社会的生产力，是否有利于增强社会主义国家的综合国力，是否有利于提高人民的生活

---

① 《马克思恩格斯全集》第30卷，人民出版社1995年版，第112页。
② 《马克思恩格斯全集》第30卷，人民出版社1995年版，第112页。
③ 《邓小平文选》第3卷，人民出版社1993年版，第367页。

水平。"① 在论述社会主义的本质时他再次清晰地提出:"社会主义的本质,是解放生产力,发展生产力,消灭剥削,消除两极分化,最终达到共同富裕。"②

毫无疑问,市场自身不会消灭剥削,市场自身不会消除两极分化,市场自身也不会达到共同富裕,既然市场做不到这些,那么它也就不可能保证自身的社会主义性质;而我们要建设的是社会主义市场经济,是有别于资本主义市场经济的一种市场经济。因此,我们就有必要对市场进行制约,以保障社会主义市场经济的社会主义性质。

要保障社会主义市场经济的社会主义性质,这不是一个简单的任务,也不是可以由哪一门学科或由哪一个部门就可以完成的。但同样毫无疑问的是,公民道德建设在这方面可以起非常重要的作用。从某种意义上说,社会主义市场经济的社会主义性质体现为一定的伦理道德性。剥削问题、两极分化问题以及共同富裕问题,尽管都离不开一定的物质财富,但都是在经济过程中出现的伦理问题。因此,社会主义市场经济的社会主义方向性,从伦理学方面看就是要将市场经济引向更合乎伦理道德的方向。从这个角度来说,加强社会主义市场经济中的道德建设,也就是在确保社会主义市场经济的社会主义性质。加强公民道德教育,提高公民的道德素质,形成正确的道德观念,就可以从伦理观念上起一定的保证作用。

四　公民道德建设与社会主义市场道德建设

作为社会主义市场经济的参与者,人们必须具有相应的市场道德,作为社会主义国家的公民,人们又必须具有相应的公民道德,那么,市场道德建设与公民道德建设之间,又是一个什么样的关系呢?

一方面,建立社会主义市场道德是公民道德建设中一个非常重要的组成部分。

---

① 《邓小平文选》第 3 卷,人民出版社 1993 年版,第 372 页。
② 《邓小平文选》第 3 卷,人民出版社 1993 年版,第 373 页。

市场道德是经济道德的一个组成部分，经济道德是公民道德的一个组成部分，所以，市场道德也是公民道德的一个组成部分。市场道德在公民道德中的地位取决于市场在公民生活中的地位。

自改革开放以来，市场在公民生活中的地位与日俱增。改革开放，从经济体制的角度来说，就是逐步将一部分资源的配置权从政府手里还给市场、还给个人，从而充分发挥每一个人的积极性和能量。因此，改革在一定意义上就是重新确立市场的地位。邓小平同志关于计划和市场都是手段的命题提出以后，市场就具有了更为旺盛的生命力。

从整个社会生活来看，改革开放的不断深入，在一定方面体现为市场支配着越来越多的社会生活领域。首先是农村的土地包产到户制度，这使农民具有了一定的经营自主权，以市场为依据来进行经营规划；然后是新出现的个体户和私营企业主，他们是按市场规律办事的领头雁；接下来就是国有企业和集体企业的股份化，原先由政府计划控制的企业也开始逐步走市场化道路；再后是各种不同行业的职业化，原来由政府控制的诸多行业转向了市场。

从个人生活的角度来看，改革开放的发展体现了个人的生活被越来越深入地卷入市场之中。在改革开放之初，只有部分吃的、穿的和用的消费品由市场提供，其他的东西，要么由自己直接创造，要么由单位提供。但改革开放之后，越来越多的东西需要从市场上获取了。先是劳动制度改革，铁饭碗被打破了，失业的人必须到人才市场上找就业单位；然后是住房制度改革，长期以来由单位提供的住房没有了，取而代之的是名目繁多的商品房；再后是医疗制度改革，享受了几十年的公费医疗取消了，逐步出现的是按市场规律办事的各种社会保险制度。总之，对每一个人来说，由市场支配的生活领域是越来越广泛和深入了。

正因为市场在公民生活中占据着主导地位，当前一些主要的道德问题也主要发端于市场。在市场生活中，一定的"私心"是必不可少的，毕竟市场就是一个人人追求利益的地方。对于私心长期得不到认可的中国人来说，一旦私人对物质利益的追求受到了肯定，就极有可能产生一个物极必反的后果，"私"可能会反过来吞没了"公"：人们可能只顾自己的私人利益，而把他人的利益、集体的利益和社会的利益放在一边不管不问，从而可能产生大量损公肥私、损人利己的不道德现象。这种不道德现象在各个社会领域中的蔓延就引发了各种各样的社会道德问题。

整个社会的大量生活领域为市场所支配，每一个人的大部分生活为市场所支配，并且大部分的道德问题都发端于市场，在这样一种情况下，我们要进行公民道德建设，要让公民道德建设真正深入社会，真正深入每一个人的生活，就势必要加强公民在市场生活中的道德建设。不能设想，撇开市场这个重要的生活领域不管，我们还能够建设真正的公民道德。

另一方面，要防止用市场道德取代公民道德的倾向。尽管市场道德建设在当前的公民道德建设中具有非常重要的地位，以至于成为当前公民道德建设的主要内容之一，但我们一定要注意一种倾向：绝对不能用市场道德建设取代公民道德建设。因为市场道德仅仅只是从市场交换行为中提取出来的、适用于市场交换领域的相关规范，它具有一定的狭隘性，而不能完全推广为人类一切行为的标准，更不能取代公民道德。

市场道德的狭隘性首先体现为它的某些要求和规范只适用于市场交换领域，而不适用于非市场领域。市场道德作为一个特殊行为领域里的道德，它可能包含有两方面的内容。一种是具有一定共性的道德要求，这种共性使它可以推广到一切行为领域之中。如市场交换中要求讲究诚信，每一个交换者都必须严格遵守自己的承诺。这一条原则就不仅是市场行为中的要求，也可以上升为整个社会的要求。另一方面，市场上所提倡的道德，也有一部分只适用于市场交换行为，是为了保障市场交换行为顺利进行而提出的，这部分道德就不能做进一步的推广，更不能上升为整个社会的行为原则，如等价交换原则、竞争原则等。

从这方面看，用市场道德取代公民道德，强行将市场道德提升为整个社会的道德，必然会导致一些非市场领域市场化，必然会使权权交易、钱权交易、权色交易等成为越来越普遍的现象，从而引发更多的社会问题。

市场道德的狭隘性还体现为它的道德要求并不能概括社会生活所需要的全部要求。市场道德是产生并存在于交换领域里的，交换领域有自己的规律和要求，如平等原则、自由原则等。但人类还包括许多不同的领域，在经济领域里至少还有生产领域、分配领域和消费领域，还有与经济领域不同的家庭领域、政治领域等。这些领域具有与交换领域不同的特性，因而也具有不同的要求。那么，市场道德能否概括出所有这些领域的道德要求就必然成了一个问题。

一个很能说明问题的事实是：从市场本身的发展规律来说，爱是不属于市场的，爱的精神、奉献的精神并不包含在市场精神之内，爱心、同情心在市场中也不可能具有它应有的地位。但是，对一个社会来说，对一个家庭来说，爱心、同情心是绝对不能缺少的。没有爱心、没有同情心，社会就不能成为一个社会，家庭更不能成为一个家庭。从这方面看，用市场道德取代公民道德，或者只宣传市场道德而忽视整个公民道德，必然会导致整个社会道德情感的淡化、应有爱心和同情心的缺失。

（原载《南京社会科学》2004年第4期，与李志祥合撰）

实现和谐社会的道德思考

和谐与发展是现时代的经济与社会发展进程中的两大主题，发展是作为更高层级的社会和谐存在的动因，是在更高层级上和谐社会之和谐存在的价值正当性所在；而和谐以其固有的现实基础构成了所有发展所赖以存在的社会座架和历史原生质，是一切发展之阶段性的价值圭臬。没有发展的和谐很可能是历史的倒退和社会的停滞，没有和谐的发展则往往是历史的盲动和社会的偏执。因此，无论是在理论上，还是在社会实践中，发展和和谐始终是时代存在的两个支点，它们在时代进步的过程中相互支撑。当然，在两者的辩证关系中，何者具有价值优先性则取决于社会在不同时期、不同阶段的历史进程中的现实需要。构成这一依据的价值标准是在一定意义上含有终极意蕴的实践准则。

当前，我国要建设的和谐社会实际上就是要建设有中国特色的和谐稳定的现代化形态的全面发展的社会。它"应该是民主法治、公平正义、诚信友爱、充满活力、安定有序、人与自然和谐相处的社会"[①]。从总体上把握这一社会的和谐性质大体上可以做三种表述。其一，当今时代，作为发展之强势主体形态的经济发展虽具优先性但并没有绝对的宰制性。社会发展依托的是一定社会经济、政治、文化的全面整体的发展，是物质文明和精神文明的协调发展。经济发展的价值优先性并不能作为社会发展的唯一标准而取代其他社会领域的发展价值和标准。其二，和谐社会的建设是有中国特色的现代化进程中的一个历史环节，是对实现小康社会的一种现实表达。这不仅是对以往我国现代化建设中过分追求单极经济化以及其

[①] 《胡锦涛文选》第 2 卷，人民出版社 2016 年版，第 285 页。

他社会各领域建设各自为政的一种纠偏,同时,也是社会意识主体基于现实和理想而对历史社会发展的自主把握和认识升华。其三,作为一种社会发展的战略性构想,它和科学发展观构成了一枚硬币的两面,科学发展和社会和谐所产生的价值双向性使得两者的存在价值互为依据和支撑。

邓小平曾经指出:"没有共产主义思想,没有共产主义道德,怎么能建设社会主义?党和政府愈是实行各项经济改革和对外开放的政策,党员尤其是党的高级负责干部,就愈要高度重视、愈要身体力行共产主义思想和共产主义道德。"[①] 这是邓小平在1980年中共中央工作会议上就"贯彻调整方针,保证安定团结"为主旨内容的一段讲话。[②] 这段话至少表达了这样一层意思,即社会主义、共产主义道德是社会主义现代化建设所不可或缺的重要前提和基本保证。而作为有中国特色的社会主义社会的表现形态,和谐社会也必然会体现出这一价值维度。社会主义、共产主义道德,不仅是社会主义和谐社会的信念支撑和价值目标,同时它以制度化的规范要求协调着各种社会关系(尤其是利益关系)并引导着人们行为的价值取向,它以"物化"的方式使得社会主义性质的精神文明融贯在物质文明当中,构成了社会主义文化的精神主体。并且,全民族思想道德素质的提高,其本身就是实现和谐社会的重要内容和标志。因此,和谐社会不仅需要道德的支撑,它自身就是一种道德化的社会形态。故不失时机地加强社会主义道德建设,增强和培育全体社会成员的道德素质和道德精神,是实现和谐社会的重要手段和现实途径。

一 和谐社会是道德化的社会

如前述,和谐社会是物质生产、民主法治、利益分配机制、人际交往方式、精神文化生活等与不断实现的社会主义现代化相一致

---

① 《邓小平文选》第2卷,人民出版社1994年版,第367页。
② 这次讲话时值党的十一届三中全会后不久。邓小平在讲话中强调了要以党的十届三中全会的精神、方针、政策对社会主义现代化建设各领域内所存在的问题进行调整(主要是经济领域内的调整)。他同时指出,安定团结的政治局面是调整的成败关键。从一定意义上说,这是我党早期对社会发展和社会和谐关系的认识。

的理性社会。和谐社会既是社会发展的一种理想目标，也是社会发展的一种值取向，更是渗透着道德精神的具有生机和活力的社会。

第一，物质文明展示道德精神，物质创造需要道德精神。和谐社会首先必须是一个物丰物优的社会。一方面，物质文化是人类社会展开本质力量的实现方式，而其文明形态则体现了人类社会精神文明所能达到的程度。由此，在另一方面，物质文化总是人类精神文明的物化表达，任何由于人类行为而形成的物质都是精神化了的物质。从社会发展的经济形态来看，在前现代社会，也就是工业社会以前，由于物质生产力不发达，社会发展在很大程度上受到物质的羁绊。而在工业社会，科技革命打破了这一历史的僵局。以知识和科技为主导的经济社会在很大程度上释放了精神生产力的效能。在一定意义上，人类社会从被动地受外部物质世界的制约转而以自主性的科技知识主体的姿态强化了对外部物质世界的占有和支配。[①]这是一个要求释放精神能量的时代。由此，它也是一个需要补充精神能量的时代。而道德作为人类精神形态的一种价值实现方式对物质文明的社会效用在于两个方面。其一，近代以来的物质文明主要是科技进步和知识创新的结果。然而，以求真为特质的科技知识型的工具理性，需要以求善的道德文化价值理性为其提供正当性的价值辩护，失却价值合理性的工具理性在一定意义上是不具备合法性存在之前提的。尤其在当代，在以科学技术为意识形态的人类社会的异化阶段，找寻失落的价值精神将依旧是我们这个时代的一个主题。[②] 其二，物质的价值性体现在属人的特性上，"以人文本"的道德价值诉求使得物不仅仅单纯地体现自身，而且要始终围绕着人而展开其价值关怀和理性内涵，更接近于人性的需要，更有利于人的生活质量的提高，更便捷于人改造世界的实现方式总是道德价值的物性体现。其三，在物质文化的创造过程中，道德精神无疑是最为

[①] 在后工业社会，以信息技术为主导的经济社会形态以知识型社会、技术型社会为特质。因而尤其注重科技、知识、文化、价值等精神性因素在经济社会发展中的宰制性地位。

[②] 近代资本主义社会物质文明进程的发展史，在一定视阈内可以看作马克思在异化理论当中所描述的"以物的依赖性为基础的人的独立性"的社会发展形态的现实注脚。在克尔凯郭尔、雅斯贝尔斯、胡塞尔、海德格尔、萨特的著述中，我们不乏看见在现代性社会的发展历程中，人类的精神价值（尤其是人文精神价值）在物质文明发达的西方社会中的扭曲和异化。

重要的精神动力。道德系统自身的结构完全可以融合在物质创造的过程中，通过其道德情感的渲染和激发、道德意志的强化和规导、道德素质和境界的提高而以精神生产力的形式稳定而持久地作用于物质生产力，从而带来具有增值性的物质创造价值。

由此可见，和谐社会无论是在物质生产，还是在物质基础上抑或是在物质作为精神性的理性表达的方式上，都体现着道德价值内涵并受益于道德价值的增值效应。因此，发挥社会主义道德在物质文化创造中的价值是实现和谐社会的重要途径和方法。

第二，民主法治的依据是社会主义道德。民主与法治是我国当前的政治生活领域中亟须发展和有待完善的两个方面。有国外学者指出，民主是"一种社会管理体制，在该体制中社会成员大体上能直接或间接地参与或可以参与影响全体成员的决策"[①]。不难看出，在这一概念表述中，"参与"和"影响"是两个极为重要的关键词。在一定意义上，民主的实质则取决于它们。在社会范围内，"参与"决定了民主实现的范围和规模，而"影响"则体现了民主的现实内容所能达到的程度。从政治伦理的角度来看，社会主义民主和社会主义道德存在着共享性的价值之基。一方面，民主权利的分享和义务的承诺与相应的道德"权利—义务"体系有着价值同构性。社会主义民主所赋予公民广泛参与和实质影响的权利以及义务是在平等自由的基础上社会主义道德价值的体现。民主权利和道德权利，民主义务和道德义务是相互蕴含和对应的。另一方面，社会主义国家的道德主体是具有合法性地位的每一位社会公民。从资格性的意义上讲，每一个公民都具有独立人格。在这一人格身份中，政治性成分是道德性成分的合法性根据，而道德性成分是政治性成分的合理性依据，两者相辅相成，在社会主义条件下互为前提。

这样，社会主义法治和社会主义道德的关系就显得更为密切。从法律伦理的角度来看，社会主义法治是社会主义道德精神的体现。一种法的体系必定是一种道德价值体系的刚性显现。"良法"或是"劣法"总是以一定道德价值的善恶取向为标准的。社会主义的法就是因为在根本上符合了最广大人民群众利益和国家利益才成为在道

---

① [美]科恩：《论民主》，聂宗信、朱秀贤译，商务印书馆1988年版，第10页。

德上具有善价值的"良法"。由此，以法的精神之实行"法治"和以德的精神之实行"德治"，无论在治国方略、社会治理、日常生活中，都具有价值同源性和规范同构性。两者都是维系社会存在与发展的不可或缺的规范资源。况且，从行为人的角度来看，在立法、司法、执法的法制程序中，缺乏人的道德素质，必将造成某种失范或失序现象。要形成有法可依、有法必依、执法必严、违法必究的局面，道德的介入是举足轻重的。

第三，利益分配的合理性基于体现社会公正的道德价值。和谐社会能否实现，在很大程度上取决于利益分配的实现公正与否。公正的利益分配是利益关系之合理性和利益获得正当性的道德价值体现。公正的利益分配的实现首先依赖于一定社会所广泛认同的公正原则。并且，这一原则能体现在行之有效的分配制度当中，它能够使得，其一，每个社会成员都能够在平等自由的基础上进入分配机制（起点的公正）；其二，分配机制对介入其间的社会成员充分地开放获得利益的机会（机会的公正）；其三，在结果上，保证利益的分配在最大限度上和社会成员的劳动付出相对应（结果的公正）；其四，在社会正义原则的框架内，充分地考虑最少受惠者的利益实现，并对分配机制中违背公正原则的行为进行及时的矫正（调节的公正）。[1] 从现实性上看，起点的公正在一定程度上只能是原则性的或是形式性的，由于社会组织间发展的不平衡和个体性差异，起点的公正有时仅仅是一种相对的公正。而机会的公正可以相对地修缮起点的不公正。它保证了利益分配在合法的限度内向全社会平等地开放利益获得的权利。在结果的意义上利益分配并不一定表现为利益均沾的平均主义。结果的公正是一种利益对等的分配原则。在市场经济条件下，由效率优先所决定的分配差距是在所难免的。况且起点的不公正以及现有的多种经济成分的并存，也必然造成在结果上的利益分配差距。在经济领域，以按劳分配为主体，其他多种分配

---

[1] 这里参考了罗尔斯在《正义论》中所表述的两个正义原则，即"第一原则：每个人对与所有的最广泛平等的基本自由体系相容的类似自由体系都应有一种平等的权利。第二原则：社会和经济的不平等应这样安排，使它们：1. 在与正义的储存原则一致的情况下，适合于最少受惠者的最大利益；并且，2. 依系于在机会公平平等的条件下职务和地位向所有人开放。"参见［美］罗尔斯《正义论》，中国社会科学出版社 1988 年版。

形式并存的收入分配制度在目前是合理和正当的。然而，任何一种制度都非完美无缺，利益分配体制中所表现出的矛盾或疏漏必须进行及时的调整。况且，经济领域内收入差距的过度膨胀也有违于社会主义性质的利益实现原则。由此，调节的公正既是一种对制度缺损的矫正，同时也是一种协调社会利益关系的措施。厉以宁教授曾把在市场分配和政府分配后的第三次分配称为在道德力量影响下的收入分配。它是指"人们完全出于自愿的、相互之间的捐赠和转移收入"的一种利益分配。① 我们认为，这应该是调节的公正所属的范畴。综上所述，利益分配之道德性体现在利益实现的公正原则中，体现在这一原则道德化的制度中。

第四，人际交往方式及其交往效果是道德实体的存在样式，是衡量社会和谐与否的直接表现形式。从广义上讲，人际交往是一切社会关系中普遍存在的活动方式。无论是基于社会角色和规范统一性的交往，还是基于策略或目的的交往，抑或是日常行为的交往，人际交往总是在一定的社会关系中并通过社会关系进行的交往活动。错综复杂的社会关系是人际交往的整体性实体。单一的交往范型只存在于理论分析当中，而在现实中，人际交往的关系实体总是蕴含着各种维度的社会性。我们很难说一种交往活动所表达的交往关系就仅仅体现为经济交往、政治交往、法律交往、道德交往或文化交往等。实际上每一种交往方式及其呈现出的交往效果往往是作为总体性交往关系实体的一种单向度表达。这就使得不同类型的社会性交往总是以显性或隐性的方式存在于关系实体当中。由此可见，人际交往方式及其效果体现总是一定意义上道德关系实体的存在样式。道德实体在人际交往中总是表现着这样两个维度。其一，在设定性的交往关系中②，道德关系体现在社会角色的人格意蕴和规范要求当中。它通过社会职责的"权利—义务"关系设定了人际交往的内在规定性；其二，在非设定性的交往关系中，道德实践主体的目的性

---

① 厉以宁：《关于经济伦理的几个问题》，《哲学研究》1997 年第 6 期。
② 这里借用 A. J. M. 米尔恩在其《人的权利与人的多样性》一书中所表述的"设定性事实"与"非设定性事实"的"设定性"与"非设定性"一对概念。参见［英］A. J. M. 米尔恩《人的权利与人的多样性》，中国大百科出版社 1995 年版。

和能动性生成具有人的自为性的交往关系。在这里，人们通过交往的动机、目的、理念以及价值取向丰富着交往关系的内涵和样式。并通过主体性的德性表达，内化为在人际交往活动中具有稳态性的行为品质。因此，可以这么说，道德关系实体在一定维度内是人际交往方式及其效果中普遍存在的一种样式。而在最为一般性的意义上，和谐社会又是社会关系的人际和谐。所以，道德关系实体通过交往方式及其效果作用于人际社会关系是和谐社会之关系和谐本质的现象表达。

第五，精神文化生活水平是和谐社会的重要内容和标志，而精神文化的核心是道德精神。实现和谐社会，其根本目的在于经济社会的可持续发展以及人的自由全面发展。作为一种程度的体现，从宽泛的意义上讲，物质文化生活水平和精神文化生活水平是最为直接也最为实质的现实表现形式。无须过多地引经据典，也不必殚精竭虑地深入思索，日常的生活智慧就能明白地启示我们：虽然物质文化生活是不可或缺的存在之基，然而从意义本体的实现出发，精神文化生活更具有生活价值的优先性。物质文化是人的外在的物质性占有。它是人的本质力量展开的现实基础和实现途径，是人内在的精神文化的物化表达。而精神文化的价值优先性就在于，它是人类社会区别于自然界的本质所在，是一切创造性的文化进步和历史发展的价值之源和动力支持。高扬精神文化价值并不是贬低物质文化的存在，而是在承认物质文化的唯物性立场上强调两者的辩证统一。因此，无论是在实然性层面，还是在应然性层面，和谐社会必将是一个物质文化生活和精神文化生活相互依存、相互促进的社会。就精神文化生活而言，道德体现在其核心的价值观层面。社会主义和谐社会的精神文化必然以社会主义的道德价值观为导向。它大到为经济社会的存在和发展确立价值取向和价值目标，引导社会意识形态的总体进程，增强民族信念、培育民族精神，小到支配社会成员的行为向度、锻造人格素质、砺炼德性品质、确立正确的人生观。尤其在当今，社会的转型期，以倡导社会主义道德价值观为核心的精神文化将关系到时代中国的民生和国运。

第六，人与自然的和谐关系从社会意义上来说就是特殊的人与人之间的道德关系。社会性存在的总体关系总是可以大致分为这样两大类，即人与自然的关系和人与人的关系（人与社会、人与国家的关系等属于人与集体关系之一类。如果对人之主体做宽泛性理解，人与集体关系这一类可以划入人与人之关系一类）。而在通常的社会意义上，我们对自然的理解都是立足于"人化自然"的这一维度的。就此而言，自然乃人在社会关系中作用之自然。而自然则是属人的具有社会属性的"人化自然"。正是基于这样的把握，我们可以说，人与自然的关系就是在社会意义上一种特殊的人与人之间的关系。因此，和谐社会之人与自然的关系和谐，说到底是社会人际关系的和谐。值得注意的是，人与自然的关系和人与人的关系虽然具有通约性，但两者毕竟不是同一种关系。那么这里就有这样一个问题，即人与自然的关系是以何种样式体现人与人的关系的。从和谐社会的立场出发，在道德的视阈中，人与自然的和谐关系主要表现为两个题旨。其一，人与自然的关系的价值优先性问题，即人类中心主义和非人类中心主义之辩。对该问题的论争实际上是人类以自然为基础如何看待自身的问题。其二，在第一个问题的基础上，衍生出人与自然的同一性问题，即人与自然的关系在多大程度上可以相互统一。此问题在一定意义上实质上是基于社会利益关系基础上的人际关系问题。以上两个题旨涉及人与自然在环境、生态、能源方面以及经济社会的可持续发展问题。由此，和谐既是一种对事实性的强调，同时也是一种对"应该"之关系的道德要求。在自然的基础上以人的方式协调人与自然的关系使之达于和谐之理想状态，毋庸置疑，其必将是道德作用之使然。

二 加强道德建设，加快实现和谐社会

如果说我们今天要建设的社会主义和谐社会，其表现形态就是一种道德化的社会。那么强调道德建设就不仅仅是正当的，同时也必将是加快实现和谐社会的重要组成部分。前文以系统性的视角集中表述了和谐社会之道德性的理由。从某种意义上说，理由是一半的方法论。理解了和谐社会的道德性，也就在一定程度上规划了和谐社会之道德建设的蓝图。

(一) 构筑时代道德，明确和谐社会的价值取向

社会主义道德是符合现时代中国的现实状况、具有中国特色的价值观念系统和行为规则体系。由此，第一，要研究和确认与社会主义市场经济相适应的价值取向和道德要求。正如恩格斯所言："一切已往的道德论归根到底都是当时的社会经济状况的产物。"[①] 当前我国的社会经济状况从本质上看表现为以公有制为主体、多种经济成分并存的经济基础以及作为社会经济运行体制的社会主义市场经济两方面。相应的，道德体系必须依此为基础构建自身的价值体系、原则、规范等内容。从经济基础和上层建筑的关系来看，社会主义经济主体的公有制性质必然蕴含着社会主义性质的道德价值。在这一点上，体现为一般意义上经济和道德之间的辩证关系。从经济基础的运行机制——社会主义市场经济和道德的关系来看，一方面，社会主义的经济性质决定了社会主义道德价值在社会精神文化生活领域中的主导性地位。市场经济所赖以运行的一套价值观念和行为规则体系是以社会主义性质的道德价值为导向的。另一方面，市场经济自身有着相应的道德要求，它的运行离不开生活世界的道德秩序和规范体系。在这个意义上，生活道德把社会主义道德价值融贯为形式多样、内容丰富的观念、原则、规范从而维系着市场经济的运行。因此，社会主义市场经济也是一种道德经济。这就决定了市场经济的价值取向、原则性质、目的系统、手段方式等都离不开社会主义性质的道德内涵。[②]

第二，要研究和确认与社会主义法律规范相协调的社会主义道德规范。法律和道德在治理国家的过程中不仅同等重要，而且互为条件、相互融通。因此，社会主义道德体系的建立必须而且完全有可能与社会主义法律规范相协调。一方面，社会主义法律规范体现

[①] 《马克思恩格斯全集》第 20 卷，人民出版社 1971 年版，第 103 页。

[②] 我国的市场经济之所以称为社会主义的市场经济，其本质不在于市场经济作为一种经济运行体制本身，而在于市场经济社会主义经济基础的性质。因此，社会主义的集体主义原则、公正原则和人道主义原则，实现最广大人民群众根本利益的道德价值目标，以及理性竞争、诚信经营、平等互利、适度消费、效率优先、兼顾公平等诸多实现手段都是市场经济中社会主义性质在不同维度的体现和要求。

的是全国人民的共同意志，并不是少数人意志的体现，它符合历史进步的发展规律的要求。这在价值的同源性上和社会主义道德要求是一致的。就法律和道德的本质性关联而言，社会主义法律规范是社会主义道德之"应该"的体现。它因其体现的社会主义道德精神而使自身具有"良法"的合理性和正当性。另一方面，法律规范是一种刚性的规范要求，是最低限度的道德要求。而在现实的生活领域，一定程度上立法的滞后性、执法的人为性以及守法的自觉性与否等都需要具有黏合性和柔性的道德规范予以补充和优化。两种规范资源对社会生活来说都是不可或缺的。当前在该领域内亟须关注的问题是，两种规范体系如何能够有机地结合。就目前来看，法律规范的道德人性化倾向和道德规范的法规制度化倾向都是两者试图进一步契合的有效尝试。

第三，要研究和确认与中华民族传统美德相承接的社会主义道德精神。任何文化都有着与历史不可忽视的承接关系，道德亦是如此。隔断了与传统文化的联系，今天的道德是不可理解的和残缺不全的。中国的传统文化实质上就是一种伦理道德文化。而其善价值形式就表现为形形色色的民族传统美德而形成了社会主义道德所必须承接的主干。正如江泽民同志所指出的，中华民族有着自己的伟大的民族精神，最突出的就是深厚的爱国主义传统、团结统一、独立自主、爱好和平、自强不息的精神。这个民族积千年之精华，博大精深，根深蒂固，是中华民族生命机体中不可分割的重要部分。民族文化的这一美德表现形式，是道德精神的集中体现，也是社会主义和谐社会的德性所在。

（二）重视道德渗透，创建道德环境

道德环境是一种人文环境。建设和谐社会不仅需要良好的道德人文环境，而且其本身也是实现和谐社会的重要标志和重要条件。对于和谐社会来说，道德环境的效用主要有两个方面。一方面，从客观性上理解，人是环境的产物。良好的道德环境是促进经济社会发展和人的自由全面发展的基础和条件，也是加快实现和谐社会的有效途径。另一方面，从主观性上理解，道德环境通过对人的感化、熏陶、规导、激励，能够使人在一定的道德环境中塑造道德品质、

提高道德境界,从而为和谐社会的建设提供一个健康向上、积极进取的德性主体群。

一般而言,道德环境可分为道德的硬环境和软环境两个方面。道德软环境就是一种人文道德价值的精神性实体,而道德硬环境就是这种精神性实体所附着的物质性载体。一方面,道德的硬环境是物质的,它的可塑性依赖于人在实践活动中的本质力量和理性精神;而另一方面,作为一种环境的道德实体,精神性的软环境需要以硬环境来表现自身。两者相互依存、不可分割。此外,道德的软环境有其自身的独立性,它表现在一些非物质性的载体上,如言语、行为方式等。①

目前,从道德的硬环境建设来看,在全面建设和谐社会的过程中,要把社会主义的道德精神融贯在各种基础设施、文化设施、公共物品、社会商品等物质性载体中;密切联系和谐社会的发展目标,切实做到"以人为本",丰富各类设施和物品的价值与使用价值;培育和渲染与社会主义道德建设相得益彰的道德氛围,从而为和谐社会的建设提供良性的物质性环境。从道德建设的软环境来看,它必须依托于社会的经济、政治、文化的大背景,通过各种舆论媒体、文化活动、书籍文章、规章制度等弘扬社会主义道德精神,从而为经济社会的和谐发展提供道德支撑和持续的动力保证。

(三) 完善道德化制度,化解各类社会矛盾

道德化的制度规范有着特殊的调节矛盾的作用。这种作用不是体现在主观规定性上而是集中体现在客观规定性上。也就是说,通过制度化的道德建设,道德主体能够在道德关系的秩序中明确自身的权利与义务,履行应有的角色职责。从这一点上来看,道德化的制度试图把各类社会矛盾的协调在主体介入之前就进行相应的规定。基于普遍性和客观性的制度道德,由外而内地就已经把各类矛盾化解的方式、要求、说明先在性地进行了设定。而人在这种人格化的社会角色中,只有依据这一制度道德,并通过自

---

① 道德软环境的这一独立性集中体现在人上。这里把人区别于其他的物质性载体只是为了强调人的目的性。而在贯彻到底的唯物主义立场中,人也可以被看作道德精神实体的物质性载体。

身的道德实践，才能最终体现这种制度道德，各类矛盾的化解才能最终完成。

当前我国各类社会矛盾错综复杂。地区间经济社会发展的不平衡，城乡差别的依然存在，贫富、收入差距在一定范围内的继续拉大，对弱势群体的关照和支持，政府职能转变的进一步深化等都关涉方方面面的社会关系，触动着各类的社会矛盾。这些矛盾的化解单靠个人或少数群体的力量是远远不够的，它需要在全社会范围内形成一种制度化的规范要求。从"应该"的层面先认清各种关系，把握各种关系，从而才能理顺各种关系，化解由于关系的不和谐所带来的各类社会矛盾。这里讲的"应该"是社会生活中协调各种利益关系的客观的"应然"，体现这"应该"的制度一方面要维护各种关系主体的利益，使他们得到应该得到的利益，获得应有的发展；另一方面要促使关系主体的交往实现最佳关系效益，并使得社会关系网络处在最佳生存和发展状态之中。只有这样，和谐社会的建设才能有牢固的人际关系基础以及合理的制度保障。

（四）要注重道德教育，提高公民的道德素质，培养良好的道德品质

道德教育是一种重要的道德活动，它是培育道德理想人格、造就道德品质、形成良好的社会舆论氛围和道德风尚的重要手段。和谐社会的建设离不开道德教育的实施和作用的发挥。围绕着和谐社会的实现，当前的道德教育必须从五个方面给予足够的重视：其一，从道德教育所要实现的教育目标来看，它必定是服务于社会主义现代化建设的。它的教育实质就在于为和谐社会提供具有一定道德素质的人才支持和知识道德贡献。其二，从道德教育的实现原则来看，它必须遵循道德教育的本质，坚持"以人为本"，塑造实现和谐社会所需要的道德理想人格。其三，从道德教育的作用功能来看，一方面，道德教育必须从小抓起，青少年的道德教育尤为重要，它关系到价值观、人生观的正确树立，对日后道德行为习惯的养成举足轻重；另一方面，道德教育要面向社会现实，充分考虑到其多样性、层次性、复杂性等特质。把道德教育的先进性和广泛性结合起来，既要使基本的普遍性的道德得到认同，又要确立社会主义、共产主

义道德的价值导向作用,从而带动整个社会的道德进步。其四,从道德教育的实现手段来看,要把灌输式教育和启发式教育有机地结合起来。一方面,既不能过分地偏执于西方的道德教育手段,忽视灌输式教育在道德教育中的重要作用;另一方面,在道德教育中也要注重道德教育的启发、熏陶、激励,要符合道德教育的心理形成机制,切勿使单一的灌输式教育成为具有形式主义的教育方式。其五,对于我们这个有着深厚的道德教育和道德修养的历史传统的国家来说,要把历史上合理的道德教育形式和道德教育方法批判地继承下来,并同时借鉴国外一些合理的道德教育方式,根据中国的国情和现实需要,进一步完善和优化道德教育。

(五) 要重视官德建设,提高干部的道德水平,让人民群众放心

邓小平曾指出:"对执政党来说,党要管党,最关键的是干部问题,因为许多党员都在当大大小小的干部。"[①] 党员干部是社会主义现代化建设的领导者,是道德建设的倡导者和引导者。因此,党员干部的道德素质尤为重要。党员干部的道德水平和道德形象是社会主义文明程度的重要标志,是社会主义道德建设的重要条件和特殊环境,也是和谐社会建设成败的关键。党员干部只有坚持立党为公、以民为本、严以律己、宽以待人,才能不断地提升社会主义道德在群众中的信任度,也才有可能切实地培养好社会主义的道德风尚。假如干部群体自身的道德风貌不好,甚至像少数腐败分子那样坑害国家和人民利益、贪污腐化、蜕化变质等,那么,民众就会对经济社会的发展丧失希望,也会对社会生活的和谐稳定缺乏信心。

就目前我国国家机关干部的素质状况来说,为数不少的干部还不懂什么是道德,对工作和生活中"什么是应该的、什么是不应该的"问题并不太清楚,以至于有的干部对"领导就是服务、干部就是公仆"的责任理念不屑一顾。少数干部昧着良心玩弄权术,丧失官德,贪污腐化,甚至靠欺骗党和欺骗人民群众保"乌纱"。这不仅丧失了人民群众的信任,败坏了党的风气,而且会导致社会不稳定

---

① 《邓小平文选》第 1 卷,人民出版社 1994 年版,第 328 页。

因素的增加。因此，提高干部道德水平是我国建设和谐社会的重中之重。当前我们应该乘党中央要求全面培训干部的良机，采取有力措施，在广大干部中开展系统的伦理道德观教育，以期全面提高干部的道德水平。

（原载《伦理学研究》2005 年第 3 期）

树立社会主义荣辱观是
新时期道德建设之本

胡锦涛同志以"八荣八耻"为具体内容的社会主义荣辱观,深刻总结了人类文明的进步成果,集中体现了社会主义新时期道德观的本质要求,准确指明了现阶段道德建设的根本途径,是我国当前道德理论建设和道德实践的指导方针。

一 "八荣八耻"思想深刻总结了人类文明的进步成果,是马克思主义道德理论在新时期的重大发展

具备一定的道德感、荣辱感,是人进化为人而区别于动物的重要标志之一。正如孟子所说:"无恻隐之心,非人也;无羞恶之心,非人也;无辞让之心,非人也;无是非之心,非人也。"(《孟子·告子上》)人类文明的发展进步,在一定程度上就体现为道德观念和荣辱观念的发展进步。人类文明的发展程度越高,人的道德水平也就越高。社会主义和共产主义社会是人类社会发展的高级阶段,其"高级"不仅体现在社会生产力水平上,也体现在理性意义上的思想道德及其荣辱观水平上。

什么是理性意义上的道德?马克思主义者对这一问题的认识是与时俱进的。在马克思主义理论尚未形成之前,中学时代的马克思就将自己选择职业的标准确定为"人类的幸福和我们自身的完美"[①],这一标准将个人完美与集体幸福统一起来,初步揭示了人的

---

① 《马克思恩格斯全集》第40卷,人民出版社1982年版,第7页。

理性之道德的本质要求。在马克思主义理论成熟时期，马克思又指出，未来社会的基础是"全面发展的个人"①，未来社会是平等和谐的自由人的联合体，从而确立了共产主义道德的理想目标。到了社会主义革命和社会主义建设年代，毛泽东同志提出了"全心全意为人民服务"的做人准则，要求人们做"一个高尚的人，一个纯粹的人，一个有道德的人，一个脱离了低级趣味的人，一个有益于人民的人"②，正式确立了共产主义道德的根本宗旨和理想人格。在社会主义市场经济建设年代，邓小平同志和江泽民同志将这一道德宗旨具体化为日常生活的道德标准。邓小平同志号召人们成为"有理想、有道德、有文化、有纪律"③的"四有新人"，江泽民同志多次强调"爱祖国、爱人民、爱劳动、爱科学、爱社会主义"的"五爱"要求，并提出了"以德治国"的基本方略和具体要求。至此，共产主义的道德理论及其规范体系已经初步成形。

胡锦涛同志提出的"八荣八耻"，既是对"人的全面发展""全心全意为人民服务"以及"四有""五爱"思想的全面继承，更是马克思主义道德理论及其规范体系在新时期的重大发展。

第一，从道德规范的表现形式来看，以荣耻对立的形式表达社会主义道德要求，更为清晰有力、旗帜鲜明，也更具指导性。长期以来，我国的道德规范体系的凝练和表述比较关注正面引导，诸如"五爱""五讲四美三热爱"的道德要求，以"全心全意为人民服务"为核心、以集体主义为原则的社会公德、职业道德、家庭美德规范体系等都从道德理想层面提出了要求，而对社会上的耻辱行为及羞耻心教育重视不够。"八荣八耻"思想既倡导道德理想，又反对不道德行为，这既能促进社会优秀人士多做善事美事，又能推动普通民众恪守道德底线，从而能产生更普遍、更强烈的震撼力。

第二，从道德规范的具体内容上看，"八荣八耻"思想提出的具体要求更为全面、深刻，也更具时代性。社会主义革命年代和社会主义建设初期所弘扬的道德规范，有一部分只适合于少数先进人物，

---

① 《马克思恩格斯全集》第30卷，人民出版社1995年版，第112页。
② 《毛泽东选集》第2卷，人民出版社1991年版，第660页。
③ 《邓小平文选》第3卷，人民出版社1993年版，第209页。

对另一些人来说显得高不可攀。社会主义市场经济建设初期所宣传的道德规范,虽然已经开始注意到了道德的大众性,但对日益壮大的"市场"所提出的特殊道德要求并未给予足够的重视。"八荣八耻"思想既科学总结了社会主义革命和建设年代的道德传统,赋予它们在新时代下的全新意义,又针对现实社会生活中出现的新问题,全面表达了社会主义市场经济时代的新道德要求。

第三,从道德建设的基本途径上看,"八荣八耻"思想更贴近广大人民群众的道德心理,更具有可操作性。人都有荣辱之心,人与人之间的区别只在于荣辱心的强弱以及荣辱标准的差异。广大人民群众既有的荣辱心为树立正确的社会主义荣辱观提供了现实的心理基础。正确的荣辱观一旦确立,人民群众知道了什么是"荣",什么是"耻",就能在一定荣辱感的推动下时时进行反思,反思自己的一言一行是"荣"还是"耻",并能在不断的反思中强化自己的荣辱感。

二 社会主义荣辱观重新诠释了社会主义道德体系,是新时期道德观的集中体现

社会主义道德观要求人们坚持集体主义道德原则,全心全意为人民服务。社会主义道德体系则将这一原则和宗旨系统化、理论化,并贯彻到道德生活的各个方面。以"八荣八耻"为具体内容的社会主义荣辱观,重新诠释和发展了社会主义道德体系,是新时期道德观的集中体现。

社会主义荣辱观是新时期理想人格的全新理解。社会主义市场经济时代,既不同于资本主义市场经济时代,也不同于社会主义计划经济时代,在这样一个新时代里,应当具有什么样的人格,应当做一个什么样的人,需要适合于新时代的全新理解。"八荣八耻"思想要求人们培养"热爱祖国、服务人民、崇尚科学、辛勤劳动、团结互助、诚实守信、遵纪守法、艰苦奋斗"的良好品德,这正是对新时期理想人格的全新理解。这种全新的理解,既要求人们抵制资本主义市场经济中唯利是图、见利忘义、不顾社会和他人利益的非道德人格,不做思想上、行为上见钱眼开的小人,也要求人们放弃谈义不谈利、讲集体不讲个人的不切实际的所谓"道德人格",不做

说一套做一套的伪君子，而是要求人们真正将道德理想与现实生活结合起来，做一个义利结合的时代新人。

社会主义荣辱观是集体主义价值导向的具体诠释。集体主义价值坚持个人利益与集体利益的统一，并要求在需要时个人利益服从集体利益。这一价值导向必须具体化，也就是说，什么是正当的集体利益，什么是正当的个人利益，如何将正当的集体利益与正当的个人利益相结合，必须有一个明确规定。"八荣八耻"思想对此做出了明确回答。与祖国利益和人民利益相一致的集体利益就是正当的集体利益，与祖国利益和人民利益不一致的集体利益就是不正当的集体利益。一些地方、部门、企业、公司等小集体与祖国和人民利益相冲突的所谓的"集体利益"，实际上只是狭隘小团体的利益，这就属于不正当的、应当抛弃的小集体利益。以科学、劳动、团结互助、诚实守信、遵纪守法和艰苦奋斗为基础的私人利益就是正当的个人利益，以愚昧、懒惰、损人利己、见利忘义、违法乱纪和骄奢淫逸为基础的私人利益就是不正当的个人利益。一些以个性和自由为幌子的、所谓的"个人正当利益"，实际上只是以牺牲社会、他人和自身长远利益为代价的私人利益，也属于不正当的、应当摒弃的个人利益。在寻求利益的过程中，以祖国和人民的利益为目的，以科学、劳动、团结互助、诚实守信、遵纪守法和艰苦奋斗为手段，就是我们应提倡的正当集体利益与正当个人利益的科学结合。

社会主义荣辱观是社会生活各个领域道德规范的高度概括。人在本质上是一个社会人，人生活于社会，就必须在社会生活的各个领域遵循其相应的道德要求，"八荣八耻"思想涉及社会生活的各个领域，是社会生活各个领域道德规范的高度概括。爱祖国和爱人民涵盖了爱国主义和社会主义的思想，体现了社会主义政治生活中的道德要求；爱科学和爱劳动指明科学和劳动是社会经济发展的根本动力，体现了社会主义经济生活的道德要求；团结互助、诚实守信是人与人之间打交道时的基本准则，体现了社会主义日常生活中的道德要求；遵纪守法是社会生活秩序的基本保障，体现社会主义法律生活中的道德要求；艰苦奋斗确定了日常消费和再发展的基调，体现了社会主义消费生活和经济社会发展中的道德要求。当然，以上只是相对而言，在实际的社会生活中，"八荣八耻"作为社会主义的系统道德要求，导引和规范着人们在社会各领域的生活，并将在人们的社会生活中交互地发挥着道德的特有功能和作用。

社会主义荣辱观是现阶段道德评价的根本依据。在社会主义新时期，如何从道德方面评价一个人和一种行为，什么样的人是一个有道德的人，什么样的行为是一种合乎道德的行为呢？"八荣八耻"对此做出了明确界说，提供了现阶段道德评价的根本依据。一个人，具有了正确的荣辱感，以热爱祖国、服务人民、崇尚科学、辛勤劳动、团结互助、诚实守信、遵纪守法、艰苦奋斗为荣，以危害祖国、背离人民、愚昧无知、好逸恶劳、损人利己、见利忘义、违法乱纪、骄奢淫逸为耻，就是一个有道德的人、高尚的人，反之，就是一个不道德的、庸俗的人。一种行为，真正体现了祖国和人民的利益，真正贯穿了科学、勤劳、团结互助、诚实守信、遵纪守法和艰苦奋斗的精神，就是一种合乎道德的、值得提倡的行为，反之，就是一种不合乎道德的、应该被唾弃的行为。

三 社会主义荣辱观建设以青少年的荣辱观建设为突破口，确立了新时期道德建设的指导方针

胡锦涛同志在提出"八荣八耻"思想的同时，号召广大干部群众特别是青少年要树立正确的荣辱观，这一思想准确把握了当前社会发展过程中存在的突出问题，确立了新时期道德建设的指导方针。

第一，社会主义现阶段必须高度重视道德建设。改革开放以来，随着物质财富的不断增长，以及国外腐朽思想的不断入侵，一部分人的道德观念在贪欲的持续冲击下开始松懈、变形，各种不道德和非道德的思想开始滋生，政治生活中的以权谋私、经济生活中的坑蒙拐骗、公共生活中的见死不救、日常生活中的黄赌毒黑等现象开始出现，甚至有愈演愈烈之势。在这样一种背景下，胡锦涛同志指出，在我们的社会主义社会里，是非、善恶、美丑的界限绝对不能混淆，坚持什么、反对什么、倡导什么、抵制什么，都必须旗帜鲜明。这一讲话明确强调了三代领导人的思想共识，在搞好社会主义经济建设的同时，必须高度重视社会主义道德建设。

第二，当前社会主义道德建设的突破口就是社会主义荣辱观建设。社会上的种种不道德现象，从本质上可以归为一点：一部分人的荣辱感开始退化、弱化，甚至错化。一些意志薄弱的人放弃了自己原有的荣辱观，用非道德的眼光看待一切。在他们的头脑中，没有什么是"荣"，也没有什么是"耻"，一切都与道德荣辱无关，只要自己快乐就行，只要自己富有就行，不管也不顾别人用什么眼光看待自己。更有甚者，一些人的荣辱观开始扭曲，正确的荣辱观被抛弃，错误的荣辱观开始生长，以荣为耻、以耻为荣，一些无私奉献、助人为乐、拾金不昧的人往往遭人耻笑，一些损人利己、损公肥私、贪图享乐的人往往受人追捧，社会上又开始出现了"笑贫不笑娼"的不正常现象。面对这样一种情况，胡锦涛同志强调指出，要引导广大干部群众特别是青少年树立社会主义荣辱观。这一思想的实质是要求以荣辱形式表达一个社会的是非观、善恶观和美丑观，要求将社会主义荣辱观建设作为当前社会主义道德建设的突破口。

第三，当前社会主义荣辱观建设的重点是青少年的荣辱观教育。青少年是祖国的未来，他们的思想道德观念直接影响着中国社会主义的明天。如果他们不具备正确的荣辱观，以耻为荣、以非为是、以丑为美，将直接导致社会主义社会的不健康发展。然而，我国当前青少年的思想道德状况并不能令人乐观，一些青少年好逸恶劳、贪图享乐、是非善恶观念扭曲、法制纪律观念淡薄，一些青少年甚至走上了违法犯罪的道路。据有关资料显示，近年来我国青少年犯罪逼近了全部刑事案件立案的半数。为此，在进行社会主义道德建设的过程中，青少年的社会主义荣辱观建设刻不容缓，必须趁青少年还处于世界观、人生观、道德观的可塑时期，用正确的社会主义荣辱观来引导他们，使他们具备正确的是非、善恶、美丑观念。要帮助青少年树立正确的社会主义荣辱观，必须将社会主义荣辱观教育引入各级各类学校，必须在全社会形成正确、清晰、有力的舆论导向，必须充分发挥党员、干部以及公众人物的模范带头作用，将广大青少年的生活置于强烈的知荣知耻的社会氛围中。

［原载《南京师大学报》（社会科学版）2006年第3期；
人大复印报刊资料《社会主义论丛》2006年第9期全文转载］

社会主义荣辱观与新时期高校德育

胡锦涛同志提出的以"八荣八耻"为具体内容的社会主义荣辱观,对新时期高校德育的目标、内容、方法做出了新的诠释、提出了新的要求,对于高校德育工作有着重要的现实意义和深远的历史影响。

一 社会主义荣辱观与高校德育目标

高校德育目标的核心要义是大学生在思想政治素质、法纪素质、道德素质等方面应达到的规格要求。胡锦涛同志发表的关于树立社会主义荣辱观的讲话,区分了是非、美丑、善恶,旗帜鲜明地提出应该坚持什么、反对什么、倡导什么、抵制什么,虽然并不是针对高校德育目标的专门论述,但却明确表达了现阶段党和国家对当代大学生在思想政治素质、法纪素质、道德素质等方面应达到的规格要求,确立了现阶段高校德育的具体目标。这一具体目标的确立,不但与当前的社会经济、政治、文化发展状况相适应,而且克服了以往高校德育目标设计中存在的一些缺陷,对于新时期高校德育目标体系的建设有着重要意义。

第一,将总体目标与具体目标结合起来,使得高校德育目标具有鲜明的时代性。2004 年,中共中央、国务院发出了《关于进一步加强和改进大学生思想政治教育的意见》的通知,指出:"加强和改进大学生思想政治教育的指导思想是:坚持以马克思列宁主义、毛泽东思想、邓小平理论和'三个代表'重要思想为指导,深入贯彻党的十六大精神,全面落实党的教育方针,紧密结合全面建设小康社会的实际,以理想信念教育为核心,以爱国主义教育为重点,以思想道德建设为基础，以大学生全面发展为目标，解放思想、实事求是、与时俱进，坚持以人为本，贴近实际、贴近生活、贴近学生，努力提高思想政治教育的针对性、实效性和吸引力、感染力，培养德智体美全面发展的社会主义合格建设者和可靠接班人。"① 这是当代高校德育总的要求与目标。

社会主义荣辱观的提出，则将上述目标与要求进一步细化了，将理想信念、爱国主义、思想道德素质、全面发展等总体要求融入"八荣八耻"的具体行为准则中，化为具有时代气息、易于操作执行的具体性目标，体现了总体目标与具体目标的有机融合。这就使得高校德育目标克服了以往在一定程度上存在的空泛无力的弊病，变得鲜明而生动起来。

第二，将统一性目标与层次性目标结合起来，使得高校德育目标具有了广泛适用性。1950年6月，教育部组织召开了第一届全国高等教育会议，对高校德育目标和具体任务做出了明确的规定，即高校培养目标应当是培养具有高度文化水平、掌握现代科学技术成就、全心全意为人民服务的高级建设人才。此后，围绕培养具备何种素质的大学生这一核心问题，我国高校德育目标不断地发展与完善。纵观其历史轨迹，每一历史阶段提出的目标要求虽然有所差异，但都存在一个共同的特点：强调对大学生的统一性要求，要求不同发展水平的大学生都能够达到目标要求。

社会主义荣辱观的提出，明确了现阶段高校德育的具体目标：培养具有社会主义荣辱观的大学生。这一目标蕴含了统一的思想政治性要求。恩格斯说："每个社会集团都有它自己的荣辱观。"② 社会主义荣辱观，回答的是社会主义社会中，什么是光荣、什么是耻辱的问题。树立社会主义荣辱观，要求当代大学生坚持爱国主义、集体主义等社会主义道德原则，遵守诚实守信、辛勤劳动等社会主义道德规范，体现了党和国家对大学生的统一性要求。同时，这一目标针对大学生的现实发展状况，提出了明确的层次性要求。既提

---

① 中共中央 国务院：《关于进一步加强和改进大学生思想政治教育的意见》，2004年10月15日。

② 《马克思恩格斯全集》第39卷，人民出版社1974年版，第251页。

出了最高目标要求，如"热爱祖国""服务人民""辛勤劳动"等；又提出了最低目标界限，要求大学生以"危害祖国""背离人民""好逸恶劳"为耻辱；同时留有广阔的中间地段。既能促进素质较高的大学生去尽善尽美，又能推动普通大学生去恪守道德底线，从而能形成更普遍、更强烈的震撼力。因此，这是一个统一性与层次性相结合的目标，既坚持了目标的导向性，又体现了目标的广泛适用性，使得不同发展水平的大学生都能够从中得到激励和启发。

第三，将社会性目标与个体性目标结合起来，使得高校德育目标具有了和谐性。长久以来，我国高校德育目标在价值尺度上呈现出明显的社会本位倾向，即把思想政治教育目标作为适应社会发展需要的活动来设计。如1961年，《教育部直属高等学校暂行工作条例（草案）》（简称高校六十条）要求大学生"具有爱国主义和国际主义精神，具有共产主义道德品质，拥护共产党的领导，拥护社会主义，愿为社会主义事业服务，为人民服务"。再如1987年，《关于加强和改进高等学校思想政治工作的决定》指出："高等学校培养出来的大学生、研究生……应当热心于改革开放，有艰苦奋斗的精神，努力为人民服务，为实现具有中国特色的社会主义现代化而献身。"又如1995年《中国普通高等学校德育大纲（试行）》中要求大学生"确立献身于有中国特色社会主义事业的政治方向"，"努力为人民服务，具有艰苦奋斗的精神和强烈的使命感、责任感"。高校德育目标在努力体现社会需要的同时，也提出了一些个体性发展目标，如"遵纪守法"，"有良好的道德品质和健康的心理素质"，"勤奋学习，努力掌握现代科学文化知识"等。2004年，进一步提出"以大学生全面发展为目标"。但就总体而言，这些个体性目标基本上以服从社会性目标为主，二者之间的不协调状态依然存在。

认真研读"八荣八耻"，我们可以发现，其中既蕴含了社会性目标又体现了个体性目标。在这些重要的道德准则中，一方面贯穿了爱国主义、社会主义、集体主义思想，表达了国家和社会的要求；另一方面又涵盖了个体社会生活领域中应当遵循的基本行为准则，充分肯定了个体自我发展的需求。因此，树立社会主义荣辱观这一现阶段高校德育具体目标的确立，有助于调解社会需要与个体需要之间的矛盾，有利于社会性目标与个体目标的和谐共进，从而促使高校德育目标体系趋向完善。

二 社会主义荣辱观与高校德育内容

以"八荣八耻"为具体内容的社会主义荣辱观具有鲜明的时代特征，对一些重要的问题做出了新的诠释，为高校德育内容注入了新鲜的血液。

社会主义荣辱观对高校德育的核心内容——社会主导价值观问题做出了明确的解答。在市场经济的发展过程中，价值观念的多元存在成为这一时代的鲜明特征。多元的价值观固然体现了对个人选择的尊重，但如果多元化缺乏主导价值的引导，则易于使道德完全建立在个人的绝对选择基础之上，公共的价值认同被个人的价值判断代替，基本的是非、善恶、美丑界限被杂乱无章的多元价值混淆。当前，价值观念多元化带来的消极影响已经显现出来，尤其是在大学生群体中，一些人奉行"怎么都行"的道德相对主义观念，抛弃了基本的价值判断标准，将个人自由置于责任与规则之上，荣辱不分。因此，在高校德育内容体系建设中，必须大力弘扬社会主导价值观，引导大学生明确社会提倡什么、反对什么，明确自己应当做什么、不应当做什么，与周围世界建立起融洽的、和谐的关系。

胡锦涛同志提出的社会主义荣辱观，旗帜鲜明地倡导集体主义价值观念，这是现阶段社会主导价值观的核心内容。一方面，"八荣八耻"针对社会生活中存在的集体主义价值观念淡化的现象，对什么是正当的集体利益，什么是正当的个人利益，如何将正当的集体利益与正当的个人利益相结合做了明确规定：与祖国利益和人民利益相一致的集体利益就是正当的集体利益，与祖国利益和人民利益不一致的集体利益就是不正当的集体利益。这一价值观念来源于社会生活，同时又指导社会生活，因而具有坚实的社会生活基础。另一方面，"八荣八耻"以朴素生动的语言使普通大众都能明白这样的道理，知耻知荣是理性生活的基本素质。由于通俗易懂，并触及公众的切身利益，因而能够获得广泛的认同，成为公众坚持什么、反对什么的标尺。由此，社会主义荣辱观在社会价值体系中获得了毋庸置疑的主导地位。

社会主义荣辱观对高校德育的重要内容——完善理想人格做了全新理解。社会主义市场经济时代，既不同于资本主义市场经济时代，也不同于社会主义计划经济时代。在这样一个新时代里，大学生应当具有什么样的人格，应当做一个什么样的人，需要适合于新时代的全新理解。"八荣八耻"思想要求人们培养"热爱祖国、服务人民、崇尚科学、辛勤劳动、团结互助、诚实守信、遵纪守法、艰苦奋斗"的良好品德，正是对新时期理想人格的全新理解。这种全新的理解，进一步发展了大学生理想人格教育的具体内容，从三个层面表述了社会主义市场经济条件下大学生应当具备的道德人格。一是正确处理个人、集体、国家三者的关系。要树立正确的国家观，将个人前途与国家、民族的命运联系起来，自觉抵制有损国家利益的行为；树立为人民服务的崇高理想，一切从人民利益出发，自觉抵制违背人民利益的行为；树立集体主义观念，注重团结互助，自觉抵制损人利己的行为。二是正确的人生态度。要树立崇尚科学的观念，弘扬科学精神，自觉抵制消磨时光、荒废学业的行为；树立社会主义劳动观，积极参与社会主义建设，自觉抵制好逸恶劳的行为。三是与周围世界建立和谐的关系。要树立社会主义义利观，正确处理义与利之间的关系，诚实守信，自觉抵制唯利是图、见利忘义的行为；树立社会主义法制观念，自觉抵制违法乱纪的行为；树立正确的消费观念，将艰苦奋斗这一优良传统发扬光大，自觉抵制骄奢淫逸的行为。这种全新的理解，要求大学生真正将道德理想与现实生活结合起来，不做说一套做一套的伪君子，而是做表里如一的道德人。

社会主义荣辱观对高校德育的基础内容——公民道德做了进一步提炼和升华。公民道德是公民在社会生活中应当遵守的基础层面的道德规范，是社会主义道德的基础。在高校德育内容体系中，公民道德是不可或缺的教育内容。

2001年10月24日，中共中央发颁发了《公民道德建设实施纲要》，提出了"爱国守法、明礼诚信、团结友善、勤俭自强、敬业奉献"十个公民道德规范。在《纲要》精神的指导下，各级各类高校在大学生中深入开展了公民道德建设活动。自此，公民道德成为高校德育的基础内容。社会主义荣辱观结合社会主义市场经济发展的现实特点，对《纲要》中提出的公民道德规范做了进一步提炼和升华，丰富和发展了高校德育内容。从涵盖的内容来看，爱祖国和爱人民涵盖了爱国主义和社会主义的思想，体现了社会主义政治生活中的道德要求；爱科学和爱劳动指明科学和劳动是社会经济发展的根本动力，体现了社会主义经济生活的道德要求；团结互助、诚实守信是人与人之间打交道时的基本准则，体现了社会主义日常生活中的道德要求；遵纪守法是社会生活秩序的基本保障，体现了社会主义法律生活中的道德要求；艰苦奋斗确定了日常消费和再发展的基调，体现了社会主义消费生活和经济社会发展中的道德要求。相对于《纲要》而言，"八荣八耻"更为具体地规定了公民在适应社会公共生活、维护公共利益方面应当遵守的道德规范，其简单明了，既贴近于生活实际，也易于得到大学生认同。

三 社会主义荣辱观与高校德育方法

科学的方法在高校德育中居于十分重要的地位。没有科学的教育方法，德育的目的就难以实现。在社会主义荣辱观教育中，传统的教育方法既有其存在的合理性，同时也存在着与德育的目标、内容不相适应的地方。因此，必须寻求新的思路、探索新的教育方法，使教育效果达到最佳。

第一，将灌输教育与情感教育结合起来，充分重视荣辱感在个体道德形成中的重要作用。荣辱感是人的一种深层次情感，在个体道德形成的完整过程中具有特殊的价值。它具有调节和信号的功能，能够指引和维持行为的方向，是个体遵守道德规则、履行道德义务的内在心理基础。有了这种心理基础，一个人才有可能成为具有良好道德修为和有高尚追求的人。我国传统伦理思想对这一点早有论述。孔子说："知耻近乎勇"（《礼记·中庸》），意思是当一个人背离道德原则时，因为有羞耻之心，就会进行自我谴责，这就是一种勇气的表现。孟子说，"羞恶之心，义之端也"，"无羞恶之心，非人也"（《孟子·公孙丑上》），认为荣辱感这种道德情感体现了人性的尊严，是社会道德的基础，同时也是人与禽兽相别的标志之一。朱熹认为，"人有耻，则能有所不为"（《朱子语类》卷十三），说明荣辱感是一个人道德行为的内在约束力量，约束着人不敢做违背道德的事。

在社会主义荣辱观教育中，首先应当着力于情感教育，通过各种途径培养大学生的荣辱感，使他们明确在市场经济条件下，什么是光荣、什么是耻辱，应当坚持什么、反对什么，分清是非、荣辱的界限，在内心形成自我约束机制。在这一基础上，通过理论灌输，使大学生形成对荣辱内涵、荣辱标准、荣辱关系的比较稳定的思想观念和道德观念。唯其如此，才能使大学生在"吾日三省吾身"的同时自觉践行社会所提倡的道德行为，并最终形成高尚的道德人格。

第二，将课堂教育与实践引导结合起来，使荣辱观教育建立在可感知的、直观的、伸手可及的实践生活基础上。列宁曾经说过，"训练、培养和教育要是只限于学校以内，而与沸腾的实际生活脱离，那我们是不会信赖的"①。社会主义荣辱观形成于生活实践，也表现于生活实践"辛勤劳动""团结互助""诚实守信""遵纪守法"等道德准则，无一不与社会生活、个人生活有着密切的联系。因此，社会主义荣辱观教育要解决两个层面的问题。一是认知层面，通过课堂教育，系统传授社会主义荣辱观的理论知识，使大学生获得正确的理论认知。二是行为层面，如果仅仅止于认知层面，只能说是具备了关于荣辱观的知识，是"知道"了，但不是"做到"了。只有当大学生把关于荣辱观的知识内化为自己的道德信念，用以作为判断外在行为的道德依据，并成为支配自己行为动力的时候，才可以说是真正确立了社会主义荣辱观。而这一内化过程的实现必须以生活实践为支撑。"德育的接受和内化过程，需要三个方面的支撑：一是经验事实的比照性支撑；二是情感信念的导向性支撑；三是理论思想的逻辑性支撑。但是这些方面的实际效应，都需要体验机制在其中发挥一种穿针引线、融通化合的作用。"② 体验的获得来源于生活实践，体验机制也即实践机制。在社会主义荣辱观教育中，要将课堂教育与实践引导结合起来，建立有效的实践机制，引导大学生在参与生活实践中感受、体验、理解、领悟，最终达到向内部

---

① 《列宁全集》第 39 卷，人民出版社 1986 年版，第 307 页。
② 张澍军、王立仁：《德育的内化机制》，《社会科学战线》2003 年第 2 期。

精神世界的转化。

  第三，将正面引导与反面批评结合起来，使社会主义荣辱观教育具有主体针对性。以往，我们总是强调树立先进典型，以先进人物的先进思想、优秀品质和模范行为教育和激励人们，这种方法的优点在于生动形象、富有感染力和说服力，但是也易于使普通人群有高不可攀的感觉，认为自己无法达到社会所期望的道德要求。"八荣八耻"以荣耻对立的形式来表达社会主义道德标准，既正面倡导"最好的"，又反面批判"最差的"，在荣辱两极的对立中，促使人们做出正确的道德选择。这种表达方式为高校德育方法提供了新的思维：将正面引导与反面批评结合起来。在社会主义荣辱观教育中，既要以先进典型人物的先进事迹去激励大学生，使他们知道什么是应当引以为荣的高尚道德，同时也应当对反面典型开展严肃的批评，使大学生知道什么是应当"引以为耻"的不道德行为。可以做最好的，也可以不冒尖，但不能做最差的，不以一个统一的道德标准去要求大学生。唯其如此，社会主义荣辱观才能得到不同层次大学生的认同，既弘扬了高尚道德，又使得人们内心深处的以荣辱感为特征的底线道德得以坚守。

（原载《思想教育研究》2006 年第 8 期，与陈继红合撰）

创建高尚的城市"软环境"

人们对一个城市文明程度的评价，并不仅仅是以一些城市建设的硬件设施所形成的"硬环境"为依据，更重要的是从城市的规范和制度文明、思想文化宣传以及人们的精神风貌、道德境界、文明素质等形成的"软环境"来衡量。爱心接力送考行动，以一种特殊的方式展现了南京的"软环境"建设水平。南京"不愧是博爱之都"的评价，可以说是外地人对南京多年来精神文明建设成就的高度概括，也就是对南京的"软环境"建设的赞赏和认同。

一 在日常生活中践行社会主义核心价值观

城市"软环境"建设是一项系统工程，它需要培养一种符合该城市特殊的历史、文化、经济、政治和社会背景与底蕴的城市精神及其价值观念；需要构建系统、科学的制度、法规和道德体系；需要以硬环境为载体，创建浓郁的社会主义道德环境；需要结合城市及其市民生活和工作特点，倡导和培育遵章守纪、助人为乐的精神，等等。当然，当今城市"软环境"建设之系统工程，最根本的是践行社会主义核心价值观。而且，此次南京爱心接力送考行动所造成的社会影响和效果，说明践行社会主义核心价值观并不需要刻意策划或制造惊天动地的所谓壮举，践行社会主义核心价值观就在我们的日常生活中，就体现在身边的点点滴滴的好人好事上。因此，日常生活中人们的知荣辱、相互关爱、相互理解、相互支持，是社会主义道德的爱国、爱民、爱自己的最好的体现方式，也是践行社会主义核心价值观、创建高尚"软环境"的重要路径。

二 爱心接力送考是南京重视精神文明建设、市民精神培育的必然结果

体现城市精神面貌的"软环境"建设，不是一朝一夕的事情，它需要全体市民在不同的工作岗位上和生活领域内，以他们正确理解和把握的时代精神和城市精神，自觉体现在他们工作和生活的基本目标和行为方式上。就南京爱心接力送考行动来说，这并不是的哥、的姐们的偶然行为，而是南京长期以来重视精神文明建设、重视南京市民精神文明培养的必然结果。多年来，南京十分重视城市精神文明建设，提出了以"博爱博雅、创业创新"为核心内容的城市精神，适时地提出市民"七不"等行为规范。不仅如此，南京始终关注思想文化宣传的内容和方式，尤其重视政府各部门的工作精神和人性化管理理念等，万人评议机关可谓南京"软环境"建设的一大创举，它在改变机关作风的同时也改变了城市精神面貌，它在努力使市民满意的同时，也和谐了各类人际关系。

三 努力营造讲道德、献爱心的"软环境"氛围

南京多年来不断涌现的诸如爱心主义车队的先进事迹，在南京"软环境"不断得到改善的同时，也使得南京城市精神的积淀越来越厚重。这说明，社会主义精神文明建设和市民精神培育要常抓不懈。就目前来看，南京不妨以宣传爱心车队的先进事迹为契机，努力营造讲道德、献爱心的"软环境"氛围。一方面，要通过宣传让全体市民尤其是各级领导干部认识到，爱心车队的先进事迹体现了一种崇高的精神境界，是经过一定时间的思想修养和实践磨炼所取得的。没有一种崇高的精神境界，难以形成善言善行的道德习惯。另一方面，要号召南京市民以此次爱心接力行动为榜样，竖立崇高的社会主义价值取向，做到岗位献爱心、身边献爱心，时时事事处处献爱心。再一方面，要像规划城市"硬环境"建设一样来规划南京城市的"软环境"建设，当务之急要研究和规划贯彻社会主义核心价值

观的道德实践体系，真正让市民们了解和懂得在岗位上、在生活上、在社会交往的方方面面，什么是应该的、什么是不应该的、怎么去做、怎么才能做好。

（原载《南京日报》2007年4月26日）

汶川大地震中的伟大抗震救灾精神
——社会主义核心价值体系的特殊而又最好的诠释

2008年5月12日汶川发生8.0级特大地震，造成了重大人员伤亡和惨重的经济损失。这场历史上罕见的破坏性最大、波及范围最广的汶川大地震，是对中国政府和人民的一次大考验，中国政府和人民面对灾难所表现出的空前团结与坚强，令国人感动，让世界动容，无疑向世界递交了一份令人满意的答卷，并受到国内外舆论的广泛好评。

面对从天而降的飞来横祸，在党和政府的坚强领导下，中国人民万众一心，众志成城；一方有难，八方支援；谱写了一曲又一曲可歌可泣的抗震救灾颂歌。在这场汶川大地震中的"万众一心、众志成城，不畏艰险、百折不挠，以人为本、尊重科学"的抗震救灾精神，不仅是爱国主义、集体主义、社会主义精神的集中体现和新的发展，是我们党和军队光荣传统和优良作风的集中体现和新的发展，是中华民族精神在当代中国的集中体现和新的发展，而且是社会主义核心价值体系的特殊而又最好的诠释，并且使社会主义核心价值体系得到了进一步的验证和彰显。汶川大地震中的伟大抗震救灾精神主要从5个方面生动诠释了社会主义核心价值体系。

真切而崇高的道德良心充分彰显。面对特大地震灾难，真切而崇高的道德良心在干部、军人、警察、医生和教师等各类群体身上表现得尤为突出。灾区各级领导干部在交通中断、天气险恶的情况下，强忍着悲痛和煎熬，在第一时间坚守在抗震救灾现场，尽一切可能组织群众自救。在这中间，有许许多多的道德楷模，他们捧着一颗丹心，以真切而崇高的道德良心与天灾做殊死抗争，给灾民带来了生机和温暖。例如，北川县委常委、副县长瞿永安，面对妻子被埋在废墟中，父母、岳父母、侄儿、侄媳等 10 个亲人被压在钢筋混凝土之下的情况，扑通一下跪倒在地，泪流满面地向亲人重重磕下 3 个响头，随后便奋战在抗震救灾第一线，持续 7 天 7 夜 160 多个小时，每天往返于危险崎岖的山路，到县城搜寻幸存者，沿路救助伤病员，收集报告灾情。德阳东汽中学教师谭千秋，在地震发生的瞬间，张开自己的双臂趴在课桌上，身下死死地护着 4 个学生，在死亡面前，他以自己的生命换来了 4 名学生的明天。还有"摘下我的翅膀，送给你飞翔"的映秀镇小学教师张米亚，舍身救出了两名学生。痛失十几位亲人却继续坚持救援的坚强女警蒋敏，一直坚守在工作岗位，直到 2008 年 5 月 26 日，才手捧花环站在家乡祭奠深埋在地下的亲人，面对一片废墟的北川县城，这位坚强的女民警终于泪流满面，悲痛欲绝。凡此种种，不胜枚举。

在抗震救灾过程中，这种抗震救灾的义举真切地阐释了中华民族的道德良心。但是，这种道德良心绝不是一朝一夕能形成的，它是长期的道德修养和德行积淀的结果。因此，道德良心展现的偶然，其实有其必然。它不单会在我们习焉不察的日常生活"润物无声"，而且更会在危难关头和关键时刻绽放光彩。正是在这个意义上可以说，强烈地震来临之时，举国上下抗震救灾行动之迅速，"把人的生命放在第一要位、不惜一切救人"的精神之感人，实际上是在向全世界展示了我们中华民族道德良心的魅力。今天，我们应该承认，虽然有时还存在着道德良心泯灭、伦理失范的情况，但绝不像有人所夸大的那样，认为改革开放和社会主义市场经济必然会导致道德堕落，甚至世风日下、人心不古。相反，我们又一次在抗震救灾中真切地看到了许许多多可歌可泣、震撼人心的英雄行为，这足以证明中华民族的道德良心在今天依然留存在人们的心间，并且它也在与这场巨灾的搏斗中得到进一步的淬炼和提升。

爱国爱人之大爱和强烈的民族责任感凸显。大灾有大爱，汶川有后盾。在特大地震灾难发生以后，中华民族的大爱精神得到进一步的展示和增强。全国人民和海外华人高度关注灾情，纷纷以各种形式捐款捐物，以强烈的爱国热情投入地区的如火如荼的抗震救灾中去。真情系灾区，关爱汇暖流，值得一提的是，中国香港、澳门和台湾地区的同胞以"血浓于水"的情感为灾区捐款捐物，这是一种由衷的爱国之情，也是真正的人道主义的关爱人的精神。一些催人泪下的场景更令人感觉大爱之至。例如，严重残疾靠两手行走的小乞丐，捐出了乞讨来的身上仅有的几元钱；小朋友们捐出了平时的多多少少的积蓄，一位小学生用衬衣包着3年积聚的十几斤重的有1200元的硬币捐钱，让他写下自己的名字，他红着脸不吭声，过会儿便悄悄地溜走了；北京师范大学一同学在捐款现场捐出807.7元钱不留名，这带着7角零钱的不留名的捐款足以说明他没有修饰的真诚和尽力；等等。

没有人民子弟兵，就没有人民的一切。在抗震救灾现场，这一句话得到了生动鲜活的诠释。面临大震，许多官兵以责任重于泰山、生死置之度外的英勇气概，谱写了一曲又一曲爱国爱人之颂歌。他们不畏艰险，迎难而上。例如，一批消防战士就在受灾异常严重的武都小学展开了紧急救援。就在抢救进行到关键时刻，又一次余震来袭，砖头和水泥板开始往下掉，再进入废墟救援非常危险。当指挥人员下令"往后撤"时，一名刚从废墟中救出一名孩子的战士，却面对拖着他往后撤的战士"扑通"跪了下来，他流着热泪说："你们让我再去救一个吧，求求你们让我再去救一个，我还能再救一个。"此情此景，感动了在场的所有的人，大家都哭了。可以说，这不是某种"做作"，因为即便是最聪明、最能干的人也绝不会拿自己的生命当作"做作"的赌注。这种把救人当作天职、置自身安危于不顾的精神，"只要有一线希望、就要尽百倍努力"以及"不抛弃、不放弃"的救人精神，不仅体现了一种可敬可佩的民族责任意识，更彰显了何等崇高的道德境界！

勇敢顽强的民族精神进一步张扬。在特大地震灾难发生以后，激动人心的一幕是解放军空降部队为了以最快速度到达中断交通的重灾乡镇，4500名官兵写下遗书，冒着生命危险"盲降"灾区。为了救人，施救者不顾个人的安危，冒着余震的危险，从废墟中把生还者一个一个地救出来。作为第一支到达汶川灾区的武警某师200名人民子弟兵，为尽快开辟"生命通道"，在摩托无法通过时，奉命弃车步行，他们手拉手趟着齐腰深的泥石流艰难前行，历经21小时，徒步强行90多公里到达目的地，并立即展开搜救工作。在此期间，余震频频，摇摇欲坠的梁柱嘎嘎作响，他们在一座随时可能倒塌的大楼旁搜救，完全是违章作业。但为了孩子们的生命，他们别无选择——直面死神，子弟兵总是将援手伸到最前最前。他们把生的希望留给别人，把死的威胁留给自己。而被救者在他们的精神的鼓舞下，更是以惊人的毅力生存下来，有的甚至不久之后又成了施救者。

　　这种勇敢顽强的民族精神也体现在像林浩这样的小英雄身上。林浩今年才9岁，是四川汶川映秀镇渔子溪小学的二年级学生，"5·12"地震发生后，林浩先是从废墟中逃了出来，后来他听到石板后面传来一个女同学的哭声，他就告诉她，"别哭，我们一起唱歌吧，唱完后，女同学不哭了。后来，我使劲爬，使劲爬，终于爬出来了"。小林浩从废墟中救出了两名同学，因为救人，林浩头部被砸破，手臂严重拉伤，但他一点都不在乎，还镇定地说："我背得动他们，我开始爬出来的时候，身上没有伤，后来爬进去背他们的时候才受伤的。"从小英雄林浩的镇定而坚毅的救人举动，投射出的正是中国人临大难而愈发坚强的勇气，这就是中国人的坚强。难以想象在如此大难面前，年仅9岁的林浩能够如此勇敢坚毅。毫无疑问，在抗震救灾过程中，各种群体的人们显示了中华民族的大无畏的勇气，进一步弘扬了中华民族的这一民族精神。

　　以人为本、执政为民理念发扬光大。在特大地震灾难发生后，党和政府对抗震救灾工作给予了坚强的领导，把"救人"放在所有工作的第一位，这既是重视生命、尊重生命，也充分体现了我党以人为本、执政为民的政治理念。中共中央领导第一时间组织、指挥抗震救灾，胡锦涛同志不顾危险，深入灾区，他强调最多的是："当务之急仍然是救人，只要有一线希望，我们都要千方百计地抢救。"温家宝同志在5月12日下午刚刚从河南考察农业和粮食生产储备情况抵京，还在赶往中南海的途中，得知四川强震的消息，立即折返机场奔赴灾区，并在72小时中辗转9次视察7次灾情，召开6次国务院抗震救灾总指挥部会议，赢得了强震下抗灾救人的宝贵时间。并一再强调，在抢救生命中，只要有一线希望就要拿出百倍的努力。对于生还者更是坚持从衣食住行等全方位的关注和支持。温家宝同志面对失去亲人的孩子们的表态让人动容，他说："我们应该把你们照顾好。""政府要管你们的生活，你们在这里就像在自己家里一样。""这是一场灾难,你们幸存下来了,就要好好活下去,好吗?""有什么困难,将来政府都要管。"

可以说,抗震救灾的整个过程都贯穿着一种以人为本的伦理关怀和尊重生命的价值理性。从胡锦涛同志"只要有一线希望,只要有一点生还可能,我们就要做出百倍努力"的指示,到温家宝同志"当前抢救人仍然是首要任务,只要有生还希望,就要抓紧时间救人"的强调,凸显的是中国共产党大灾面前关爱生命、抢救生命这种执政为民的先进理念。而在救灾过程中对被围困人员实施的细致耐心的抢救,对遇难者遗体的妥善处理,对灾区的卫生防疫的及早预防与控制,对灾区同胞的心理救援,乃至灾民生活安置以及灾后重建规划中的人性化设计,无不彰显着一种人民至上、生命至上的人文关怀,以人为本作为抗震救灾精神的核心,彰显着党的先进执政理念,闪耀着社会主义人道主义的光芒,再次生动地诠释的是马克思的人的最高价值观——人的根本就是人本身。

中国政府面对灾难迅速而有序的行动及其彰显的以人为本理念,使得抗震救灾工作科学、合理地展开,并得到了国际国内舆论的好评。中国政府和人民用自己的抗震救灾的实际行动,感动着中国、感动着全世界。可以说,在面对大灾提出的空前考验面前,我们党和政府正是凭借在科学性基础上的以人为本、执政为民理念和切实可行的行动,交上了一份让灾民放心、让世人满意的答卷。

社会主义集体主义精神极大弘扬。"一方有难,八方支援",这句话在这次特大地震灾难发生后得到真实而生动的体现。党中央以最快的决策建立与灾区的对口支援机制,举国上下第一时间捐款捐物,许多大学生和市民排队献血而引起了交通拥堵,等等。可以说,只有社会主义制度才能动员全社会的力量以最快的速度抗震救灾、安定生活、恢复生产、重建家园。这不仅进一步展示了社会主义制度的伟大与优越,而且进一步增强了中华民族的凝聚力和向心力。

地震发生的当天,就有近 2 万名解放军和武警部队已经到达灾区展开救援,2.4 万名官兵紧急空运到重灾区,1 万名官兵通过铁路向灾区进发。民政部紧急调运 5000 顶救灾帐篷,中国红十字会紧急调拨价值 78 万元的救灾物资,卫生部紧急组织十多支卫生救援队赶赴灾区,电信、电力、交通等部门都紧急启动应急预案,等等。这在通讯和交通中断、情况不明的情况下，如此之快速救援，堪称神速。而后数天，各路救灾队伍、志愿者、各种救灾物资以最快速度源源不断地运往灾区，在都江堰聚源镇、德阳汉旺镇、汶川映秀镇等抗震救灾第一线，总共聚集了 13 万多名子弟兵、14 万多名医疗卫生人员、数万名救援队员、20 多万名志愿者，源源不断的救援物资以最快速度安置了灾民的生活和医疗需求等。国务院关于"实行一省帮一重灾县，几省帮一重灾市（州），举全国之力，加快恢复重建"的要求，建立和完善了对口支援机制，重建速度迅速，大量中学生及时地在异地被安排读书，等等，这些充分体现了社会主义制度的无比优越性，也表明社会主义的集体主义精神在新的历史条件下不仅没有过时，而且能够绽放异彩。

在纪念中国共产党成立 87 周年之际，中共中央于 2008 年 6 月 30 日下午在中南海怀仁堂召开抗震救灾先进基层党组织和优秀共产党员代表座谈会。胡锦涛同志出席座谈会并发表重要讲话。他强调，"万众一心、众志成城，不畏艰险、百折不挠，以人为本、尊重科学的伟大抗震救灾精神，是爱国主义、集体主义、社会主义精神的集中体现和新的发展，是我们党和军队光荣传统和优良作风的集中体现和新的发展，是中华民族精神在当代中国的集中体现和新的发展。我们要在全党全社会大力弘扬抗震救灾精神，为中国特色社会主义事业不断发展提供强大精神动力"。完全可以说，伟大抗震救灾精神就是社会主义核心价值体系的特殊而又最好的诠释。我们有理由相信，在党和政府的坚强领导下，在社会各界的支持和灾区群众的不懈努力下，在渗透着优秀传统文化精髓的社会主义核心价值观的引导和感召下，一个崭新的物质家园和精神家园必将会出现在四川震区的大地上，并将焕发出蓬勃的生机。

［注：本文资料主要来自《感动生命的 100 个瞬间》，光明日报出版社 2008 年版；《中国汶川抗震救灾纪实》（续集），新华出版社 2008 年版］

社会主义民生问题的伦理思考

民生问题是个基础性的社会问题，它与广大人民群众的根本利益紧密相连。民生问题处理得如何，直接关系党和政府与人民群众的关系，影响国家改革发展的大局。为此，胡锦涛同志在党的十七大报告中强调指出："必须在经济发展的基础上，更加注重社会建设，着力保障和改善民生……努力使全体人民学有所教、劳有所得、病有所医、老有所养、住有所居，推动建设和谐社会。"[①] 强调关注民生，一方面符合党一贯重视民生的执政理念，只有真正代表和实现人民的根本利益，党和政府才能进一步赢得人民的拥护和支持，才能立于不败之地；另一方面是由于改革开放三十年来在我们取得了骄人的经济社会发展业绩的同时，也滋生出许多突出的民生问题，这些问题直接考验着党的执政能力。民生问题的解决，需要在实践中不断探索，更离不开理论上的指导和把握。从伦理学角度对民生问题做理论透视，将会有利于社会主义民生问题的解决。

一 关注民生的伦理依据

社会主义条件下关注民生具有科学的理论依据，它集中体现在以马克思主义为指导并充分汲取古今中外尤其是中国传统伦理思想的精华所形成的社会主义民生观上。这种理论依据的特点是"一元"主导、兼容并包，是"一"和"多"、普遍性和特殊性的辩证统一。

---

① 《中国共产党第十七次全国代表大会文件汇编》，人民出版社 2007 年版，第 36 页。

（一）关注民生符合马克思主义道德哲学的基本精神

纵观道德哲学史，关注人生、关爱生命、讴歌生活，一直是其中的主题之一。而对于究竟如何理解生命和生活，却有着不同的回答。在马克思主义看来，生命不是仅仅作为感性客体的生命（费尔巴哈），更不是作为"我思故我在"（笛卡儿）的生命；生活不是感性直观的生活，更不是纯粹地主观思辨的活动；问题的关键在于把握"生活的生产"和"现实的个人"。问题不在于"生存"，而在于"如何生存"，因此，抓住"生活的生产"才能把握真实的生活；问题不在于人们生产什么，而在于他们如何生产，因此，没有离群索居、独往独来的个人，只有处在自然和社会这"双重关系"中的"现实的个人"。

我们关注"现实的个人"，就是要更多地关注人民群众，关注人民群众的生存和发展。之所以如此，首先是因为"人民"是马克思主义历史观、价值观特有的词汇，"人民至上"是社会主义社会价值观的要求。马克思主义认为，人民群众是物质财富、精神财富的真正创造者，是推动社会变革、历史发展的根本力量。马克思主义经典作家一贯强调人民群众的历史地位和巨大作用。马克思、恩格斯一方面严厉批评空想社会主义"看不到无产阶级方面的任何历史主动性，看不到它所特有的任何政治运动"[1]；另一方面热情称颂巴黎公社的工人"具有何等的灵活性，何等的历史主动性，何等的自我牺牲精神！"[2] 毛泽东更为明确地指出："人民，只有人民，才是创造世界历史的动力。"[3] 其次是由于"人民至上"的价值观是由我们的国体、我们党的性质等根本制度属性决定的。"人民"是和绝大多数个人的命运紧密相连的具体概念，而绝不是一个空洞的集合名词。马克思主义并不否定个人的历史地位，马克思说："人们的社会历史始终只是他们的个体发展的历史，而不管他们是否意识到这一

---

[1]《马克思恩格斯选集》第1卷，人民出版社1995年版，第303页。
[2]《马克思恩格斯选集》第4卷，人民出版社1995年版，第599页。
[3]《毛泽东选集》第3卷，人民出版社1991年版，第1031页。

点。"① 坚持人民的历史主体地位，才能使得突破个体主体的局限性、发现历史客观规律成为可能，使得历史规律性和选择性的统一成为可能，使得超越个人利益和献身共同理想具有坚实的基础。从我国的具体国情来看，"人民至上"的观念是能够使个人自我约束而又自由全面发展的价值基础。因此，树立"人民至上"的观念，注重维护人民权威，必然要重视、保障和改善民生。

（二）关注民生是马克思主义伦理思想的出发和归宿

关注人和人的生存问题是伦理思想的主要话题之一。然而，对于这一问题的回答却也见解纷呈。现代伦理精神的追求个性自由和"以人为本"，具有一定的积极意义，然而，如何防止个性自由成为人性异化的歧途，如何协调"以人为本"下公平与效率、平等与自由、利益与道德等之间的关系，又是现代社会所必须面对的难题和挑战。在现代西方伦理理论的主导价值观看来，个性自由就是个人的解放，"以人为本"就是以个人和个人权利为本，这样，从学理上说所谓的个性自由就是为所欲为、我行我素，就是个人自然特性的充分展示和张扬，从现实上看则是个人权利与国家权力之间的抗争和博弈，不触动社会的根本构架。这实际上是在现行资本主义制度框架的前提下来实现人的价值，使异化变为正常化，使人的"异在"成为"存在"。很长时期以来西方社会普遍存在的悲观情绪和"历史的终结"感就是这种观念的现实体现和必然逻辑。

只有马克思主义伦理思想揭示了个性自由与社会进步及人类解放之间的内在联系。从根本上说，个性自由就是人的自由全面发展，这不仅是人的自然潜能或本性的充分实现，而且还是人的历史积淀的优化过程，因此，社会不仅为每个人的自然潜能的实现提供条件，还为人性的丰富和完善奠定基础。正是从这个意义上，马克思断言所谓的历史不过是人性的不断改变，而人的解放和社会的解放存在着内在的一致性。马克思主义伦理思想关注人、关注以人为本，不是一种姿态和口号，它以整体性视阈关注、考察人，既关注人的生存，又关注人的发展；既关注人的过去和现在，又关注人的未来；

---

① 《马克思恩格斯选集》第4卷，人民出版社1995年版，第532页。

既关注人的物质存在和物质生活，又关注人的精神存在和精神生活。而关注人的生活、生存和自由发展的现状和前景本身就是实实在在的民生问题。

（三）关注民生汲取了中国传统伦理思想的精华

从总体上看，中国传统伦理思想中包含着丰富的民生思想。"民生"一词源于《左传》中的"民生在勤，勤则不匮"《礼记·礼运》。中所描述的"大同"状况从一个侧面反映了重视民生、保障民生的思想。孔子提出："因民之所利而利之。"（《论语·尧曰》）孟子主张："民为贵，社稷次之，君为轻。"（《孟子·尽心下》）而荀子则赞成："天之生民，非为君也；天之立君，以为民也。"（《荀子·大略》篇）后来，东汉王符提出了"民之所欲，天必从之"（《潜夫论·遏利》）。近代王夫之则提倡"藏富于民""宽以养民"（《诗广传》卷四）。可见，民生问题一直为中国古代伦理思想所关注。

近代民生思想以孙中山为代表，其民生思想系统而富有特色，他将民生作为三民主义之归宿。孙中山从历史观的高度来谈民生问题，他认为，人类的根本问题是自求生存的问题，人类为了求生存而努力，从而推动社会进化。因而，他坚持"民生为社会历史的中心""民生问题，才是社会进化的原动力"。同时，他具体界定了民生概念："民生就是人民的生活，社会的生存，国民的生计，群众的生命。"[①] 针对当时的社会实际，他还提出民生建设的具体措施，认为只有"节制资本""平均地权"，民生才能落到实处。不难看出，孙中山民生思想具有一定的合理性。因此，应不断根据实际需要，不断重释传统，发挥中国传统伦理思想对于社会主义民生建设的作用。

二 改善民生的当代语境

在现时代，社会主义民生问题的解决需要科学的理念和有效的

[①] 孙中山：《孙中山选集》，人民出版社1981年版，第802页。

举措。在中国特色社会主义伟大实践的当代语境中，这些理念和举措还将随着时代要求和实践发展而不断与时俱进。

（一）科学发展观、以人为本思想、和谐社会理念是当前改善民生的理论支点

改善民生，需要科学发展观的引导。科学发展观是针对21世纪中国的发展进程不可避免地会遭遇的六大基本挑战①提出的。在这些挑战面前，提出科学发展观并不是对以往党的发展思想的否定，而是审时度势、顺应转向，是在新的历史时期我们在发展问题上的新思路，是在以往发展基础上提出问题、总结经验并解决问题的新理念。"科学发展观是马克思主义的发展观，它与我们党关于发展问题的思想是一脉相承的。"② 理解和落实科学发展观直接关系到民生建设。科学发展观，说到底是解决发展为了谁、依靠谁，就是坚持以人为本，树立全面、协调、可持续的发展观，促进经济社会和人的全面发展。坚持以人为本，就是要以实现人的全面发展为目标，从人民群众的根本利益出发谋发展、促发展，不断满足人民群众日益增长的物质文化需要，切实保障人民群众的经济、政治和文化权益，让发展的成果惠及全体人民。

改善民生，需要秉持以人为本的思想。以人为本是一种价值观，以人为本的"本"，主要有三种含义：（1）对于人与人的依赖、人对物的依赖而言，它把人当作主体；（2）对于人被边缘化而言，它把人看作一切事物的最终本质和中心；（3）对于人作为手段而言，它把人作为目的。③ 以人为本是科学发展观的核心，是建设社会主义和谐社会的首要原则。以人为本把科学发展观、和谐社会建设的为了人民、依靠人民、成果由人民共享的深刻伦理意蕴充分彰显出来。

---

① 这六大基本挑战是：人口三大高峰（即人口总量高峰、就业人口总量高峰、老龄人口总量高峰）相继来临的压力，能源和自然资源的超常规利用，加速整体生态环境"倒U形曲线"的右侧逆转，实施城市化战略的巨大压力，缩小区域间发展差距并逐步解决三农问题，国家可持续发展的能力建设和国际竞争力的培育。参阅中国科学院可持续发展战略研究组撰写《中国面临的严峻挑战呼唤科学发展观》，中国网，2004年3月12日。

② 冷溶：《科学发展观的创立及其重大意义》，《马克思主义研究》2006年第8期。

③ 参见韩庆祥《马克思主义哲学与以人为本》，《社会科学战线》2005年第2期。

树立以人为本的理念,"一切从人民的利益出发,而不是从个人或小集体的利益出发"①,就是以"人民拥护不拥护、人民赞成不赞成人民高兴不高兴"②作为衡量一切工作的出发点和归宿。只有树立以人为本的理念,才能坚持发展为了人民、发展依靠人民、发展成果由人民共享,真正促进民生问题的解决。

改善民生还需要和谐社会理念的支撑。与以往的社会形态不同,社会主义社会具有制度上的优越性,社会主义条件下一般而言没有对抗性的矛盾与冲突,因而这一制度是到目前为止唯一有资格构建和谐社会的社会制度。但这并不意味着我们的现实社会已经风平浪静、普遍和谐,可以高枕无忧。如果这样认为,那也许只是一种浪漫主义的天真或一厢情愿的善良愿望而已。实际上,改革开放三十年来所积累的深层矛盾以及不断开拓进取过程中所遭遇的新问题,已成为构建和谐社会绕不过去的难题。这些不和谐因素中,民生问题是突出的问题之一。从理论上说,和谐与矛盾是一对孪生姐妹,妥善处理好矛盾是实现和谐的必要途径。正如有论者所言:"和谐不是没有矛盾,而是非对抗性矛盾以同一性为主的矛盾存在状态。要实现和谐发展,必须坚持矛盾动力论。可谓'斗争哲学'与'和哲学',都是违背矛盾动力论的。实践中要按唯物辩证法办事,如果回避和掩盖矛盾,不但不能实现和谐发展,反而可能激化矛盾。在解决矛盾时,要防止斗争过度破坏事物的稳定与和谐状态。"③ 因此,正视我国经济社会发展中的问题和矛盾,在解决矛盾中实现社会和谐,在社会和谐状态中解决矛盾,真正解决民生问题。

(二) 合理解决公平和效率问题是改善民生的最佳契合点

解决错综复杂、千头万绪的民生问题,必须找到切实可行的"抓手"。处理公平和效率的关系问题就是民生建设的关键"抓手"。关于公平问题,学界聚讼纷纭,莫衷一是。一般认为,公平有起点、过程、结果之别,着力点不同,其价值各异。公平和效率是辩证统

---

① 《毛泽东选集》第 3 卷,人民出版社 1991 年版,第 1094—1095 页。
② 《江泽民论有中国特色社会主义》(专题摘编),中央文献出版社 2002 年版,第 638 页。
③ 刘林元:《和谐与矛盾》,《毛泽东邓小平理论研究》2007 年第 5 期。

一的关系。时间和情况不同,处理公平与效率问题的侧重点就不同,必须结合实际妥善处理两者的关系。新的发展阶段,在收入差距呈拉大趋势的情况下,我们要十分重视基尼系数提高的问题,在促进经济发展、提高经济效益的前提下,更多地考虑公平问题,防止收入差距过大,尤其要保障低收入者的基本生活,这已成为民生建设的重要而迫切的课题。党的十七大报告首次强调"初次分配和再次分配都要处理好效率和公平的关系,再次分配更加注重公平",就反映了党对这一问题的深刻洞察。从本质上讲,我们搞的是中国特色社会主义,如果一味崇拜效率、忽视公平,而任由收入差距扩大,势必会背离我们改革的初衷和发展方向,影响和谐社会建设。因此,当前如何让三十年改革开放的成果惠及十三亿人民,使人人有份、人人共享,合理地解决公平和效率问题,既是改善民生的切入点,也是改善民生的目的。

(三) 社会主义文明建设是改善民生的重要基础

首先,民生与物质文明的发展紧密相关,物质文明是解决民生问题的基础。民生建设,没有一定的物质基础是不行的。正如马克思所说的:"人们为了能够'创造历史',必须能够生活。但是为了生活,首先就需要吃喝住穿以及其他一些东西。因此第一个历史活动就是生产满足这些需要的资料,即生产物质生活本身。"[①] 其次,民生与政治文明不可分割。一定意义上,政治文明是民生得到改善的保障。社会主义制度大厦的建立为人民行使各项权利提供了根本保障,然而现实中个别地方国家公权力居然成为某些官员为己谋利的"私有权",损害了人民权利,影响了民生建设。可见,加强政治文明建设,执政为民、秉公办事,科学文明执政,依法行政,可以保障、改善民生。再次,民生也与精神文明联系在一起。无论从内涵还是外延看,民生与以往都发生了巨大变化,它已涵盖了精神层面。精神文明以提供精神动力、智力支持和思想保证的方式,丰富人们的精神空间,培养他们积极健康的生活方式和生活情趣。最后,继物质文明、政治文明和精神文明之后,我们党创造性地提出了生

---

① 《马克思恩格斯选集》第 1 卷,人民出版社 1995 年版,第 79 页。

态文明建设。生态文明要求合理地处理人与自然的关系，坚持科学发展，保护、修复生态，建设生态。良好的生态是民生的应有内涵，因为马克思所认为的"人的需要的丰富性"① 包含对良好的生态环境的需要在内。环保意识和环境质量如何，是衡量一个国家和民族文明进步程度的重要标志。试想，在一个环境污染、生态退化的环境里，人民连生活、生存都无法保障，更遑论发展进步。恩格斯早就警告说："我们不要过分陶醉于我们人类对自然界的胜利。对于每一次这样的胜利，自然界都对我们进行报复。"② 在面临环境和生态恶化的情况下，党的十七大报告明确地把"生态文明"作为全面建设小康社会的新要求之一，这是改善民生的又一重要主旨。

三　民生建设中党和政府的责任

从主体的角度讲，干部与人民群众同为民生建设的行为主体，两者不可或缺。但是，改善民生更多的是党和政府的责任，如果没有党和政府来主抓、主推民生建设，就很难有全社会的协同和人民的参与，保障和改善民生就成了一句空话。从政治学角度来看，民生建设的政治实践的务实性主要体现在：党和政府在治国方略、政府职能转变和行政职业道德建设三个层面的通盘考虑和整体推进。

治国方略上，必须坚持依法治国和以德治国相结合，共同保障和促进民生建设事业。两千多年前，孔子明确把德治放在第一位，把法（刑）治放在第二位。他说："道（导）之以政，齐之以刑，民免而无耻；道之以德，齐之以礼，有耻且格。"（《论语·为政》）可见，我国自古就有德治和法治相互结合、共同治国的思想。世纪之初，江泽民科学总结古今中外国家兴亡的经验教训，创造性地提出了依法治国与以德治国相结合的思想，这一治国方略的提出，体现了中国共产党执政理念的日臻成熟与完善，是我党的执政方式、治国方略的重大创新，丰富和发展了马克思主义国家学说。江泽民指出："对一个国家的治理来说，法治与德治，从来都是相辅相成、

---

① 《马克思恩格斯全集》第42卷，人民出版社1979年版，第132页。
② 《马克思恩格斯选集》第4卷，人民出版社1995年版，第383页。

相互促进的。二者缺一不可，也不可偏废。法治属于政治建设、属于政治文明，德治属于思想建设、属于精神文明。二者范畴不同，但其地位和功能都是非常重要的。我们要把法制建设与道德建设紧密结合起来，把依法治国与以德治国紧密结合起来。"① 的确，法律与道德调整社会关系的层面不同，法律规范属于"实然"范畴，要求"必须"做到，否则就会遭到制裁；道德准则属于"应然"范畴，要求"应当"做到，否则就会受到社会舆论或良心的谴责。因此，国家治理需要法治，也"需要道德在包括政治生活、经济生活、文化生活等领域发挥教育和协调作用"②，法治与德治相互结合，共同治国、建设民生。

政府职能上，必须强化政府的民生责任，转变为关注民生型政府。改革开放以来，我国的高经济增长的负面影响是，民生问题越来越突出，这包括失业问题、教育问题、卫生问题、环境问题等等。"这本身也对政府形成了巨大的社会压力，成为政府改革的契机，促使政府执政目标和政府职能的重大转变。"③ 其实，民生建设作为政府必须履行的职责，对政府而言既是机遇也是挑战，要求政府必须更新观念、转变职能。政府的核心职能不再是"以经济增长为基础"，而是解决老百姓所面临的迫切的民生问题，即政府职能转变的落脚点要体现在民生问题上。目前，我国政府管理模式正在从增长型政府向公共服务型政府转变④，而公共服务型政府其实就是关注民生型政府，其职能指向主要在于保障民众的生存与发展权益。须知，政府管理模式的定位是增长型还是关注民生型，就决定了不同的行政航标，其结果相差甚远。因为如果盲目崇拜GDP增长，不仅会带来环境和生态问题，而且往往会忽视民生建设的同步提升。从根本上讲，发展是手段而非目的，是"工具"而非"价值"，保障人民福祉才是政府行政的最高目标，把增长作为目标很可能让民生建设"边缘化"。因此，关注民生型政府的价值取向，必须坚持以人为

---

① 《江泽民文选》第3卷，人民出版社2006年版，第200页。
② 王小锡主编：《以德治国读本》，江苏人民出版社2001年版，第59页。
③ 胡鞍钢：《改善民生是政府最大的政绩》，《文汇报》2007年3月19日。
④ 自人类社会发展以来，政府管理模式大体有三种，即统治型、管理型、服务型的政府模式。参阅张康之《公共管理伦理学》，中国人民大学出版社2003年版。

本、关注民生、社会和谐、社会公正等价值取向。① 各级政府尤其是基层政府，要突出公共服务职能，转变为关注民生型政府，研究以何种路径，达到何种标准，遵守何种时限，来落实公共服务和民生问题。为此，行政管理内容上必须把"民生指标"作为考核政府和干部政绩的重要依据，严加落实，加强监管力度。

行政职业道德建设上，必须加强行政人员道德素质的培养，以作为民生建设的行政伦理保障。保障和改善民生，关键在于行政人员和干部。但是，在现实生活中，一些行政人员和干部的腐败问题仍比较突出，它直接影响到民生问题的解决。因为"行政人员作为公共利益的维护者和公共权力的主体，他的行为如果不是善的，就必然是恶的"②。应该说，造成腐败的原因是多方面的，但与一些人的"伦理失范"不无关系。因此，必须加强行政职业道德建设来处理好权力和利益之间的关系，制约行政权力。而要使行政人员有效地履行责任，必须对其加以内部和外部控制。伦理道德就是必要的内部控制手段，其独特作用是外部手段无法代替的。加强行政职业道德建设，就是要使行政人员的行为受到伦理道德的规约，保证国家公权力为民谋福利。进一步说，榜样的力量是无穷的，官德正则民风淳，官德毁则民风降。可见，官德建设尤为重要。如果领导干部能以"要常修为政之德，常思贪欲之害，常怀律己之心"砥砺品行、严以律己，就可拒斥权力、金钱、美色的诱惑，永葆革命本色；同时能够有力地促进社会道德风尚的提高。更为关键的是，领导干部以"三常"严格要求自己，努力做到"权为民所用、情为民所系、利为民所谋"，使民生问题真正落到实处，是党和人民的期待。

正因为社会主义民生具有独特的丰富的伦理内涵，它才具有在更大范围、更广领域和更深层次得以真正实现的可能。需要指出的是，社会主义民生建设是个复杂而长期的工程，它绝不可能一蹴而就，而是需要在党和政府的领导下，在中国特色社会主义的伟大实践中，群策群力、包容共济，共同把民生建设实践不断地推向深入。正如胡锦涛同志指出："和谐社会要靠全社会共同建设。我们要紧紧

---

① 参见肖陆军《民生型政府的价值取向》，《安徽农业科学》2007 年第 11 期。
② 张康之：《论行政人员的道德价值》，《东南学术》2001 年第 1 期。

依靠人民,调动一切积极因素,努力形成社会和谐人人有责、和谐社会人人共享的生动局面。"① 随着对民生问题的认识日臻成熟,随着党和政府的日益重视和民生投入力度的不断加大,以及广大人民群众的积极参与,我们必将迎来一个民生建设大发展、社会大和谐的春天。

(原载《江西社会科学》2008年第3期,与张志丹合撰)

---

① 《胡锦涛文选》第2卷,人民出版社2016年版,第645页。

道德力与社会进步

关于道德力与社会进步的关系，其实是要回答这样两个问题：一是人与社会为什么需要道德？二是道德有什么功能与作用？通过解答"道德力与社会进步"这一论题，试图让大家从理论与实践结合的角度充分认识到：生活、工作和学习都离不开道德，道德是我们生活、工作的重要资源、重要资本。可以说，在今天这个享乐主义、个人主义、物质主义和拜金主义有一定市场的时代，如果具备了这些基本理念，至少对提高我们的生活质量，尤其是对年轻人的成长和发展都会大有裨益。因此，除阐述道德力与社会进步的内在关联之外，也试着努力阐释道德与我们的生活、工作的内在逻辑关系。

首先，我们必须进行前提性澄明的工作，就是回答"道德是什么"，这是一个非常简单而又难以弄清楚的概念。说它简单，连小孩都知道，幼儿园就开始讲"道德"这个概念；说它复杂，是因为"道德是什么"的问题涉及对道德本体的理解把握，而对道德本体的把握需要扎实的哲学基础和一定的理论素养才行。在我看来，所谓道德，简言之，就是人的立身处世之应该，即道德是应该所体现出来的规范或做人处世的基本要求，它引导、制约人的完善和人际关系的和谐。

一 道德与经济建设

由美国金融危机引发的全球金融海啸爆发后，温家宝同志访问英国时在剑桥大学做了演讲，其中有一段话就强调了道德的经济作用。温家宝同志饱含感情地说道德是世界上最伟大的，道德的光芒甚至比阳光还要灿烂；真正的经济学理论，绝不会同最高的伦理道德准则产生冲突；经济学说应该代表公正和诚信，平等地促进所有人，包括最弱势人群的福祉，他还说道德缺失是导致这次金融危机的一个深层次原因。一些人见利忘义，损害公众利益，丧失了道德底线。我们应该倡导：企业要承担社会责任，企业家身上要流淌着道德的血液。温家宝同志的话言简意赅，寓意深刻，简明深刻地说明了一个道理：要发展经济就离不开道德。

既然道德具有经济功能和作用，那么，它的经济功能和作用是怎样体现出来的呢？经过多年的思索与研究，笔者提出了"道德资本"这一概念。所谓道德资本，即是说道德可以促进经济主体及其经济行为获得更多的盈利和更好的发展，就是认为道德是能帮助人赚钱获取利润的，是可以促进企业发展的。当然笔者并不否认，道德的基本目的首先是提高人们的思想觉悟，提升人们的精神境界，然而，提高思想觉悟、提升精神境界之目的是什么？其依据和判断标准又是什么？笔者认为，提高思想觉悟、提升精神境界之目的和依据只能是经济社会的发展和人的自由全面发展。人们的思想觉悟、精神境界的高低，很大程度上只能体现在经济社会的发展上。不能体现经济社会发展的道德觉悟、精神境界是难以持久的，也不是真正意义上的觉悟提高。在此，笔者主张的是一种功利论和道义论结合的道德观。这种"道德致用主义"的主张，明确反对抽空道德的形而下基础、一味张扬空洞的义务论的道德观，也反对把经济建设和生产力发展问题庸俗化的所谓"经济道德无涉论"的观点。

在经济建设过程中，笔者认为道德资本的主要功能有三点。第一，道德也是生产力。学界对这个观点有不同看法。道德是不是生产力，笔者只做简要剖析。一方面，生产力有三要素：劳动者、劳动工具、劳动对象（劳动资源）。作为生产力要素的劳动者，其思想觉悟和价值取向，直接影响劳动态度和劳动成果。这和我们有些学校发展是一样的，人们的思想觉悟和价值取向直接影响学校的发展进程。其实，学校也好，企业也罢，只要想发展，人的精神素质就必须要提高，精神素质提高了，大家劲往一处使，一起齐心协力干工作，就没有什么事情干不好。尤其是办大事和要事，就是要靠崇高的精神境界。在此意义上，劳动者的价值取向和精神状况是衡量劳动效率和劳动成果的重要精神性尺度。

另一方面，生产力水平的主要标志是劳动工具。劳动工具的科技含量、先进程度等当然十分重要。但是，这里笔者叙述下马克思的观点，马克思认为，机器是"死的生产力"，只有通过拥有主观生产力的人投入生产过程，去激活作为"死的生产力"的机器，这样"死的生产力"才会变为"活的生产力"，唯此，社会劳动生产力才会现实地存在。也就是说，先进的机器没有人去合理地操作是不行的，而人不是一个没有知觉、没有情感和意志的"机器"人，人的一个根本特性是能思维。因此，生产力水平的高低直接体现在机器等劳动工具能不能提高、能不能发展，但归根结底取决于我们的价值取向。例如有一个2000多人国企的女厂长，有一次笔者问她，你们搞固定资产更新吗？她直言不讳地说，"我才不干这种'前人栽树、后人乘凉'的事情呢"。她说，"我到这个厂已经一年半了，说不定我什么时候会被一纸公文调走。那么如果我现在搞固定资产更新，年终效益往往就会'挂红灯'的，而我如果不搞固定资产更新总会有些效益，至少不会'挂红灯'；现在如果我搞固定资产更新，我调走之前是红灯，之后经济效益就上来了，这就是'前人栽树、后人乘凉'"。可见她的价值取向就决定了她不会搞固定资产更新的事情，其结果势必影响企业发展。笔者在《三谈道德生产力》一文中就谈到了上述问题。从长期的整个生产过程来看生产力的话，不能仅仅从效益角度看经济发展，有时这种暂时的发展可能是对生产力发展的一种阻碍和破坏，由此不难看出，生产力发展与人的境界和价值取向大有关系。

再者，生产力三要素之间的关系是人与物的关系，其实说到底是人与人的关系。人与物的关系紧密程度，直接取决于人与人关系的和谐程度。资本主义社会人与物的关系，体现的是工人和资本家的利益关系，工人的生活和劳动处于异化状态，劳而无获。而在社会主义公有制主导的条件下，或在社会主义初级阶段，尽管还存在私有制，人与物的关系由于分配制度逐步趋向合理化，从而使得人与物的关系逐步趋向和谐、协调，在这种情况下，劳动者的劳动积极性、劳动态度就不完全一样了。

最后，笔者还要补充一句，我们必须以整体性视阈来审视生产过程中的劳动者，绝对不能，也永远不要把他们想象成一个个孤零零的人。恰恰相反，他们是一个群体。既然是一个群体，群体之间的关系怎么协调，这就是一个道德问题。当然协调也是一个历史过程，不能一蹴而就、一劳永逸。道德影响协调，协调产生效益，而这一定程度上反映了道德会产生效益。综上所述，我们不难看出，道德也是生产力，一种特殊的精神生产力。

第二，道德也是资本。道德是不是资本，首先看它是不是特殊的人力、特殊的精神力，这是一个重要的切入点。另一个切入点是看道德与产品之间的内在关联。一个地区、一个企业的经济发展与否，繁荣与否，主要还是看产品，看产品好坏，以及产品销售的利润。道德影响产品及其生产与销售，可以说一个地区要发展，依靠这个地区制造的产品；一个企业要发展，要看企业产品质量和市场占有率；一个学校要发展，也是靠培养的"人才产品"。就产品来说，任何产品都是精神化了的物，任何产品都体现着人们的价值取向和道德理念。为此，面对人类的创造物，我们睁开眼，满眼都是道德。譬如说笔者手上这只杯子，为了讲清产品当中包含道德内涵，笔者问这是什么，你说这是杯子，笔者说这表达不一定正确。那么，这究竟是什么呢？如果说要准确严密地表述的话，这是为了满足人们喝茶的实际需要而形成的一种观念的外化物。这个定义可能比"杯子"的概念更确切。推而论之，所有产品都是人的精神的一种外化物。而精神的外化形式至少有两种：一种是科技文化精神，一种是道德精神。毫无疑问，任何真正的产品都是一个道德文化体。产品是供人用的，既然生产的产品被人用，那你在设计和生产过程中就要力图以人性（自然性和社会性）为依据，力求方便人。这就要根据人的需求来生产，产品越能满足人性需求，它越容易被社会接受，从而就越能够提高其市场占有力。

由此，笔者联想到我国某企业洗衣机曾经在国际市场上一段时期卖不出去，包括它的一些家电产品。那怎么办？企业老总很讲究企业道德，并按照道德的规律来办事。为了使得自己的洗衣机产品在欧洲市场打开销路，他派了几批人到欧洲去做市场调查，最后调查研究得出一个结论：欧洲人在使用洗衣机等家电产品时都有他们特殊的爱好和生活习惯。之后，该企业把销往欧洲的所有家电产品都设计成欧洲人喜欢的、适合欧洲人生活习惯的产品，最终一炮打响。有关资料记载，该企业先后派了八个考察组到国外去考察，大家可以认为这八个考察组出国是一种技术考察。其实笔者认为这也是一种道德投资。什么叫道德投资？也就是技术含量一样、技术参数一样、劳务成本一样的产品，就看接近、满足人性需求的程度高低。在此意义上，在合乎社会法律规范的前提下，需要什么产品就应该制造什么产品，这样才能适销对路。

第三，道德化管理决定企业的发展和经济效益。因为要做经济伦理学研究，笔者曾经调研过好多企业，企业老总若是富有战略眼光的话，他一定会把企业职工当作自己家里人，关心和爱护他们，促进他们事业的发展。现在有一种现象，即我们现在有的企业招聘，应聘的学生到人才市场上去经常受气。应聘材料一递给招聘人员，有的瞄了一眼就直接往纸篓里一丢，也有的尽管不丢，态度却很是傲慢。因为在他们看来，人才多如牛毛，所以摆架子，不把人当人看，其实他的基本理念大有问题，最起码没有"以人为本"，如果应聘待在这种单位你根本很难发展。与此相反，有的企业或单位尽管一时效益不好，但招聘人员的态度非常诚恳而积极，并且明确表示会给你创造发展空间和条件。这是一种关心人、服务人的高境界，有了这种境界，应聘在这样的单位工作，意味着你今后发展就有了依靠。一个单位管理也是如此，也要以人为本。笔者在接触一些企业负责人时经常说，你们当老板的要有战略眼光，要想赚大钱，首先必须尊重职工，把职工当回事。为什么日本企业一般搞职工就业的终身制，就是为职工解除后顾之忧，是对人的一种关怀。在终身制之下，除非职工违反了法规和有关约定才可以被开除、辞退。由于这个原因，在日本的企业中，员工为了老板愿意卖命地干，有时甚至具有无私奉献精神，其结果就可实现企业和职工的"双赢"。值得注意的是，我们现在有个别企业招了人以后，有的企业采取"忽悠"法，先试用人家两年，等两年以后快要订合同了，又把人家赶走，就这样白白榨取人家的劳动果实。这种情况在现实中确有存在。历史证明，这种企业、公司难成大事，更难以基业长青。

二　道德与民主政治建设

民主政治建设离不开道德。第一，民主政治建设的目的，说到底就是以民为本、人民当家做主，这是一个典型的道德命题。领导干部的权是从哪里来的？权是由老百姓的部分权力分出去用来管理的"公权"。我们要时刻反省自己：参加革命为了什么？当上干部做点什么？死后留下点什么？这就告诉我们，要加强民主政治建设就必须摆正干部与群众的关系问题，要弄清权与法的关系问题，人民的主人翁地位问题等，这就是"为官"的基本道德理念问题。所以民主政治改革向前推进的举措很多，但笔者认为道德建设尤为重要。

强调选用干部要德才兼备是多少年来我们党的一贯传统，为什么一定要强调德才兼备？因为作为领导干部，你有才没有德不能发挥正常的作用，甚至有才无德破坏性更大。当然，德与才的关系既是深刻的哲学问题，也是社会发展进程中如何用好人的现实问题，干部选拔中需要有针对性地加强研究。

第二，民主政治建设的关键在党。《中国共产党章程》最集中体现了中国共产党的崇高的道德境界和道德目标，这是民主建设的根本前提和条件。同时，作为中国共产党这样一个大党，管理、教育和培养党员干部是一项"新的伟大工程"。无论如何，党员首先要有党德，如果连基本的党德都没有还谈什么遵守党纪国法。那么，党德是什么？党德是作为一个党员在组织上、思想上、作风上应该怎样，不应该怎样。这种"应该怎样、不应该怎样"就是党德问题。党德与党员必须履约的义务是一致的，是最基本的党员行为准则，必须要始终坚持。无党德，党性就无从谈起。因此，民主政治建设加强党性修养非常重要，加强党德建设也非常重要。

第三，要想真正搞好民主政治建设，新闻道德理念必须加强。民主政治建设必须要有监督，若是没有监督，民主政治建设就没法向前推进。问题是怎么监督？那就要依据我们社会生活当中的基本道德理念，该监督的要监督。新闻会带来很大的社会效应和影响，而效应和影响具有两面性，就其负面来说，由于社会极其复杂，不是什么都能随便报道的，有的所谓新闻报出去之后可能会引起新的社会动荡,这种动荡反过来会影响社会的发展进程,影响我们自身的利益。因此新闻应该有报道原则,不该报道的坚决不报。打着言论自由、新闻自由的幌子,不顾及人们感情和社会效益,随意报道可能带来负面影响的新闻,那是违背民主政治建设初衷的不善行为。

当然,符合法律和制度规范的舆论公开、新闻公开,是民主政治建设中一个基本的道德问题。近期的《凤凰周刊》上有一篇《新闻舆论与社会扁平化》文章说,现在网络力量很强大,使得整个社会、整个地球村的信息都在流动并被共享,人们可以足不出户,"一点"尽知天下事。所以,在这种情况下,你是想挡也挡不住。同时它还说,社会扁平化有利于惩治现在的社会腐败问题。我们必须辩证地看待这种现象。网络达到最大限度信息公开是好的,但是,网络的负面影响问题必须重视。网络必须被管控,不能乱来。这样做不仅不会损害网络的发展和信息在理性意义上公开,相反,恰恰可以使网络及其舆情向着积极、健康的方向发展。可见符合法律和制度规范的新闻公开对于民主监督和民主政治建设具有重要价值和意义,这个理念必须加强。

三 道德与社会文化建设

文化是什么?文化在一定意义上就是人化。理解这点需要对人和人际关系的正确解读。对文化的理解,首先是对人的认识、对人际关系的认识。不同的认识会产生不同的文化理念,即观念不同就会带来不同的文化理念。比如说,法国的存在主义者说"他人就是地狱",而我们认为"他人就是资源"。观念的不同反映了不同的文化理念。文化的发展和建设,离不开道德的内涵,若是离开了道德内涵,文化很难有它的生命力。几十年来笔者坚持认为,哲学社会科学离开了人类道德、离开了伦理学,就无法发展。笔者曾在一篇文章中指出,马克思的政治经济学也可以称为"政治经济伦理学",为了便于深刻地理解这一提法,笔者认为在一定意义上可以把"政治"二字拿掉,直接叫作"经济伦理学",因为"政治"二字拿掉后没有影响其意思。简单地说,因为在私有制条件下,在一定的政治制度下,研究经济问题一定包含着政治问题。联系到我们现代的社会主义初期阶段，阶级、阶层普遍存在并加速分化重组，所以，我们的经济学不应该只是关注计算理性、工具理性的纯而又纯的"经济学"，必然存在政治价值立场的问题。

事实上，离开了伦理学，缺乏道德理念，你没有办法研究经济问题。如果马克思离开了伦理道德视角，就没有办法研究他的政治经济学。笔者曾经写过一篇文章，认为《资本论》研究的根本方法是辩证法，但道德分析法也是其经典分析方法。马克思进入商品世界后，他看到的是具体劳动和抽象劳动、价值和使用价值对立统一等问题，实际上是在考察资本主义商品社会中两个对立阶级的利益关系，即资产阶级和工人阶级两个对立阶级及其利益和利益应当问题，由此展开了对于资本主义本质及其关系的批判。最后得出一个结论：资本主义必然灭亡，社会主义、共产主义必然胜利。而共产主义社会就是道德化社会，为什么是道德化社会？第一，共产主义社会是完善意义上的伦理有机体；第二，消灭了三大差别的社会，不就是和谐、平等而自由的社会吗？那么共产主义社会更是道德化的社会。试想，如果没有道德分析法这样一个维度，就必然会失去了批判的正义之维、道德之维。因此，我们可以说，如果没有在坚持辩证潜质的同时采用道德分析法，马克思是绝无可能写就《资本论》这部鸿篇巨制的。

正因如此，笔者认为马克思的政治经济学可以理解为政治经济伦理学，同样，马克思的科学社会主义可以理解为政治伦理学，马克思的历史唯物主义可以理解为社会伦理学，全都跟伦理学有着密切关联。为什么都要把它跟伦理学挂钩呢？因为哲学社会科学的每一个学科都是研究社会某一领域的社会现象的，研究社会现象一定离不开研究人和人际关系，研究人和人际关系一定少不了道德视角，否则人际关系的完善及和谐问题就无从谈起。当然，一定要从"应该"的角度来看人类关系的完善及和谐问题。

文化建设的其他领域都不能没有道德，离开了科学的道德，文化的灵魂将会被扭曲，文化的前进方向将会转向。

四 道德与国家治理

　　国家治理离开了道德行吗？笔者非常赞同以德治国的理念。有人认为，有依法治国就可以了，不必再提以德治国。笔者认为在哲学和认识逻辑意义上来说，依法治国也就是以德治国，法也是道德。其实，依法治国和以德治国两者是辩证的，而且在某种意义上两者是合二为一的。因为一个好的法治国家要依靠自己的良法。而良法从何而来？来自对道德"应然"的充分认识。即是说道德是良法的依据。所以不要把两者分开，更不能认为两者截然不同，难以相融。当然笔者并不是说在当前条件下强调法治是多此一举。现阶段更需讲法治。因为在社会主义初级阶段，你只谈德治是不行的，还是要加强法治，这样治理社会的效果就会更加明显。当然，话得说回来，加深德治更有利于法治，换句话说，人们的道德水平提高了，法治目标更容易实现。总之，法治和德治是相辅相成的、缺一不可，这是一个基本的价值判断。

　　胡锦涛同志在谈到改革开放三十年基本经验的总结时说，依法治国同时要强调以德治国，依法治国和以德治国同时并进。

　　为了进一步理解和把握以德治国和依法治国的问题，这里必须纠正一个错误的认识问题。有人认为，我们法治国家搞德治最后会走向人治，所以我们只有搞法治才是唯一的出路。应该指出，是不是走向人治，其根本原因不在于德治与否，而在于某种意义上来自权大于法的问题。没道德约束的法治，更容易走向人治。从历史上看，权大于法，这是封建制度的必然产物，人治是封建制度的必然表现。封建时代的德治在一定意义上恰恰是为了制约和限制统治阶级的权力，但是，封建社会权大于法，封建统治阶级也往往利用德治来巩固它的封建统治。这就要求我们对之进行辩证的认识和分析。

五 道德与和谐社会建设

　　我们从三个层面来讲这个问题。第一个层面，"和谐社会是道德化的社会"。道德化的社会，也就是生态社会。从某种意义上讲就是强调生态化的社会。强调社会的生态性，也就是社会要处在一种合理、理性的状态下。实现这种社会状态，要靠什么？要靠道德理念。和谐社会，首先人自身必须和谐，也就是说每一个人他自身的素质要全面发展，思想进步，心理平和、情绪稳定、身体健康等。在这个基础上才能谈论整个社会的和谐；反过来说，社会和谐了，才能促进每一个人实现自身的和谐，所以和谐社会的道德理念非常重要，关系的和谐和人自身的和谐非常重要。

第二个层面，和谐社会是不断解决社会矛盾中的和谐。解决矛盾以什么为依据？当然以法律为依据。说到底，还是道德为依据，因为法律还依据客的是观社会生活当中人与人之间的关系以及人与人之间利益关系中应有的处理理念，这就是道德问题。

第三个层面，和谐社会依赖和谐的科学制度。科学制度是哪里来的？一个科学的制度、有效的制度、理性意义上的制度，一定是一个道德化的制度、人性化的制度和符合人际关系完善和协调的制度。

六　道德与防病治病

道德与防病治病有什么关系？有一次笔者参加中日实践伦理学讨论会，会议上有两个日本学者提交了两篇文章，一篇文章的题目是"道德战胜了我的乳腺癌"，还有一篇文章的题目是"疾病与道德"。

《道德战胜了我的乳腺癌》的作者是一位女士，她曾得过乳腺癌，在绝望之际她碰到了伦理研究所的研究人员，在研究人员的开导下，她注意自身的修养，注意关系的协调，最后情绪稳定，心理也逐步健康。结果呢，病灶由大变小，最后小病灶也消除掉了。笔者当时在会上提了一个问题。"你平时吃不吃药？"她直言不讳地说，"我吃的是我认为最好的药，但是我坚信是道德战胜了我的乳腺癌"。在道德能防病治病的理念影响下，日本的伦理学讲习班、道德讲习班常常爆满，至今也是如此。人们想依靠道德来强身健体、防病治病。

另一篇文章题目是"道德与疾病"，作者在文章中推理说，"生病多与'缺德'有关"。"缺德"是加引号的,即"缺少道德"或"不懂道德"。在他看来,人为什么会生病呢?你不懂自身修养,你不懂关系的和谐协调,在生活中经常会有矛盾,有了矛盾心情就不舒畅,心理不平衡,情绪不稳定,免疫力下降,免疫力下降了,小毛小病就来了,小毛小病积多了就会患大病了啊!他又推理说,你讲道德了,讲道德是自己愿意的,有一种满足感,讲道德得到社会的赞赏,有一种荣誉感。那么在满足感的支撑下,心境平衡了,情绪稳定了,免疫力加强了,小毛小病不来了,就会从来不生病,大病也可以少得甚至不得。所以。他得出一个结论,讲"道德者长寿"。

现在我们国内也已经认识到这一点了,学界现在研究的人很多,大都主张道德能防病治病,认为"道德者长寿""缺德者短命"。大家知道,医科大学的医学伦理学这门课程,按理说它属于思想政治理论公共课,但是医科大学的这门课程是专业课。为什么是专业课呢?因为医生除了知道人们的病理结构、生理结构以外,还要懂得医学伦理学。时至今日,确实如此。人们已经认识到"道德环境能治病、道德制度能治病、道德语言能治病"等。

七 道德与做人

最后笔者必须要讲道德与做人的问题。做人离不开道德。人之为人要讲道德,德为立身之本。中国儒家创始人孔子说"仁者,人也",就是说讲道德的人才是正常之人。早在几千年前的中国古代传统文化当中就已经这样强调了。关于道德与做人问题,笔者想讲三点。

一是我们要辩证地理解人生,追求人生的伟大和永恒。人很渺小,人生很短暂,在浩瀚无垠的宇宙中,在人类历史的长河中,人生的几十年、长则上百年,其实弹指一挥间。古人说"人生如白驹过隙",真的很有道理。人渺小又渺小,人生短暂又短暂,但人又很伟大。正如帕斯卡尔讲得非常有道理的一句话,"人是会思考的芦苇"。人的思维能够把握世界、超越宇宙,甚至能够掌握宇宙、改造世界。由此看来,人类当然伟大。总而言之,人是渺小和伟大的统一体。但就个人而言，不是尽人皆然。因此，每个人都需要努力成其伟大，实现存在与本质的统一。同时，个人生命不在于生存的长短，而在于历史的不朽。要实现历史的不朽，具体方式千差万别，但是基本的一点，即都要通过自己的精神、思想、观念和行为对身边的人或后来者形成积极的影响，以这样的方式才可能实现人生的不朽。所以，人要活得像人，成其为人，应该追求伟大、追求不朽，才能做到本真意义上的人，这是一个正确的基本哲学理念。

二是人生在世，厚道得人缘，真诚聚人气。当然，笔者在这里讲人缘、人气并非不择手段、目无法纪地去争取。人生注定是要和人打交道的，而人与人之间的关系是理想人生的重要资源。忽视了这点，你的人生往往是被动的。要积聚这样的人缘和人气，人要厚道，要真诚，说实话；人不厚道，即使本领再大，往往得不到认可，所取得的成就或成果也要大打折扣，生活质量也要大打折扣。人不真诚，就算聪明过人，也不会有真正的朋友，这样的人生终归可怜或失败。

三是人生在世必须正确对待名利。人生在世，名利谁都关注。人生在世，"名利"二字，不走极端的话，这是一个正常的基本理念。谁不在乎自己的名利、追求自己的好名声啊，这都是正常的。但人不要走极端，为了自己的名利，不惜牺牲他人的利益，甚至不择手段。这样争来的名利，必然会被别人诟病，遭人唾弃。为了名利，明争暗斗，结果两败俱伤，无甚裨益。那些热衷于无谓争斗的人，肯定当不到该当的大官；热衷于无谓争斗的人，肯定赚不了该赚的大钱；热衷于无谓争斗的人，肯定做不了该做的大学问。说实话，大家要积累积极而合理的人际资源。在对待名利问题上，我的座右铭是："境界高尚尽到努力不后悔，心平气和顺其自然不伤神"。

（原载《阅江学刊》2009年第3期。注：该文为作者于2009年4月22日下午在南京信息工程大学"阅江论坛"上的演讲录音节选）

诚信建设：自律与他律结合

诚信对国家、组织、企业乃至个人生存发展都具有重要意义。从本质意义上说，市场经济就是诚信经济。诚信对于市场经济中的利益相关者而言，是重要的行为原则，也是基本的"底线道德"。在市场经济条件下，只有讲诚信才能赢得顾客信任，才能不断扩大市场占有率。然而近些年来相继发生的"毒奶粉""苏丹红"事件以及近期的"瘦肉精""染色馒头"等食品安全事件，昭告了一个事实：当前我国一些经济主体的道德素质未如人所愿，而且远没有达到市场经济和社会进步所要求的水平。

出现上述困境，原因有多方面。首先从全球来看，道德缺失是许多国家在迈向现代化过程中，都会遭遇的过渡性难题。一些人诚信的缺失，很大程度上也是转型期的特殊困难造成的。转型期是一场伟大而深刻的变革，制度缺失、体制机制的不健全以及传统与现代伦理文化的矛盾冲突，导致一些人言而无信、行而无诚。从某种意义上说一些人的诚信道德缺失具有一定的社会性和历史性。

当然。道德缺失的根本原因是主体自身造成的。在市场经济发展过程中，作为其负面的拜金主义、个人主义等思潮沉渣泛起、甚嚣尘上，顶礼膜拜利益的"经济人"四处蔓延，导致尔虞我诈、唯利是图。根据西方经济学的研究，主体利益函数的不一致、信息的不对称性以及契约的不完全是造成道德风险的主要原因。在外在约束与制度规约缺失以及失信成本低廉的情况下，某些领域的诚信缺失也就不难理解。

诚信是为人处事的原则，也是做人的境界和规范。无论是中国还是西方，无论是古代还是当代，思想家们都非常强调诚信的价值意义。道德价值有两个维度：一是功利性、工具性，二是超功利性、目的性。基于这一基本价值判断，可以看出，诚信道德具有功利性、工具价值。这一价值在经济领域主要体现在，它是生产要素的"整合剂"和价值灵魂。富兰克林从理性的角度出发，认为诚信是一种工具，信用就是金钱。换言之，诚信是能为人们带来物质财富的精神资源。所以，在市场经济中，应该充分发挥这种无形资产的社会功能。

作为公民道德的一个基本规范，诚信更多的是需要道德主体的自我约束。然而，社会提倡和制度保障同样具有重要作用。

诚信品格的养成是一个复杂的过程。主体自觉地提升道德认知，同时在现实生活中不断实践和磨砺，是诚信品格养成的基本条件。如果一个社会道德秩序的构建无法真正深入人心，不能上升为自觉自律，也就难以维持长久。

诚信品格的养成是自律与他律的统一，是自觉与规约的结合，这是道德建设的规律和经验。就道德的本质特点来讲，对比法律，道德建设的自觉占主导，但同样也需要他律、监督。所以，在全社会形成讲诚信、讲责任、讲良心的强大舆论氛围，将有利于从根本上铲除滋生唯利是图、坑蒙拐骗等失德行为的土壤。更重要的是，要有制度保障。制度包含着道德的"基因"，能够防止偶然性、主观性，使主体对前途有一个比较理性而可靠的预期，进而保障诚信建设的理性推进。

因此，唯有自律与他律统一、自觉与规约结合、自我修养与制度保障契合，才能实现社会和谐、人人诚信的理想状态。

（原载《光明日报》2011年5月30日）

从温情中汲取道德营养

近几日，华中师范大学的楼管阿姨吴秀英备受关注，其冒雨背女大学生上课的事情在网上广为流传。本来这是件普通的善意善行乃至使人温馨的事情，却引发了许多争论和思考。

一　麻木的社会是文化落后的社会

事情要追溯至 2012 年 5 月 29 日，当天武汉暴雨如注。持续不断的雨水致使华中师范大学部分区域浸水，学生无法正常进入教学楼上课。看到几名女生被浸水阻隔在教学楼大门之外，正犹豫着是否要脱鞋袜蹚水过去时，刚做完教室卫生的吴秀英主动要求背学生过去。几番推辞后，学生拗不过吴秀英的热心，接受了她的帮助。这一幕被一位老师看到，拍下照片后发到微博上，并感慨"（这是）值得我们深思学习并感动的一幕"。短短几个小时，微博就被转发2000多次。但很快有网友评论称，"公主病太重了吧""大学生怎么好意思让阿姨背"，多数网友言辞激烈，更有甚者从这件事担心到了中国教育的未来。

应该说，事情发生后引起社会这么多人关注并从不同角度进行多元化解读，这说明时代在进步，人们的思想境界在变化、在提升；也说明，人们对社会的关心度和对所见所闻的敏感度在加强。对任何社会现象的争议，只要不是出于恶意，人们都会在争议中明辨是非、在争议中认清善恶，认同科学理念。一个对任何事情都麻木不仁的社会，是文化落后甚至危险的社会。当然，动辄将社会事件提升到某个高度批评，甚至是无端指责，也大可不必。一个包容性强的社会，唯有善意地辩证地分析，人们才会接受相关有说服力的理念，社会才能在和谐中不断进步。否则，人们可能钻入另一种执拗的牛角尖中。

二　引导和鼓励更接近教育目的

在笔者看来，楼管阿姨背女大学生上课，媒体不必过于放大，尽量不要从负面去夸大事情的影响。因为首先，这件事可以从一个侧面反映社会风气的转变。在别人遇到困难需要帮助时挺身而出，有人说是本能，但笔者不这样看，因为善举看上去像是偶然行为，其实是良知积累的结果。境界不高，不会有善良的举动。

其次，给好人好事奖励，是弘扬美德、促进社会风气改善的善举。作为一个学校，教育学生、教育老师有多种方法，对这样的行为给予一定奖励，对被帮助的大学生来说，客观上将起到有利于他们反思的刺激作用。

至于"大学成为培养瓷娃娃的工厂"的评论，笔者认为有点以偏概全。首先，楼管阿姨的行为不是做作，也不是假装，这正是学校良好风气的一个缩影。其次，不排除当今大学生中有所谓"瓷娃娃"的存在，但是，"瓷娃娃"并不是仅靠批评甚或指责就能达到教育培养的目的的，更多还是靠引导乃至帮助，在鼓励中净化他们的心灵、培养他们的境界，使他们在温情中获取一些道德营养。

（原载《中国社会科学报·学府版》2012年6月11日）

维护网络安全道德与制度缺一不可[①]

网络社会的伦理道德问题主要体现在：私欲膨胀，缺乏理性，为了一己私欲不惜制造传播网络谣言，进行网络诈骗；对他人、对社会缺乏责任心，对不利于社会和谐稳定的言行不闻不问，或者推波助澜；爱心淡薄，尤其对网络公益事业避而远之，缺乏助人为乐的精神；善恶不分、是非不明，网络正气得不到弘扬。

网络社会出现这些伦理道德问题的主要原因在于网络社会的开放性和隐秘性使少数缺乏道德修养的人肆无忌惮；有效扼制网络犯罪行为的立法体系尚不完备，使不法分子有机可乘；缺乏完备的虚拟网络社会伦理道德规范体系，导致网络社会在一定意义上处于道德无序状态；网络社会的伦理道德舆论没有形成气候，以至于有时低俗行为泛滥；针对网络的社会管理理念滞后，有效应对网络不道德行为的管理机制尚不完善等。

当前，亟须构建人们在网络虚拟社会中的伦理道德观。网络虚拟社会中的伦理道德观主要应该有以下五点：一是有高尚的网络人格，做一个有品位、有崇高境界的网络人；二是有网络责任感，在虚拟世界既要对自己的行为负责，也要对他人和社会负责，更要对国家乃至世界负责，尤其是有责任抵制各种网络低俗或犯罪行为；三是助人为乐，对于网络的互助呼吁应该积极响应，在奉献社会的同时，营造浓郁的网络社会的伦理道德氛围；四是坚持网络"慎独"，确保自己在虚拟的、隐秘的网络世界洁身自好，并自觉维护虚拟世界的精神纯洁性；五是弘扬爱国主义精神，既要体现网民的理

---

① 本文为《中国社会科学报》"学术三人谈"专栏关于"维护网络安全 道德与制度缺一不可"对谈中笔者的相关谈话内容。

性爱国热情，又要憎恶有损国家名誉和利益的不道德行为。

构建人们在网络虚拟社会中的伦理道德观，要研究网络社会中的道德规范体系，让人们的行为有道德依据；要研究和推广网络道德实践体系和道德实践模式，把人们的行为引导到现实社会道德主张上来；要完善和加强网络管理手段，在弘扬社会主义道德的同时，自觉抵制网络社会的不道德行为；要营造浓郁的伦理道德氛围，并以此来营造积极向上的网络社会。

（原载《中国社会科学报》2013 年 1 月 21 日）

透视德性及其作用

德性在伦理学理论体系和日常话语背景中体现为道德主体的道德认知、道德践行的境界及德行的习惯和趋势。德性的含义众说纷纭。中外思想家历来重视"德性"概念，他们认为德性即善行或善性，或德性即智慧或行为规范，或德性即良心与良知，或德性即实现个人的快乐或完善，或德性即自由，或德性即实现社会的理想、达到社会的完美，等等。

一 "德性"一词内涵丰富

参照中外历史上对"德性"概念的理解和阐释，联系当代的理论视角和思维特点，笔者认为"德性"一词是内涵丰富的综合性概念，可从四个主要维度来把握。首先，德性是个人的德性，也是群体的德性。学者一般把德性仅仅理解为个人或个人行为之德性。其实，凡道德主体均有德性。诸如，大到人类的德性、民族的德性等，小到学校的德性、企业的德性、家庭的德性等。其次，德性是一种崇善的境界，体现为道德主体高尚的价值取向。作为美德之德性所依托的行为，既不是偶然之行为，更不是盲目之行为，美德之德性体现的行为一定是在善意支配下的自觉行动。比如，一个企业的德性应该体现在企业从产品的设计、生产到销售都能主动地想用户所想，对用户负责；企业利润应该是建立在为社会造福、为人类造福基础上的正当回报，等等。再次，德性是知识和智慧的理性存在方式。没有知识和智慧的道德主体，往往是缺乏精神的、盲目的主体。苏格拉底的知识即美德的命题是智慧的命题、道德的命题。假如行为主体不能明确道德为何物，即不知道自身（各类道德主体）的存在及其存在意义、自身的角色及其价值取向、与他人和社会的关系及其关系价值等，就是德性知识的缺失，也就意味着该主体没有德性目标，难以产生德性行动。最后，德性是持久的品质。作为持久品质的德性，其最高道德境界是"慎独"；作为持久品质的德性主体，是人作为人而存在着、人为他人和社会而存在着的自觉的主体。

二 德性是人的全面发展之核心

德性是指在一定社会中的道德主体在崇善的道德境界支配下，为实现道德理想而自觉履行道德义务的持久品质。德性在人们的日常生活和社会发展进程中有其特殊的作用。其一是人的全面发展之核心要素。人的素质的全面发展包括体质、文化、技能、心理、德性等，而人的德性是起着独特作用的核心要素。唯有德性好，人才能实现真正的自由，人的潜能才能得到充分的展示和发挥。其二是经济社会发展的核心条件。经济社会发展需要相应的国家软实力的不断增强，在这软实力中，人的道德觉悟即人的德性是基础和核心。其三是和谐社会人际关系之核心依赖。社会人际关系是复杂的，正常的人际关系需要维护，有矛盾的人际关系需要协调解决，这一切有赖于人的道德觉悟即德性水平。

（原载《中国社会科学报·哲学版·学者个人专栏》2013年11月11日）

诚信建设的有效路径

诚信是道德境界，也是道德实践，且道德境界在道德实践中体现和提升，道德实践在道德境界导引下日益进步，由此可以说，诚信是精神愿景和行动品质。作为人和社会的精神愿景和行动品质，诚信的实践及其实现是一项系统工程。同时，在社会主义市场经济条件下，由于社会利益关系错综复杂，使得我国的诚信建设不时受到严峻挑战。因此，诚信的实践及其实现也是一个艰巨的过程，唯有遵循以下进路，方能取得实效。

其一，要让全社会充分认识诚信理念及其功能与作用。诚信既是一种道德要求，也是一种道德境界，它需要通过教育达到全社会普及的效果。当然，诚信教育不仅是要让人们知道诚信即诚实且有信用，更重要的是要让人们深刻地认识到诚信理念的功能与作用。一是诚信乃立身之基。人无信不立。没有信誉的人，其实是在自己孤立自己，在丧失人脉资源的同时，也丧失了做人的起码条件。为此，在加强诚信理念教育的过程中，要特别重视失信的羞耻心教育，让人们深知丧失诚信要付出遭人唾弃的代价。二是诚信乃社会主义市场经济建设不可或缺的特殊资源。可以想象，市场经济离开了诚信，就容易成为尔虞我诈、互相拆台的经济，利益相关的任何一方或任何一个环节的诚信缺失，都会导致整个经济秩序的混乱，并带来经济发展的严重挫折。三是诚信乃和谐社会建设的精神支柱。建设和谐社会，倡导诚信是关键。唯有诚信才能在社会管理上获得社会成员情感上的接受、支持与配合；唯有诚信才能营造互信、多赢的社会氛围，避免社会矛盾和冲突；唯有诚信才能有效解决业已存在的社会矛盾。

其二，建立健全诚信管理体系。科学的社会管理在一定意义上是诚信式的管理。社会建设要依靠管理，而管理是一个庞大的系统工程，在这个系统工程中，需要运用法律、行政、道德等综合管理手段。在这些管理手段中，诚信是贯穿始终的一条红线，因为唯有诚信管理，才能做到管理者与被管理者之间的换位思考和良性互动。要做到诚信管理，一是社会每个成员在生产、生活各个领域和各个层面，都要十分清楚诚信的规则，并坚持以这种规则行事；二是在生产、生活各个领域和各个层面都要有监督制度，要有诚信记录和评估机制，尤其要建立包括单位在内的每一个行为主体的诚信档案，对于失信者要在晋升、晋级、评估、评奖等活动中"一票否决"；三是要通过电视、报刊、网络等营造诚信的舆论环境和良好氛围，让社会成员随时随地处在诚信理念的熏陶之下。需要特别指出的是，对于严重的失信者，要尽可能诉诸法律，以此推进诚信建设进程。

其三，有针对性地在各领域和各层面建立诚信制度。在经济社会发展进程中，诚信作为道德境界和道德规范，需要灌输和教育。但是，现阶段更需要依据道德规范要求有针对性地在各领域和各层面建章立制，只有这样，诚信才可以在全社会形成一种自觉履行与强制约束相结合的良好状态。例如，在企业中，诚信应该是企业的自觉行为，企业的诚信品质应该是在持续的诚信行为中养成的。为此，就企业来讲，就要通过建章立制，使诚信行为渗透于企业经营的各个环节——既要精心设计和用心生产符合用户要求的产品，又要全面兑现售后服务的承诺。唯此才不会出现影响和破坏社会诚信的诸如"毒奶粉""有色馒头""苏丹红"等现象。又如，在法制层面，唯有建立司法公开、严禁刑讯逼供等制度，唯有以制度保证"以事实为根据、以法律为准绳"理念的落实，才有可能消除冤假错案，实现真正的"法律面前人人平等"。再如，在金融领域，尤其是在与股民和社会发展息息相关的股票交易活动中，唯有通过信用制度的完备，特别是股票交易监控制度的细化和严格，才可能全方位实现金融诚信。否则，一旦金融领域失信，政府的公信力将严重受损。

其四，吸收借鉴国际有益经验。尽管国外的社会制度和道德理念与我国社会主义制度及道德理念不同，甚至有着本质的区别，但是，其诚信建设经验中适合我国诚信建设的好的方面，我们应该积极研究和吸纳。诸如，有些国家的诚信规范和诚信制度注重顶层设计，注重诚信体系研究和规划；有些国家诚信教育贯穿人的一生，不同时段有不同的教育内容，且家庭、学校、社会都承担着诚信教育的责任；有些国家坚持从小孩抓起，从小培养讲诚信、守规则的习惯；有些国家建立个人或企业诚信档案，作为评价个人和单位品质的重要依据，也作为个人晋升晋级的重要条件和作为企业信用度的标志，必要时对行为主体的失信行为实行"一票否决"，等等。这些经验都值得我国在诚信建设中大力借鉴。

（原载《光明日报》2014年2月17日）

系统工程视角下的我国公民道德建设

党的十八大提出要推进公民道德建设工程，这是扎实推进社会主义文化强国建设中的重要工程。然而，推进公民道德建设工程其本身也是一项系统工程，各项工作需要协调一致、整体推进，任何建设环节或建设方面出现"短板"，将会影响整个公民道德建设和发展进程。

一 加强道德理论自觉

推进公民道德建设既然是一项工程，不能没有理论指导，而理论指导的前提是道德理论自觉，唯有道德理论自觉，才能有道德理念的先进性和道德实践的主动性。如何才能实现道德理论自觉？（1）需要明确现时我国的道德主张。要在坚持爱国主义、集体主义、社会主义的前提下倡导富强、民主、文明、和谐，自由、平等、公正、法治，爱国、敬业、诚信、友善。没有明确的道德主张，公民道德建设工程将是没有灵魂的工程。（2）需要清晰道德建设的目的。社会主义的道德目的是要努力实现把人的世界和人的关系还给自己（马克思语），即努力建设和谐社会，使得个人的独创的和自由的发展不再是一句空话，人真正实现与人相称的有尊严的地位，过着与时代合拍的真正的人的生活。唯有目的明确，才有公民道德建设工程的自觉。（3）需要明辨理论是非。现时社会各种价值理念良莠不齐，有的理念甚至误导人们的交往和日常生活，这就需要坚持科学立场，批判各种错误的道德理论观点，坚决抵制各种腐朽没落的道德观。（4）需要懂得道德理论的实践指导作用。道德理论的作用是什么，这本来应该是没有疑义的，但是，事实上道德理论的作用问题上分歧比较大。有的人认为，道德理论就是引导或指导人们认识责任、履行义务，并以此提高道德境界。但不认为道德理论能够指导或直接帮助人们获得更多利益或利润，似乎这样，就亵渎了道德或道德理论。其实不然，道德理论的作用就是要在指导人们履行义务的过程中实现更多的包括精神效益在内的效益或利润。如果认为道德理论与效益或利润无涉，那道德理论家们就是空谈家。

当然，加强道德理论自觉，需要回到社会、回到生活、回到实践，唯此，我们才能真正弄清楚我们应该把握什么样的道德理论。如何把握我们应该把握的道德理论？"马克思恩格斯认为，'必须要有一种严格科学的思想和建设性的学说'。他们的方法是在批判旧世界中发现新世界，在批判旧道德观中阐发新道德观；用科学的历史唯物主义观点和方法来回答关于道德的起源、本质和作用等问题。在对待具体的道德现象或道德行为时，他们的观点也是很明确的，就是回到现实，回到现实生活中的人，就是他们在《德意志意识形态》中所说'从思辨的王国回到现实生活中来'……每个人的实际生活决定他的具有个人特点和个性的道德意识。"[1] 美国著名伦理学家麦金太尔强调，唯有道德实践才能"为我们提供越来越多的自我认识和越来越多的善的认识"[2]。事实上，离开了社会生活和实践的现实，道德理论自觉将没有依据和根基，而没有依据和根基的理论是解决不了任何现实道德问题的。

二 "四位一体"整体推进

推进公民道德建设应该关注人们的日常生产生活领域及其个人身心发展，约束其所有言行，激发其道德热情，真正把人们在各领域的日常行为引导到公民道德所认同的轨道上，促进公民道德的全方位进步。否则，公民道德建设将不时会出现"短板"效应。因此，在现时，加强社会公德、职业道德、家庭美德、个人品德教育，这

---

[1] 宋希仁：《马克思恩格斯道德哲学研究》，中国社会科学出版社2012年版，第178—179页。
[2] ［美］麦金太尔：《追寻美德——伦理理论研究》，宋继杰译，译林出版社2003年版，第278页。

"四位一体"缺一不可，需要整体推进。(1)社会公德尤其是社会公共生活领域的道德是社会道德水准的风向标，它在一定意义上是公民道德建设工程的基础工程，公德意识和公德觉悟不仅直接体现公民个人的品德，而且直接制约着职业道德和家庭美德的建设成效。尤其在当今开放的隐秘的虚拟网络社会中如果还能坚守社会公德，坚持慎独，那职业道德、家庭美德教育将会是事半功倍的效果。人类历史进程告诉我们，一个社会公德水准低下的社会，意味着个人品德低下，那职业道德和家庭美德也必定存在严重缺陷。(2)职业道德是公民道德成熟的标志，职业道德不仅能完善职业活动，促进职业活动的效益，而且在提升职业工作者道德境界的同时不断完善社会公德、家庭美德的理念。无数事实告诉我们，缺乏职业操守的人，在公共生活领域和家庭生活中难以成为一个善良之人，甚至，因为他的世界观、人生观和价值观已经定型，这样的人在任何地方将会是一个不懂人情、不讲亲情的"道德奸人"。(3)家庭美德最能衡量人们的道德水准，一个在家庭的亲情关系中不能履行道德责任的人，其亲情冷漠症必定影响到社会公共生活和职业生活中，并造成"自我中心""特立独行"的孤僻品性。因此，家庭美德教育是社会公德、职业道德、个人品德养成的重要阵地和条件。(4)个人品德的培养和提升是公民道德建设的根本，没有个人品德的培养和提升，公民道德建设将会是一句空话。事实上，公民道德建设的根本目的是培养和提升公民的道德觉悟，而公民的道德觉悟的提升又是公民道德建设的基础和条件，因此，个人品德的培养和提升始终是公民道德建设的根本性任务，是社会公德、职业道德、家庭美德、个人品德教育的"四位一体"整体推进的前提和动力。

要指出的是，在"四位一体"整体推进过程中，人们在各个生产生活领域和各个生产生活层面的道德规范体系的研究和确认应该是当前我国公民道德建设的重大任务之一。说到底，公民道德建设的最终目标就是要通过各类建设手段让人们在提升道德觉悟的同时，自觉把握和履行系统的道德规范要求，并进而促进社会和谐和经济社会的快速发展。假如没有系统而具体的生产生活道德规范，人们的行为也将无所适从，那公民道德建设及其目标的实现将会成为一句空话。所以，面对我国经济社会发展的现实，切切实实地研究和提炼我国国民在生产生活各个领域和各个层面的道德规范体系,从生产生活的方方面面、点点滴滴告诉人们什么是应该的和不应该的,这将是功德无量的大事。

三　创制道德实践体系

唯有坚持实践,才能体现道德价值,也才能不断提升人们的道德觉悟,正如西松所说:"除非付诸行动或者产生结果,否则人类的活动将不具有道德上的意义。"① 事实上,道德情感需要在道德实践中体悟和养成,道德习惯只有在实践中才能养成。而我国的公民道德建设工程中始终表现为"短板"的是道德实践体系的创制,而道德实践体系的创制恰恰是公民道德建设工程的重要条件,不通过系统而有规律的道德实践锻炼,任何人将难以成为真正的"道德人"。所以"短板"问题必须解决。(1)按照"时年道德"来设计道德实践模式。一般来说,懂礼貌、讲卫生应该是幼儿道德实践的重点,着力培养他们的礼貌语言和礼貌举动;懂法律、讲爱国、爱人、爱己应该是青少年道德实践的重点,着力培养他们的世界观、人生观和价值观;懂自由、平等、公正,讲责任、敬业、诚信、友善应该是成年人的道德实践的重点,着力培养他们的道德习惯。要指出的是,道德实践重点不是全部,更不是唯一,事实上,时年性道德实践模式是交织在一起的,只是不同年龄段的人的道德实践内容有所侧重而已。(2)按照"场合道德"来设计道德实践模式。应该说,在家庭、职场、公共生活领域都会有体现责任和义务的不同的道德要求,又由于生活和工作内容不一样,都有着不同的实践要求。在家庭应该围绕亲情关系的和谐协调,设计家庭责任及其请安、关怀等道德实践模式;在职场应该围绕内外部利益相关者的合作与双赢或多赢,设计职业责任及其敬业、诚信、团结协作等道德实践模式;在公共生活场所应该围绕公共生活要求,设计公共生活场所责任及其团结、友善、互谅等道德实践模式。(3)按照集体性道德主体来

---

① [西班牙]阿莱霍·何塞·G.西松:《领导者的道德资本》,于文轩、丁敏译,中央编译出版社 2005 年版,第 62 页。

设计道德实践模式。前面两点主要围绕个体性道德实践主体提出道德实践模式要求，这里是指围绕国家、民族、单位等集体性道德主体来谈道德实践模式设计。诸如抗灾救灾、捐赠助困、集体公益活动等都属于集体性道德主体的道德实践活动。综上所述，创制道德实践体系过程其本身也是公民道德建设的题中应有之义。

四 治理突出道德问题

社会突出道德问题的不断出现，说明社会道德环境脆弱，没有形成强有力的履行公民道德的保障体系，甚至会催生腐朽道德，并进而腐蚀社会有机体。社会突出道德问题治理不了，公民道德建设就没有社会基础，其目标就难以实现。因此，推进公民道德建设需要治理突出道德问题，唯此才能扫清公民道德建设道路上的障碍，营造尚德社会氛围。当今社会一些领域道德规范、诚信缺失严重，一些社会成员道德理念模糊、善恶不分，信奉拜金主义、享乐主义等。在经济领域，一些经营者缺乏合作双赢或多赢的经济伦理理念，唯利是图、坑蒙拐骗，尤其是问题食品、豆腐渣工程等直接损害国家和民众利益；在民主政治生活领域，一些人脱离社会现实，片面地强调自由、民主、平等，连基本的社会和谐与稳定都不屑一顾，强调曲解了的自由、民主与平等，忽视大多数民众的自由、民主与平等。还有一些官员，以权谋私，搞权钱交易、权色交易等，损害了党和国家的形象；在文化生活领域，一些人的文化价值观扭曲，曲解大众文化的深刻内涵，把低俗文化等同于大众文化，这实际上不仅亵渎了真正的大众文化，而且亵渎了人民大众；在社会建设领域，一些人无视社会治理的复杂性，诸如违法强制拆迁、粗暴处理群体事件、缺乏理性的盲目上访、影响甚至破坏生态环境的项目投资、利益分配不公等，严重影响社会的和谐与稳定；在生态文明建设领域，一些人被眼前的 GDP 蒙住了眼睛，不惜滥用资源、污染环境、破坏生态，直接损害了同时代人、后代人乃至民族和国家的利益，等等。这些突出的道德问题不解决，推进公民道德建设工程将会是一句空话。因此，（1）应该加强道德教育活动，尤其要加强道德责任和荣辱观教育，真正让人们弄清楚在生活和工作的领域什么是应该的、什么是不应该的，不断增强道德责任心和抵制腐朽道德的能力。当务之急是要认识到，不知道道德和道德作用的社会一定是落后的社会，也是危险和可怕的社会，因此，要像普及法律一样来普及道德，让全体国民认识道德、信仰道德。（2）应该认真研究形成我国突出道德问题的共性和个性原因，有针对性地制定科学且强有力的对策举措，将社会突出道德问题有效地遏制在萌芽状态，直至彻底铲除滋生突出道德问题的社会土壤。（3）应该德、法并举，以法为绳，以德为本。解决突出道德问题要以教育和引导为主，只有思想和境界提升了，才可能从根本上解决问题，仅靠强力压制甚至打击永远不能真正解决该解决的社会道德问题。同时，教育不是万能的，在现时社会条件下，加强法制建设十分重要，它既可以将严重道德问题及时高效地解决，也可以将社会道德问题扼制在萌芽状态，并进而培养人们的道德境界和道德习惯。

五 关注"特群道德"

"特群道德"是指社会特殊群体的道德。诸如"官员道德""知识精英道德""企业家道德""青少年道德""弱势群体道德"等均属于特殊群体道德。"特群道德"在推进公民道德建设中有着不可忽视和不可或缺的作用。

"特群道德"理念及其规范是公民道德建设中的重要内容，忽视甚或缺失"特群道德"理念和规范，在出现"短板效应"的同时，也将导致公民道德建设思路不清、方向不明、举措不力。（1）就官员道德来说，其特殊的身份决定了官员在工作中应该恪守民本、廉政、服务群众、忠于国家等的道德要求，这不仅能提高工作效率，而且能引领社会道德的发展方向，更能增强民众对经济社会发展的信心。假如官德不佳，那么，在民众把官德看作现时代社会发展的风向标的情况下，公民道德建设就没有说服力和号召力。（2）就知识精英道德来说，其特殊社会角色和社会地位决定了知识精英应该是先进道德的传播者和忠实履行者，应该恪守爱国家、求真理、促发展等道德要求，并以此树立社会道德标杆，引领和改善社会道德风尚。假如知识精英道德欠缺甚至缺德，更有甚者，不遗余力地宣传很不适合中国现实的相关西方道德,这将使社会道德理念混乱,使得人们在应该与不应该的问题上无所适从。(3)就企业家道德来说,其特殊的"经济人"角色决定了必须要有"道德人"的内涵才能获取更多的效益和利润,应该恪守诚信、人本、公平交易、友善合作等道德要求,血管中要"流淌着道德的血液",唯此也才能以特殊的行业道德推动公民道德建设的进步。假如企业家缺德,那么,产品、服务等就会出现道德"短板",就最终意义上来说,这不仅在丧失信誉的同时赚不了钱,而且将败坏社会道德风气,影响公民道德建设进程。(4)就青少年道德来说,其作为未来国家建设和发展的生力军,应该恪守认真学习、刻苦求真、艰苦奋斗、克勤克俭、坚守公德等道德要求,唯此才能使得公民道德在不断出现的新一代人身上获得广泛认同,道德作用也将在新生代得到普遍的展示。假如青少年道德建设跟不上时代步伐,那么,影响的不仅是青少年群体道德建设,它将影响一代人乃至几代人的道德素质,进而影响经济社会发展的进程。(5)就"弱势群体道德"来说,他们首先需要被关怀,让他们在社会给予的温暖中体验到人的尊严和价值。当然,弱势群体应该坚持自强、自立、勤劳、尊重社会等道德要求,以此实现道德自强,并促进公民道德建设的整体发展。假如弱势群体道德建设出现"短板",那么说明公民道德建设的内涵和广度将有严重的欠缺,更将导致全社会公民道德建设停滞不前。

六 切实规避道德风险

道德风险是指在人们的生产和生活行为中潜藏着的并可能出现的与道德有关的危险境况,它对推进公民道德建设有着不可忽视的负面影响。可以说,规避不了道德风险,也就无法推进我国公民道德建设。因此,道德风险作为客观存在的社会现象,需要引起我们的重视。要在正视社会道德风险的同时,认真分析形成道德风险的原因,提出切实规避道德风险的举措,以促进我国公民道德建设的快速发展。

道德风险一是指正道德下的道德风险。正道德即正能量道德,也就是讲道德。在社会运行制度和机制不完善的社会状况中,讲道德吃亏是常有的事。曾几何时，商界讲诚实劳动、讲道德经营的赚不到钱，甚至要亏本，而奸商往往实施不正当竞争而赚取更多的钱财。二是负道德下的道德风险。负道德即负能量道德，也就是不讲道德，不讲道德当然有风险。三是亚道德下的道德风险。亚道德即社会道德状况不理想但也不是恶德流行，换句话说，崇尚道德没有蔚然成风，但不道德现象也没有形成气候，善恶态度不明是人们的基本生活态度。在这种社会道德状况下，道德风险来自人们的"道德麻木"或"道德冷漠"症。四是零道德下的道德风险。零道德是指不认为社会生产生活中存在道德问题，或认为在社会生产或生活的某个领域或某个时段不存在道德问题。前者表现在我国以阶级斗争为纲的极"左"时代就基本上排斥了道德的存在，认为讲道德与讲阶级斗争是矛盾的，当时的道德风险就是人性、人伦关系、价值取向遭扭曲。后者诸如我国经济学界就有学者认为，经济和经济学不存在道德问题，经济就只是投入、产出、效益等物质的和数量的概念，还说经济学家研究和谈论道德问题是狗拿耗子多管闲事。其实，这样的零道德只是理念上的，实际的社会生产和生活是排除不了道德的。伦理学常识告诉我们。有人和人际关系的地方就有道德问题存在着。然而，零道德理念的风险是巨大的，它让人们不关注道德，甚至主张社会不要讲道德，这样的道德风险害己、害人、害社会，因为，没有道德的社会一定是恶者乘机更恶，善者受气受累的社会。

形成道德风险的原因是复杂的，主要有四个方面。（1）私利至上主义。如果说道德风险来自道德知识缺乏，那还可以理解，并容易补救。但是，私利至上主义者把自己的利益看得高于一切，甚至有不惜损伤他人和社会利益而获取一己私利的思想，那么，道德风险会接踵而来。而且，事实上，由于私欲碰到机会就会膨胀，因此，"在历史上任何一个时期，只要有可能，就必有置任何伦理道德于不顾的残酷的获利行为"[①]。近年来，我国有害食品的不断出现、置法制和他人人身安全于不顾的矿难事件的频发等，均为私利膨胀而导

[①] ［德］马克斯·韦伯：《新教伦理与资本主义精神》，于晓等译，生活·读书·新知三联书店1987年版，第40—41页。

致的道德风险。(2)社会生产或生活信息的不对称。因为信息了解和掌握的不对称,使得一些投机分子要么钻法律的空子,违法行事;要么利用信息优势,欺诈垄断,损人利己;要么发布虚假信息,以讹传讹,抬高自己,贬低同行;要么误导消费者,造成生产生活资料配置出现畸形状态,等等。(3)文化认知发展落后于经济的发展,以致道德觉悟不尽理想。由于我国国民的整体文化认知水平跟不上经济发展的速度,影响人们对现代道德理念的理解和把握,再加上道德普及工作同样落后于经济的发展,以致道德普及率不高,使得人们的道德辨别力和善德接受力的程度不太理想,对腐朽没落道德以及缺德行为的抵制力有时表现得比较弱。(4)道德教育尤其是羞耻心教育的力度不够。我们的道德教育尚缺乏系统的有效方法和手段,没有把道德教育当作系统工程来研究和把握,往往是头痛医头、脚痛医脚,顾此失彼,甚至忙于"救火"。至于道德教育中的羞耻心教育的主动性也十分缺乏。要减少或减弱道德风险,以上原因应该引起我们的足够重视。

为避免道德风险,当前的策略是要从战略和战术上进行有针对性的思索。(1)要加快经济和文化认知的发展。经济发展速度快了,不仅仅是增加了社会财富,更在于能加快文化认知发展的速度,加快人们思想的解放和道德觉悟的提高。一个文化认知水平和道德觉悟不高的社会,产生道德风险的机会会更多,抵制道德风险的力量会更弱。(2)要在加强道德教育的同时,实现道德制度化和制度道德化。避免道德风险不仅仅靠教育,在现有复杂的社会条件下,即在人们的文化认知水平和道德觉悟还不足以有效排除社会道德风险的情况下,更应该加强制度建设,把人们的生产生活行为限制在科学的制度框架中,由制度来限制和铲除产生道德风险的条件。然而,科学的制度需要正确的道德理念引导和参与,唯有在正确的道德理念指导下形成的具体、科学且人性化的制度,才能把人们的行为有效地限制或纳入制度所允许的难以形成道德风险的轨道上来,才能将道德风险降低到最低限度,甚至降低到零,也才能为公民道德建设铺平道路。

七 借鉴"他山之石"

在全球化进程越发加快的今天，我国公民道德建设也应该顺应这一潮流，积极地融入全球化进程，在坚持和弘扬中华民族优良道德精神和道德建设经验的同时，认真吸取世界各国的公民道德建设长处，促使我国公民道德建设与经济社会的快速发展相吻合，并实现良好的互为作用。否则，不能积极地吸取国外公民道德建设的好经验，那我国的公民道德建设就无法与我国经济社会发展和世界文明进程同步，也就难以体现中国特色的公民道德建设的优越性和先进性。

（1）"以人本为基准、以国家理念为核心"展开道德教育内容的规划设计。尤其是美国、英国、法国、芬兰、韩国、新加坡等一些发达国家，都十分关注对个人身份的认同及其对个人权利和国家意识的认同，并在此基础上强调公民的权利和义务、爱国主义、民族主义等，有意识地把个人的命运与国家的命运联系在一起，并由此增强个人的责任意识。新加坡在注重人生各阶段品质的建构中，把对国家认同感、自豪感和忠诚感置于其中重要位置。英国则十分重视个人与社会教育法，在关注个人与社会的幸福中，让人们从自身出发去看待社会问题，增进个人对他人和社会的责任感。有鉴于此，尽管我国的道德理念与相关西方国家的道德理念有着本质的区别，但是，在我国应该明确把符合主流意识形态要求的"以人本为基准、以国家理念为核心"作为道德教育的首要内容，这也应该是我国道德建设的切入点。（2）全社会参与，发挥各领域的独特功能。大凡公民道德建设成效显著的国家的一个共同特点是把公民道德教育作为全社会的共同事业，为此，社会、学校、家庭、职场等都成了道德教育的特殊载体。美国坚持学校、家庭、社会等全面参与社会德育过程。法国就特别主张道德教育者和受教育者的全民性，"这一方面指的是由全民自身实现自我教育和相互教育，另一方面指的是通过全民的努力，在全民所能够发挥其积极性的地方和领域中，特别是在公共领域中，进行自上而下和自下而上的道德教育，同时，也鼓励公民在其私人领域中进行自律性的道德教育"①。在我国，社会主义道德建设更应该成为全社会的要事，应该利用全社会的一切力量和资源，采取一切可以利用的办法和途径，把道德建设作为头等大事抓紧抓好。（3）寓教于日常活动。公民道德建设成效显著的国家的一个共同行为方式是注重道德生活实践活动，在具体的活动中渗透进道德教育的内容。英国坚持让价值观教育蕴含在学校教学实践活动中，日本、美国十分注重诸如社区服务、大扫除等社会生活实践活动和广播、电视、报纸、网络、环境等媒体的隐性教育功能，法国、德国、新加坡等国家重视让青少年在社会公益活动中体验个人的权利和责任。国外的方法值得借鉴。在我国，日常活动应该承载或包含道德教育的内容，应该主动地做好设计和组织工作，让人们时刻处于道德的培育和熏陶之中。（4）依托法制建设。公民道德建设过程主要是以教育和引导为主，但是，社会是复杂的，人们所接触的道德理念也是多元的，因此，公民道德建设仅靠教育和引导有时不能达到预期目标，这就要靠法制来强制性推行应有的道德理念，遏制腐朽没落道德的出现。芬兰、新加坡等国家在公民道德建设过程中十分注重法制建设，坚持德、法并重。芬兰要求人们在守法中认识诚实、尊重、敬业、公平等道德规范要求的重要性，新加坡坚持在法治中提升人们的道德觉悟、培养人们的道德习惯。在我国，法制体系已经基本完备，问题是有意识地在道德建设及其道德教育过程中，引进和利用法治手段尚需进一步地研究和落实，只有法制完备，法治到位，公民道德建设才能在现有社会条件下取得更加理想的效果。（5）利用宗教活动展开公民道德教育是西方国家共同选择的路径，且正面效果也比较明显。在宗教信仰自由的国度里，教会会在宣传全能的上帝及基督的价值的同时，通过做礼拜，引导人们忏悔缺德、行善积德，并由此改善公民的道德素质。在我国，主流意识形态必须坚持马克思主义的无神论观点，坚持社会主义的道德观教育，然而，既然我国是信教自由的国家，我们就应该在最大限度避免宗教负面道德影响的同时，充分利用宗教的适当形式和积极内容为道德建设及其道德教育服务，为建设和谐社会服务，

---

① 冯俊、龚群主编：《东西方公民道德研究》，中国人民大学出版社 2010 年版，第 33 页。

发挥宗教的正能量。我们党和国家的宗教政策有因势利导、共建中华民族精神家园的目标，因此，不应该在道德建设及其道德教育中人为地切割与宗教的关系，放弃宗教的正面作用。

（原载《江苏社会科学》2014年第3期，《新华文摘》2014年第15期全文转载，文中部分内容已以题为"推进公民道德建设是一项系统工程"的笔谈文章在《伦理学研究》2013年第2期发表）

推进"四个全面"需要加强道德力量

2014年12月,习近平总书记在江苏考察调研时提出:"要全面贯彻党的十八大和十八届三中全会、四中全会精神,落实中央经济工作会议精神,主动把握和积极适应经济发展新常态,协调推进全面建成小康社会、全面深化改革、全面推进依法治国、全面从严治党,推动改革开放和社会主义现代化建设迈上新台阶。"①"四个全面"的战略布局,是我们党治国理政方略与时俱进的新创造、马克思主义与中国实践相结合的新飞跃,它既勾绘出了社会主义中国的未来图景,也提出了坚持和发展中国特色社会主义道路、理论、制度的战略抓手。然而,落实好"四个全面",社会主义道德有着独特而不可替代的作用。

一 全面建成小康社会需要道德自觉

全面建成小康社会是实现中华民族伟大复兴中国梦的关键一步。习近平总书记说:"我坚信,到中国共产党成立100年时全面建成小康社会的目标一定能实现。"② 全面建成小康社会应该体现在国家物质力量和精神力量都得到增强,全国各族人民物质生活和精神生活都得到改善。为此,我国要建设的小康社会实际上就是要建设有中国特色的现代化形态的全面发展和协调发展的社会。因而,小康社会并不仅仅是以经济建设发展为唯一目标的单一化社会形式。它实质上指涉的是一定社会经济、政治、思想文化等全面进步的社会发

---

① 人民日报社评论部编著:《"四个全面"学习读本》,人民出版社2015年版,第19页。
② 《习近平谈治国理政》第1卷,外文出版社2018年版,第36页。

展宏旨。况且，即使是单纯的经济目标也不仅仅就是一个数据化概念，它实际上是内含着"物化"了的科技文化、道德观念和社会发展理念的综合性概念。其中，人们的道德素质是不可忽视和不可替代的内容，其本身就是实现小康社会的重要内容和进步标志。

事实上，全面建成小康社会，要靠科技文化的发展、经济社会管理体制的完善等，但是从根本上来说，要靠全民族道德素质的提高，唯有社会主义核心价值观深入人心、落实于行动，才能充分激发全民族的道德情感和精神动力，才能充分发挥物质力量，也才能真正实现全面建成小康社会的目标。故全面建设小康社会应该按照习近平总书记在考察山东曲阜时所指出的，必须加强全社会的思想道德建设，激发人们形成善良的道德意愿、道德情感，培育正确的道德判断和道德责任，提高道德实践能力尤其是自觉践行能力，引导人们向往和追求讲道德、尊道德、守道德的生活，形成向上的力量、向善的力量。

二 全面深化改革需要道德价值引领

全面深化改革是完善和发展中国特色社会主义制度、推进国家治理体系和治理能力现代化和实现经济建设、政治建设、文化建设、社会建设、生态文明建设的重要保障。我国的新一轮改革方向明确、路径清晰，改革的战略步入一个全新的高度和境界。同时，改革的全面深化意味着要破解的难题更多，来自各方面的风险和挑战更大，遇到的困难和阻力会更重。因此，全面深化改革的成功，需要有坚定的理想信念，需要勇于冲破思想观念的束缚和利益固化的藩篱，要有勇气，需要有胆识、有担当，敢于出招、敢于得罪人、敢于突破既得利益，真正让改革落地。

同时，要在全面深化改革过程中确立正确的道德价值取向，在坚持有利于人民利益、有利于国家兴旺发达和长治久安、有利于实现中华民族伟大复兴的中国梦的宏伟目标时，正确把握处理好当前利益和长远利益、局部利益和全局利益、个人利益和集体利益的关系，站在国家利益、长远利益、广大人民群众利益的立场上思考问题、推进工作，绝不局限于某个地方、某个部门的局部利益，决不拘泥于眼前的得失。还要积极回应群众关切，着力解决关系群众切身利益的问题，同时又引导群众着眼大局、着眼长远，理性合理表达诉求，为深化改革营造安定团结的社会氛围。在一定意义上说，深化改革更需要社会主义道德保障。

三　全面依法治国需要道德滋养

党的十八届四中全会通过的《中共中央关于全面推进依法治国若干重大问题的决定》中指出"坚持依法治国和以德治国相结合。国家和社会治理需要法律和道德共同发挥作用"，同时指出"以道德滋养法治精神、强化道德对法治文化的支撑作用，实现法律和道德相辅相成、法治和德治相得益彰"。真正实现法治的一个重要前提是要研究和创制科学理性的部门法律条文和完善的法律体系。随着改革开放的发展，我国的部门法律条文和法律体系一直在逐步完善。然而，部门法律条文和法律体系的完善始终离不开对时代道德的认知水平的不断提高。因为作为良法之科学、理性程度取决于对体现人民意志的"道德应然"的正确认识和把握。唯有对社会生活和社会治理中的客观的"道德应然"及其行为要求即道德规律有科学的认知和揭示，才有可能厘清符合社会生活和社会治理要求的行为规范，也才有可能形成科学、理性意义上的法律。

然而，健全的法律体系只是说明有法可依，能不能真正实现法治，很大程度上取决于司法者的道德境界。司法者唯有真正认识到法治事关我们党执政兴国、事关人民幸福安康、事关党和国家长治久安，才能树立法律和法治至上观念，也才可能真正做到有法必依、违法必究，承担应有的严格履行法律的责任，做一个忠于党、忠于国家、忠于人民、忠于法律的司法工作者。同时，依法治国要依靠广大民众法治觉悟，唯有全民懂法、遵法、守法，才能真正、全面地建设法治社会和法治国家。因此，建设法治国家，需要像普及法律一样来普及道德，在不断加强道德建设中增强全体公民的法治道德的自觉性，为建设法治国家夯实道德基础。

四 全面从严治党需要有道德责任担当

全面从严治党是在新形势下对党的地位作用和历史使命做出的战略判断。中国共产党是中国特色社会主义事业的领导核心，中国共产党和中华民族构成了当代中国最为关键的"命运共同体"。唯有从严治党，才能保持中国共产党的先进性，也才能领导全国人民实现中华民族伟大复兴的中国梦。然而，从严治党的基础是要加强道德建设，树立正确的人生观和价值观，坚定道德责任担当，在思想上和行动上筑牢拒腐防变的道德防线。一个没有道德责任担当的政党，是无法得到人民群众信任的，更不可能成为最广大人民群众利益的代表。

因此，党应该首先履行执政大德，"新形势下，我们党要履行好执政兴国的重大职责，必须依据党章从严治党、依据宪法治国理政；党领导人民制定宪法和法律，党领导人民执行宪法和法律，党自身必须在宪法和法律范围内活动，真正做到党领导立法、保证执法、带头守法"[1]。同时，"领导干部要严以修身、严以用权、严以律己，谋事要实、创业要实、做人要实。这些要求是共产党人最基本的政治品格和做人准则，也是党员、干部的修身之本、为政之道、成事之要"[2]。

---

[1] 《中国共产党第十八届中央委员会第四次全体会议文件汇编》，人民出版社2014年版，第70页。

[2] 《习近平关于全面从严治党论述摘编》，中央文献出版社2016年版，第162页。

为什么要倡导诚信？

社会主义核心价值观将诚信作为其主要倡导内容之一，凸显了诚信作为公民价值准则的重要性和必要性。的确，诚信既是规范人们行为的准则，也是社会主义物质文明和精神文明建设的精神依托和价值目标；既是社会和谐的风向标，也是经济社会建设的动力源。因此，倡导诚信是时代进步的需要，更是实现中国梦之重大举措。

诚信乃古今中外铸就的全社会具最高认同度的道德准则之一。人无信不立，讲诚信则善其身；国无信不稳，讲诚信则固其基；社会无信不和，讲诚信则化其怨，这已经成为当今我国社会发展进程中的价值共识。然而，社会是复杂的，近年来，诚信缺失的现象时有发生，且严重影响着社会有机体的正常运转。例如，"毒牛奶""瘦肉精""地沟油""染色馒头"等食品安全问题，在对广大消费者身体健康造成损害的同时，或造成一个企业的毁灭，或影响一个行业的发展，甚至在一定程度上对一个地区乃至整个国家的经济发展产生严重的负面效应，进而影响公众的情绪和社会的稳定。因此，倡导诚信，解决当前我国经济社会发展中的诚信缺失问题，不仅是推进公民道德建设的基本要求，更能以其独特的价值启迪和价值导引作用，促进经济社会的快速和健康发展。

一　立身之基

人的完善与发展是人生之根本目的。唯有人的不断完善与发展，才能体现人之为人的理由和价值。正如孔子所说："人而无信，不知其可也。"（《论语·为政》）事实上，唯有诚信才能得到他人和社会的认同和支持，一旦失信，失信者失去的是做人的起码依据和支撑其人生的基本条件，进而其生存、发展、完善将会受到严重挑战。

（一）诚信催人拥有崇高的精神境界

人只有深刻认识为什么要讲诚信，才能真正实现诚信自觉，进而达到人的生存自觉。人之立身，首先要人真正认识人自身。人何以为人的问题是要回答人的生存合理性问题。中外先哲们认为，人的生存合理性在于人是"理性动物"（苏格拉底语），人是"仁者"（孔子、孟子语），即人与动物的根本区别在于人的自觉性。进而言之，人的自觉性在于人意识到人是关系之人、社会之人，人的生存和发展离不开他人和社会。而人之完美立身，需要以诚待人、以信律己。唯有诚信才能获得认同和关照，并由此实现真正的人的存在。因此，正如先哲们所说，"凡人所以立身行己，应事接物，莫大乎诚敬"（《朱子语类》卷一一九），"诚无不动者"（《二程粹言·论道》篇），"诚之所感，触处皆通"（《青厢杂记》）。即是说，诚信、恭敬是人立身处世、待人接物的基本要求，诚信可以感动一切、打动一切。事实上，人们对诚信的自觉和践行，客观上将促使人们的精神境界不断提升，并进而加深对诚信的认知和敬畏。一个不讲诚信之人，其境界一定是低下的，这样的人在人们的心目中无法立足，又何以立身呢？

（二）诚信得人缘、聚人气

立身于社会，需要有人缘、人气。在复杂的社会生活中，得人缘、聚人气不是轻而易举的事情，它是人的综合素质尤其是人格魅力的作用所形成的。人格魅力的核心要素是有诚信。人无诚信，即使有很高的权位、大把的钱财或者非凡的学识，仍然不会有人缘和人气，他的人生在本质上仍是有缺陷的。在现实生活中，我们往往看到，有的人与人交往虚情假意，表面讲义气、和气，实则霸气甚至匪气逼人；有的人与人交往利欲熏心，合伙、合作的宗旨是唯利是图，甚至不惜坑蒙拐骗，伤害合伙、合作者的利益；有的人与人交往精于说假话，伪善地处世处事。诸如此类不讲甚至没有诚信的人，人们只会退避三舍，他们是不可能获得人缘、聚集人气的。真诚得人缘，信誉聚人气。大凡人缘好、人气旺的人，一定是与人相处有诚意、有信誉，这样的人一定是有众多无形的有力之手支撑着他的学习、生活、工作乃至人生的发展。

（三）诚信加深人际合作

任何人的生存和发展离不开他人和社会的合作。合作则赢，不合作则败，这是人之为人的本质要求，是人生的基本定律。马克思曾说："任何一种解放都是使人的世界即各种关系回归于人自身。"[①]在这里，把"人的世界""回归于人自身"，应该指的是人作为真正人而存在着，是作为"生态性"的人而存在着；把"人的关系""回归于人自身"，应该指的是和谐、合作的人际关系，是作为"生态性"关系或社会而存在着，因为唯有和谐才是真正的人的关系，唯有合作才能体现为真正的人的关系的发展。在这里，诚信是基础、是条件。失去诚信，人与人之间就会产生隔阂或猜疑，不仅不能正常合作，甚至有可能互相倾轧，那么，人和人际关系的"生态性"存在、人和人际关系"回归于自身"将会是空中楼阁。这更说明，诚信是人立身之本和人际合作的重要基础和条件。

二 社会和谐之本[②]

诚信是和谐社会建设的重要条件。我们无法想象，一个诚信缺失，人与人相互猜疑和提防的社会可以成为和谐的社会。

（一）和谐社会依赖于科学的社会管理即诚信式的管理

和谐社会建设要靠管理，而管理是一个庞大的系统工程，从生产、交换、分配、消费到人们的福利支持等，从交通出行、旅游到节假日人口大移动，从社区生活配套到日常交往、休闲生活等，从学校、家庭到公共场所等无不需要管理。在这可统称为社会治理的庞大社会管理工程中，需要法律、行政、道德等综合管理手段。然

---

① 《马克思恩格斯全集》第1卷，人民出版社1956年版，第443页。
② 该题（一）（二）两点是王小锡《诚信——和谐发展之根》一文（见《群众》2012年第12期）中的部分内容。

而，科学的社会管理或社会治理的核心或基础管理手段是诚信式的管理。一是因为社会管理是社会成员和管理者共同的生活内容、手段和目标，唯有诚信管理才能获得社会成员情感上的接受、管理宗旨上的广泛认同和支持，也才能实现社会管理上的有效配合。二是唯有诚信管理才能营造互信、多赢的社会氛围，避免一切可以避免的社会矛盾和冲突，实现社会和谐。三是现代社会是"陌生人"社会，尤其是新的社区成员多半是"移民"而来的，在这样的社区坚持诚信管理，有利于在不断增强互信的基础上形成互帮、互助、互谅的和谐社区，更有利于大社区的治理。

（二）社会矛盾的解决需要诚信承诺

社会矛盾在任何一个社会发展阶段是不可避免的，只是矛盾有大小或性质不同之区分而已。然而，社会矛盾不管大小和性质，只要引起矛盾的问题或事项不能及时解决，都会酿成更大社会矛盾甚至引发社会冲突。解决社会矛盾往往需要时间和过程，为不至于使已经产生的矛盾扩大或延伸，这就更需要相关方面的诚信承诺。相反，失信将失去管理社会的权威或正能量，是社会治理的大忌。同时，诚信是社会和谐协调的保证力量。社会的和谐协调是人与人、心与心的和谐协调，是利益相关者之间的和谐协调，唯有诚信才能沟通心灵、协调关系。事实上，社会和谐协调需要利益公平、人格平等，需要有尊严的生产和生活等，这些目标有赖于诚信及其在诚信理念下制定的社会生活规章，有利于诚信在社会生活中的通行。

（三）真正和谐的社会需要由讲诚信的人组成

和谐社会应该是讲诚信的社会，唯有每一个人讲诚信，社会没有虚假和猜疑，人们的交往没有摩擦，各自的利益才会公平地实现，等等。假如官员缺乏为人民服务的意识，甚至贪污腐败、鱼肉百姓；假如企业唯利是图，偷工减料，生产劣质甚至有害健康的产品；假如商品经营者以次充好、坑蒙拐骗；假如学者学术不端，甚至以虚假成果蒙骗社会；假如一些社会成员不讲诚信且没有羞耻感，等等，这样的社会是不可能实现社会和谐的。事实上，社会生活中，只要有少许人不讲诚信，且获得他不应获得的利益，那么，人们就会质疑社会的诚信运行机制，也就会怀疑社会的诚信度，在这种情况下，和谐社会建设将难以为继。可以说，促使人人讲诚信是实现社会和谐之根本。

三　经济发展之核心竞争力

信誉能赚钱，这是毋庸置疑的命题。德国著名学者马克思·韦伯在探究以禁欲主义为核心的新教伦理与西方资本主义兴起之间的"选择性的亲缘关系"时，援引富兰克林的"信用就是金钱"说明"诚实—信誉—金钱"之间的逻辑关系。还说，"善待钱者是别人钱袋的主人。谁若被公认是一贯准时付钱的人，他便可以在任何时候、任何场合聚集起他的朋友们所用不着的所有的钱"。[①] 对于企业生产经营来说，也是同样道理，人们相信某种企业的产品并乐于购买就等于向该企业"送钱"，企业在卖产品的同时也在传递讲信誉的精神，甚至可以说，讲信誉比卖产品更重要。而弗兰西斯·福山在《信任——社会道德与繁荣的创造》一书中，通过对一些国家和地区社会信任度的实证研究，阐述了信任在其经济发展中的不同作用和效果，并由此得出结论，认为一个社会信任程度的高低是影响其经济发展的重要文化因素。历来经济发展的经验教训也告诉我们，讲诚信则兴，不讲诚信则衰，这已经成为经济发展的"铁律"。

诚信与经济发展历来是密不可分的，而在社会主义市场经济建设不断深入和完善的今天，诚信也是资本，诚信更成为经济发展的核心竞争力。其原因在于三个方面。

1. 诚信是社会主义市场经济中不可或缺的特殊资源

首先，市场经济条件下的产品生产、销售和服务由自由市场的自由价格机制所引导，也正是在这一意义上，市场经济又被称为自由市场经济。在这一经济体系中，经营什么、怎样经营等由经营者自主决定，与谁合作、怎么合作、合作的目标和方向等也由经营者自主选择。然而，我们不难想象，这样的自由经济离开了诚信，就

---

① [德] 马克斯·韦伯：《新教伦理与资本主义精神》，于晓等译，生活·读书·新知三联书店1987年版。

会成为尔虞我诈、互相拆台的经济，所谓的自由经济也不可能真正实现。社会主义市场经济正是要通过包括诚实守信在内的完善的道德体系促进和保障自身的健康发展，从而成为真正意义上的自由经济。由此，诚信成为维系社会主义市场经济的核心纽带。其次，市场经济条件下的社会化大生产并非投入、产出、效益等纯物质的经济过程，而是利益相关者之间的合作经济、"链条式"经济。利益相关者的任何一方或任何一个环节的诚信缺失，都会导致整个经济秩序的混乱，并带来经济发展的严重挫折。最后，市场经济是法治经济，而法治的实现必须以政府与企业、企业与企业、企业与职工、职工与政府等诸多关系中的基本信任度作为逻辑起点，否则，法治的目标就会模糊不清，法治的过程也会沦为形式。从这一意义上说，诚信建设是社会主义市场经济建设的根基。

2. 诚信是企业道德形象的根本，是企业在市场竞争中实现发展的核心竞争力

经济的发展速度很大程度上取决于企业的发展效益，企业的发展效益取决于企业产品和服务的营销状况，而企业产品和服务的营销状况又取决于企业的诚信经营。可以说，大量中外企业以自身的繁荣或衰败为企业发展与诚信经营之间的此种关联提供了生动的实践例证。如果企业在产品设计和生产过程中真诚地面对用户，最大限度地满足人性化需求，以达到用户生活和生产的最佳目的，在销售和服务过程中始终兑现承诺，做到诚信销售和诚信服务，必然会在赢得顾客信任的同时不断扩大市场占有率。反之，即便是国际或国内知名品牌，只要在产品设计、生产、销售和服务中出现偷工减料、以次充好、夸大功能和空头承诺等失信问题，就会导致企业道德形象的毁损，并带来产品销量的下降和企业利润的减少，更可能因此葬送企业的前途。曾几何时，某国际著名汽车品牌因在我国市场售后服务中缺乏责任意识，导致接连出现客户在大庭广众面前用榔头砸毁自己的汽车，或用毛驴拖着自己的汽车游街，致使该品牌的声誉受到严重影响，在我国市场销量直线下降，最后惊动总部出面处理问题才扭转危机。即便如此，企业市场声誉和经营效益的恢复仍然经历了相当长的一段时间。可见，道德责任意识是企业的精神支柱，道德承诺和道德举动是企业获取市场信誉并获得更多利润

和效益不可或缺的重要因素。①

3. 诚信是降低经济交易费用的重要路径

经济的发展与交易的内容、品种和频率有着十分密切的正向关系，可以说，交易的内容或品种越多，交易的频率越高，产生的效益也就越好。然而，经济交易的内容或品种越多，交易的频率越高，越是要求诚信交易。因为，交易中的利益相关者都想获取更多的利润，如果缺乏基本的信任，交易各方往往互相封锁应予公开的经济信息，从而使信息获取过程耗费了大量原本可以节约的精力和资源。更有甚者，经济主体为了自身的利益不惜破坏正常的经济信息渠道，或窃取经济信息，或制造虚假信息，此类不诚信的行为会造成更多的"摩擦消耗"，并进而影响经济效益和经济发展速度。相反，如果交易各方以诚相待，不仅可以减少许多无谓的消耗，而且能够形成诚信的投资环境，更好地吸纳各种经济资源。换言之，讲诚信不仅能够通过降低交易费用提高经济效益，而且可以改善投资环境，从而为经济的高效发展创造有利的条件。在今天电子商务及其网络商品交易越来越兴旺的情况下，诚信更是其生命力之所在。不管电子商业企业规模是大是小，不管电子商务企业开办的时间是长是短，不管电子商务企业的客户是多是少，一个共同的经营法则是讲诚信，诚信是电子商务企业留住客户、扩大规模、延长经营寿命的核心依据。不讲诚信就意味着网络经营者的"自杀"。②

四 民主政治建设之基础③

没有诚信就没有民主政治建设的基础，也就谈不上民主政治建设。

（一）诚信于民才有真正的民主

真正的民主政治建设说到底就是以民为本，取信于民。要取信

---

① 参见王小锡《八论道德资本》，《道德与文明》2011年第6期。
② 参见王小锡《诚信是经济发展的核心竞争力》，《光明日报》2011年11月22日第11版。
③ 参见王小锡《诚信——和谐发展之根》，《群众》2012年第12期。

于民，首先应该诚信于民。一是要真诚地想民之所想、急民之所急，真诚地为民众多做事、做好事。尤其要以民生幸福问题为中心，全方位考虑工作内容、目标和举措，让广大民众深切地感到党和政府是人民的代表，不断增强政府公信力。二是要选拔德才兼备、能够充分反映民意的好干部。民主政治建设进程中的一个关键问题，是被选拔的干部是不是民众信得过的干部，是不是民主进程中得到公认的干部。如果干部选拔不能体现民意，那么，可以说，整个社会就没有诚信可言。一个在干部选拔上的公信度受到质疑的社会，是民主政治建设开始走向败落的社会。改革开放以来，我国干部选拔制度的改革和发展，尤其是公推公选等制度实行以及干部选拔、监督机制的不断科学化，使得社会诚信度越来越高，也推动民主政治建设进程不断向纵深发展。三是要保障言论自由。在一定意义上，社会是民众的社会，民众的意见、建议体现了对社会负责的精神，因此，倾听民众呼声并积极主动地解决相关社会问题，既是诚信于民的关键，也是社会和谐稳定的关键所在。一个不能把民众的建议、意见当作头等大事来对待的社会必将是官员丧失信誉、社会丧失正常秩序的社会。

（二）党员诚信是实现民主的重要引导力

中国共产党作为执政大党，党员的素质直接影响民主建设进程。而党员首先要有党德，如果连基本的党德都没有，那党性就无从谈起，也就谈不上遵守政治原则和党纪国法。那么，党德是什么？党德是作为一个党员在组织上、思想上、作风上"应该怎样、不应该怎样"，这种"应该怎样、不应该怎样"就是党员应尽的责任和义务。党德最基本的要求或责任是诚信，一个执政党党员的诚信度直接影响党和政府的公信力，影响民众对当今社会的认可度。因此，民主政治建设需要加强党员的党性修养，尤其需要培养党员的诚信觉悟。

（三）诚信舆论是民主建设的依托

民主政治建设，舆论应该最大限度地公开，这不仅是民主政治建设的重要手段，更是诚信社会建设不可忽视的途径。这是因为，民主政治建设必须要有权力监督机制，若是没有权力监督机制，民主政治建设就没法向前推进。问题是怎么监督？监察制度、问责制度、法律、道德、官员行为准则等，都是权力监督的重要手段或依据。特别要关注的是，在现在社会条件下，舆论公开是诚信于民、取信于民的重要路径，也是民主政治建设的重要手段。一个舆论不太公开或不能、不愿公开的社会，是诚信度或公信度最弱的社会，这样的社会是无从谈和谐社会建设的。当然，要指出的是，由于社会生活的复杂性，有的舆论可能会引起社会动荡，应当注意公开的方式方法，以免影响社会的发展进程，影响我们自身的利益，最终影响民主政治建设的进程。因此，建设诚信社会并不是主张舆论可以无所顾忌，尤其在网络时代，对舆论的正确管控正是诚信建设的重要环节。

（四）诚信于法，民主才有保证

法律面前人人平等是诚信于民的根本，是民主政治建设的生命线。能否真正做到法律面前人人平等，这是一个国家或一个社会诚信还是不诚信、民主还是不民主的分水岭。可以说，法制没有信誉，那社会的一切皆不可信，民主政治建设将会是一句空话。因此，法律面前人人平等在一定意义上依赖于诚信。进一步说，司法讲诚信，秉公执法，民主政治建设就有希望。相反，司法无信，国将不国，民将不民，社会也将是没有民主的社会。

五 提升政府公信力和社会治理能力之前提和根本

现代社会的发展依赖于政府社会治理能力的不断提升，同时，政府社会治理能力的提升在很大程度上取决于政府诚信程度即公信力的强弱。倘若政府行政诚信度低，甚至没有诚信，即使有治理社会的远大目标，其治理社会的能力仍然是弱的、低的。因为，诚信度低、公信力弱甚至丧失公信力的政府，难以得到人民群众的认同和支持。从这一意义上说，诚信是提升政府公信力乃至社会治理能力之前提和根本。

(一) 诚信是提升政府公信力的前提

习近平总书记指出:"人民对美好生活的向往,就是我们的奋斗目标。"① 的确,政府是代表人民利益的,政府的一切工作都是围绕人民利益而展开的。然而,政府的工作及其工作目标的实现,依靠力量是广大人民群众。广大人民群众的力量能否最大限度地激发出来并最大限度地发挥作用,靠的又是政府的公信力。政府的公信力和人民群众的希望值及其参与经济社会建设的积极性是成正比例的。

政府的公信力来自政府的诚信度。假如一个政府的工作目标承诺不能兑现,假如一个政府忽视甚至剥夺民众的知情权和监督权,假如一个政府的工作人员唯利是图,甚至不惜损害民众利益为自己谋利,这样的政府必然失去应有的公信力。

中外古今的历史经验教训均说明一个真理,政府失去公信力将失去一切,最终将失去广大民众的支持。因此,政府缺乏诚信,意味着政府的领导失去民众基础,经济社会发展将失去根基。唯有诚信的坚持,才有公信力的不断增强。在一定意义上来说,政府诚信既是社会诚信的风向标,也是经济社会发展进程中的精神动力。

(二) 政府诚信是提升社会治理能力的根本

一个地区、一个社会或一个国家的发展速度和发展前景,很大程度上取决于政府的社会治理能力,政府的社会治理能力固然与政府的宏观决策、微观操作技巧、领导艺术和方法等有关,但其根本因素是如何不断增强政府的诚信度。这是因为,首先,政府的诚信是政府提升社会治理能力的基础或核心要素。在政府诚信度不断增强的过程中,政府的凝聚力和协同力将随之增强。一个缺乏甚至丧失诚信的地区或国家,难以建立起稳固的社会治理基础,甚至往往因为政府缺乏诚信,民众积怨渐多,社会矛盾加剧,以致造成社会的混乱,影响经济社会的正常发展。其次,政府社会治理能力提升的一个重要标志是政府的号召力和民众的参与度。任何社会的治理,

---

① 中共中央宣传部:《习近平总书记系列重要讲话读本》,人民出版社、学习出版社 2014 年版,第 108 页。

没有人民群众的广泛参与是不可能治理好的。而民众的参与度取决于政府的诚信度。广大人民群众看问题是实际的、深刻的，唯有政府讲诚信，民众才有信心，才会心甘情愿地响应政府的号召。否则，政府不讲诚信，任何动员、规则乃至法律都将难以在社会治理中发挥作用。实践证明，大凡社会治理成效显著、经济社会快速发展、人民群众安居乐业的地方，政府的诚信领导一定起着十分重要的引导和凝聚作用。

（选自社会主义核心价值观研究丛书：《诚信篇·导论》，江苏人民出版社2015年版）

为什么要坚持底线思维？

习近平总书记十分重视底线思维，指出："要善于运用'底线思维'的方法，凡事从坏处准备，努力争取最好的结果，这样才能有备无患、遇事不慌，牢牢掌握主动权。"① "底线思维能力，就是客观地设定最低目标，立足最低点，争取最大期望值的能力。"② 因此，底线思维是有效防范风险、管控危机，实现最佳效益的科学思维，在经济社会的发展进程中需要底线思维。

习近平总书记主要是针对干部提出的工作中坚持底线思维要求，其实在干部和广大民众的社会生活中也应该坚持底线思维，唯此才能在防患于未然中享受生活、提高生活质量。

一 有效防控风险

底线思维之底线，指的就是法律规范和最低限度的好的和善的要求，从另一个角度讲，即在工作和生活中不能违法、不能使坏、不能作恶。因此，底线思维也就是要求我们在考虑和筹划工作和生活过程中，要有风险预测，要有防患于未然的意识，力保守住底线。

习近平总书记曾经告诫党员干部，要防止党员、干部信仰迷茫、精神迷失，防止缺钙的"软骨病"，他说："坚定理想信念，坚守共产党人精神追求，始终是共产党人安身立命的根本。对马克思主义的信仰，对社会主义和共产主义的信念，是共产党人的政治灵魂，是共产党人经受住任何考验的精神支柱。形象地说，理想信念就是

---

① 中共中央宣传部：《习近平总书记系列重要讲话读本》，人民出版社2016年版，第288页。
② 中共中央宣传部：《习近平总书记系列重要讲话读本》，人民出版社2016年版，第288页。

共产党人精神上的'钙',没有理想信念,理想信念不坚定,精神上就会'缺钙',就会得'软骨病'。现实生活中,一些党员、干部出这样那样的问题,说到底是信仰迷茫、精神迷失。"① 这就是说,党员、干部的基本底线是防止"缺钙"得"软骨病",否则,失去信仰将后患无穷。习近平总书记还进一步强调:"只有理想信念坚定,用坚定理想信念炼就了'金刚不坏之身',干部才能在大是大非面前旗帜鲜明,在风浪考验面前无所畏惧,在各种诱惑面前立场坚定,在关键时刻靠得住、信得过、能放心。"②

进而言之,自然是多变的,社会是复杂的,人们在工作和生活中的风险随时都有可能出现,一旦失测,风险就可能接踵而来,底线就可能被冲垮。古人云:"凡事豫则立,不豫则废"(《礼记·中庸》),说的就是这个道理。诸如上面所说,一些干部,工作和生活中"缺钙"且对风险失测,甚至明知风险却试图侥幸绕过风险而犯错,在金钱、美女等面前,忘却信仰,守不住法纪和道德底线,贪污受贿、腐化堕落,甚至成为罪人;一些企业在唯利是图的驱使下,置法律规范、用户的身心健康、社会安定于不顾,以至于"苏丹红""有色馒头""地沟油"等食品问题严重影响人们的身体健康,假冒伪劣、坑蒙拐骗导致社会失信和互不信任加剧等,最终因触犯底线而失去了发展的机会和条件,有的企业则以倒闭而告终;一些人为了一己私利,不惜损人害人,甚至损人不利己的行为也时有发生,最终伤害的不仅是可能的合作者,而且自己将吞食人缘丧失、人将不人的恶果。诸如此类,都是底线不保,风险即至。因此,工作和生活中的底线思维十分重要。

事实上,工作上坚持底线思维,从实际出发,按最坏的可能性和最大的风险来谋划工作,并按法规和原则办事,按人民群众的意愿和要求办事,按"帕累托最优"的境界办事,按"短板"理念办事,这就可以最大限度地防范风险;社会生活中坚持底线思维,从基本的道德要求出发,按基本礼仪尤其是适度要求与人相处,按公正公平原则实现利益共享,按和谐原则处事,按可能变恶甚至作恶

---

① 《习近平谈治国理政》,外文出版社2014年版,第15页。
② 《习近平谈治国理政》,外文出版社2014年版,第413页。

的境况确立正确的生活态度，这就可以造成没有风险的积极向上的社会氛围。

由是观之，底线思维是防控风险型思维，是防患与建设并举型思维模式。

二　实现科学思维

底线思维不只是红线思维或高压线思维，它实质是一种发展型思维方法。正如前面所说，要想防控风险，一定不能违法、不能使坏、不能作恶，这是底线，是红线或高压线。然而，底线思维在要求人们不踩红线、不碰高压线的同时，还要求人们以积极的态度面对可能出现的风险，在避免风险或化险为夷的过程中，按规律办事，按最好的目标努力，争取最好的工作效果或工作质量。

其实，底线思维就是科学思维，仅仅是在工作和生活中不踩红线或不碰高压线，这不是底线思维的本质。假如考虑工作和生活仅仅满足于不踩红线、不碰高压线，那是片面的形而上学的思维，是被动的惰性思维。殊不知，一个满足于无过无错无罪的社会，往往是没有激情和动力的社会；一个仅仅以不犯错为荣的人，往往也是碌碌无为甚至是庸人、懒人。因此，仅仅是在工作和生活中不踩红线或不碰高压线，与科学思维相去甚远。

真正的底线思维，一方面，它是系统的战略思维。底线思维提醒人们，为防止坏的、恶的等的风险，要有一条不可逾越的鸿沟，同时还要有应对风险即可能发生最坏情况的能力和举措，更要立足全局、高瞻远瞩、掌握主动，在确保最基本好、最基本善的境况下，实现工作和生活的统筹发展。正如习近平总书记在2013年年底召开的中央经济工作会议上强调的，"要继续按照守住底线、突出重点、完善制度、引导舆论的思路，统筹教育、就业、收入分配、社会保障、医药卫生、住房、食品安全、安全生产等，切实做好改善民生各项工作"。另一方面，它是一分为二的辩证思维。考虑可能的风险是为了避免风险，进而更快更好地推动工作进程和提升生活质量；考虑"短板"是为了消除"短板"或促使工作、生活更加平衡协调，甚至更具生态性；考虑最低防线或最低要求是为了防微杜渐，并进而实现最佳工作和生活状态。换言之，考虑工作和事业的提升、发展、进步等，必须清醒底线在哪里。习近平总书记说："我们要通过深化改革，让一切劳动、知识、技术、管理、资本等要素的活力竞相迸发，让一切创造社会财富的源泉充分涌流。同时，要处理好活力和有序的关系，社会发展需要充满活力，但这种活力又必须是有序活动的。死水一潭不行，暗流汹涌也不行。"① 这里讲的"死水""暗流"就是增强经济社会发展活力要防止的底线。所以，守住底线的真正目的是实现最好最高最大目标。再一方面，它是适度性思维和前提性思维。所谓适度性思维，这就是说，底线思维并不是机械地强调不踩红线、不碰高压线，而是主张适度性思维，即不要因为强调不踩红线、不碰高压线的底线而畏首畏尾、无所作为；不要因为强调守住最低要求而没有远大理想、没有追求，等等。底线思维之适度性思维，是要求做事要稳，尽最大力量，争取最好行动态势。所谓前提性思维，这就是说，在要求不踩红线、不碰高压线的同时，要求确立做事的前提意识。习近平总书记在谈到推进事业发展、防范风险时说："我们的事业越前进、越发展，新情况新问题就会越多，面临的风险和挑战就会越多，面对的不可预料的事情就会越多。我们必须增强忧患意识，做到居安思危，懂就是懂，不懂就是不懂；懂了的就努力创造条件去做，不懂的就要抓紧学习研究弄懂，来不得半点含糊。"② 这里的"懂"就是推进事业发展、防范风险的底线思维中的前提。由是观之，底线思维是科学思维之基，是战略思维之本。

三 确保效益最优最大化

底线思维要求考虑工作从最坏处预测，做最坏的准备，这看上去似乎降低了标准和要求，其实，它是为保证实现工作目标和理想而设置的红线或警戒线，一旦越过红线或警戒线，任务将不能完成，目标和理想也不能实现。因此，底线思维下的红线或警戒线不是目

---

① 《习近平谈治国理政》，外文出版社2014年版，第93页。
② 《习近平谈治国理政》，外文出版社2014年版，第23页。

的，它客观上内含着争取远大的目标，故它本身也是实现远大目标的重要手段。

事实上，底线思维作为防患于未然的思维，其思维指向是力争为获得更优更大效益保底，没有目标和理想的防患于未然的思维是没有意义也没有必要的虚假意识流。就像人出门前没有锁定到达目标，但在考虑不要走弯路、入歧途一样。换句话说，防患于未然的保底思维，其目的就是要在没有风险的情况下，把事情做得更顺更好。习近平总书记说："更好发挥政府作用，就要切实转变政府职能，深化行政体制改革，创新行政管理方式，健全宏观调控体系，加强市场活动监管，加强和优化公共服务，促进社会公平正义和社会稳定，促进共同富裕。各级政府一定要严格依法行政，切实履行职责，该管的事一定要管好、管到位，该放的权一定要放足、放到位，坚决克服政府职能错位、越位、缺位现象。"① 这就是说，政府不"错位、越位、缺位"，就能充分发挥作用，管好事，越过了这"错位、越位、缺位"的底线，政府的作用不仅不能发挥，而且事情会弄得更糟。

许多沉痛的教训是，我们有的干部严重缺乏底线思维，职能不明，民意不清，为了快现、凸显政绩，把国家和人民的利益置于脑后，重大项目"上马"往往靠拍脑袋决策，结果劳民伤财，不仅不见效益，许多项目决策影响地区经济发展、影响社会和谐稳定。因此，党的干部就应该在相信群众、依靠群众并力避决策和工作风险、守住底线的基础上，坚持国家利益至上，坚持以民为本，一步一步、扎扎实实地去争取预定的工作目标。企业生产也是如此，安全生产底线是为了避免事故风险，实现更多更好地的生产效益，否则，企业避免事故风险，不生产是最好的思路，然而，现实是不可能的，企业与生产同在。安全生产的底线，其本身内含着高质量生产。当然，越过了安全生产的警戒线，企业往往会造成灾难性的后果。若干年来多次产生的矿难事件，其重要原因之一是严重缺乏风险意识和相应的举措。还有，近年来一批老字号企业相继倒闭，其重要原因之一是在社会主义市场经济运行机制逐步完善过程中出现的不正

---

① 《习近平谈治国理政》，外文出版社2014年版，第118页。

当竞争能获取更多利益的诱惑下，一些企业忽视甚至丧失了不讲诚信的风险意识，结果越过不讲诚信的红线，造成了自身企业的灭顶之灾。

由是观之，底线思维也是红线思维，正如古人针对争取幸福和利益所说的，"欲不过节""利不丢失"才有幸福和利益可言。同时，底线思维就是效益最优最大化思维。诸如，领导干部避免决策风险，是要实现决策的科学化，效能和效益的最大化；企业避免经营风险就是要实现产品的高质量和高市场占有率，获得更多效益，同样，商人避免经营风险就是要讲诚信并获取更多利润；社会生活中避免风险，就是为了化解矛盾，和谐社会，身心更加健康，生活质量更高，等等。

四　防止消极保守、墨守成规

底线思维不是消极保守、墨守成规的思维，它客观上要求人们积极、主动地思考工作、思考生活、思考未来，不断提高工作和生活的决策能力。其实底线思维即在考虑思想和行为不踩红线、不碰高压线本身就是积极的思维举动。

在一定意义上说，消极保守、墨守成规并不是底线，而恰恰也是一种警戒线或红线。实践充分说明，消极保守、墨守成规往往失去的是开拓创新、勇于攀登的精神，形成信仰迷失、没有理想、畏首畏尾、不思进取的局面。这方面的教训已屡见不鲜。有的领导干部为了保住自己的位子，主要精力不是去考虑如何开拓创新、如何为民谋事，而是不求有功、但求无过，遇到问题和矛盾绕道走，满足于不犯错、不越轨、不捅娄子，唯唯诺诺、庸庸碌碌，其结果是事业止步不前，经济社会发展缓慢甚或停滞，人民群众难享实惠。有的人没有理想、没有目标，更谈不上规划人生奋斗目标，仅仅满足于生活过得去，甚至有的沉溺于吃喝玩乐，其后果是损伤了身心，丧失了进步的动力，更有甚者，害己害人害社会。

底线思维不仅不允许消极保守、墨守成规，而且要求人们主动积极地预见坏、争取好。即是说，一方面，要通过广泛的历史考察和社会调查等，在掌握一定规律的基础上，预见工作和社会生活中可能出现的风险,用心地规划和切实地行动,在全面防守的基础上,使风险降低到最低,甚至排除可能出现的风险。另一方面,底线思维要求在全面防守的基础上,主动化解危机。社会是复杂的,不同程度的危机时有发生,底线思维要求在防范风险的同时,更要有勇于处置危机的信心和决心,唯此才有可能将危机遏制在萌芽状态或处置在第一时间,也才有可能创制事业发展和生活质量提升的条件。再一方面,底线思维要求主动改革创新,为事业的发展和生活质量的提升增添活力。事实上,消极保守、墨守成规的思维不属于底线思维领域,且与底线思维是格格不入的。与消极保守、墨守成规的思维相反,底线思维要求的是改革创新思维,在主动改革不合理的、过时的理念、制度和行为方式中,科学规划未来,切实提出举措,并以积极的态度争取事业的快速发展和生活质量不断提升。

其实,底线思维也不认同随遇而安或满足现状而无所事事,这实质也越过了事物正常发展和工作生活追求高质量的临界点。底线思维是积极思维,主张不断进取,不断发展。因此,"提高底线思维能力,就是要居安思危、增强忧患意识,宁可把形势想得更复杂一点,把挑战看得更严峻一些,做好应付最坏局面的思想准备"[1]。唯此才能促进事物的不断发展和工作生活质量的不断提升。正如古人云:"君子安而不忘危,存而不忘亡,治而不忘乱,是以身安而国家可保也。"(《周易·系辞下》)

由是观之,底线思维是改革型思维、进取型思维。事实上,底线思维本身没有固定模式,更不可能是终极思维,故底线思维反对消极保守、墨守成规。

五 化解矛盾,促进和谐发展

底线思维要求预测和防范风险,其实质是要充分认识事物发展或工作和社会生活中的矛盾存在,在各种各样的矛盾中寻找症结所在,探寻矛盾发展的规律和路向,并在此基础上,努力化解矛盾,

---

[1] 中共中央宣传部:《习近平总书记系列重要讲话读本》,人民出版社、学习出版社2014年版,第181页。

促进社会和谐发展。

在事物发展进程中,在工作和社会生活的实践中,矛盾客观存在,而且,各种各样的矛盾都在以不同的方式和作用力影响着事物的发展和人们的工作与社会生活。遇到矛盾绕着走,或在矛盾面前退缩,甚或为一己私利或少数人的利益而加剧矛盾,这是底线思维最忌讳的,因为这越过了警戒线。大凡社会矛盾或其他相关矛盾激烈的地方和单位,与相关领导和民众回避矛盾并任其发展有关。近年来恶性刑事案件时有发生,群体矛盾及其群体斗殴不时见诸媒体,自杀事件也屡见不鲜,这里的重要原因之一是相关领导和民众自身化解矛盾的主动性不够,以至于矛盾越积越多、越来越大。这不仅影响人们的正常社会生活和工作,而且严重影响经济社会的发展进程。

底线思维就是要面对已经和可能出现的矛盾,从最坏处着想和准备,主动积极地做好各种矛盾的化解和转化工作。只有这样,才能求得矛盾各方的谅解和支持,也才能凝聚人心,促进社会的和谐发展。

由是观之,底线思维与化解矛盾是一致的,而且底线思维实质就是矛盾型或化解矛盾型思维。

六　弘扬社会主义道德

底线思维是崇扬道德的思维。底线思维首先是要求人们不作恶,然而,不作恶作为道德底线,并不意味着不要行善。善和恶是对立的统一体,无善就无所谓恶,无恶就无所谓善。更进一步地说,不作恶就意味着要行善,不行善就意味着触碰了道德警戒线。当然,要说明的是,不作恶就已经履行了道德责任,至于不行善,如果把不作恶作为不行善的理由,这样的不作恶是消极被动的;如果该行善时不行善,这更是越过了道德底线。因此,底线思维在一定意义上就是道德思维。

在人的立身处世问题上,在涉及人的完善、人际关系协调以及经济社会发展的方方面面,底线思维就是关注应然、应当或应该的道德思维。违背了道德即踩了红线,触碰了高压线,那人的完善、人际关系的和谐协调、经济社会的发展都将受到影响。一个地区或一个单位，如果道德水准不高，甚至道德风尚不好，这样的地区和单位将会缺乏精神动力，缺乏和谐合力，甚至内部出现严重的"摩擦消耗"，最终必将影响该地区和单位的发展和效益。我国一些地区经济发展不快，甚至停滞不前，一些企业甚至有的是百年老店，经营不顺直至倒闭，其根本原因是缺德、缺诚信。同样，如果一个人道德境界不高，他会把别人当作自己获利的工具，无视他人的痛痒，无视国家和民族的兴衰，他会行为轻浮、放荡，这样的人要么平庸，要么堕落，要么自绝于社会。尤其是党的干部，一旦越过了道德底线，将会远离群众，甚至腐化堕落，损害党和国家的利益，为此，习近平总书记强调："我们要教育引导广大党员、干部坚定理想信念、坚守共产党人精神家园，不断夯实党员干部廉洁从政的思想道德基础，筑牢拒腐防变的思想道德防线。"[1] 由此可见，体现为道德思维的底线思维是何等重要，在当前社会条件下又是何等必要。

因此，唯有道德思维才能守住底线。领导者坚持以人为本，立党为公，就会在工作中坚持清正廉洁，全心全意为人民服务，努力实现公平、公正，也就会凝心聚力，实现经济社会发展的宏伟目标；企业家坚持诚信经营，其责任意识就会渗透到产品生产、销售以及售后服务中去，也就会不断增强企业核心竞争力，不断提高市场占有率，获取更多的效益和利润；每位公民保持善意善行，坚持爱人、爱家、爱国，艰苦奋斗，爱岗敬业等，必将不断促进家庭的和睦、社会的和谐、国家的繁荣富强。同样，唯有守住道德底线，才谈得上社会和谐发展、人民幸福安康，古人关于"亡德而富贵，谓之不幸"（《汉书·景十三王传》）的思想，讲的就是富贵而缺德，其实质也是不幸。

由是观之，底线思维也是道德思维，是充分激发人们精神动力、推动经济社会全面发展的思维。

（选自领导干部思维方法研究丛书：
《底线思维·导论》，江苏人民出版社 2015 年版）

---

[1] 《习近平谈治国理政》，外文出版社 2014 年版，第 391 页。

坚持底线思维推进"四个全面"

"四个全面"战略思想和战略布局是以习近平同志为核心的党中央把马克思主义基本原理与当前中国实际相结合的最新成果，是马克思主义中国化的新飞跃。

2014年12月，习近平总书记在江苏调研时首次完整提出了"四个全面"的重大战略构想。他强调，要"协调推进全面建成小康社会、全面深化改革、全面推进依法治国、全面从严治党，推动改革开放和社会主义现代化建设迈上新台阶"[①]。2015年2月，在省部级主要领导干部学习贯彻党的十八届四中全会精神全面推进依法治国专题研讨班开班式上，习近平总书记提出了"四个全面"的战略布局，科学阐述了"四个全面"之间的相互关系。他指出："党的十八大以来，党中央从坚持和发展中国特色社会主义全局出发，提出并形成了全面建成小康社会、全面深化改革、全面依法治国、全面从严治党的战略布局。这个战略布局，既有战略目标，也有战略举措，每一个'全面'都具有重大战略意义。全面建成小康社会是我们的战略目标，全面深化改革、全面依法治国、全面从严治党是三大战略举措。"[②] 此后，在数次讲话中，习近平总书记均强调"四个全面"战略思想和战略布局的重大意义，并就推进"四个全面"提出了具体要求。总之，提出并强调"四个全面"协调推进在我们党的历史上是第一次，不仅深刻体现了以习近平同志为核心的党中央对共产党执政规律、社会主义建设规律、人类社会发展规律的洞悉，而且深刻彰显了马克思主义执政党与时俱进、开拓创新的

---

① 人民日报社评论部编著：《"四个全面"学习读本》，人民出版社2015年版，第19页。
② 人民日报社评论部编著：《"四个全面"学习读本》，人民出版社2015年版，第22页。

理论品质，是我们党把马克思主义与中国实际相结合的又一次重大突破，为中国特色社会主义理论体系注入了新的内涵、赋予了新的时代特征。

共产党人的可贵之处在于"不但要提出任务，而且要解决完成任务的方法问题。我们的任务是过河，但是没有桥或没有船就不能过。不解决桥或船的问题，过河就是一句空话。不解决方法问题，任务也只是瞎说一顿"①。"四个全面"为发展中国特色社会主义伟大事业做出了战略部署，而能否在实践中将"四个全面"协调、有效、持续地推进，"关键看有没有科学的思想方法"②。对此，习近平总书记强调，"辩证唯物主义是中国共产党人的世界观和方法论，我们党要团结带领人民协调推进全面建成小康社会、全面深化改革、全面依法治国、全面从严治党，实现'两个一百年'奋斗目标、实现中华民族伟大复兴的中国梦，必须不断接受马克思主义哲学智慧的滋养，更加自觉地坚持和运用辩证唯物主义世界观和方法论，增强辩证思维、战略思维能力"③，"要善于运用'底线思维'的方法，凡事从坏处准备，努力争取最好的结果，这样才能有备无患、遇事不慌，牢牢把握主动权"④。作为一种科学的思维方法，底线思维贯穿于中国共产党人革命、建设和改革实践的全过程。我们认为，协调推进"四个全面"，必须坚持底线思维。

一 以摆脱贫困为底线全面建成小康社会

习近平总书记指出："中国已经进入全面建成小康社会的决定性阶段。实现这个目标是实现中华民族伟大复兴中国梦的关键一步。"⑤ 在"四个全面"的战略布局中，"全面建成小康社会"具有

---

① 《毛泽东选集》第1卷，人民出版社1991年版，第139页。
② 中共中央宣传部：《习近平总书记系列重要讲话读本》，人民出版社、学习出版社2014年版，第177页。
③ 人民日报社评论部编著：《"四个全面"学习读本》，人民出版社2015年版，第22页。
④ 中共中央宣传部：《习近平总书记系列重要讲话读本》，人民出版社、学习出版社2014年版，第180—181页。
⑤ 人民日报社评论部编著：《"四个全面"学习读本》，人民出版社2015年版，第52页。

特殊地位,既是我国实现社会主义现代化和中华民族伟大复兴的阶段性目标,也是协调推进"四个全面"的战略统领和目标指引,能不能实现"四个全面",关键就要看能不能实现"全面建成小康社会"。

既然是全面小康,那就不能只是部分人、部分地区的小康,而是不分群体、不分地域、不分民族的整体小康,有大量贫困就不是全面小康。"消除贫困,改善民生,逐步实现全体人民共同富裕",既是"社会主义的本质要求"[①],也是"全面建成小康社会"的关键所在。因此,运用底线思维,推进全面小康,核心就在于牢牢把握"摆脱贫困"这个底线不动摇,以实现科学发展为根本。2012年年底,在河北看望慰问困难群众时,习近平总书记指出:"全面建成小康社会,最艰巨最繁重的任务在农村、特别是在贫困地区。没有农村的小康,特别是没有贫困地区的小康,就没有全面建成小康社会。"[②] 2013年7月、11月,在湖北、湖南考察时,习近平总书记再次强调:"全面建成小康社会,难点在农村……要破除城乡二元结构,推进城乡发展一体化,把广大农村建设成农民幸福生活的美好家园","全面建成小康社会,难点在农村特别是贫困地区"。[③] 2014年全国"两会"上,在参加贵州代表团审议时,习近平总书记又一次语重心长地指出:"我现在看到贫困地区的老百姓,确实发自内心地牵挂他们。作为共产党人一定要把他们放在心上,真正为他们办实事,否则我们的良心在哪里啊?"此外,"小康不小康,关键看老乡"[④],"距实现全面建成小康社会的第一个百年奋斗目标只有五六年了,但困难地区、困难群众还为数不少,必须时不我待地抓好扶贫开发工作,决不能让困难地区和困难群众掉队"[⑤] 等话语,无不深刻体现了习近平总书记对全面建成小康社会底线的理解,只有摆脱贫困,才能实现小康。

那么,如何摆脱贫困?习近平总书记指出:"发展是甩掉贫困帽

[①] 人民日报社评论部编著:《"四个全面"学习读本》,人民出版社2015年版,第56页。
[②] 人民日报社评论部编著:《"四个全面"学习读本》,人民出版社2015年版,第52—53页。
[③] 人民日报社评论部编著:《"四个全面"学习读本》,人民出版社2015年版,第54页。
[④] 人民日报社评论部编著:《"四个全面"学习读本》,人民出版社2015年版,第53页。
[⑤] 人民日报社评论部编著:《"四个全面"学习读本》,人民出版社2015年版,第57页。

子的总办法。"① 从本质上来看，全面建成小康就是要实现科学发展，实现人的自由全面发展，实现经济持续健康发展，人民民主不断扩大，文化软实力显著增强，人民生活水平全面提高，资源节约型、环境友好型社会建设取得重大进展。人们常说，发展起来以后的问题，一点儿也不比不发展时少。全面建成小康社会，实质就是要解决初步发展起来之后所面临的问题，从根本上说依然是发展问题。只有通过不断推进全面、协调、可持续的科学发展，才能让人民对美好生活向往的梦想变成现实。因此，以摆脱贫困为底线全面建成小康社会，从根本上来说，还是要坚持"科学发展就是硬道理"的战略思想，着力解决阻碍科学发展的突出矛盾和关键问题。

二　以坚持和发展社会主义为底线全面深化改革

习近平总书记强调："没有改革开放就没有当代中国的发展进步，改革开放是发展中国、发展社会主义、发展马克思主义的强大动力。……改革开放是决定当代中国命运的关键一招，也是决定实现'两个一百年'奋斗目标、实现中华民族伟大复兴的关键一招……改革开放是一项长期的、艰巨的、繁重的事业，必须一代又一代人接力干下去。"② 在"四个全面"的战略布局中，作为战略举措的"全面深化改革"为协调推进"四个全面"提供根本动力，能否解决阻碍科学发展的突出矛盾和问题，"关键在于深化改革"③。

在中国，不实行改革开放就是死路一条，但改革不是无方向、无立场、无原则的改革，相反，中国共产党领导的"改革开放是有方向、有立场、有原则的"④。"改革是社会主义制度自我完善和发展，

---

① 人民日报社评论部编著：《"四个全面"学习读本》，人民出版社2015年版，第54页。
② 人民日报社评论部编著：《"四个全面"学习读本》，人民出版社2015年版，第132页。
③ 人民日报社评论部编著：《"四个全面"学习读本》，人民出版社2015年版，第133页。
④ 中共中央文献研究室编：《习近平关于全面深化改革论述摘编》，中央文献出版社2014年版，第14页。

怎么改、改什么，有我们的政治原则和底线，要有政治定力。"① 运用底线思维，推进全面深化改革，根本就在于牢牢把握坚持和发展社会主义这个底线不动摇，实现中国特色社会主义的自我完善和发展。2012年12月，在广东考察时，习近平总书记强调，我们要高举改革旗帜，"但我们的改革是在中国特色社会主义道路上不断前进的改革，既不走封闭僵化的老路，也不走改旗易帜的邪路"②。2012年年底，在十八届中央政治局第二次集体学习时，他再次强调："改革开放是一场深刻革命，必须坚持正确方向，沿着正确道路推进。……不能笼统地说中国改革在某个方面滞后。在某些方面、某个时期，快一点、慢一点是有的，但总体上不存在中国改革哪些方面改了，哪些方面没有改。问题的实质是改什么、不改什么，有些不能改的，再过多长时间也是不改。我们不能邯郸学步。世界在发展，社会在进步，不实行改革开放死路一条，搞否定社会主义方向的'改革开放'也是死路一条。在方向问题上，我们头脑必须十分清醒。我们的方向就是不断推动社会主义制度自我完善和发展，而不是对社会主义制度改弦易张。"③ 2013年1月，在新进中央委员会委员、候补委员学习贯彻党的十八大精神研讨班上，他又一次强调："我们说中国特色社会主义是社会主义，那就是不论怎么改革、怎么开放，我们都始终要坚持中国特色社会主义道路、中国特色社会主义理论体系、中国特色社会主义制度，坚持党的十八大提出的夺取中国特色社会主义新胜利的基本要求。"④ 总之，坚持社会主义方向是全面深化改革的底线，没了社会主义，改革也就失去了意义。

"推进改革的目的是要不断推进我国社会主义制度自我完善和发展，赋予社会主义新的生机活力。"⑤ 如何实现既坚持和发展社会主

---

① 人民日报社评论部编著：《"四个全面"学习读本》，人民出版社2015年版，第157页。
② 中共中央文献研究室编：《习近平关于全面深化改革论述摘编》，中央文献出版社2014年版，第14页。
③ 中共中央文献研究室编：《习近平关于全面深化改革论述摘编》，中央文献出版社2014年版，第14—15页。
④ 中共中央文献研究室编：《习近平关于全面深化改革论述摘编》，中央文献出版社2014年版，第15页。
⑤ 中共中央文献研究室编：《习近平关于全面深化改革论述摘编》，中央文献出版社2014年版，第18页。

义,又实现全面深化改革的战略举措?习近平总书记指出:"最核心的是坚持和改善党的领导、坚持和完善中国特色社会主义制度"①,"我们党领导的改革历来是全面改革。问题的实质是改什么、不改什么,有些不能改的,再过多长时间也是不改,不能把这说成是不改革。我们不断推进改革,是为了推动党和人民事业更好发展,而不是为了迎合某些人的'掌声',不能把西方的理论、观点生搬硬套在自己身上。要从我国国情出发、从经济社会发展实际出发,有领导有步骤推进改革,不求轰动效应,不做表面文章,始终坚持改革开放正确方向"②。那么,改革开放的正确方向在哪里呢?概括起来,就是完善和发展中国特色社会主义制度、推进国家治理体系和治理能力现代化,"深刻理解和准确把握这个总目标,是贯彻落实各项改革举措的关键"③。

三 以崇尚宪法和法律权威为底线全面依法治国

习近平总书记指出:"我们要全面推进依法治国,用法治保障人民权益、维护社会公平正义、促进国家发展。"④ 作为组成"四个全面"战略布局的战略举措之一的"全面依法治国",与"全面深化改革"一起,构成了推动"全面建成小康社会"战略目标的"鸟之两翼、车之两轮",在"破"与"立"的辩证统一中完成这上下贯通的"姊妹篇",共同推动中国特色社会主义伟大事业滚滚向前。⑤

全面依法治国,是坚持和发展中国特色社会主义、协调推进"四个全面"的本质要求和重要保障,"全面建成小康社会、实现中华民族伟大复兴的中国梦,全面深化改革、完善和发展中国特色社

---

① 中共中央文献研究室编:《习近平关于全面深化改革论述摘编》,中央文献出版社 2014 年版,第 18 页。
② 中共中央文献研究室编:《习近平关于全面深化改革论述摘编》,中央文献出版社 2014 年版,第 20 页。
③ 中共中央文献研究室编:《习近平关于全面深化改革论述摘编》,中央文献出版社 2014 年版,第 26 页。
④ 人民日报社评论部编著:《"四个全面"学习读本》,人民出版社 2015 年版,第 19 页。
⑤ 人民日报社评论部编著:《"四个全面"学习读本》,人民出版社 2015 年版,第 203 页。

会主义制度，提高党的执政能力和执政水平，必须全面推进依法治国"①。运用底线思维，推进全面依法治国，关键是要坚持崇尚宪法和法律权威这个底线不动摇，建设中国特色社会主义法治体系，建设社会主义法治国家。宪法和法律是治国之重器，没有对宪法和法律权威的崇尚，全面依法治国就成为一句空话。2012年12月4日，在首都各界纪念现行宪法公布实施30周年大会上的讲话中，习近平总书记指出："任何组织或者个人，都不得有超越宪法和法律的特权。一切违反宪法和法律的行为，都必须予以追究。"② 2014年10月，党的十八届四中全会召开后，在《关于〈中共中央关于全面推进依法治国若干重大问题的决定〉的说明》中，习近平总书记专门强调："法律是治国之重器，法治是国家治理体系和治理能力的重要依托"，"宪法是国家的根本法。法治权威能不能树立起来，首先要看宪法有没有权威。必须把宣传和树立宪法权威作为全面推进依法治国的重大事项抓紧抓好，切实在宪法实施和监督上下功夫"。③ 2015年2月，在省部级主要领导干部学习贯彻十八届四中全会精神全面推进依法治国专题研讨班上的讲话中，习近平总书记再次强调："各级领导干部要对法律怀有敬畏之心，带头依法办事，带头遵守法律，不断提高运用法治思维和法治方式深化改革、推动发展、化解矛盾、维护稳定能力。……对各级领导干部，不管什么人，不管涉及谁，只要违反法律就要依法追究责任，绝不允许出现执法和司法的'空挡'"，"领导干部要牢记法律红线不可逾越、法律底线不可触碰，带头遵守法律、执行法律，带头营造办事依法、遇事找法、解决问题用法、化解矛盾靠法的法治环境"。"党纪国法不能成为'橡皮泥'、'稻草人'，违纪违法都要受到追究。"④

"法者，天下之准绳也。""法者，治之端也。"宪法和法律是个

---

① 本书编写组：《〈中共中央关于全面推进依法治国若干重大问题的决定〉辅导读本》，人民出版社2014年版，第2页。
② 人民日报社评论部编著：《"四个全面"学习读本》，人民出版社2015年版，第198页。
③ 本书编写组：《〈中共中央关于全面推进依法治国若干重大问题的决定〉辅导读本》，人民出版社2014年版，第42、52页。
④ 人民日报社评论部编著：《"四个全面"学习读本》，人民出版社2015年版，第215—216、217页。

人和组织行为处事的底线、红线、高压线。对于协调推进"四个全面"战略布局、实现社会主义现代化和中华民族伟大复兴中国梦的中国来说，法治则是基础、是保障、是支撑。全面推进依法治国，关键是要实现建设中国特色社会主义法治体系，建设社会主义法治国家的总目标，而要实现这个总目标，必须坚持五大原则，即"坚持中国共产党的领导""坚持人民主体地位""坚持法律面前人人平等""坚持依法治国和以德治国相结合""坚持从中国实际出发"；建设五大体系，即"法律规范体系""法治实施体系""法治监督体系""法治保障体系""党内法规体系"。在此基础上，树立宪法和法律权威，"全面推进科学立法、严格执法、公正司法、全民守法，坚持依法治国、依法执政、依法行政共同推进，坚持法治国家、法治政府、法治社会一体建设，不断开创依法治国新局面"①。

四 以零容忍态度惩治腐败为底线全面从严治党

习近平总书记指出："办好中国的事情，关键在中国共产党。"② 党坚强有力，党同人民保持血肉联系，国家就繁荣稳定，人民就幸福安康。在"四个全面"的战略布局中，作为战略举措的"全面从严治党"，鲜明地体现了伟大事业与伟大工程的统一，体现了党的建设与治国理政的统一，是"四个全面"战略布局的灵魂所在。无论是推进全面深化改革、全面依法治国，还是实现全面建成小康社会，都必须由党来掌舵领航，发挥党总揽全局、协调各方的领导核心作用。

科学统筹、协调推进"四个全面"，最核心的是要坚持党要管党、从严治党。"党要管党，首先是管好干部；从严治党，关键是从严治吏"，"关键是要抓住领导干部这个'关键少数'。"③ "政治路线确定之后，干部就是决定的因素。"④ 坚持底线思维，推进全面从严治党，关键同样是抓住干部这个决定因素，毫不动摇地坚持以零容忍态度惩治腐败为底线。2012 年 11 月，党的十八大结束后不久，

---

① 中共中央宣传部：《习近平总书记系列重要讲话读本》，人民出版社、学习出版社 2014 年版，第 81 页。
② 人民日报社评论部编著：《"四个全面"学习读本》，人民出版社 2015 年版，第 274 页。
③ 人民日报社评论部编著：《"四个全面"学习读本》，人民出版社 2015 年版，第 233 页。
④ 《毛泽东选集》第 2 卷，人民出版社 1991 年版，第 526 页。

在十八届中央政治局第一次集体学习时的讲话中，习近平总书记指出："反对腐败、建设廉洁政治，保持党的肌体健康，始终是我们党一贯坚持的鲜明政治立场"，并提出了"腐败问题越演越烈，最终必然会亡党亡国"的警告。[①] 2013年1月，在第十八届中央纪律检查委员会第二次全体会议上的讲话中，习近平总书记再次强调："腐败是社会毒瘤。如果任凭腐败问题愈演愈烈，最终必然亡党亡国。我们党把党风廉政建设和反腐败斗争提到关系党和国家生死存亡的高度来认识，是深刻总结了古今中外的历史教训的。中国历史上因为统治集团严重腐败导致人亡政息的例子比比皆是，当今世界上由于执政党腐化堕落、严重脱离群众导致失去政权的例子也不胜枚举啊。"[②] 2014年1月，在第十八届中央纪律检查委员会第三次全体会议上的讲话中，习近平总书记又一次强调："腐败问题对我们党的伤害最大，严惩腐败分子是党心民心所向，党内决不允许有腐败分子藏身之地。……坚决反对腐败，防止党在长期执政条件下腐化变质，是我们必须抓好的重大政治任务。"[③] 此后，在数次讲话中，习近平总书记又反复表达了"坚定不移反对腐败"的决心。总之，以零容忍态度惩治腐败是党的十八大以来，以习近平同志为核心的党中央治国理政的鲜明表现，并取得了反腐败斗争的一系列重大成果。

以零容忍态度惩治腐败为底线全面从严治党，不是为了削弱党的领导，而是为了加强和改善党的领导。唯有以零容忍态度惩治腐败，我们的党才能防腐拒变并不断增强党组织的战斗力，才能取信于广大人民群众，才能不断增强广大人民群众的向心力和支持力，也才能为实现中华民族伟大复兴的中国梦而锻造永远坚强的领导核心。

（选自"领导干部思维方法研究"丛书：
《底线思维·结语》，江苏人民出版社2015年版）

[①] 中共中央纪律检查委员会、中共中央文献研究室编：《习近平关于党风廉政建设和反腐败斗争论述摘编》，中国方正出版社、中央文献出版社2015年版，第3页。

[②] 中共中央纪律检查委员会、中共中央文献研究室编：《习近平关于党风廉政建设和反腐败斗争论述摘编》，中国方正出版社、中央文献出版社2015年版，第5页。

[③] 中共中央纪律检查委员会、中共中央文献研究室编：《习近平关于党风廉政建设和反腐败斗争论述摘编》，中国方正出版社、中央文献出版社2015年版，第7页。

协调发展的伦理意蕴

党的十八届五中全会文件明确指出，我国"十三五"乃至更长时期必须牢固树立并切实贯彻创新、协调、绿色、开放、共享的五大发展理念。这是我国新时期具有里程碑式的新的发展理念。五大发展理念构成了当今我国经济社会的整体战略发展观，在这五大发展理念中，每一发展理念都有其独特的内涵和作用，缺一不可，否则就会造成发展中的"短板"。其中，协调发展是我国高效发展、快速发展的重要手段和模式。

协调发展，就是要坚持统筹兼顾、综合平衡、缩小差距，推动区域协调发展，推动城乡协调发展，推动经济社会协调发展，推动物质文明和精神文明协调发展，推动经济建设和国防建设融合发展等，促进我国社会主义建设之"五位一体"全面推进，整体发展。

实现协调发展是一项庞大而艰巨的系统工程，展开这项系统的协调发展工程，其本身就有许多路径、手段乃至思想观念等需要协调和完善，不能也不应该有"短板"出现，尤其不能忽视实现协调发展中的深刻的伦理意蕴和道德诉求。

一 协调发展必须坚持国家利益、整体利益和人民利益至上

协调发展首要的是国家利益的保护和实现，一个富强的国家，才有人民的幸福和有希望的未来。"历史告诉我们，每个人的前途命运都与国家和民族的前途命运紧密相连。国家好，民族好，大家才

会好。"① 历史的经验还告诉我们，国家不强盛，国家利益不能得到保护和发展，其他所谓民族的利益、人民的利益等统统将是空谈，甚至将招致邪恶势力的侵犯和危害，吃亏、受罪的是广大人民群众。因此，国家利益的保护和实现是协调发展、人民幸福的根本性目的，不可动摇。

同时，协调发展就是为了我国各地区、各民族、各群体的利益的整体发展，协调发展的意味和目标就在这里。就我国目前的发展状况来说，东西部等区域发展不平衡，城乡发展不平衡，物质文明和精神文明发展不平衡等，由此，在整体发展出现"短板"且协调发展滞后的情况下，贫富差距将会逐步拉大，"中等收入陷阱"将会不期而至，因此，平衡发展、同步发展是协调发展的基本路径和手段。事实上，全面建成小康社会是我国实现整体发展的重要标志，而"全面建成小康社会，最艰巨最繁重的任务在农村、特别是在贫困地区。没有农村的小康，特别是没有贫困地区的小康，就没有全面建成小康社会"②。同样，如果区域间发展速度不一，甚至发展落差明显，那必将影响国家整体实力、影响全面建成小康社会。所以，协调发展即为整体发展、全面发展。

协调发展说到底就是以人民为中心、为了人民的发展。"全心全意为人民服务，是我们党一切行动的根本出发点和落脚点，是我们党区别于其他一切政党的根本标志。党的一切工作，必须以最广大人民根本利益为最高标准。检验我们一切工作的成效，最终都要看人民是否真正得到了实惠，人民生活是否真正得到了改善，人民权益是否真正得到了保障。面对人民过上更好生活的新期待，我们不能有丝毫自满和懈怠，必须再接再厉，使发展成果更多更公平惠及全体人民，朝着共同富裕方向稳步前进。"③ 然而，实现共同富裕，让全体人民得实惠，要以缩小地区差别、贫富差别、脑力劳动和体力劳动差别等为前提，这在根本上取决于协调发展。同时，关键还在于协调利益，应该"坚持社会主义基本经济制度和分配制度，调

---

① 《习近平谈治国理政》，外文出版社2014年版，第36页。
② 《习近平谈治国理政》，外文出版社2014年版，第189页。
③ 《习近平谈治国理政》，外文出版社2014年版，第28页。

整收入分配格局,完善以税收、社会保障、转移支付等为主要手段的再分配调节机制,维护社会公平正义,解决好收入差距问题,使发展成果更多更公平惠及全体人民"[①]。唯此,协调发展的意义和价值才能充分体现。

其实,国家利益、整体利益和人民利益至上原则作为协调发展的价值取向和重要依据,三者是本质一致、缺一不可的统一整体。国家利益要建立在整体利益和人民利益发展与获得的基础上,同时又引导和保证整体利益和人民利益的实现;整体利益在一定意义上就是国家利益和人民利益,强调的是国家利益和人民利益是全面、均衡、协调发展的利益;人民利益是国家利益和整体利益的体现和基石。所以,国家利益、整体利益和人民利益是协调发展的价值目标和原则。

二 共富共享仰仗仁爱互助

我国经济社会发展的地区差异和人民生活的贫富差别是客观现实,协调发展就是要缩小"差异"和"差别",真正实现共同富裕。"差异"和"差别"的缩小要坚持社会主义国家道德,发扬仁爱精神,充分利用我国社会主义制度的优越性,利用发达地区的优势和优质资源援助欠发达或不发达地区的经济社会建设,扶持贫困地区的生产和生活。长期以来,我国采取的"援藏"、"援疆"、"扶贫"、支持革命老区等政策和举措取得了举世瞩目的辉煌成就,促进了西部的大开发、东北老工业基地的振兴、中部地区的崛起、贫困地区的逐步致富等,为国家的整体发展、快速发展创造了机遇和条件。国家还将采取一系列的援助、扶贫举措,切实解决落后地区的发展问题和贫困对象的温饱问题,真正实现平衡发展和共富共享。这是体现爱祖国、爱人民、爱社会主义之"大爱"精神的国家道德的集中展示。

其实,"差异"和"差别"的存在,客观上影响甚至阻碍发达地区的可能的更好的发展,而国家援助、扶贫战略的实施,则会出

[①] 中共中央宣传部:《习近平总书记系列重要讲话读本》,人民出版社2016年版,第130页。

现互利互赢、共富共享的崭新局面。援助、扶贫战略,一方面加强了发达地区的责任感和使命感,促进了发达地区的发展观的进一步提升和完善,同时也促进了发达地区资源的更具社会主义德性意味的利用和投入。另一方面,由于我国的援助、扶贫更注重援志、扶志和技术与理念的培育,因此,欠发达或不发达地区或贫困地区,他们在与发达和富裕地区不断缩小发展差距的同时,"内生动力"有了进一步的增强,人力资源的总体品质也在不断加强,对自然资源的认识、改造和利用的水准也在全面提高。诸如他们在自力更生、艰苦奋斗精神的感召下,"宜农则农、宜林则林、宜牧则牧、宜开发生态旅游则搞生态旅游"①,真正发挥自身比较好的资源优势。欠发达或不发达地区或贫困地区发展了,这客观上又将影响发达和富裕地区的发展理念的进一步科学化。这既实现了发达与不发达、贫困与富裕差距的不断缩小,又实现了物质文明和精神文明的协调发展,这是现时代社会主义仁爱精神和国家援助、扶贫战略所产生辉煌成就的真实写照。

三 平衡发展应该保障公平正义

协调发展在一定意义上就是平衡发展。社会主义的实践已经充分说明,唯有公平正义才能推动平衡发展。"公平正义是中国特色社会主义的内在要求,所以必须在全体人民共同奋斗、经济社会发展的基础上,加紧建设对保障社会公平正义具有重大作用的制度,逐步建立社会公平保障体系。"② 唯此才能让广大人民群众看到发展的实惠,才能充分调动广大人民群众的积极性,平衡发展才有现实基础。但是,"在我国现有发展水平上,社会上还存在大量有违公平正义的现象。特别是随着我国经济社会发展水平和人民生活水平不断提高,人民群众的公平意识、民主意识、权利意识不断增强,对社

---

① 习近平:《在河北省阜平县考察扶贫开发工作时的讲话》(2012年12月29、30日),《做焦裕禄式的县委书记》,中央文献出版社2015年版,第17页。
② 《习近平谈治国理政》,外文出版社2014年版,第13页。

会不公问题反映越来越强烈"①,因此,"必须着眼创造更加公平正义的社会环境,不断克服各种有违公平正义的现象,使改革发展成果更多更公平惠及全体人民"②。其实,这既是平衡发展的经济道德、政治道德和社会道德要求,更是平衡发展的精神动力。

  坚持公平正义促平衡发展。其一,应该在发挥我国社会主义制度优越性,发挥党和政府的积极作用的同时,简政放权,让市场在资源配置中起决定作用,"减少政府对资源的直接配置,减少政府对微观经济活动的直接干预,加快建设统一开放、竞争有序的市场体系,建立公平开放透明的市场规则,把市场机制能有效调节的经济活动交给市场,把政府不该管的事交给市场,让市场在所有能够发挥作用的领域都充分发挥作用,推动资源配置实现效益最大化和效率最优化,让企业和个人有更多活力和更大空间去发展经济、创造财富"③。其二,应该在坚持公平正义的基础上,不断增进人民福祉,协调和减少各种矛盾,和谐一致促发展。"要增强发展的全面性、协调性、可持续性,加强保障和改善民生工作,从源头上预防和减少社会矛盾的产生。要以促进社会公平正义、增进人民福祉为出发点和落脚点,加大协调各方面利益关系的力度,推动发展成果更多更公平惠及全体人民。"④唯此才能调动各方积极性,步调一致地去谋发展、促发展。历史的经验教训也已经充分说明,没有公平正义的地方和单位,就不可能有和谐的环境,也就没有平衡发展的基础和条件,在这种情况下,发展的迟缓、不平衡甚至倒退也就不可避免。其三,公平正义促平衡发展,应该让每一个人有自由发挥个人能量的条件和空间,要让每一个人有尊严地工作和生活,人格和利益平等地交往和交流,真正让全体人民迸发出建设社会主义的热情和干劲,为平衡发展夯实群众力量。其四,公平正义促平衡发展,制度是重要保证。"我们要通过创新制度安排,努力克服人为因素造成的有违公平正义的现象,保证人民平等参与、平等发展权

---

① 《习近平谈治国理政》,外文出版社 2014 年版,第 95 页。
② 《习近平谈治国理政》,外文出版社 2014 年版,第 96 页。
③ 《习近平谈治国理政》,外文出版社 2014 年版,第 117 页。
④ 《习近平谈治国理政》,外文出版社 2014 年版,第 204 页。

利。"① 这就是说，制度本身就有一个公正与否、科学与否的问题，因此，平衡发展需要有制度保证，而且是公平正义的制度保障。

四 "五位一体"协调推进需要道德力量支撑

党的十八大报告中明确提出建设中国特色社会主义"五位一体"的总体布局，即着眼于全面建成小康社会，全面落实经济建设、政治建设、文化建设、社会建设、生态文明建设，并促进"五位一体"的全面、协调发展。"五位一体"总体布局的全面、协调推进，道德是不可忽视且不可替代的精神力量。

其一，"五位一体"的全面、协调推进需要"国民素质和社会文明程度的显著提高"。全面建成小康社会，覆盖的领域要全面，是"五位一体"全面进步的小康。当然，更重要、更难做到的是"全面"，它要求发展的平衡性、协调性、可持续性。习近平总书记强调，如果到2020年我们在总量和速度上完成了目标，但发展不平衡、不协调、不可持续问题更加严重，短板更加突出，就算不上真正实现了目标。然而，"五位一体"全面进步的小康目标的实现，需要文化力量、精神力量的支撑。因为，"决胜全面建成小康社会的伟大进军，每一个中国人都有自己的责任。领导干部要勇于担当，人民群众要增强主人翁意识，全党全国各族人民要拧成一股绳，以必胜的信心、昂扬的斗志、扎实的努力，投身新的历史进军，朝着全面建成小康社会的宏伟目标奋勇前进！"② 同时，要培育和践行社会主义核心价值观，坚持爱国主义、集体主义，坚持向上向善、诚信互助，精神饱满地投入"五位一体"全面进步、实现全面小康的建设中来。

其二，"五位一体"各领域的建设需要道德觉悟。第一，道德是经济发展的精神动力。真正的经济是内含道德的经济。经济是人的经济，是社会生产劳动及其社会利益关系发生、发展的特殊存在方

---

① 《习近平谈治国理政》，外文出版社2014年版，第97页。
② 中共中央宣传部：《习近平总书记系列重要讲话读本》，人民出版社、学习出版社2016年版，第66页。

式，是人和人际关系或人际利益关系的本质的反映。因此，经济概念不是纯物质或物质活动概念，它必然内含着经济主体及其主体与主体之间的体现"应该"的逻辑关系和价值理念，即经济内含着道德要素。离开了道德视角，经济不可能被正确地理解和把握。进一步说，道德是经济发展过程中的重要的精神力量，它在提升劳动者道德境界中提高劳动生产力、增强劳动产品的质量、实现最好的经济效益；同时，它将协调经济活动各要素关系和各利益相关者之间的利益关系，在物质利益和精神利益平衡与公平公正实现中促进经济合力的形成，推动经济建设既好又快发展。第二，道德是民主政治建设之基础。民主政治建设必须走中国特色社会主义政治发展道路，这是最根本的政治道德或道德政治。"如果这一点把握不好、把握不牢，走偏了方向，不仅政治文明建设很难搞好，而且会给党和人民的事业带来损害，影响社会政治稳定，影响党和国家长治久安。"① 民主政治建设说到底就是以民为本、人民当家作主，这是一个典型的道德命题。为此，民主政治建设必须要摆正干部与群众的关系问题，要弄清权与法的关系问题，要真正认识人民的主人翁地位等，这就是"为官"的基本道德理念问题。干部要做好榜样，按照习近平总书记的要求，既严以修身、严以用权、严以律己，又谋事要实、创业要实、做人要实。同时，有德性的干部一定要倾听老百姓的心声，"要随时随刻倾听人民呼声、回应人民期待，保证人民平等参与、平等发展权利，维护社会公平正义"②，真正做到"权为民所用，情为民所系，利为民所谋"。第三，道德是文化建设之灵魂。文化在一定意义上即为人化，是对人和人际关系不同视角的解读。因此，就人文视角来看，经济、政治、社会、生态等文化核心或核心文化都是该领域的特殊的主体以及主体与主体关系生存和生存价值的体现。所以，道德是人文社会科学之核心和基础理念。诸如社会学、经济学、管理学、法学、政治学、教育学、文学、艺术学等社会科学学科，忽视甚至离开了道德，任何一门学科将是不完

---

① 中共中央宣传部：《习近平总书记系列重要讲话读本》，人民出版社、学习出版社 2014 年版，第 80 页。
② 《习近平谈治国理政》，外文出版社 2014 年版，第 41 页。

备、不完美的学科。同时，道德也是先进物质文化之核心精神，没有道德内涵的物质文化，就像人没有"灵魂"，终究将是质量低下的物质或物品。因此，社会主义道德是社会主义先进文化建设的核心支柱。中国特色的社会主义先进文化建设，只有坚持崇高文化价值取向，坚持文化为人民服务、为社会主义服务，坚持贴近实际、贴近生活、贴近群众，切实静化人们的心灵，才能不断增强全民族文化创造的活力，努力建成社会主义文化强国。第四，道德是建设和谐社会之本。和谐社会的实质是道德化的社会。道德化的社会，在一定意义上也就是生态性社会。强调社会的生态性，也就是社会要处在一种合理的状态下。实现这社会状态，要靠道德理念和道德境界。首先，建设和谐社会，人自身必须和谐，只有人人自身和谐了，才谈得上社会和谐，这就要求每一个人自身的素质要全面发展，即思想进步、心理平和、情绪稳定、身体健康等，而这一切取决于人的道德境界。同时，社会和谐了，才能促进和帮助每一个人实现自身的和谐。所以和谐社会的道德理念非常重要，关系的和谐与人自身的和谐非常重要。说到底，道德觉悟直接决定社会和谐程度。其次，和谐社会是不断解决社会矛盾中的和谐。社会矛盾的合理解决，要以道德为依据，要有道德手段。再次，和谐社会建设依赖和谐的社会制度。一个科学有效的制度、理性意义上的制度，一定是一个道德化的制度、人性化的制度和符合人际关系完善和协调的制度。第五，道德是生态文明建设之依据。生态的本义是指生物在一定的自然环境下生存和发展的状态，也指生物的生理特性和生活习性。广义的生态观，生态就包括自然生态、社会生态、自然社会生态三大类。这样的话，生态可以理解为自然、社会、自然和社会应该的生存状态，笔者称之为合理性生存样态。生态文明在一定意义上即生态道德。习近平总书记说"建设生态文明，关系人民福祉，关乎民族未来"[1]。只有自然生态、社会生态、自然社会生态处在最佳状态，人们才谈得上和谐幸福，中华民族伟大复兴的中国梦才能实现。这是最重要、最崇高的道德和道德目标。生态文明建设需要道德自觉。道德自觉将会促使人们真正认识自然、社会的存在依据和理由，

---

[1] 《习近平谈治国理政》，外文出版社2014年版，第208页。

懂得保护生态就是保护人类自己生存和发展的道理，并由此不断提升建设生态文明的自觉性。事实上，生态文明建设，根本在责任意识，有了责任意识，才有可能"尊重自然、顺应自然、保护自然的理念，贯彻节约资源和保护环境的基本国策，更加自觉地推动绿色发展、循环发展、低碳发展，把生态文明建设融入经济建设、政治建设、文化建设、社会建设各方面和全过程，形成节约资源、保护环境的空间格局、产业结构、生产方式、生活方式，为子孙后代留下天蓝、地绿、水清的生产生活环境"①。因此，可以说，不懂道德就不懂生态，就无法进行生态文明建设。

（原载《伦理学研究》2016 年第 3 期）

---

① 《习近平谈治国理政》，外文出版社 2014 年版，第 211—212 页。

党员干部要在实践中修炼道德定力

习近平总书记在党的十九大报告中指出"全面从严治党永远在路上",强调要"保持战略定力,推动全面从严治党向纵深发展"。[1] 党的十八届七中全会明确要求党的各级领导干部特别是高级干部要"增强政治定力、纪律定力、道德定力、抵腐定力"[2]。这是以习近平同志为核心的党中央对党的干部素质提出的新要求。其中,道德定力与其他定力一样,需要在有针对性的实践中修炼。党员干部的道德定力,是指坚定的理想信念和道德自信、坚强的道德意志以及坚实的道德行动。这是道德修炼的目标,更是道德修炼的路径。

道德定力来自牢固树立理想信念。只有理想信念坚定,干部才能在大是大非面前旗帜鲜明,在风浪考验面前无所畏惧,在各种诱惑面前立场坚定,在关键时刻靠得住、信得过、能放心。党员干部应该牢固树立共产主义远大理想和中国特色社会主义共同理想,奋力实现中华民族伟大复兴的中国梦。这既是理想信念,也是重大责任。这就需要党员干部一切为国家利益着想,一切为人民群众的利益着想,勇于改革创新,勇于担当。同时,在迎接各种严峻挑战的过程中,坚决拒腐防变,反对脱离群众、形式主义和官僚主义。事实上,坚定的理想信念和百折不挠的奋斗精神,是增强道德定力的根本所在。当然,坚定理想信念的基础是道德理想,唯有趋善积极、遏恶坚定,不断"使人的世界即各种关系回归于人自身"(马克思语),才有可能信守承诺,坚持道德操守,不断增强道德意志力。

---

[1] 《习近平谈治国理政》,外文出版社2020年版,第48页。
[2] 《中国共产党第十八届中央委员会第七次全体会议公报》,2017年10月14日中国共产党十八届七中全会通过。

道德定力来自不断学习和研究社会主义的伦理道德。习近平总书记指出，"学伦理可以知廉耻、懂荣辱、辨是非"①。这就是说，体现道德定力的道德觉悟，前提是需要学懂弄通何为伦理道德，尤其要清楚社会主义的伦理道德是什么，否则道德定力将没有方向并难以形成。事实上，学习伦理道德，确立社会主义道德理念，本身就是道德实践的前提和题中应有之义。最能体现我国社会主义道德理念的是社会主义核心价值观，正如习近平总书记所说，"核心价值观，其实就是一种德，既是个人的德，也是一种大德，就是国家的德、社会的德"。而且，社会主义道德不同于任何历史上的阶级道德和现代西方道德，它是符合社会历史发展要求并体现客观社会生活中人们立身处世的"应该"主张，更是指导党的干部乃至广大人民群众积极向上或向善的"行动"主张。

道德定力来自全心全意为人民服务。作为党员干部，心中有人民，就会有高尚的道德境界。习近平总书记在党的十九大报告中指出，"坚持以人民为中心""必须坚持人民主体地位，坚持立党为公、执政为民，践行全心全意为人民服务的根本宗旨，把党的群众路线贯彻到治国理政全部活动之中，把人民对美好生活的向往作为奋斗目标，依靠人民创造历史伟业"②，"必须多谋民生之利、多解民生之忧，在发展中补齐民生短板、促进社会公平正义，在幼有所育、学有所教、劳有所得、病有所医、老有所养、住有所居、弱有所扶上不断取得新进展"③。在任何情况下，为了人民群众的利益，共产党人乐意付出自己的一切，这是道德定力之依托。历史的教训已经充分说明，一些犯错误甚至走上违法犯罪道路的腐败分子，人民群众的利益在他们心中不是首要问题，也不放在工作的首要位置上，因此，不仅缺乏道德定力，而且在道德堕落的深渊中越陷越深。可见，拒腐防变能力是道德定力很重要的一个方面。具备道德定力的干部，会在把权力关进笼子的同时，更好地为人民服务。要按照习近平总书记在党的十九大报告中要求的，"坚持照镜子、正衣冠、

---

① 《习近平谈治国理政》第1卷，外文出版社2018年版，第466页。
② 《习近平谈治国理政》第3卷，外文出版社2020年版，第16—17页。
③ 《习近平谈治国理政》第3卷，外文出版社2020年版，第18页。

洗洗澡、治治病"①。如此，将会在复杂的社会利益关系中，进一步加强大是大非观念和荣辱观念，加强道德判断力和道德行动力。

道德定力来自修身养德。人无德不立，道德定力需要在不断的修身养德中形成。习近平总书记在党的十九大报告中指出，要"弘扬忠诚老实、公道正派、实事求是、清正廉洁等价值观，坚决防止和反对个人主义、分散主义、自由主义、本位主义、好人主义，坚决防止和反对宗派主义、圈子文化、码头文化，坚决反对搞两面派、做两面人"②。忠诚是社会主义道德的核心理念。对党、对祖国、对社会主义的忠诚意味着党员干部应该坚定不移地保持党的先进性和纯洁性，时刻心系祖国，坚决维护国家利益，坚决拥护社会主义制度。修身养德，要善于学习，勤于研究，真正懂得社会主义道德和社会主义核心价值观是修身的依据、内容和目标，真正弄清楚什么是应该的，什么是不应该的。要坚持从群众中来，到群众中去，在全力解决群众关心的切身利益及其问题的过程中获取精神营养、提升道德境界。要严守道德底线，讲道德、守规矩，筑起拒腐防变墙，努力营造思想健康、积极向上向善的浓郁氛围。要严格管理好身边的所有工作人员，严格执行党的纪律和各种工作纪律，保证所有人员走正道、办正事、修正果，努力将工作集体打造成道德共同体。要善于研究和传承中华优秀道德传统，辩证地吸取外国可以为我所用的道德理念，在此基础上，正确把握和深刻领会社会主义道德和社会主义核心价值观，真正让社会主义道德和社会主义核心价值观入脑、入心、入行动。可以说，干部的道德定力是随着其修身养德、积德厚德而不断增强的。

（原载《光明日报》2018年1月26日）

---

① 《习近平谈治国理政》第3卷，外文出版社2020年版，第6页。
② 《习近平谈治国理政》第3卷，外文出版社2020年版，第49页。

坚持以人民为中心的实践要旨

习近平总书记在党的十九大报告中关于"新时代中国特色社会主义思想和基本方略"的"坚持以人民为中心"中指出"必须坚持人民主体地位，坚持立党为公、执政为民，践行全心全意为人民服务的根本宗旨，把党的群众路线贯彻到治国理政全部活动中，把人民对美好生活的向往作为奋斗目标，依靠人民创造历史伟业"。[①] 这一战略思想的实践要旨在习总书记的报告中有着系统而充分的叙述。

一 坚持人民当家作主

习近平总书记在报告中指出，"国家一切权利属于人民"，"要保证人民当家作主落实到国家政治生活和社会生活中"，同时指出，"坚持党的领导、人民当家作主、依法治国有机统一是社会主义政治发展的必然要求"，这是坚持人民当家作主的科学理念，因为，只有党的领导和依法治国才是人民当家作主的根本保证。然而，让人们当家作主，就是要让人民平等参与得到充分保障，并"保证依法通过各种途径和形式管理国家事务，管理经济文化事业，管理社会事务"；让人们当家作主，就是要让人民充分表达自己的意见，在政治、经济、文化、社会生活等领域中切实呼应人民的心声，真正体现人民意志；让人们当家作主，就是要"用制度体系保障人民当家作主"，尤其要坚持"协商民主制度建设，形成完整的制度程序和参与实践，保证人民在日常政治生活中有广泛持续深入参与的权利"。[②]

[①] 《习近平谈治国理政》第3卷，外文出版社2020年版，第16—17页。
[②] 《习近平谈治国理政》第3卷，外文出版社2020年版，第17—30页。

二　坚持为人民创造历史伟业

习近平总书记始终要求我们党和党的干部，要把人民对美好生活的向往作为奋斗目标。而这一目标的实现，一是必须"坚持以人民为中心的发展思想"，全面建成小康社会。坚持"五位一体"的总体布局、"四个全面"的战略布局，以及创新、协调、绿色、开放、共享的新发展理念，这是实现中华民族伟大复兴的中国梦、让国家强起来、让人们物质和精神更加富起来的宏伟决策。二是必须坚持深化改革开放，因为，"只有深化改革开放才能发展中国、发展社会主义、发展马克思主义"，这是实现中国梦的根本保证。这就需要"坚决破除一切不合时宜的思想观念和体制机制弊病，突破利益固化的藩篱，吸收人类文明有益成果，构建系统完备、科学规范、运行有效的制度体系，充分发挥我国社会主义制度优越性"。[①] 三是必须坚持从严治党，坚决反对和遏制腐败。因为，只有永远保持党的先进性，才能真正带领全国人民实现中华民族伟大复兴的中国梦。同时，"人民群众最痛恨腐败现象，腐败是我们党面临的最大威胁"，腐败也是创造历史伟业的"绊脚石"，"只有以反腐败永远在路上的坚韧和执着，深化标本兼治，保证干部清正、政府廉洁、政治清明，才能跳出历史周期律，确保党和国家长治久安"。这就需要反腐"无禁区、全覆盖、零容忍"，当然，更需要"持之以恒正风肃纪"，彻底铲除产生腐败的"土壤"和"温床"。

三　坚持维护人民利益

习近平总书记在报告中指出，"全党必须牢记，为什么人的问题，是检验一个政党、一个政权性质的试金石。带领人民创造美好生活，是我们党始终不渝的奋斗目标。必须始终把人民利益摆在至高无上的地位，让改革发展成果更多更公平惠及全体人民，朝着实

[①] 《习近平谈治国理政》第3卷，外文出版社2020年版，第17页。

现全体人民共同富裕不断迈进"①。强调,要在应对重大挑战、抵御重大风险、克服重大阻力、解决重大矛盾中,更加自觉地维护人民利益,坚决反对一切损害人民利益、脱离群众的行为;要优先发展教育事业,在做到"幼有所育、学有所教"的同时,办好人民满意的教育;要解决最大的民生问题,提高就业质量和人民收入水平;要加强社会保障体系建设,解决人民群众的后顾之忧;要坚持大扶贫格局,打赢脱贫攻坚战;要在实施健康中国战略中,为人民群众提供全方位全周期健康服务;要打造共建共治共享的社会治理格局,保护人民人身权、财产权、人格权;要真正做到社会主义文化为人民服务,为人民大众提供健康的精神食粮。还强调,要全面解决人民关注的问题和矛盾,要努力解决群众在收入分配差距、就业、教育、医疗、居住、养老等方面的难题,要在不断加强国家治理体系和治理能力的同时,切实解决社会矛盾和问题交织叠加问题。总之,要在坚决地维护人民利益中,不断增强人民的获得感、幸福感、安全感,不断推进全体人民共同富裕。

四 坚持促进人的全面发展

习近平总书记在报告中强调,以人民为中心,就要不断促进人的全面发展。他指出,"要以培养担当民族复兴大任的时代新人为着眼点,强化教育引导、实践养成、制度保障,发挥社会主义核心价值观对国民教育、精神文明创建、精神文化产品创作生产传播的引领作用,把社会主义核心价值观融入社会发展各方面,转化为人们的情感认同和行为习惯";②要通过加强思想道德建设,引导人们树立正确的历史观、国家观、文化观;要"建设知识型、技能型、创新型劳动者大军",激发人们创造活力。尤其要"把教育事业放在优先位置","要全面贯彻党的教育方针,落实立德树人根本任务,发展素质教育,推进教育公平,培育德智体美全面发展的社会主义建

---

① 《习近平谈治国理政》第 3 卷,外文出版社 2020 年版,第 35 页。
② 《习近平谈治国理政》第 3 卷,外文出版社 2020 年版,第 33 页。

设者和接班人"①，这是促进人的全面发展的基础和前提。

五　坚持德政廉政勤政为民

习近平总书记要求党的干部把"为民造福作为根本政治担当"，要当好人民的公仆，要求"建设人民满意的服务型政府"。为此，习总书记要求，"弘扬忠诚老实、公道正派、实事求是、清正廉洁等价值观，坚决防止和反对个人主义、分散主义、自由主义、本位主义、好人主义，坚决防止和反对宗派主义、圈子文化、码头文化，坚决反对搞两面派、做两面人"；"知敬畏、存戒惧、守底线"；"敢于担当、踏实做事、不谋私利"；"说实话、谋实事、出实招、求实效"；"抓重点、补短板、强弱项"，等等。同时，要坚持"两学一做"，始终保持旺盛的斗志。要不断增强"自我净化、自我完善、自我革新、自我提高的能力，始终保持同人民群众的血肉联系"，在向人民群众学习的同时，不断倾听人民群众的呼声，在全心全意为人民服务中成为坚定者、奋进者、搏击者。②

（原载《新华日报》2018年2月28日，发表时有删节）

---

① 《习近平谈治国理政》第3卷，外文出版社2020年版，第36页。
② 《习近平谈治国理政》第3卷，外文出版社2020年版，第22—54页。

保障民生是民主政治建设的重要基础

民主政治建设需要清晰中国特色社会主义民主政治理念，而民主政治理念的不可忽视的一个重要内涵是保障民生，事实上，社会主义民主政治建设的一个重要视角是必须保障民生。换句话说，保障民生是民主政治建设的重要基础。

保障民主首要的是利用政治权力着力推进经济发展。恩格斯说："政治权力在对社会独立起来并且从公仆变为主人以后，可以朝两个方向起作用。或者按照合乎规律的经济发展的精神和方向去起作用，在这种情况下，它和经济发展之间没有任何冲突，经济发展加快速度。或者违反经济发展而起作用，在这种情况下，除去少数例外，它照例总是在经济发展的压力下陷于崩溃。"[1] 接着，恩格斯又说："如果政治权力在经济上是无能为力的，那么我们何必要为无产阶级的政治专政而斗争呢？暴力（即国家权力）也是一种经济力量！"[2] 这就是说，发展经济是最大的政治，没有基本的经济力量，民生没有保障，那改善民主政治建设的条件就会受到限制，也难以真正体现人民当家作主。习近平总书记始终要求我们党和党的干部，必须"坚持以人民为中心的发展思想"，坚持"五位一体"的总体布局和"四个全面"的战略布局，以及创新、协调、绿色、开放、共享的新发展理念，全面建成小康社会，真正把人民对美好生活的向往作为奋斗目标。

发展经济就是要让民众获得实实在在的利益，保基本民生。习近平总书记在谈到建设小康社会时说："全面小康，覆盖的人口要全

---

[1] 《马克思恩格斯选集》第3卷，人民出版社1995年版，第526页。
[2] 《马克思恩格斯文集》第10卷，人民出版社2009年版，第600—601页。

面，是惠及全体人民的小康。全面建成小康社会突出的短板主要在民生领域，发展不全面的问题很大程度上也表现在不同社会群体民生保障方面。'天地之大，黎元为本'。要按照人人参与、人人尽力、人人享有的要求，坚守底线、突出重点、完善制度、引导预期，注重机会公平，着力保障基本民生。"[1] 当然，只有坚决维护人民利益才能保证基本民生。习近平总书记在党的十九大报告中指出，"全党必须牢记，为什么人的问题，是检验一个政党、一个政权性质的试金石。带领人民创造美好生活，是我们党始终不渝的奋斗目标。必须始终把人民利益摆在至高无上的地位，让改革发展成果更多更公平惠及全体人民，朝着实现全体人民共同富裕不断迈进"[2]。强调，要在应对重大挑战、抵御重大风险、克服重大阻力、解决重大矛盾中，"更加自觉地维护人民利益，坚决反对一切损害人民利益、脱离群众的行为"；要优先发展教育事业，在做到"幼有所育、学有所教"的同时，办好人民满意的教育；要解决最大的民生问题，提高就业质量和人民收入水平；要加强社会保障体系建设，解决人民群众的后顾之忧；要坚持大扶贫格局，打赢脱贫攻坚战；要在实施健康中国战略中，为人民群众提供全方位全周期健康服务；要打造共建共治共享的社会治理格局，保护人民人身权、财产权、人格权；要真正做到社会主义文化为人民服务，为人民大众提供健康的精神食粮。还强调，要全面解决人民关注的问题和矛盾，要努力解决群众在收入分配差距、就业、教育、医疗、居住、养老等方面的难题，要在不断加强国家治理体系和治理能力的同时，切实解决社会矛盾和问题交织叠加问题。总之，要在坚决地维护人民利益中，"不断增强人民的获得感、幸福感、安全感，不断推进全体人民共同富裕"[3]。

保基本民生，不只在于资源丰腴，更在于利益分配要注重公平。习近平总书记说："要通过深化改革、创新驱动，提高经济质量和效益，生产出更多更好的物质精神产品，不断满足人们日益增长的物

---

[1] 《习近平谈治国理政》第2卷，外文出版社2017年版，第79页。
[2] 《习近平谈治国理政》第3卷，外文出版社2020年版，第35页。
[3] 《习近平谈治国理政》第3卷，外文出版社2020年版，第16页。

质文化需要。"同时,"要坚持社会主义基本经济制度和分配制度,调整收入分配格局,完善以税收、社会保障、转移支付等为主要手段的再分配调节机制,维护社会公平正义,解决好收入差距问题,使发展成果更多更公平惠及全体人民。"① 特别指出的是,保障民生、利益公平的重要一环是消除贫困。习近平总书记说:"消除贫困、改善民生、逐步实现共同富裕,是社会主义的本质要求,是我们党的重要使命。"② 这实际上也道出了社会主义民主政治的本质所在,即,真正的民主政治应该是国家的主人在公平分配原则下都越来越富裕,越来越受到公平、公正的对待。

更进一步说,保障民生不只是物质利益及其公平分配的保障,其中的一个不可忽视的理念是坚持促进人的全面发展。这是带根本性的民生主旨,没有人的发展,所谓的民生是不完美的,那民主政治也就缺乏根本性因素。事实上,人的解放乃至人的全面发展始终是马克思主义的社会发展和政治目标,正如马克思所说,社会解放就是要"使人的世界即各种关系回归于人自身"③。这就是说,在走向共产主义的过程中,我们的目标就是要不断使得人作为人、关系作为关系而存在着。换句话说,人应该是享有尊严的"真正的人的生活",应该有崇高的精神境界并"自由地发展他的人的本性",应该置身于和谐、自由、平等的"共同体"中。习近平总书记在党的十九大报告中强调,要以人民为中心,要"不断促进人的全面发展"④。指出,"要以培养担当民族复兴大任的时代新人为着眼点,强化教育引导、实践养成、制度保障,发挥社会主义核心价值观对国民教育、精神文明创建、精神文化产品创作生产传播的引领作用,把社会主义核心价值观融入社会发展各方面,转化为人们的情感认同和行为习惯"⑤;要通过加强思想道德建设,引导人们树立正确的历史观、国家观、文化观;要"建设知识型、技能型、创新型劳动

---

① 《习近平谈治国理政》第 2 卷,外文出版社 2017 年版,第 214 页。
② 《习近平谈治国理政》第 2 卷,外文出版社 2017 年版,第 83 页。
③ 《马克思恩格斯文集》第 1 卷,人民出版社 2009 年版,第 46 页。
④ 《习近平谈治国理政》第 3 卷,外文出版社 2020 年版,第 15 页。
⑤ 《习近平谈治国理政》第 3 卷,外文出版社 2020 年版,第 33 页。

者大军"①，激发人们的创造活力。尤其要"把教育事业放在优先位置"，"要全面贯彻党的教育方针，落实立德树人根本任务，发展素质教育，推进教育公平，培育德智体美全面发展的社会主义建设者和接班人"②，这是促进人的全面发展的基础、前提和根本路径。这就是说，民生不只在于物质条件的充裕，还在于德智体美的全面发展；不仅仅是经济发展及其利益获得问题，还有人的发展和精神需求的满足问题。事实上，保障民生的核心和根本性内容是应该不断培育和提升人们的精神境界和道德素质。而且，在人的全面发展的内容中，道德素质是根本，忽视了这一点，保障民生将会出现严重的短板，民生也将是不完整甚至不完美的民生。

当然，这里要指出的是，作为民主政治建设基础的民生保障的保障是保障民生的题中应有之义。也就是说，只有坚持群众路线，到群众中去，我们才能真正了解到人民群众的疾苦和诉求，才能真正掌握人民群众反映强烈的突出问题的原因，并进而拿出得力的解决举措；只有坚持不断地健全和完善制度，才能以公平、公正的制度保障人民群众的应得利益；只有坚持创新、协调、绿色、开放、共享的发展理念，才能做到习近平总书记所要求的，"使全体人民朝着共同富裕方向稳步前进，绝不能出现'富者累巨万，而贫者食糟糠'的现象"③。只有坚持先进文化、社会主义核心价值观，才有可能创建和谐的社会环境，享受保障民生、民主基础上的幸福生活。为此，要牢记习近平总书记的话："保障和改善民生没有终点，只有连续不断的新起点，要采取针对性更强、覆盖面更大、作用更直接、效果更明显的举措，实实在在帮群众解难题、为群众增福祉、让群众享公平。要从实际出发，集中力量做好普惠性、基础性、兜底性民生建设，不断提高公共服务共建能力和共享水平，织密扎牢托底的民生保障网、消除隐患、确保人民群众安居乐业、社会秩序安定有序。"④

---

① 《习近平谈治国理政》第3卷，外文出版社2020年版，第24页。
② 《习近平谈治国理政》第3卷，外文出版社2020年版，第36页。
③ 《习近平谈治国理政》第2卷，外文出版社2017年版，第200页。
④ 《习近平谈治国理政》第2卷，外文出版社2017年版，第362页。

综上所述，我们可以知道，假如不能发展经济、保障民生，假如忽视人的全面发展尤其是人的精神境界及其道德素质的提升，假如不能不断加强保障民生的保障，那所谓的民主政治是根基不牢的民主政治。因此，全面深刻地保障民生是民主政治建设的重要基础。

（原载《伦理学研究》2018年第5期）

新时代中国之治的伦理意蕴

党的十九届五中全会提出,到 2035 年基本实现国家治理体系和治理能力现代化,这是新时代中国之治的现代性转向的重要目标。新时代中国之治,在其本质上是中国共产党之治,是适合中国国情的科学治理,它内含着中国共产党历来崇尚的马克思主义伦理精神即伦理层面的应该之治,而这种伦理应该的治理,依据的是社会主义制度,依靠的是人民的拥护和支持,依托的是德、法并举方略,依存的是人与自然和谐共生的生态环境,依傍的是人类命运共同体的发展。这充分展示了新时代中国之治的内在特质和本质特征。

一 民主集中、聚力筑梦的制度伦理

新时代中国之治的根本性依据是社会主义制度。"党和国家的长期实践充分证明,只有社会主义才能救中国,只有中国特色社会主义才能发展中国。"[①] 中国特色社会主义彰显了社会主义制度的鲜明特征与巨大优势。社会主义制度是符合中国国情的科学制度,中国的不断发展和中国梦的实现必须依靠并坚持社会主义制度。应当说,"中国特色社会主义是当代中国发展进步的根本方向,是实现中国梦的必由之路,也是引领我国工人阶级走向更加光明未来的必由之路"[②]。从本质来看,中国梦是国家的梦、人民的梦,每一位中国人都是中国梦的主人,每一位中国人都是中国梦的直接受益者,其创造性将得到极大的尊重,其个性将得到充分的张扬,人民是国家真

[①] 《习近平谈治国理政》第 1 卷,外文出版社 2018 年版,第 7 页。
[②] 《习近平谈治国理政》第 1 卷,外文出版社 2018 年版,第 45 页。

正的主人。正因人民性是社会主义制度的根本德性，党和国家在制度设计与制度完善中总会高度关注体现民主集中、聚力筑梦的制度伦理，所以它有着重要的作用。

（一）确保广大民意的科学集中和充分张扬

国家的现代化治理是全民意志的治理，就是说，领导者或管理者的治理理念是对广大民众各项诉求的符合与彰显，唯此才能体现社会制度的科学性和尚德性。正如习近平指出的，"在中国社会主义制度下，有事好商量，众人的事情由众人商量，找到全社会意愿和要求的最大公约数，是人民民主的真谛"①。这"真谛"只有在社会主义制度下才能实现。换言之，现代化的国家治理是全民意志的治理，全民意志的治理是真正的民主和集中的体现。

社会主义制度下的全民意志治理，标示着国家公民都是国家治理的主体，而且事实上在治理的全过程都要充分体现与保障每一位国民的治理参与度，这就意味着除了不断提供科学理性的治理意见外，在治理的具体实践进程中，社会主义制度还主张和确保公民坚守本分并立足本职工作，充分实现并张扬每一个公民的创新能力。

（二）促使全体国民形成协调一致的合力

社会主义制度是真正的民主制度，这种民主制度的优势在社会治理层面得到了极大的彰显，即能在发挥每一个国民意愿和能力的同时协调和组织全体国民的力量并形成合力，实现全国重大决策目标、重大发展目标和重大事件解决目标，这是国家治理中最根本的道德标示。纵观我国多年来成功抗洪救灾、成功抗击"非典"疫情、成功抗震救灾等的成功，都是在举全国之力的基础上，取得的举世瞩目的伟大成就。2020 年年初新冠肺炎疫情发生后，党中央将疫情防控作为头等大事来抓，习近平总书记亲自指挥、亲自部署，坚持把人民的生命安全和身体健康放在第一位。同时，坚持集中统一领导，在充分体现广大人民群众意愿的基础上，调动人民群众的抗疫潜力和抗疫伟力。在党和政府的统一部署下，全国人民共同开展了

---

① 《习近平谈治国理政》第 2 卷，外文出版社 2017 年版，第 292 页。

疫情防控的人民战争、总体战、阻击战。时至今日，我国的"新冠肺炎疫情防控取得重大战略成果"①。这是对以习近平同志为核心的党中央的坚强领导和社会主义制度下的人民凝聚力的经典诠释，是对新时代民意至上、集中统一的制度伦理的最好注解。

（三）坚持包容、共建、共享，积聚发展动力

真正的民主集中的社会制度，应该是包容的制度、共建共享的制度。这样的制度，不分种族、不分地域、不分高低贵贱，人人平等，每个人都是不可或缺的建设者，同时也具有分享发展成果的权利。可以说，包容是制度的前提，共建是制度的要求，共享是制度的本质。纵观改革开放四十多年的发展历程，党和国家在包容、共建、共享的基本原则下，通过各项政策让改革开放产生的成果惠及广大人民群众。同时，社会主义制度下的中国，不分公私，建设者都会得到尊重和维护。例如，在谈到民营企业家时，习近平总书记专门指出，领导干部不可以对他们不理不睬，不可以对他们的正当要求置若罔闻，要坦荡真诚地与他们接触交往，要保护他们的合法权益，特别是在民营企业遇到困难和问题的情况下，要多关心，真心实意地支持民营经济的发展。②

创建包容机制，实现包容性发展，是确保发展始终遵循社会规律的重要方面。从本质来讲，实现包容性发展就是要在发展理念上彰显以人民利益为重的伦理理念。马克思指出："过去的一切运动都是少数人的，或者为少数人谋利益的运动。无产阶级的运动是绝大多数人的，为绝大多数人谋利益的独立的运动。"③而社会主义社会，无论是建设、发展还是改革的任一环节，其根本目的，就是为绝大多数人谋利益。党的十八大以来，党和国家加快推进包容机制的建设，充分保障了各阶层群体在发展过程中的利益满足程度，有力地冲击了利益差异化的分化格局，也有效破除了利益固化的藩篱，

---

① 《党的十九届五中全会〈建议〉学习辅导百问》，党建读物出版社、学习出版社 2020 年版，第 3 页。
② 具体见《习近平谈治国理政》第 2 卷，外文出版社 2017 年版，第 264 页。
③ 《马克思恩格斯选集》第 1 卷，人民出版社 2012 年版，第 411 页。

为广大人民群众实现自身真正的发展提供了必要前提。党的十八大以来，党和国家始终坚持发展成果由人民共享，在共享机制作用下，一大批惠民举措落地实施，教育、就业、居住、卫生、社会保障等有了明显的改善，人民的获得感、幸福感和安全感显著增强，人民的生活水平也得到了改善和提高。这些都体现了共建共享的价值旨归。

由是观之，包容、共建、共享是国家治理理念落到实处的关键一环，是在社会主义制度下积聚合作力量的重要战略思路和实践路径。

二 以人民为中心的民本伦理

新时代中国之治的基础和动力来自人民的拥护和支持。习近平总书记指出："我们党来自人民、植根人民、服务人民，党的根基在人民、血脉在人民、力量在人民。失去了人民拥护和支持，党的事业和工作就无从谈起。"① 历史已经并将继续证实，坚持以人民为中心是中国之治的成功经验与独特优势，也是新时代中国之治的核心理念，更是新时代社会治理伦理的根本要求。

（一）坚持人民的主体地位

中国共产党作为国家治理的核心力量，理当坚持人民的中心和主体地位，保障人民的平等权利。唯此，党的核心力量及其作用的发挥才有意义和可能。党的十九届五中全会在提到2035年基本实现社会主义现代化远景目标时明确指出，"基本实现国家治理体系和治理能力现代化，人民平等参与、平等发展权利得到充分保障，基本建成法治国家、法治政府、法治社会"②。那么，如何坚持人民的中心和主体地位？一方面，必须紧紧依靠人民治国理政、管理社会。既要广泛听取人民群众的意见，又要将正确的主张变成人民群众的自觉行动；另一方面，治理过程中要接受人民群众的检验和监督，

---

① 《习近平谈治国理政》第1卷，外文出版社2018年版，第367页。
② 《中国共产党第十九届中央委员会第五次全体会议公报》，人民出版社2020年版，第8页。

并自觉抵制影响正常社会治理且违背人民群众意愿的违法违规行为，及时纠正有悖于人民群众意愿的错误举措和行为，真正拿出人民满意和支持的高效的社会治理主张和行动。历史已经充分说明，正是因为我们党的宗旨和目标是一切为了人民，才有了人民群众用小车推出来的淮海战役的胜利的后勤保障，才开启了体现"大庆精神"的共和国工业的崭新篇章，才迈开了充分展示"工匠精神"并从工业大国向工业强国前进的步伐……所以国家治理在任何一个时期都要充分彰显人民的中心地位和主体地位。

（二）坚持人民利益至上

习近平总书记指出："我们要始终把人民立场作为根本政治立场，把人民利益摆在至高无上的地位，不断把为人民造福事业推向前进。"[1] 基于此，"全党必须牢记，为什么人的问题，是检验一个政党、一个政权性质的试金石。带领人民创造美好生活，是我们党始终不渝的奋斗目标"[2]。要不断实现人民对美好生活的向往是国家治理的目的，更为深刻的是，要将人民对经济、政治、文化、生活、生态五大方面的切实利益诉求始终贯穿于治理的全过程，既不可偏废，也不可不彻底。事实已经说明，要人民关心治理、参与治理，并不断提高治理能力，必须让人民有切切实实的获得感、幸福感和安全感。特别是在应对重大挑战、抵御重大风险、克服重大阻力、解决重大矛盾中，要"更加自觉地维护人民利益，坚决反对一切损害人民利益、脱离群众的行为"[3]。

按照马克思主义的理解，共产主义的本质特征内含着物质资料的极大丰富与人民精神境界的极大提升。因而，在现时代，坚持人民利益至上，既要在治理过程中重点满足人民的物质需求，还体现在不断满足人民的精神需求。促进人的全面发展，是人民利益至上的最高表现。不断促进人的全面发展是党的十九大报告的重要议题。

---

[1] 《习近平谈治国理政》第 2 卷，外文出版社 2017 年版，第 52 页。
[2] 习近平：《决胜全面建成小康社会　夺取新时代中国特色社会主义伟大胜利——在中国共产党第十九次全国代表大会上的报告》，人民出版社 2017 年版，第 44—45 页。
[3] 习近平：《决胜全面建成小康社会　夺取新时代中国特色社会主义伟大胜利——在中国共产党第十九次全国代表大会上的报告》，人民出版社 2017 年版，第 15 页。

报告指出了促进人的全面发展的路径:"要以培养担当民族复兴大任的时代新人为着眼点,强化教育引导、实践养成、制度保障,发挥社会主义核心价值观对国民教育、精神文明创建、精神文化产品创作生产传播的引领作用,把社会主义核心价值观融入社会发展各方面,转化为人们的情感认同和行为习惯"①;要通过加强思想道德建设,引导人们树立正确的历史观、国家观、文化观;要"建设知识型、技能型、创新型劳动者大军",激发人们创造活力。尤其要"把教育事业放在优先位置","要全面贯彻党的教育方针,落实立德树人根本任务,发展素质教育,推进教育公平,培养德智体美全面发展的社会主义建设者和接班人"②,这是促进人的全面发展的基础和前提。事实上,人的全面发展是实现国家科学治理、有效治理的带根本性的社会治理基础和前提。

(三) 切实保障民生

以人民为中心,还得落实到具体的政策中,落实到具体的行动中去,体现在人民生活需要的诸方面。要优先发展最大的民生问题之一的教育事业,同时推动教育公平发展和质量提升,在努力做到幼有所育、学有所教的同时,办好人民满意的教育。提高就业质量和人民收入水平,不断提高人民的社会经济生活质量。要加强社会保障体系建设,解决人民群众的后顾之忧。要打造共建共治共享的社会治理格局,"保护人民人身权、财产权、人格权"③。同时还应注意到,人民对于美好生活追求的标准应该包括对生态环境的要求,唯有在"绿水青山就是金山银山"的总体理念下打造优良生态环境,才能保障人民的基本生活条件。尤其值得自豪的是,脱贫致富已成为民生保障的重要国策,也是我国切实关注民生的亮点。总之,要在坚决地维护人民利益中,不断增强人民的获得感、幸福感、安全

---

① 习近平:《决胜全面建成小康社会 夺取新时代中国特色社会主义伟大胜利——在中国共产党第十九次全国代表大会上的报告》,人民出版社 2017 年版,第 42 页。

② 习近平:《决胜全面建成小康社会夺取新时代中国特色社会主义伟大胜利——在中国共产党第十九次全国代表大会上的报告》,人民出版社 2017 年版,第 31、45 页。

③ 习近平:《决胜全面建成小康社会 夺取新时代中国特色社会主义伟大胜利——在中国共产党第十九次全国代表大会上的报告》,人民出版社 2017 年版,第 49 页。

感，不断推进全体人民共同富裕。这是新时代国家治理的基础性手段和目标，更是中国之治的道德根基和社会根基。

综上所述，坚持民本伦理理念和行动，就能在人们充分增强获得感、幸福感和安全感的基础上增强国家治理能力。

三 法、德共治的社会治理伦理

新时代中国之治的特色方略和辩证手段是法、德并举。正如习近平所说："必须坚持依法治国和以德治国相结合。法律是成文的道德，道德是内心的法律，法律和道德都具有规范社会行为、维护社会秩序的作用。治理国家、治理社会必须一手抓法治、一手抓德治，既重视发挥法律的规范作用，又重视发挥道德的教化作用，实现法律和道德相辅相成、法治和德治相得益彰。"[1]

（一）通过法治保证社会的公平正义

习近平指出："依法治国是我们党提出来的，把依法治国上升为党领导人民治理国家的基本方略也是我们党提出来的，而且党一直带领人民在实践中推进依法治国。"[2] 国家治理的基本前提是实行法治。社会主义法治在其本质上是人民意志之治，"只有在党的领导下依法治国、厉行法治，人民当家作主才能充分实现，国家和社会生活法治化才能有序推进"[3]。法治具有强制性，人民即是法治的主体又是法治的客体，人民自觉遵纪守法的前提是法治的公平正义得到保障。"宪法的根基在于人民发自内心的拥护，宪法的伟力在于人民出自真诚的信仰。只有保证公民在法律面前一律平等，尊重和保障人权，保证人民依法享有广泛的权利和自由，宪法才能深入人心，走入人民群众，宪法实施才能真正成为全体人民的自觉行动。"[4] 因此"我们提出要努力让人民群众在每一个司法案件中都感受到公平

---

[1] 《习近平谈治国理政》第 2 卷，外文出版社 2017 年版，第 116 页。
[2] 《习近平谈治国理政》第 2 卷，外文出版社 2017 年版，第 114 页。
[3] 《习近平谈治国理政》第 2 卷，外文出版社 2017 年版，第 114 页。
[4] 《习近平谈治国理政》第 1 卷，外文出版社 2018 年版，第 140—141 页。

正义，所有司法机关都要紧紧围绕这个目标来改进工作"①。党的十八大以来，针对社会治理过程中出现的许多新问题、新情况与新案件，党和国家按照法律制定的基本原则、国家总体安全的总体要求、社会稳定的秩序要求以及广大人民群众的社会生活要求，在经济、政治、社会、文化、生态等各个领域都加快推进了相关法律的制定与完善，不断补齐社会治理中的法律空白与短板，极大地张扬了社会主义的公平正义，带来了和谐稳定的社会治理效果。十三届全国人大三次会议通过的《中华人民共和国民法典》，是保障国计民生的法律依据，也是注重和强调权利和义务、利益和责任相统一的法、德并重治理社会的重大法律规则。党的十九届五中全会明确提出，"国家治理效能得到新提升，社会主义民主法治更加健全，社会公平正义进一步彰显"②。

（二）通过道德力量推动国家的治理

道德的力量在国家治理中有着独特而不可替代的作用。习近平在谈到青年要自觉践行社会主义核心价值观时说："核心价值观，其实就是一种德，既是个人的德，也是一种大德，就是国家的德、社会的德。国无德不兴，人无德不立。如果一个民族、一个国家没有共同的核心价值观，莫衷一是，行无依归，那这个民族、这个国家就无法前进。"③ 在国家治理过程中，我们要充分利用道德之力。"要继承和弘扬我国人民在长期实践中培育和形成的传统美德，坚持马克思主义道德观、坚持社会主义道德观，在去粗取精、去伪存真的基础上，坚持古为今用、推陈出新，努力实现中华传统美德的创造性转化、创新性发展，引导人们向往和追求讲道德、尊道德、守道德的生活，让13亿人的每一分子都成为传播中华美德、中华文化的主体。"④ 同时，习近平特别要求作为领导和管理者的我们的党员和干部，"要坚持不懈强化理论武装，毫不放松加强党性教育，持之

---

① 《习近平谈治国理政》第 1 卷，外文出版社 2018 年版，第 145 页。
② 《中国共产党第十九届中央委员会第五次全体会议公报》，人民出版社 2020 年版，第 12 页。
③ 《习近平谈治国理政》第 1 卷，外文出版社 2018 年版，第 168 页。
④ 《习近平谈治国理政》第 1 卷，外文出版社 2018 年版，第 160—161 页。

以恒加强道德教育，教育引导广大党员、干部筑牢信仰之基、补足精神之钙、把稳思想之舵，坚守真理、坚守正道、坚守原则、坚守规矩，明大德、严公德、守私德，重品行、正操守、养心性，做到以信念、人格、实干立身"①。在这次抗击新冠肺炎疫情过程中涌现的人民利益至上、以民为本的国家之德，一方有难、八方支援的社会之德，爱国、爱民、勇敢、友善的个人之德，是抗疫之战取得胜利的最重要的精神因素及其道德力量。

（三）通过道德滋养孕育良法

一方面，"要在道德体系中体现法治要求，发挥道德对法治的滋养作用，努力使道德体系同社会主义法律规范相衔接、相协调、相促进。要在道德教育中突出法治内涵，注重培育人们的法律信仰、法治观念、规则意识，引导人们自觉履行法定义务、社会责任、家庭责任，营造全社会都讲法治、守法治的文化环境"②。唯此才有真正的法治基础。另一方面，建设法治国家需要有善良德性的司法者，唯有道德高尚的司法者，才能坚持在法律面前人人平等，也才能在坚持公正、平等的基础上完善法制社会。此外，治理国家要依靠自己的良法，而良法从何而来？应该源自对社会主义"道德应然"的充分认识和高度把握。事实上，理性意义上的法规，在其本体论层面而言，一定是基于对最广大人民利益的正确认识和把握，基于对和谐社会建设的客观规律的正确认识把握。因此，必须深刻意识到，在国家治理过程中，德治和法治是互为补充、互为支持的，两者缺一不可。

四 人与自然和谐共生的生态环境伦理

新时代中国之治的重要环境条件和重大治理目的之一是人与自然的和谐共生。忽视这一点，中国之治将是国家治理体系和治理能力的"短板"。因此，生态环境伦理也应居于中国治理之伦理层次中

---

① 《习近平谈治国理政》第 2 卷，外文出版社 2017 年版，第 181 页。
② 《习近平谈治国理政》第 2 卷，外文出版社 2017 年版，第 134 页。

的重要地位。事实上，新时代中国之治的重要手段和目的理应包括个人、自然、社会以及自然与社会处于最佳的理性生存状态，唯此才有国家治理现代化的良好环境，也才能完美体现国家治理体系和治理能力的现代化。这就需要"生态应当"的理念，更需要生态文明建设之应当的举措。

（一）"生态应当"三维度是国家治理之应有之义

"自然生态应当"是指自然界一切生物及其在一定环境中的相互关系与生存状态，它有着自在的生存和发展规律，这也是人类历史开始的前提。但是，人类在自然界中可以用自己的智慧改造自然界生物及其环境的生存和发展状况，消除自在状态下的"被动"或"消极"因素。"社会生态应当"是指人和社会关系处在最理性状态，也可理解为道德性社会。在这一状态下，一方面，每个人在自由发展状态下充分发挥自己的创造精神；另一方面，每个人都有尊严地劳动和有保障地生活，获得感、幸福感和安全感在不断加强。此外，人与人之间平等、和谐地相处，建设社会的凝聚力在不断提升。"自然与社会生态应当"是指人与自然、社会和自然实现真正的和谐共生关系，自然规律和社会发展规律以及自然与社会发展规律得到尊重和遵守，自然的自为因素和社会的自然因素不断加强。"生态应当"三维度应该是新时代国家治理体系和治理能力的题中应有之义。若干年来，随着人们在改造自然过程中的一定程度上对自然的应当性的忽视，生态问题日益严重，这也更加说明了树立"生态应当"理念的重要性，以及作为国家治理重大目标的必要性。

（二）生态文明建设之应当

"建设生态文明，关系人民福祉，关乎民族未来"[1]，所以生态文明建设之应当及其成效是国家治理的一个重要领域或重要考量指标，它更多地蕴含人类如何对待自然、社会和自然与社会的问题，这也是国家道德、社会道德和个人道德问题之集中体现。因此，要

---

[1] 《习近平谈治国理政》第1卷，外文出版社2018年版，第208页。

"推动绿色发展，促进人与自然和谐共生"①。具体来说，第一，应该尊重自然发展的规律，保护好自然环境和自然资源，改变或消除自然自在状态下的诸如泥石流、洪难等被动或消极因素；第二，应该遵循人类社会历史发展的规律，尊重人的存在及其价值，在主张和坚持自由、民主、公正、平等的基础上建设并实现和谐的、发展活力强劲的社会；第三，在社会凝聚力不断增强和生产力水平不断提高的情况下，"坚定不移走绿色低碳循环发展之路，构建绿色产业体系和空间格局，引导形成绿色生产方式和生活方式，促进人与自然和谐共生"②。

实践说明，只有树立人与自然的和谐共生理念，才能不断提升国家治理能力，也才能不断提高国家治理效果。

五　人类命运共同体的国际伦理

新时代中国之治离不开人类共同价值的张扬与国际和平环境的改善。"当今世界正经历百年未有之大变局，新一轮科技革命和产业变革深入发展，国际力量对比深刻调整，和平与发展仍然是时代主题，人类命运共同体理念深入人心，同时国际环境日趋复杂，不稳定性不确定性明显增加。"③ 就不稳定性和不确定性来说，人类社会除了面对战争这样的传统安全威胁，还面对意识形态、金融战、贸易战、网络安全、恐怖主义、气候问题等非传统安全威胁。因此，习近平总书记提出的"人类命运共同体"思想与国家治理体系和治理能力现代化有着不可忽视的逻辑关系，国际环境也将直接影响国家治理目标的实现。同时，人类命运共同体也关涉世界的和平与发展，并进而关涉我国的综合国力的增强。习近平指出："为了和平，我们要牢固树立人类命运共同体意识"④，走和平发展道路，"坚持

---

① 《党的十九届五中全会〈建议〉学习辅导百问》，党建读物出版社、学习出版社2020年版，第9页。
② 《习近平谈治国理政》第2卷，外文出版社2017年版，第243页。
③ 《党的十九届五中全会〈建议〉学习辅导百问》，党建读物出版社、学习出版社2020年版，第4页。
④ 《习近平谈治国理政》第2卷，外文出版社2017年版，第446页。

开放的发展、合作的发展、共赢的发展,通过争取和平国际环境发展自己,又以自身发展维护和促进世界和平,不断提高我国综合国力,不断让广大人民群众享受到和平发展带来的利益,不断夯实走和平发展道路的物质基础和社会基础"①。

(一) 互相尊重,包容共存

当今世界,和平与发展早已成为各国相处的根本准则。尤其在经济全球化走向深处的今天,每个国家都是居于世界经济、政治、文化、生态体系中的重要一环,以其自身具有的特殊性不断丰富国际社会的多样性。因此,在国际关系中,国家不分大小、地域不分贫富、文明不分高低,关系一律平等。有平等才有真诚的互相尊重,才有真诚的交流互鉴,才有真诚的包容、合作与发展。对此,党的十八大以来我国所推崇构建的"人类命运共同体"正是以坚持互相尊重、包容互惠、合作共赢的国际伦理观为基本的价值核心,强调只有摈弃以往的偏见,实现在主权、领土、政治、经济、文化等各个方面对他国的尊重,才能建设共同生存的巨大空间。

(二) 和衷共济,合作共赢

在非传统安全问题多发的当下,各国在治理过程中已然不能独善其身,诸如意识形态、金融战、贸易战、网络安全、恐怖主义、气候问题等非传统安全威胁问题,在其治理理念上的一个鲜明特征就是要求形成国际协同的共同应对机制。进而言之,无论是在各国发展问题上,还是应对国际公共安全问题上,和衷共济都是唯一道路,只有以此为前提,才能实现真正的合作共赢。习近平于2013年9月7日在纳扎尔巴耶夫大学演讲时说:"我们要坚持世代友好,做和谐和睦的好邻居","我们要坚定互相支持,作真诚互信的好朋友","我们要大力加强务实合作,做互利共赢的好伙伴","我们要以更宽的胸襟、更广的视野拓展区域合作,共创新的辉煌"。②尤其是在国际关系中,"遇到了困难,不要埋怨自己,不要指责他人,不

---

① 《习近平谈治国理政》第1卷,外文出版社2018年版,第247页。
② 《习近平谈治国理政》第1卷,外文出版社2018年版,第287—289页。

要放弃信心，不要逃避责任，而是要一起来战胜困难"①。

（三）大国担当，奉献世界

承担大国责任，促进国际和平与发展，构建人类命运共同体，是我国的一贯主张。习近平于2017年1月18日在联合国日内瓦总部的演讲中指出，"世界好，中国才能好；中国好，世界才更好"②。因此，"中国维护世界和平的决心不会改变"，"中国永不称霸、永不扩张、永不谋求势力范围"；"中国促进共同发展的决心不会改变"，"我提出'一带一路'倡议，就是要实现共赢共享发展"；"中国打造伙伴关系的决心不会改变"；"中国支持多边主义的决心不会改变"，"中国将坚定维护以联合国为核心的国际体系，坚定维护以联合国宪章宗旨和原则为基石的国际关系基本准则，坚定维护联合国权威和地位，坚定维护联合国在国际事务中的核心作用"。③ 面对这次突发新冠肺炎疫情，中国作为负责任的大国，在依靠全国人民的力量抗击疫情的同时，严控疫情输出，而当疫情在国际蔓延时，我国又毅然从信息、物资、人员等方面给予世界卫生组织和其他国家及时的支持，提供医疗物资援助，积极分享抗疫经验，开展国际合作，充分展示中国的大国担当。

由是观之，习近平提出的人类命运共同体理念和人类命运共同体建设内容，既是国际合作与发展的美好愿景，也是国际伦理的一种经典诠释，更是不断推进国家治理体系和治理能力现代化的不可忽视的国际伦理视野。

总之，新时代中国治理彰显了推进治理现代化总体要求下国家治理体系与治理能力的巨大动能，同时也凸显了中国之治的伦理依据、伦理手段和伦理目的。可以说，从宏观到微观的整体伦理生态中，中国之治具备着层层推进、有机统一、协调发力的治理伦理和伦理治理的功能，展示了新时代内含社会主义伦理的我国治理模式的新理念、新方案、新成效，并成为解析新时代中国之治发生学密

---

① 《习近平谈治国理政》第2卷，外文出版社2017年版，第487页。
② 《习近平谈治国理政》第2卷，外文出版社2017年版，第545页。
③ 《习近平谈治国理政》第2卷，外文出版社2017年版，第545—547页。

码的伦理密钥，进而为推进国家治理体系和治理能力现代化、实现中华民族伟大复兴的中国梦提供不可或缺的伦理视野，使之能够转换为国家治理的巨大现实动力与实践伟力。

（原载《道德与文明》2021 年第 1 期，
《中国社会科学文摘》2021 年第 6 期转载）

建设社会主义文化强国的道德维度

党的十九届五中全会通过的《中共中央关于制定国民经济和社会发展第十四个五年规划和二〇三五年远景目标的建议》中提出，要"推进社会主义文化强国建设"，这既是我国文化发展的重大战略目标，更是经济社会持续发展的重要战略手段。因此，建设社会主义文化强国，是国民经济和社会发展之系统工程中的重要一环，而且，其本身也是一项系统工程。在这一系统工程中，社会主义道德及道德建设是基础性工程、核心工程。换句话说，道德强才有可能实现文化强，建设社会主义文化强国，前提是要建设社会主义道德强国。

习近平说："古人说：'大学之道，在明明德，在亲民，在止于至善。'核心价值观，其实就是一种德，既是个人的德，也是一种大德，就是国家的德、社会的德。"[1] 这就是说，建设社会主义道德强国，也就是要大力弘扬社会主义核心价值观，因此，"我们要在全社会大力弘扬和践行社会主义核心价值观，使之像空气一样无处不在、无时不有，成为全体人民的共同价值追求，成为我们生而为中国人的独特精神支柱，成为百姓日用而不觉的行为准则"[2]。这就是说，社会主义核心价值观的自觉践行即社会主义道德的张扬，是建设社会主义文化强国的重要前提和根本条件。

一 增强文化软实力需要作为文化灵魂的道德

建设社会主义文化强国，也即增强国家文化软实力将同步于社

---

[1] 《习近平谈治国理政》第1卷，外文出版社2018年版，第168页。
[2] 《十八大以来重要文献选编》（中），中央文献出版社2016年版，第134页。

会主义现代化建设，国家文化软实力应配套于国家治理体系和治理能力现代化。然而，国家软实力的不断增强离不开作为文化灵魂的道德。

中华民族文化自古以来具有极强的生命力和感召力，这是由诸多原因所致的，但其根本原因是道德精神及其永不褪色的价值。习近平指出："'道德当身，故不以物惑。'中华优秀传统文化，蕴含着丰富的思想道德资源。"[①]"中华优秀传统文化中很多思想理念和道德规范，不论过去还是现在，都有其永不褪色的价值。"[②] 这也说明，道德是中华民族文化活力之源泉，也是中华优秀传统文化不断承继和发展的根本依据。

中华优秀传统文化的生存和发展规律充分说明，中华民族历来有着保存和发展文化软实力的文化自信和文化自觉的品性。同时说明，文化自信和文化自觉是加速文化发展之基，而道德是文化发展之灵魂。因此，建设社会主义文化强国希冀不断加强文化自信和文化自觉，而文化自信和文化自觉又必须建立在道德自信和道德自觉之上。

1. 道德自信是文化自信的前提。文化自信是增强国家和民族文化软实力的首要条件，而这要以道德自信为前提。首先，没有道德自信就谈不上文化自信。文化在一定意义上就是人化，是对人和人际关系（即社会）及其生存应当的正确认识和把握。换句话说，宏观意义上的文化是人类关于自身认识的庞大的知识体系，这一知识体系必须是在对人和人际关系（即社会）及其生存应当的正确认识基础上展开的。假如连自己及其人际关系（即社会）是什么、从何而来、因何而生、生存的价值是什么等道德问题都不清楚，那又如何谈得上对宏观意义上文化的认知和自信呢？中外古今大凡对道德不自信的人和民族，是不可能有真正的文化自信的。当今一些唱衰中国各类文化的人，往往是道德欠缺甚至是缺德之人，更谈不上道

[①] 中共中央文献研究室编：《习近平关于社会主义文化建设论述摘编》，中央文献出版社2017年版，第141页。

[②] 中共中央文献研究室编：《习近平关于社会主义文化建设论述摘编》，中央文献出版社2017年版，第144页。

德自信。其次，没有道德自信就没有作为文化自信依据的道德独立精神。文化自信只能是一定国家和民族的独立的文化自信，然而，一定国家和民族的独立的文化自信，必须建立在独立的道德精神上面。习近平说："一个民族、一个人能不能把握自己，很大程度上取决于道德价值。如果我们的人民不能坚持在我国大地上形成和发展起来的道德价值，而不加区分、盲目地成为西方道德价值的应声虫，那就真正要提出我们的国家和民族会不会失去自己的精神独立性的问题了。如果没有自己的精神独立性，那政治、思想、文化、制度等方面的独立性就会被釜底抽薪。"① 由此可见，唯有独立的当代道德精神，我们才可能有独立的国家和民族文化，也才能形成真正的文化自信，进而增强国家文化软实力。

2. 道德自觉是文化自觉的基础。文化自觉是增强国家和民族文化软实力的关键因素，而这要以道德自觉为基础。首先，唯有道德自觉才能坚持真理，坚信马克思主义，努力探寻社会发展的客观规律，同时也才能正确识别并坚决抵制各种错误思潮，净化主流文化，确立文化建设的主心骨。其次，唯有道德自觉，才能真正为人民创作出喜闻乐见的有生命力的文化产品，并能持续地影响一代一代的人尤其是年轻人的生存和发展理念，不断塑造他们的向上和向善的品格。最后，唯有道德自觉才能不断加强社会主义道德建设，使得讲公德、守私德蔚然成风，社会道德风貌不断改善，并在此基础上，推动社会主义先进文化建设，提高国家文化软实力。习近平说："我想强调一下道德建设问题。梁启超说：'国之见重于人也，亦不视其国土之大小，人口之众寡，而视其国民之品格。'如果我们国内违背社会公德的事情比比皆是，触及道德底线的事情不断发生，一些人到了国外不遵守公共秩序，给人留下不好的印象，还怎么提高国家文化软实力啊？所以，提高国家文化软实力，一个很重要的工作就是从思想道德抓起，从社会风气抓起，从每一个人抓起。"②

---

① 中共中央文献研究室编：《习近平关于社会主义文化建设论述摘编》，中央文献出版社2017年版，第139页。
② 中共中央文献研究室编：《习近平关于社会主义文化建设论述摘编》，中央文献出版社2017年版，第137页。

二　道德是文化主体精神之核心

习近平指出："人无精神则不立，国无精神则不强。精神是一个民族赖以长久生存的灵魂，唯有精神上达到一定的高度，这个民族才能在历史的洪流中屹立不倒、奋勇向前。"① 还指出："国无德不兴，人无德不立。"② 作为社会主义文化强国，一定意味着作为文化根基的主体精神即民族精神和国民精神得到充分的锤炼和弘扬，尤以其民族精神和国民精神的核心之道德得到完美的修炼和张扬。因此，建设社会主义文化强国，需要打造主体精神，尤其要树立作为主体精神之核心的崇高道德境界。

1. 人的道德责任是其精神力量的依托。建设社会主义文化强国，要依靠全体国民的作为精神力量核心的道德力量，唯此才能不断打造强大的精神力量，也才能不断增强国家文化软实力。首先，全体国民都应该充分认识到，道德责任即对国家、对社会、对他人以及对自己应该承担的一种义务。人有责任感才有不断向善的精神，才能形成一定的精神与文化力量。我国国家勋章和国家荣誉称号获得者、全国劳动模范、全国道德模范等，他们身上都体现了当代中国先进人物的责任担当和精神境界，并在整体上展示了我国先进文化的时代力量。所以，国民的道德力对增强国家文化软实力十分重要。习近平说："要修德，加强道德修养，注重道德实践。'德者，本也。'蔡元培先生说过：'若无德，则虽体魄智力发达，适足助其为恶'。道德之于个人、之于社会，都具有基础性意义，做人做事第一位的是崇德修身。"③ 这就强调了修德对于做人做事的重要性。由此，增强文化软实力的第一位当然也是崇德修身。其次，国民的道德责任在于自觉抵制各种腐朽没落道德的侵蚀，崇尚社会主义道德。在现时代，多元的文化、种类繁多的利益关系乃至复杂的国际形势，使得一些落后的道德理念及其行为时而沉渣泛起，以至于社会上有

---

① 《习近平谈治国理政》第 2 卷，外文出版社 2017 年版，第 47—48 页。
② 《习近平谈治国理政》第 1 卷，外文出版社 2018 年版，第 168 页。
③ 《习近平谈治国理政》第 1 卷，外文出版社 2018 年版，第 172 页。

的人私欲膨胀、唯利是图、损人利己，甚至不惜丧失国格、人格，坑害国家和民族利益，以捞取一己私利。假如任此类丑恶现象蔓延滋生，没有基本的道德素质，那怎么谈得上提升一种精神力量？又怎么增强文化力呢？所以，只有具备对"缺德"行为给以严厉遏制的勇气，才有更好的崇高道德精神张扬的空间和条件，也才能有国家文化软实力的不断增强。

2. 社会主义道德是国家强大精神力量的重要支柱。当代中国，伴随着经济建设举世瞩目的伟大成就，文化软实力也在不断增强，文化对世界的影响力也在不断提升，其中，作为国家精神及其核心内涵的社会主义道德建设的成就起着不可替代的独特的影响作用。

国家精神就是中国精神，即以爱国主义为核心的民族精神，以改革创新为核心的时代精神。同时，国家精神在现时代还凸显为社会主义核心价值观和人民至上精神。

就现时代伦理视角来看，唯有坚持爱国主义、改革开放之道德原则，才能充分展示国家精神力量，也才能不断增强国家文化软实力。首先，作为社会主义道德原则的爱国主义精神最能张扬和体现国家的精神力量和文化力量。2020年年初突发的新冠疫情，我国在以习近平同志为核心的党中央的坚强领导下，爱国主义精神以及集体主义精神、人道主义精神、英雄主义精神等社会主义道德精神得到空前的弘扬和高涨，快速高效地遏制了疫情的蔓延。这不仅充分展示了社会主义道德精神的巨大作用，也充分展示了社会主义制度文化等国家文化软实力。可以想象，假如爱国主义精神不能被弘扬，甚至贬低爱国主义精神，那就不可能在全社会奉行集体主义、人道主义、英雄主义等道德精神或道德原则，这样的话，在突发重大灾害面前，我们怎么可能有高效应对的巨大社会力量呢？又怎么可能展示或提升国家文化软实力呢？其次，作为社会主义道德原则的改革开放精神，它是现时代国家精神力量的象征，更是不断增强国家文化力量的重要途径。改革开放始终伴随着开拓创新、不畏艰难和甘愿奉献的道德精神，我国改革开放取得的举世瞩目的成就，与改革开放道德精神的不断加强和弘扬是分不开的。《中共中央关于制定国民经济和社会发展第十四个五年规划和二〇三五年远景目标的建议》中指出，要坚持深化改革开放，强调坚定不移推进改革，坚定不移扩大开放。可以说，改革开放越深入，越会涉及更多更深刻的利益重组和利益合理化问题，这仍然需要一种担当和勇气，更需要一种不畏艰险的勇敢精神。进一步说，国家文化软实力的不断增强，必须建立在不断深化改革开放的基础上。改革开放以来的实践已经充分说明了这一点。

习近平指出："核心价值观是一个民族赖以维系的精神纽带，是一个国家共同的思想道德基础。如果没有共同的核心价值观，一个民族、一个国家就会魂无定所、行无依归。"① 习近平还说："核心价值观是文化软实力的灵魂、文化软实力建设的重点。这是决定文化性质和方向的最深层次要素。一个国家的文化软实力，从根本上说，取决于其核心价值观的生命力、凝聚力、感召力。"② 因此，增强国家文软实力，要抓住社会主义核心价值观培育和践行这一"主心骨"。一是要精心培育全体国民的社会主义核心价值观，通过对国家兴旺、社会和谐、人民幸福的现实考察和体验，真正使得社会主义核心价值观深入人心；二是要研究和落实社会主义核心价值观的具体行动方案，真正让每一位国民明确行为坐标和行动目的；三是要增强国民的道德辨别力，提升国民对腐朽没落的价值观的抵制能力，确保培育和践行社会主义核心价值观的环境和条件。

习近平指出："我们党来自人民、植根人民、服务人民，党的根基在人民、血脉在人民、力量在人民。失去了人民拥护和支持，党的事业和工作就无从谈起。"③ 习近平还指出"老百姓是天，老百姓是地。忘记了人民，脱离了人民，我们就会成为无源之水、无本之木，就会一事无成"④。这以人民为中心的人民至上理念，既是中国共产党执政的重要理念，也是国家精神的重要内涵。事实上，人民是国家文化力量不断壮大的主体，而且人民至上理念本身就是我国重要的国家文化标志，是建设社会主义文化强国的重要精神依托。

---

① 中共中央文献研究室编：《习近平关于社会主义文化建设论述摘编》，中央文献出版社 2017 年版，第 124 页。
② 《习近平谈治国理政》第 1 卷，外文出版社 2018 年版，第 163 页。
③ 《习近平谈治国理政》第 1 卷，外文出版社 2018 年版，第 367 页。
④ 《习近平谈治国理政》第 2 卷，外文出版社 2017 年版，第 53 页。

三 物质的精神文化特质取决于道德

文化不只是理念层面的理解，物质的精神文化也是体现国家文化和国家文化软实力的重要方面，而物质的精神文化的基础要素是道德。假如物质失去了作为灵魂的道德，其物质力量和物质的文化力量就难以正常体现和发挥作用，进而将直接影响国家文化软实力的充分展示。因此，物质的精神文化特质取决于道德。

1. 物质资源配置的文化力量很大程度上取决于其道德水准。社会主义市场经济的一个最基本目标是实现资源的合理配置，并进而实现最佳的经济效益。而资源的合理配置，主要地应理解为物质资源的最佳利用样式，其能量亦能实现最佳程度的发挥，这一目标的实现在很大程度上取决于人的道德素质及其道德性配置。

事实上，物质资源的合理配置绝不是一个纯经济的活动过程，尽管市场经济运行过程中市场规律起着重要的支配作用，但人的参与是一个逻辑前提。对于物质资源本身来说，如果没有人的参与，它是无法实现合理配置的。这样一来，人的道德素质、价值观念将直接影响物质资源合理配置的方式和程度，如果让拜金主义、唯利是图等行为在社会上立足甚至泛滥，尤其是如果让资本无序扩张，那在直接扰乱社会主义市场经济秩序、破坏物质资源合理配置原则的同时，物质资源合理配置将会遭到严重干扰，会造成物质资源的配置不公，该得的少得甚或得不到，不该得的享受着不义之物，这其实是在浪费物质资源。这样不合理、不公正的物质资源配置，其实是不道德理念下的产物，是一种与社会主义制度背道而驰的物质文化现象，这也会导致虽物质资源丰富了，但文化软实力减弱的态势。所以，物质资源的合理配置，是一种道德现象，也是一种物质文化现象，也是增强国家文化软实力的重要方面。①

意大利经济学家维弗雷多·帕累托提出的"帕累托佳境"理念，受到了国际学界的关注和认同，其实，这是物质资源实现最佳配置

---

① 参见王小锡《社会主义市场经济的伦理分析》，《南京社会科学》1994 年第 6 期，人大复印报刊资料《伦理学》1994 年第 11 期全文转载。

的一种在理论上可以逻辑地说明的理念。"帕累托佳境"既是指资源分配的一种状态,即在可分配资源和享受资源人数既定的情况下,从一种分配状态转换到另一种分配状态,在不使任何人境况变坏的前提下,不可能再使某些人的处境变好。至于他同时提出的"帕累托改进"亦称"帕累托改善"理念,是指一种变化,在没有使任何人境况变坏的前提下,使得至少一个人变得更好。"帕累托佳境"和"帕累托改进"揭示的是,当一种经济实现"帕累托佳境"时,各种社会资源的利用和财富的分配都达到了一个均衡的状态,没有过剩也没有不及,因而效率是最高的,社会福利得到了最大的实现。我认为这其实就是道德经济佳境,离开了道德,任何经济将不可能实现最佳境况,甚至会形成带根本性的"短板"经济。这是一种有价值的物质资源合理配置的理念,如果落实到经济社会发展的进程中,它是一种经济文化或称物质文化的表现。不过,"帕累托佳境"和"帕累托改进"能否实现,要看社会制度和社会道德主张及其道德行动,尤其要看财产的所有权制度是否合理及其所造成物质资源分配和利用的状态。这又从一个侧面说明,物质资源配置受制于道德,它是物质文化的一个重要方面,在一定程度上直接影响文化软实力的发展。[1]

2. 生态环境文化力的提升离不开科学的生态道德。生态环境建设成果及其生态环境的状况,是人们生态文明理念的一种物质表现形式,换句话说,它是生态文化的物质存在形式。同时,生态环境状况也是生态文化力的存在形式,它既是生态文化转化为生态环境的力度、广度和深度的物质形式,又是展示生态文化力的强度的物质形式。当然,我在最近发文中提道:生态文明或生态环境建设,"它更多地蕴含人类如何对待自然、社会和自然与社会的问题,这也是国家道德、社会道德和个人道德问题之集中体现"[2]。没有客观的自然生态应当、社会生态应当以及自然与社会生态应当的道德理念,人们就不知道生态环境应该是什么样的存在方式,更难以知道如何建设好生态环境。所以,生态环境状态是生态道德乃至生态文化和

---

[1] 参见王小锡《"帕累托佳境"即道德经济》,《中国社会科学报》2013 年 11 月 18 日。
[2] 王小锡:《新时代中国之治的伦理意蕴》,《道德与文明》2021 年第 1 期。

生态文化力的真实展示。

习近平指出："人类发展活动必须尊重自然、顺应自然、保护自然，否则就会遭到大自然的报复。这个规律谁也无法抗拒。人因自然而生，人与自然是一种共生关系，对自然的伤害最终会伤及人类自身。"[①] 这就意味着生态文明及生态文明建设本身就是人和人类应当的道德问题，人和人类必须懂得生态道德原则，这是发展生态文化和增强生态文化力的重要前提。因此，习近平进一步指出："生态文明是人民群众共同参与共同建设共同享有的事业，要把建设美丽中国转化为全体人民自觉行动。每个人都是生态环境的保护者、建设者、受益者，没有哪个人是旁观者、局外人、批评家，谁也不能只说不做、置身事外。要增强全民节约意识、环保意识、生态意识，培育生态道德和行为准则，开展全民绿色行动，动员全社会都以实际行动减少能源资源消耗和污染排放，为生态环境保护作出贡献。"[②]

由是观之，生态环境建设需要体现为生态文化的科学的理念及其科学的道德观，需要在此基础上的道德行动。生态环境是生态文化和生态道德的重要载体，它既是国家文化软实力的重要内容，也是不断增强国家文化软实力的重要途径。

3. 物品的人性内涵是物力的根本性要素。这里的物品，指的是人们生产的又被人们生产、生活使用的劳动产品。从宏观意义上来说，人们生产的物品都是一定文化的产品或文化性产品，换句话说，所有产品都是在一定理念下制造的，是一定文化的外化物，而且，正因为所有产品都是为人所用，故人性需求及其对产品内涵文化的要求，一定会渗透在物品之中。然而，为人使用的劳动产品之物，如果在设计、制造甚至销售过程中忽视或偏离了道德，就难以契合人性和人的高质量的、舒适的生产和生活需求，也就是说，这样的产品往往严重影响它的适用性和耐用性等，这时的物力不会仅仅由产品的材质和科技含量等文化内涵来确定，而物力从根本上来说取决于物的文化内涵中的道德的含量。这就是说，物品的力量取决于文化力，但是，道德力是文化力中的核心力。而且，缺乏道德力的

---

① 《习近平谈治国理政》第 2 卷，外文出版社 2017 年版，第 394 页。
② 《习近平谈治国理政》第 3 卷，外文出版社 2020 年版，第 362—363 页。

物品，其物品的文化内涵和文化力将没有基本依据。

在现时的商品市场中，为什么有的产品受人欢迎，市场占有率也高，而为什么有的产品市场份额不高且逐步减少，以致最终退出市场，其重要原因是产品的道德含量不高并导致文化含量欠缺或文化力作用甚微所造成的。

所以，必须重视的是，国家文化软实力的增强，需要注重物品的文化内涵和物品文化力，需要注重物品的道德力。它是展示国家文化软实力的重要载体，更是建设社会主义文化强国的应有之义。

四 价值观乃提升国际文化影响力之根

国家的文化软实力在很大程度上要看国家文化在国际上的影响力，同时，国际文化影响力又在很大程度上取决于国家价值观在国际上的影响力。习近平指出："价值观念在一定社会的文化中是起中轴作用的，文化的影响力首先是价值观念的影响力。"[1] 可以说，建设社会主义文化强国，首先要看我们核心价值观的培育和践行力度，否则，难以快速提高我国的文化软实力，更难在国际上展示我国特有的文化力量。纵观历史，中华文化历来在世界上有强大的影响力，其中很重要的原因是我们特有的中华民族精神及其共同的价值观念。习近平指出："历史和现实都证明，中华民族有着强大的文化创造力。每到重大历史关头，文化都能感国运之变化、立时代之潮头、发时代之先声，为亿万人民、为伟大祖国鼓与呼。中华文化既坚守本根又不断与时俱进，使中华民族保持了坚定的民族自信和强大的修复能力，培育了共同的情感和价值、共同的理想和精神。"[2]

所以，向世界展示国家文化软实力，应该大力弘扬和传播社会主义核心价值观。

1. 努力培育和践行社会主义核心价值观是我国向世界展示国家

---

[1] 中共中央文献研究室编：《习近平关于社会主义文化建设论述摘编》，中央文献出版社2017年版，第105页。
[2] 中共中央文献研究室编：《习近平关于社会主义文化建设论述摘编》，中央文献出版社2017年版，第6—7页。

文化软实力的重要依据。因此，举国上下应该精心组织，在全社会认真培育和践行社会主义核心价值观。首先，应该大力宣传社会主义核心价值观，使其家喻户晓、人人皆知。同时，应该着力让全体国民在接受社会主义核心价值观教育时，能做到知其然并知其所以然，确立正确的理想信念。其次，应该在不同的社会生活领域、不同的工作范围、不同的交往场域等提出贯彻落实社会主义核心价值观的细则，以便人们行有依据、动有目标。尤其是在国际交往过程中，要通过自己的一言一行，充分展示国民的良好素质和无形的精神力量。最后，应该理直气壮地批判和抵制腐朽没落的价值观念，严防腐朽没落的价值观念腐蚀人们尤其是青少年的思想和身心。可以说，社会主义核心价值观培育和践行的力度将向世界展示国家文化软实力的强度。

2. 努力传播社会主义核心价值观及其培育和践行成果是提升国家文化软实力的重要途径。习近平指出："提高国家文化软实力，要努力传播当代中国价值观念。当代中国价值观念，就是中国特色社会主义价值观念，代表了中国先进文化的前进方向。我国成功走出了一条中国特色社会主义道路，实践证明我们的道路、理论体系、制度是成功的。要加强提炼和阐释，拓展对外传播平台和载体，把当代中国价值观念贯穿于国际交流和传播方方面面。"[①] 这就是说，在传播中国价值观念的过程中，应该结合我国在社会主义核心价值观培育和践行过程中取得的伟大成就，有说服力地阐明社会主义核心价值观的感召力和向心力，并以此表明我国建设社会主义文化强国的依据和目标。

前面已经提到，社会主义核心价值观就是社会主义道德观，因此，增强和宣传国家文化软实力意味着我们在主张培育和践行社会主义核心价值观的同时，要努力使得国家价值目标、社会价值取向、个人价值准则即国家的德、社会的德、个人的德全方位、全场域、全层面得到张扬和践行，真正让全世界体会到我国强大的文化软实力。

（原载《云梦学刊》2021 年第 4 期）

[①] 《习近平谈治国理政》第 1 卷，外文出版社 2018 年版，第 161 页。

第三编

道德随想

尽到努力　顺其自然

水往低处流，人往高处走，前者是自然规律，后者是人生定理。前者是为了强调后者。

人往高处走，这不仅是人的生存条件的需要，而且也是人的"面子"的需要，更是为了人生价值追求的需要。

然而，理想与现实往往不能一致，心想的不一定能实现，即人往高处走不一定走得上去。但是，只要尽到努力，无怨无悔，至于结果，顺其自然为好。有些追求目标似乎应该获得，但是，由于主客观条件的限制，再加上社会是复杂有机体，不是人为造成的该有不一定有的情况时有发生，需要认账，否则，可能会影响已经有的物质和精神享受。其实，努力了，精神上满足了，顺其自然了，这本身就是一种获得和发展，是往高处又进了一步。

人生，努力了，该有的总归有，不该有的总有原因，想也无用。总想着不该有的，或该得到而最后或因人为或不是人为而没有得到的，是自己折磨自己，而且会丧失本来属于自己的人生难得的宁静。事实上，任何人的人生愿望是多方面的，甚至是完美无缺的，但是，可以说，任何人的人生愿望不可能全部即百分之百的实现，有的人生成就（获得）多一些，有的人生成就（获得）少一些，且各自会凸现出不同的人生轨迹和不同特色的人生成就，因此，人应该在尽到努力的情况下，满足于现实，满足于自己独特的人生成就。即使有不公平、不顺畅，也应该理性对待，泰然处之。

当然，尽到努力是劳动意义上的，而不是"拉关系"意义上的；顺其自然是遵循客观规律、泰然释然意义上的，而不是非理性的逆来顺受意义上的。其实，尽到努力，顺其自然，就是人生定律，其本身就是人之安身立命之重要依据和应有的生存理念之一。

（原载《德与美》，上海三联书店 2017 年版）

漫谈人生境界

  茫茫宇宙中，人虽渺小又渺小，但人又很伟大，因为人的思维能够超越宇宙，把握世界，并改造世界；同时，在无始无终的时间的长河中，人生虽短暂又短暂，但人的精神和创造永恒、不朽。所以，人要活得像人，成其为人，应该追求伟大、追求永存、追求不朽，这才能成为境界高尚的本真意义上的人。

  人的名利观最能体现人生境界。人生在世，"名利"谁都关注。"名利"，是一个正常的人生哲学理念。谁不在乎自己的利益、追求自己的好名声？但是，假如为了自己的名利而不惜牺牲他人的利益，甚至不择手段，这样争来的名利，必然会为人所诟病，遭人唾弃。为了名利，明争暗斗，结果两败俱伤，无甚裨益。那些热衷于无谓争斗的人，肯定当不了该当的好官；热衷于无谓争斗的人，肯定赚不了该赚的大钱；热衷于无谓争斗的人，肯定做不了该做的真学问。追求名利应该靠自己实实在在的努力奋斗，靠自己的智慧和技能。当然，不管怎样，心态应该好，求名趋利应该做到：境界高尚、尽到努力不后悔；心平气和、顺其自然不伤神。

  当然，求名趋利与付出和奉献是一致的，与讲道德是一致的。古人云："天无私覆也，地无私载也，日月无私烛也，四时无私行也。行其德而万物遂长焉。"（《吕氏春秋·去私》）这里的"无私"并不是反对一切个人私利，而是不主张因私利而缺德，故强调"行其德"，所以，这里的"无私"就是指无"小人"之"私"，这就意味着"无私"就是主张"不过"而适度，就是主张讲德性。事实上，理性意义上的求名趋利，不会也不应该不择手段，它应该是体现良好德性的行为。

  如何为人乃人生境界的风向标。人生在世，厚道得人缘，真诚聚人气。当然，笔者在这里讲人缘、人气并非不择手段、目无法纪地去争取。人生注定是要和人打交道的，而人与人之间的关系是理想人生的重要资源，忽视了这一点，人生往往是被动的。要积聚这样的人缘和人气，人要厚道，要真诚。说实话，人不厚道，本领再大也往往得不到认可，不能取得应该取得的成果；人不真诚，就算聪明过人，也不会有真正的朋友，这样的人生终归是可怜或失败的人生。

  人生境界高低不在事大事小之分。事大事小不是人生境界的分水岭，人生境界体现在对立身处世之应该的认识和践行程度。如在没有人监督的情况下，能做到不随地吐痰，那就是品德高尚之举。为此，"勿以善小而不为，勿以恶小而为之"，"慎独"乃做人的最高道德境界。

（原载《德与美》，上海三联书店 2017 年版）

劝君三十而不惑

孔子说，人生四十而不惑。这对于年龄还没有到四十的人来说，体会往往达不到这种境界。我在四十岁之前，从来没有感到我是个中年人，就在我人生第四十个春秋到来之时，我才真切体会到我已是中年人，才有较为自觉的自我成熟感。记得我四十岁生日时，我由衷地感悟到孔子的伟大，人生四十而不惑已经对于我来说是切切实实的体验。我深感，年过四十，看问题比较看得全、看得开、看得准了，甚至看得穿了。顺意时绝不会得意忘形，逆境时也不会自暴自弃；厚道之人与道貌岸然的正人君子不会在眼皮底下被颠倒；名利与屈辱均会被泰然处之。同时，年过四十，做事做得比较实、做得周到，甚至做得精巧了。不管事情多么复杂，条件多么不好，但是办事的成功率比较高了。作为人生历程来说，"四十而不惑"，这是人生阶段的标志，是人生之规律。我想，对于孔子这一命题来说，其理解的深刻意义不只在于提示人们年过四十想事办事应该周到，更在于它蕴含着这样一个道理，即人生要取得比常理或常规更辉煌的成就，应该自觉地实现三十而不惑。

"而立"之年同时实现"不惑"，这应该是人生了不起的自觉。人生三十达到不惑，意味着人生不仅提前十年达到"完满"境界，而且实际上延长了十年的"不惑"生存状态，且这十年恰恰也是人生的"黄金时段"，这样一来，不管是从政、经商还是做学问，只要充分利用这十年，必将会赢得更高、更快、更多、更大的成就。

为此，不要设想时光倒流，而应抢在时间前面。那么，如何实现人生三十而不惑？我想只要不奸、不懒、不糊涂；坚持好学、勤练、多思、实干，定能主宰自己的人生，实现三十而不惑"主动人生"。

（原载《德与美》，上海三联书店 2017 年版）

谈人比人

人比人气死人，这是经常听到的口头语。然而，抬头望远一点，思路开阔一点或宏观一点，看问题"入木"一点就不至于生气。

人生在世，人应该跟人比。人往往最不能认识自己，但复杂的近似于"残酷"的竞争社会又要求不能不认识自己，而且应时刻把握住自己，否则自己误了自己，甚至自己"卖"了自己或害了自己也不知道。所以，人的一生实际上也是不断认识自己的一生。然而，认识自己的方法莫过于与人相比，因为，与人相比能比出自己的不足，促使引起自己的警觉；能比出他人的长处，促使自己取长补短；能比出自己的信心和决心，促使自己奋起、努力，展示自己的才能和业绩；能比出团结互助的氛围，促使人际互相帮助，共同进步；能比出理性竞争态势，促使人际相互竞争，共同促进社会的进步。

换一个角度，人生在世，人又不应该跟别人比。其一，人的能力有大小，尽到努力，心安理得。不必去追求自己能力不能及的东西。更不必为没得到他人已得的东西而苦恼。因为，主客观条件限制，得不到就是得不到，自寻烦恼，这是自己破坏了可以自己获得的平静的生活。其二，人的生存条件和生活背景不都一样，他人有的自己不一定有，应该承认现实，也没有必要妒忌他人所得。当然，自己可以创造生存条件、改变生活背景来实现人生目的，但这不是件想做就能做到的事，还得实事求是，尽到努力，顺其自然吧。其三，人生的机遇不一样。尽管说，机遇对于每个人来说是平等的，但机遇在什么时候、什么情况下出现，每个人对机遇出现时的空间和时间距离不一样。因此，机遇不像太阳光，每个人都能被照到。某个机遇只能被某个人、某些人或某群体抓住，机遇对于个别人擦肩而过的情况不在少数。为此，遇不到机遇没有必要怨天怨地。当然，不能忽视的是，机遇只光顾有充分准备的人。其四，人生的名利、地位对于整个社会来说是"金字塔"式的"模块"。高名声者少、高权力者少、高地位者少，世上不存在全都高名声、高权力、高地位的状况，如果这样，高就不成其为高了。这就是说，人生总是在往塔尖上爬，但爬得越高，人数越少，有的人虽爬不到所谓显赫的高度，只要是尽到努力，仍然是人类的可贵之"物"，因为，塔尖是由一层层塔基托住的，没有塔基就没有塔尖。没有各阶层的认可和赞誉，哪来名声；没有老百姓支持，哪来权力；没有社会的接纳，哪来地位。为此，不在"塔尖"之人们，大可不必自己瞧不起自己，有你才有塔尖，你也可以是出彩之人。

（原载《德与美》，上海三联书店 2017 年版）

亦师亦父恩重情深

——怀念敬爱的罗国杰老师

敬爱的罗国杰老师已离我们而去，哀伤难消逝，怀念将永远。我一生钟情伦理学教学与研究，这与罗老师亦师亦父般的教诲与扶植是分不开的。

我记得1982年秋伦理学进修班开学后，罗老师第一次给我们上课就很认真地告诫我们要"学伦理学，做道德人"。他不仅这样说，自己也这样做，而且一生躬行、率先垂范。为此，罗老师赢得了社会各界广泛的尊重和爱戴。罗老师"学伦理学，做道德人"的警句，成为我人生的座右铭，一直影响着我的为人处事、丰富着我的人生内涵。当年中国人民大学举办的伦理学高校进修班被称为伦理学界的"黄埔一期、二期"，为全国高校培养了一批伦理学人才。可以说，罗老师的这句"学伦理学，做道德人"，伴随着中国伦理学学科的发展和壮大，影响并将继续启迪我国一代又一代的伦理学同仁，真可谓，一句箴言，影响历代学人。

记得当年，江苏伦理学界同仁集体编写了一本《伦理学通论》。一天，趁去北京开会的机会我怀着忐忑不安的心情恳请罗老师题写书名，没想到罗老师爽快答应，令我喜出望外。据我所知，罗老师为学界伦理学著作题写书名十分鲜见，荣幸之余，我也常常感受到罗老师的厚爱与鼓励。后来，南京师范大学先后成立伦理学研究所和应用伦理学研究所，罗老师不仅都题写了所名，并且还提供了竖写横写的格式，任我们选用。夫人郭建新教授主编了《财经信用伦理研究》一书，恳请罗老师题词，罗老师很快从北京寄来了题有"深入研究财经信用伦理，完善财经信用制度，大力推进社会主义市场经济建设"的题词签，并盖上了印章。这不仅是对作者的鼓励和鞭策，更是对伦理学同仁的要求和希望。今天，罗老师虽然离我们而去，但见牌见字如见人，他永远激励我们在学术的道路上不断前行。

在我的学术人生道路上，罗老师始终无私提携。记得我在中国人民大学进修伦理学专业时，有一天下午，我正在宿舍里写作，罗老师敲门进来，见我一人在宿舍，就坐下跟我交谈了一个多小时。当时交谈的内容很多，谈学习、谈生活、谈工作、谈学术，说是交谈，其实是给我单独上了一堂人生哲学课，顿时让我对眼前这位和蔼可亲的老师、长者肃然起敬、心存感激。我一直记忆犹新的是，罗老师在谈话中要我多读书，要有自己的思考，要站在学科前沿搞研究，要让理论真正解释和解决社会现实问题。可以说，我一生的学术路向和学术风格深深地烙上了罗老师当时的谆谆教诲。

从我在中国人民大学进修伦理学毕业至今，已有30多年。每次参加伦理学的学术会议，每次聆听罗老师在会上的学术演讲，都在享受一次丰盛的学术大餐。2001年，在我们南京师范大学召开的全国第一次经济伦理学学术研讨会上，罗老师专程到会祝贺、演讲，会议间隙，他乐意和年轻人亲切交流。同样记忆犹新的是，在会议上，他语重心长地说，经济伦理学作为新兴学科，只要坚持以马克思主义为指导，好好耕耘，必有收获。现在看来，我国经济伦理学的发展态势，的确验证了当时罗老师的教导。那次会议，罗老师还告诫青年学者，做学问要力求创新，要立足为社会服务，这就是今天强调的学术创新要高平台、接地气的理念。

随着《中国经济伦理学年鉴》续集的不断出版，《年鉴》已引起学界越来越广泛的关注。这项得到学界赞赏的事业，与罗老师的关心、支持是分不开的。记得在北京召开的一次《思想道德修养与法律基础》教材编写会上，我把主持编辑《中国经济伦理学年鉴》的设想向罗老师做了口头和书面汇报，罗老师在表示全力支持的同时，欣然同意担任《中国经济伦理学年鉴》编委会主任，随后又认真审阅、修改了《年鉴》的编写设想和计划。他对我说："这是我国伦理学界第一部年鉴，要精心规划、精心组织、精心编撰，使之真正成为经济伦理学乃至伦理学研究的权威信息资料库。"多年来，罗老师提出的这三个"精心"，成为我们编撰《年鉴》的工作宗旨。

今天，《中国经济伦理学年鉴》已出版 11 卷，引起了学界的广泛关注，在推进我国经济伦理学乃至伦理学的学术繁荣和学科建设上发挥着独特的作用，并在国际上产生了一定的影响。可以说，没有罗老师当初对编撰《年鉴》的支持和鼓励，没有罗老师长期的关注和指导，就不可能有今天已经连续出版 11 卷的《中国经济伦理学年鉴》。

最使我难忘的是，罗老师先后为我的拙作撰写过两篇序言，每篇序言都是他在认真阅读书稿的基础上写成的，且每篇序言都有画龙点睛之功，可谓字字洋溢鼓励，句句闪烁光芒。在为我的《道德资本与经济伦理——王小锡自选集》作序时，罗老师虽已重病在身，但听说我要出自选集并有意请他恢复健康后作序时，他欣然允诺，并很快在病中给我写好了序言。当我在罗老师家拜接纸质序言稿时，罗老师对我说："小锡啊，我现在体力不支，不再为他人作品作序了，但你的自选集要出版，我很高兴，我要为你写好这篇序言。"那一刻，我不知说什么好，唯有眼含热泪，不断地点头并鞠躬致谢。师恩如山，无以为报，唯当竭尽所能，致力于罗老师开创的事业，以不辜负罗老师的关爱与提携。

罗老师的精神永存！罗老师永远活在我们心中！

（原载《德与美》，上海三联书店 2017 年版）

月亮神韵

我小时候很喜欢月亮，不管是月圆还是月缺，只要我关注天空的月亮，总会发现，在我走路时，月亮一直在"跟着我"，在池塘边，月亮又会与我"贴面相遇"，似乎是不离不弃的好朋友。在经常听大人讲月亮上的天宫、玉兔、嫦娥等故事后，更是对月亮有一种神秘和"向往"的感觉。现在用"专业"的眼光看月亮，它有一种伦理的神韵，让人仰望。

"追梦"。人们常说月亮是天上仙境，在月亮上生活就是神仙过的日子，因此，嫦娥飞天奔月故事隐喻着人们对美好生活的向往和憧憬。月宫里的小白兔，也是隐喻月宫是万物生灵的好去处。事实上，人类登月的成功，中国"神舟"的太空来回，意味着人类追求、实现梦想已成常态。故，月亮的传说均为人间美好梦想的一种表达方式，飞天成功是实现梦想的经典写照。

"忠诚"。月亮始终围绕地球在周而复始地转圈，近距离地与地球"接触"，要么在云层中"躲猫猫"，要么有规律地让地球潮涨潮落，要么在阴雨中破云而出，照得条条细雨像天降银丝等，从不让地球寂寞。不仅如此，它还"拾遗补阙"，借太阳光辉反射地球，"尽力"弥补晚上黑暗无光的时刻，为地球"增光"。不可想象，地球没有了月亮会是怎么个状况。月亮算得上不离不弃的忠诚卫士的象征。

"聚力"。月亮在晚上虽"一球独大"，但从不因此"狂妄自大"，更"不排斥"任何或大或小，或远或近的星星，而是"和谐共处"，并以"温文尔雅"的存在，衬托星星的闪烁之"精灵"和"活力"，难怪"众星拱月"成了自然界的永恒景观。由此，我想，月亮的凝聚力来自它特有的"品性"：虽具有独特的魅力但十分

"低调"；虽与太阳、地球结缘，但不见"傲气"；虽夜晚"独大"，但没有"霸气"，并乐于与众星祥和共存，乐于衬托他物的存在。

"忙活"。尽管"众星拱月"，但月亮毕竟在太空中独一无二，代表着"孤独"，而且，与太阳比，体小光弱，热度不够，与星星比，比不过星星的繁多与璀璨。但是，月亮没有闲着，它在不断"接待"地球"派遣"的访客时，也在不断"接纳"天外陨石"来客"；在漫漫长夜中，要么"躲在地球背后"让生灵安睡，要么以柔和的夜光让万物养息；有时，月亮和太阳还"不约而同"地在东方和西方同时出现，在"遥望"和"对话"的同时，让地球"欣赏"他们的"约会"。月亮是独自"忙活"甚至"乐活"的太空"骄子"。

"启智"。月亮在人类和宇宙之间架起了启发智慧的桥梁。人们通过接触和研究月亮，以独特的视角进一步认识了宇宙，并更进一步认识了自身居住的地球。还因为月亮的存在，人们进行了要么与月亮直接相关的诸如"天狗吃月亮"（月食）、月圆与月缺等的各种科学研究，要么受月亮与地球潮汐关系等的启发，展开对相关事物的科学探索，不仅获得了对许多未知领域的新认识，而且激发了人们许多新的灵感，不断开启新的求知旅程。更有甚者，将来人们还将月亮作为根据地，并通过月亮这个跳板去探索更远更大更广的未知世界。

（原载《德与美》第 2 版，上海三联书店 2018 年版）

长江老鳖

春暖花开季节的一个偶然机会,我和夫人在南京市郊看到一位老农在路边叫卖一只长江老鳖。当时围观的人很多,七嘴八舌在议论老鳖的年龄、价值和命运等,我和夫人也挤进围观人群中看热闹,当夫人看到足有20多斤重的老鳖时脱口而出,"这么大的老鳖,买回去放生"。这时,原先缩在腹中的老鳖的头一下子伸了出来,顿时让围观的人惊奇不已。

大家的议论话题迅速围绕老鳖的"灵性""放生"而展开。老鳖听得懂人的话吗?有人说,肯定听得懂,有人说不会听懂,这是机缘巧合。我倒有另一种想法,即这只老鳖听懂人的话是不可能的,可能以前被放生过一次甚或两次,对"放生"两字有本能的"信号感觉",这也就是一种所谓的"灵性"吧。就像我每天早上给金鱼喂食一样,只要我走进鱼缸,并敲几下鱼缸壁,金鱼会迅速浮到水面抢食,这也是所谓的本能的"信号感觉"。近期在微信上多次看到一头老牛的故事,即,在一个干旱的季节,一天,一头老牛在公路中央拦住了为干旱灾区送水的车子,司机猛按喇叭也不管用,后来司机大概也揣摩到了老牛的喝水意图,便下车端盆水到老牛面前,老牛当时没有喝,只是用叫声唤来了自己的小牛仔,当小牛仔喝足水以后,老牛带着小牛仔让道离开了公路。尽管这个故事不见得真实,但它反映人们对动物"灵性"和"仁爱情感"的理解。其实,这种体现动物"灵性"的诸如母兽爱幼崽、老牛被宰杀前落泪等情景在我们的日常社会生活中经常遇到。因此,对于濒危动物和有一定"灵性"的动物,人类不应该任意伤害甚至杀害。事实上,法律也在分类保护很多动物不被侵犯甚或杀害。

不管怎样,长江老鳖听到"放生"两字即伸头的境况是让人好奇的事，而且，这么大的老鳖应该让它回归大自然。议论中，还有人建议老农放生，老农绝对不愿意。我和夫人决定买回去放生。卖主要价是 1800 元，而且口称"一口价"，不还价。在一番讨价还价中，围观人都帮助说话，都说买回去放生，价格应该优惠，结果卖主也被说通了，决定 600 元成交。不过，卖主还是怕我们借放生砍价，迟迟不想收钱交老鳖，在夫人表示平时不喜欢吃甲鱼，并让他陪我们去放生老鳖时，他才接下我们的买鳖钱。

我们随即驱车来到长江与秦淮河的交界处，立即将老鳖搬到长江边的一块浅滩上，当时老鳖趴在那里一动不动，无动于衷，似乎不想离开我们。而后当我搬起老鳖准备直接放入水里的过程中，我夫人发现老鳖肚子上有伤口，随即动容地说："老鳖，好好'回家'吧，路途注意安全，不要再受伤了，更不能再被捉上岸。"老鳖被放到水里后便慢慢悠悠地沉入江中，过了一会儿，意想不到的情景出现了，老鳖在离我们差不多 2 米远的地方，冒出水面，露出头，朝我们看了一会儿，好像是在表达感恩之情，并似乎在跟我们说"再见"。我们当时真有些依依不舍的感觉。老鳖大概也理解我们的心情，或者也是依依不舍，在它第二次沉入江中后不久，又在离我们大约 5 米左右的地方再次冒出水面，露出头，并转过头来朝着我们俩一动不动地仰望，这让我们很激动。我们随即向它挥手告别，口中连连喊着"再见，老鳖"。而后在老鳖第三次沉入江中后，我们面朝长江，站在原地不动，在目送老鳖离开的同时还想再见见老鳖，结果，真还等来了，老鳖在较远处的江中第三次露头看着我们，这时的老鳖露出的头已经是一个"黑点"了。当时真希望老鳖能游回到我们身边，带回家把它养起来。可是，当老鳖再次沉入江中后，我们就再没有见到它的影子。老鳖的这三次露头看我们的举动，让我们欣喜不已，我们救了一只"懂事"的老鳖。要不是亲眼所见并亲身经历，任何人要讲这段老鳖的故事，我是绝对不会相信的。这老鳖有"灵性"啊！

我不相信动物有"自觉性"，但是，动物的本能感觉或动物的"灵性"在一定意义上可以与人类"通约"，而且，通过训练，诸如搜救、导盲犬和信鸽等动物可以为人类服务。为此，保护动物是人类应有的职责。其实保护或拯救动物在一定意义上是在保护或拯救我们人类自己的家园和灵魂。

联想我们有的人，尽管表面可能是"仁者""理性动物"，但是不懂感恩甚至忘恩负义，不懂尽仁义甚至伤害他人，这连动物本能的"感恩灵性"都不如，这样的人迟早要受到来自社会各方力量的谴责和惩罚，这种缺德的下场可能连被原谅、被"放生"的机会也没有，这样的人是可怜和悲惨的。

（原载《德与美》第 2 版，上海三联书店 2018 年版）

牡丹伦理

今年4月应邀参加有"千年帝都,牡丹花城"美誉的洛阳召开的"古都大讲坛开坛仪式暨首届古都文化研讨会",会后我参观了栽培起源于隋朝、繁盛于唐朝的正在盛开的牡丹花。眼见为实,洛阳牡丹名不虚传,身在牡丹花丛中,赏心悦目还真概括不了当时的美好且深刻的感受,因为,在与牡丹花的"交流"中,我深深体会到了牡丹花独特的"伦理蕴涵"。

牡丹花姿雍容华贵,是富贵、繁荣的生存态和象征,因此,牡丹透出的气息应该是人们追求的理想和对幸福生活的向往,它实际上也在启迪和激发人们去努力追求理想、实现幸福生活。就像梅花,不怕寒冬,迎着雪花鲜艳绽放,是坚韧和傲骨的象征,人们喜欢它,既是人们对强者的崇敬,也是人们对在残酷条件下追求美好前景的赞赏;就像荷花,出淤泥而不染,是纯洁、清新的象征,人们喜欢它,是对廉洁清爽的赞誉,也是人们对花和绿叶相互支撑且不与污泥浊水同流的认同。

牡丹"朴实""大气""宽容""包容"是其难得的"气质"。牡丹花色花型不可谓不大气,而且,正如唐代韩琮在《牡丹》诗中云,"桃时杏日不争浓"和殷文圭在《赵侍郎看红白牡丹因寄杨状头赞图》诗中云,"迟开都为让群芳",为此,赏花者都对牡丹"花王"之美誉由衷趋同。尽管自然界称得上"花王""花魁""花冠""花英"等的花卉不计其数,但人们对牡丹"花王"的高度认同,可谓牡丹"气质"的无形魅力所致。事实上,牡丹"朴实""大气""宽容""包容"还体现在从不"傲气",只要土壤、气候适宜,牡丹一定充分展示其美姿;只要可能,牡丹一定与其他花卉同园或同地"和谐并存",且总是客观上也在"自觉"衬托其他花卉的美艳,从不因其自身的存在而影响其他花卉的"观赏赞誉度",反倒是因为牡丹的存在,使得其他与牡丹并存的花卉更凸显其独特的"花容"与"花神"。而且,春光无限,万紫千红,牡丹更艳,这何尝不是万花"拥戴"牡丹更显其"花王"的本色。这从另一方面又说明牡丹体现着特有的"凝聚力",代表着一种"花格",隐喻着一种"人格"。

牡丹神情美而不妖艳,且"积极向善与向上"。牡丹有红、白、粉、黄、紫、蓝、绿、黑及复色9大色系、1200多个品种,可谓姹紫嫣红、国色天香。正如北宋晁补之《牡丹》诗中说,"天葩秀出无双"。尽管如此,牡丹花没有刺眼的"杂搭"色调,更没有妖艳花姿,远看花团锦簇,近看朵朵悦目。每一束花,犹如穿着得体、言行高雅的善人。值得称道的是,牡丹的"向善"与"向上"神情,不是表现在百花丛中争奇斗艳不输它花,而是力求展示自身艳而见素、白而无瑕的风格。最使我驻足忘返的黑牡丹,黑中带红,黑中带艳,让人感觉在一定条件下黑也是一种美,而且是一种"醉人之美"。同时,黑中带红、黑中带艳的黑牡丹,蕴含着黑暗中有黎明和美好希望之哲学精神。如果在"花王"中选"王",我会选黑牡丹为"花王之王"。

不得不说的是,牡丹虽万紫千红,品种繁多,但没有哪种花色或花型是可有可无、艳与不艳、美与不美,它们都有存在和展示的理由,且"互相支撑""和谐共生",故牡丹花或牡丹园成了人类和谐命运共同体的重要象征。

难怪人们这么喜欢牡丹花,个中缘由不言而喻。凡人都具备"牡丹伦理精神"有多美好啊!

据说山东菏泽牡丹也有千年历史,近年菏泽牡丹节广为传颂,我想,天下牡丹是一家,有机会也去菏泽牡丹园,观国色、闻天香、品伦理。

(原载《德与美》第2版,上海三联书店2018年版)

伦敦塔桥

2011年4月的一天早晨,我站在伦敦塔桥上,感慨万千。作为一个20世纪50年代初出生的贫苦农民的儿子,当初做梦也没有想到此生会有机会来到英国,并在伦敦参加国际经济伦理学学术大会,且下榻的五星级宾馆就位于英国的标志性建筑、伦敦的象征——伦敦塔桥的桥头。

参加此次国际经济伦理学学术大会是我一生中最难忘和最值得骄傲的一次学术活动。大会上,我结识了一批经济伦理学乃至伦理学界的国际学术大腕,尤其是在大会安排的亚洲会馆的学术酒会上,我独自一人发表了学术演讲。记得我演讲的第一句话是,"中国是世界第二经济体,经济的快速发展,促使经济伦理学也成了中国的显学,真诚欢迎世界经济伦理学同仁到中国展开学术交流",顿时获得了热烈的掌声。这是一次展示中国学者风采的好机会,故,我力图以中国话语、中国风格展示学术观点,演讲结束赢得了一片赞誉的眼光。

说实话,较早以前,总感到要在国际学术交流平台上与外国学者对话是件不容易的事情。事实说明,只要有自己的创新研究成果,学者们都可以在国际学术舞台上发声,只要观点新颖且论证有说服力,国际学术同行们会给以认同和赞许。记得1996年夏天,我第一次出国,也是第一次随中国伦理学代表团赴韩国开展学术交流,我的大会发言引起了不少学者的兴趣,纷纷要求加强交流,一下子增强了我进行国际交流的学术底气。时隔20年,2016年7月在上海召开的第六届ISBEE世界大会上,因我对我独创的道德资本观的再次深入阐释,使得部分国际学者十分愿意参加由中国伦理学会、南京师范大学、今世缘集团联合举办并于2017年4月在江苏淮安召开的主题为"道德资本与企业经营"的国际学术研讨会。而后在淮安准时召开的国际学术研讨会会议上，国内外学者将道德资本问题研究推向了更高的学术平台。

在我的学术生涯中，多次邀请国际知名学者来我校交流讲学。诸如美国著名哲学伦理学家艾伦·吉伯德教授和乔治·恩德勒教授，德国著名经济伦理学家彼得·科斯洛夫斯基教授等还专门与我单独进行了专题性学术对话，取得了很好的效果，一些权威杂志还专门登载了我们的对话录。记得艾伦·吉伯德教授在对话后对我说，跟我交流受启发、很开心。在对话前的闲谈中，彼得·科斯洛夫斯基跷起大拇指，赞赏我了不起，说我提出的独树一帜的道德资本观很有价值。国际著名学者的赞誉，也是推进我进行学术研究的一种特殊的动力。

欣慰的是，在国际国内不断的学术交流中，我的经济伦理和伦理经济研究，尤其是道德资本理论的探索逐步趋向完备和完善，受到学界同仁的认同和赞誉。我国著名哲学伦理学家、中山大学章海山教授在 2016 年 12 月 17 日给我的电子邮件中说："在经济伦理学术上的成就和突破，你在伦理学界始终在最前沿，作出了重大的贡献，有力地推动了我国经济伦理的深入研究，无人能及的。这不是溢美之词，而是多年来关注的结论。"他还在 2017 年 4 月 11 日发表在《光明日报》的《凡有经济必有道德》文章中说：王小锡新著"《道德资本论》创造性地提出并论证了道德资本概念"，"富有新意地论证了道德如何使价值增值，即道德何以成为资本"，"作为世界独特的经济伦理或伦理经济理念，具有严密的逻辑理路"，展示了特有的"说服力和感染力"。也因此，我的《道德资本研究》（译林出版社 2014 年出版）一书作为江苏省哲学社会科学规划领导小组经专家评审批准的首批外译著作立项翻译出版。近日，据《中华读书报》报道，我的英文版《道德资本研究》出版后，受到国外学者关注，一个月之内就销售近 800 册，后来又已经加印。因该书的学术价值和输出影响，在由中国出版协会国际合作出版工作委员会、中国新闻出版研究院、出版参考杂志社联合主办的"年度输出版引进版优秀图书"评选中被评为第十四届输出版优秀图书，入选第二届版权输出奖励计划。《道德资本研究》（塞尔维亚文版）被评为第十六届输出版优秀图书。塞尔维亚出版社总编赞誉"这是一部具有国际水准的学术力作",为此,该书很快被翻译成塞尔维亚文出版。后来,日文版也由日本千仓书房相继出版发行。2016年由译林出版社出版的我的新著《道德资本论》也即将翻译成英文和德文出版,并在全球发行。

记得2009年4月在杭州召开的中国伦理学会第七次全国会员代表大会上,有几位代表在会议期间第一次称呼我为"道德资本家",以至于后来学界经常有同仁见面就喊"道德资本家"。我很乐意接受这个"雅号",因为,它反映我的道德资本观的学术影响,也是学界同仁对我的道德资本问题研究的关注和鼓励。近年来,反映我的道德资本观的两本著作,已经或即将被翻译成多种文字在全球发行,就已经发行的《道德资本研究》的三种外文版本来看,较多国际学者已经饶有兴趣地关注和研究我的道德资本观,这将促使我不断地去攀登经济伦理、伦理经济、道德资本等更高的学术平台,并通过国际国内的学术交流,促使形成道德资本研究的国际学术新理路。

让世界了解我们,让自己走出国门,这是学术交流乃至相互汲取学术营养的最好路径。要不是我的日文版《道德资本研究》由日本千仓书房出版发行,日本经营伦理学会也不会这么快了解我的学术观点,并于2016年3月邀请我到东京讲学。要不是我到东京讲学,我不可能获得一般资料上难以了解到的诸如日本京瓷公司在经营中的管理哲学、管理伦理思想等。近几年有许多外国学者非常乐意与我开展学术交流,有的用微信与我进行学术对话,还有许多外国学者给我发来电子邮件,通过电子邮件与我讨论相关学术问题,使我获得了难以替代的学术交流渠道。换句话说,若干年来,手机和网上交流新形式已经成为国际学术交流的崭新平台。国际学术交流在即时、在身边,学者随时可以立学术前沿、观学术潮流、探学术新路。

说实在的,国际学术交流在于学术信息互换、学术理念相互启发,更在于学术风格、学术境界的相互影响,还在于学术动力的不断加强。因此,学术在于交流,学术与交流同在。

(原载《德与美》第2版,上海三联书店2018年版)

先走了

在家乡的一次朋友聚会上，因我要赶乘高铁列车回南京，席间我起身告辞说："我先走了"，随即一位初次见面的朋友说："你的告别话语不当，'先走了'三字不吉利，应该说'先行离开了'"，我当时马上改口，并在一片笑声中向诸位朋友告辞。

回想起来，感觉这个朋友说的倒也有道理，因为"走了"的俗语可以是指"死了""去死了"，故某人死了一般会说某人"走了"。这言辞是对死和死者的敬畏和尊重，当然，也内含或说明人们忌讳说死，甚至也是怕说死。

求生本能人皆有之，但是，"走"是必然的，只是在什么时候什么情况下"走"，各人不一样，也无法预测。不过，由于人生之必然和偶然因素的辩证机理，人在什么时候什么情况下"走"，又是"定了的"，当然，这"定了的"既然是由人生必然和偶然因素的辩证机理决定的，这就意味着人可以通过积极努力、健康生存在时间上和空间条件上改变"定了的"。故，没有必要没话找话，提死的话题，更没有必要怕谈死或怕死。因为，活着没有死，死了不知死。由此，坦然面对死的话语、死的问题和迟早必死的现实，这是对生的理性的认识和把握，体现的是乐生的境界。

小学语文老师上课时说的一句话使我终生难忘，他说："人生下来就开始走向死亡，应该好好珍惜和享受由生到死的过程。"细细品味，这句话内含深刻的人生哲理。也就是说，人总是要死的，但生着就应该有意义地活着，就应该过好每一天。然而，有意义的人生，乐活每一天，这需要是积极的人生、努力的人生。否则，活着等于死了，享受也是不可能的。

我和我夫人都是研究哲学社会科学尤其是人生哲学的，对生死看得比较透，因此，我们对死的话题从不忌讳，且有许多共同话语。例如，我们都认为，到病重不治时，绝不做开刀插管之类手术，因为，此时，痛苦中多活几天已毫无意义，少活几天已无所谓，早"走"就是一种"解脱"。所以，我是主张"安乐死"的。我们还认为，一旦"走了"，没有必要举行什么告别（哀悼）仪式，设灵堂更是麻烦亲朋好友，至于什么追思会之类的活动也应该免去。我们不喜欢此类让人心情沉重的相关仪式。说实话，不搞告别（哀悼）仪式，给熟悉的亲朋好友留下鲜活、气强的形象是最好不过的"结局"。同时，不开追思会，给亲朋好友留下他们各自内心的记忆、认识和评价，这不失为一件有意义的事。我们还意见一致地决定，一旦我们先后"走了"，最好一起供奉一棵常青树的生长。我们共同拟定的黑色花岗岩上的墓志铭是：德者美，美者乐，乐者康，康者寿。愿识此"铭"者青春永驻、精神永生！

现在，老者意愿写遗嘱，甚至30多岁的年轻人也时兴写遗嘱，而这对于我和我夫人来说，没有更多的必要，因为对于家人来说，该交代的做人问题、发展问题、生活问题、家产问题和图书资料问题等，平时有意无意都说了，我们相信家人和子孙们不会辜负我们的基本理念和希望。对于他人和社会来说，我们想说的心里话乃至一些人生理念在发表的文章和著作中都有，期盼在遥远的将来，学界乃至社会还有人在阅读和研究我们遗留的文献。更希望我的在海外出版的《道德资本研究》（英文、日文、塞尔维亚文）、《道德资本论》（英文、德文、泰文）、《中国传统经济伦理思想》（韩文）等著作能不断地有国外学者关注。如果国内学界给予我的"道德资本家"雅号能在国际上获得赞赏和认同，那应该是我人生最大的幸事之一。

人们常说，"儿孙自有儿孙福"，言下之意是不要太关注或纠结于儿孙的发展与痛痒。辩证地看，教育、帮助儿孙是做家长的责任，义不容辞。但是，到了一定的时候，尤其是儿孙们长大成人了，儿孙自有儿孙的发展理念和生活主张，的确没有必要长辈们事无巨细地操心，至多给以必要的提醒、帮助和指导即可。同样道理，对于一个单位和一项事业来说，原来的所谓领导人、带头人、负责人等，不管后继者承继你在位的领导、带头、负责时的元素有多少，事业总是会发展的，即使有曲折，也是发展过程中的特殊节点，不必过多担心甚至瞎操心。后人自有后人样，对于正常的有成就的领导人、带头人、负责人来说，像样的后人是你的荣耀，不像样甚至背叛你的后人也能佐证你的荣耀。故，一切担心皆是多余。更何况，好的经验、好的思想、好的成就，不管他人有何评价，它都在那里，有价值的精神财产和历史记忆是黑不了、抹不了的。更何况，离岗了或退休了，担心就是不信任，招人嫌弃，何苦呢！为此，百年以后的人和事更不用你来担心会怎样怎样。要知道，不管道路多坎坷，时代车轮一定是不断向前的；就是阴雨天，太阳照常从东方升起，只是暂时看不见太阳而已。

中国人有句俗话，即"人死为大"，这在一般情况下，人们应该持有这一理念，因为，既然人已经"先走了"，给一点尊重、敬意、宽容和同情是人之良心使然。假如在人的身后说三道四，甚至或暗自窃喜或幸灾乐祸或泼脏水等，那是不成熟、不理智的"小人"之举。而且，事实上，在人身后有这种心态和言行的人，缺少了点人的基本的生死哲理。要知道，尽管你是年龄大者，但说不定没有"善终"，比"走了"的人更惨；要知道，尽管你是年龄小者，但说不定你还活不到这个年纪；要知道，尽管你是同龄者，但说不定接着"走"的人是你自己。故有必要对"先走"之人说三道四、暗自窃喜、幸灾乐祸甚或泼脏水吗？因此，避免这种完全有可能"五十步笑百步"的人生境况，敬畏生、敬畏死、敬畏德，是人生智商、情商之"要领"。而且，有此智商和情商的人，心态好，而心态好是人健康长寿的重要"基石"。

人生难得知己，因此，同道可以很多，但朋友定是有限的。哪怕是我的180多名研究生弟子，也不会个个都是朋友，更何况有的"不齿"的曾经的所谓弟子，早就进入了我的"鄙夷视域"。因此，不要计算着"走了"会有多少人把你当回事，甚至永远记住你。更何况，朋友都有忙不完的事，哪来闲心总是关注"走了"的人。为此，活着照顾好自己，不断完善自己，心安理得地"走"，无怨无愧地"走"，无须考虑身后的评说。身后产生不同的评说，那是最正常不过的事情，因为，任何人的一生言行不可能完美无缺，更何况，社会是复杂的，人们的评价眼光也不可能是"一条视线"。当然，如果被"人渣"恶意中伤，那不仅不是坏事，更是你的一种荣耀。至于一些人生理念或理论观点，不管身后受到他人的赞赏还是批评，那都是一件好事，说明人们在关注你的多少值得关注的思想和行为。并且，赞同的或反对的理由的阐释和辩论，最终都只会说明真理就是真理，谬误就是谬误，并进而要么进一步明确甚至完善了你的有价值的思想，要么在你的被质疑的思想激发的辩论中推动了思想的进步。

当然，"走了"留下影响他人的精、气、神，甚至留下产生学术价值或社会影响的思想遗产，那就意味着"没走"，这有多好啊！

我希望"百年"之时是轻松地、悄悄地、没有遗憾地"走"，愿"走"后有亲朋好友随即再欣赏和转发我的这篇散文，并在平静的心情中深思文中相关理念。

祈愿我们都向长寿进军！祝愿人们尤其是后生们都能赶上特长寿乃至永不消逝的生物科学技术，让人生活得更加精彩。

（原载《德与美》第 3 版，上海三联书店 2020 年版）

童言童行

刚刚满4周岁的孙子大雄，不久前跟随父母"到爷爷家玩"，一进龙凤花园"爷爷家大门"，就朝着我喊"爷爷好"。因没有看到正在西藏摄影采风的奶奶，就说："奶奶呢？我要奶奶。"没过多久，奶奶回来了，随即去看望想念多日的孙子。奶奶一进商苑孙子家大门，大雄就扑上去喊奶奶，因没有见到当天在单位开会的爷爷，就说："爷爷呢？我想爷爷。"

看到爷爷要奶奶，看到奶奶想爷爷。这是真情流露，没有做作，更没有"排练"。看到孙子这样的感人举动，作为隔代长辈的我们，比吃大餐、看大戏还有满足感、幸福感。

古代老子认为，婴儿之德为德。指出，成人欲望是造成无德的理由，唯有婴儿无知无欲无所求，故主张理想之人生应该追求婴儿之德，应该"复归于婴儿"。尽管老子的这种所谓道德理想有悖于道德源于人的自觉的基本特性，但是，老子关于"复归于婴儿"的道德主张，可以从现代辩证思维视角在更深刻层面做如下启发式解读，即社会之人不可能不成长、不成人，也不可能无知无欲无所求，因此，去除老子"绝仁弃智""复归于朴"的思想，"复归于婴儿"可以理解为要人们坚持婴儿的清澈、纯真、诚实的本性。如果这样理解，那"复归于婴儿"的"童言童行"不失为一种赋予了新境界的经典道德主张。

说实话，"童言童行"可以作为一种道德品质的专有名词和专门内涵。事实上，完美的人生，在任何时候不要做作、不要虚心假意、不要游戏人生。应有的是真心、真诚、真实。马克思说："使人的世界即各种关系回归于人自身"①，其深刻的含义是要人作为人而存在，人要自然、要客观、要理性、要实在，要追求真、善、美，要排除有悖于人之为人的虚假、贪婪、欺霸等。由此，"童言童行"作为启迪性解读的人之为人的特定范畴，应该是成人的一种品质。

大雄的大姨刘毅曾经跟我说，能否用笔写写孙子大雄，提点要求，让他长大后不辜负爷爷的期望。这个建议是有意义的。不过，说什么呢？其实，我很想对孙子大雄说些如何做人、如何生活、如何奋斗的话。但是，这些话，其父母、亲朋好友等会不时地给予教导，尤其是从幼儿园开始，各级学校会开展逐步系统、深入的教育，我要再说这些也只是重复甚或多余。不过，我想对孙子大雄及其同辈的孩子们要加强说的一句话是：一辈子要坚持"童言童行"品性，做到真实而不做作、真诚而不虚伪、真行而不懈怠。

真实而不做作，这是人一生踏实做人、顺利发展的做人原则。人不真实，做人虚伪，做事不实，最后只会丧失自己的各种人生机遇，虚度了自己的人生。

真诚而不虚伪，这是人一生厚道为人、完美生存的做人原则。人不真诚，做人失信，做事失誉，最后只会丧失自己的宝贵人脉资源，浅薄了自己的人生。

真行而不懈怠，这是人一生奋斗成人、铸就辉煌的做人原则。人不真行，做人懒散，做事粗劣，最后只会丧失自己的应有人生价值，荒废了自己的人生。

（写于 2020 年 7 月 19 日）

---

① 《马克思恩格斯文集》第 1 卷，人民出版社 2009 年版，第 46 页。

山不转水转

人们常说，山不转水转，人世间也的确如此。不管你想不想，该来的总归会来；不管你认不认，在与不在都"在"；不管你愿不愿，一切皆变是不变。

记得我读小学的时候，刚过甲子年的姑姑对我说，好好读书，将来能当一名先生，为家族争光。父母也是同样的话语。是啊，尽管当时在我姑姑和父母的头脑中，先生就是能识字，并能教小孩子识字的所谓文化人，这对于他们和我们家族来说，是很大且了不起的愿景了。然而，姑姑和父母绝对想不到的是，后来的我不仅改变了以往家族历代文盲的状况，而且获得了哲学博士学位，成为大学教授、博士生导师，并被所在南京师范大学授予"奕熙精英教师"称号。这真是，此一时彼一时。

物质匮乏也不是"固态"。我小时候家里很穷，全家6口人共用一条毛巾，一定用到破烂不成形时才换掉。家中一只破箱子，装不满全家人的补丁衣服。尤其在20世纪60年代初，我国三年自然灾害期间，家中难得吃一顿白米饭时，每人一份饭是用秤称的，尽管现在想起来很心酸，但是，这是特殊年代的"家爱"的一种特殊表现方式，即不让家中任何人少吃一粒米饭。当时，经济社会发展滞后，大家都穷，就是到了20世纪70年代末，家乡偌大个溧阳城只有县委机关拥有一辆吉普车。而现今，随着我国改革开放的不断深入，中国已经成为世界第二经济体，人们的物质和精神生活也随之出现了深刻的变化，衣、食、住、行的条件在向全面小康进发，就小轿车的拥有量来说，白天的溧阳城就像流动的汽车库。这真是，日新月异，翻天覆地。

同样境遇是在20世纪80年代，我几次被邀请出国参加学术会议，然而，出国开会一般要获得外方资助才能成行，到了会议上也总是会被另眼看待，因为我是"穷参会"。但是，随着我国经济建设的快速发展，尤其是进入21世纪，我不仅有政府和学校资助出国开会，而且能够出资邀请国际学者来中国参加由我方举办的学术会议，并给外国学者以适当生活补助。甚至与国际学术组织联合召开国际学术会议，并取得了圆满成功。这真是，时代在变，境遇在变。

物质和物质量、生活和生活态在"转"，其实，人心、人情也在"转"。

世上总有这样的小人，即他不希望他人已经或可能活得比他好，一旦他认为你已经或可能活得比他好，他就会心情郁闷地"关注你"，并处心积虑地压制甚至打击你，这样，你就有可能被暗算、中暗箭。而事实上，"中枪"的往往是小人自己，而被暗算、中暗箭的人可能因此活得更好。这真是，"小人"关注，未必不是好事。

谁都知道，人生在世，不可能永远不求人。然而，有时求人不会太顺，因为你的地位、影响、财富和潜力等往往是人家愿不愿意帮你的考量依据，一旦认为你没有帮助的当前或潜在价值，他就有可能敬而远之，甚或避而不见，更有甚者是直接拒绝。问题是，历史往往跟人"开玩笑"，经常有先前求人者而后被人求，而且是当初被人求者，现在去求当初求人者。早知现在，何必当初。由此看来还是厚道为人、积德兴事为上策。这真是，十年河东、十年河西。

我深感山不转水转是"铁律"，怎么转也有规律。历史已经充分地告诉我们，德性不良，甚至缺德行事，似乎人生得意，到头来一定是会"什么也不是"，人品之坏导致口碑之坏，以至于白来到了这个世界；厚道、真诚的人生，即使没有耀眼的光环，也必定是干净、自信的人生，好口碑是有价值人生的佐证。所以，人应该辩证对待人生。人生得志勿猖狂，说不定高处滑落而粉身碎骨，说不定德不配位而臭名远扬；人生失意勿气馁，说不定低谷爬起而一往直前，说不定柳暗花明而前景美好；条件不好勿泄气，说不定奋进创新而彻底改观，说不定后来居上而雄踞高台；风气不正勿颓废，说不定风尚转变而喊打"鼠辈"，说不定社会和谐而风正气顺。

应该说，在人们的心目中，山不转水转是褒义命题，一般是指社会生活中的孬转好、低转高、逆转顺，甚至是丑转美等。当然，社会意义上的山不转水转,一般不是"自转",是人们自觉做有德之人,通过努力奋斗并促进事业进步等才能实现山不转水转。不过,尽管在人们的心目中,山不转水转是褒义命题,但是,好转孬、高转低、顺转逆,甚至是美转丑等在社会生活中也不是没有,这也是山不转水转,这种现象可以从正面告诉人们,人生时刻要敬告自己,"按理性生活"(亚里士多德),做一个有进取心、有奉献精神、有好口碑的人,真正让人生不断"转"好运,促使社会不断"转"进步、"转"辉煌。

(原载《德与美》第 3 版,上海三联书店 2020 年版)

《江苏社会科学》：学术生长的摇篮

《江苏社会科学》创刊三十周年之际，我心情激荡，十分喜悦地要表达我对《江苏社会科学》三十华诞的祝贺之情。

《江苏社会科学》是我看着她长大的，我的学术生涯也是伴随着她不断发展而逐步深入的。记得《江苏社会科学》的前身是《江苏社科通讯》，因此，可以说，我的学术人生与《江苏社会科学》同龄。

我经常说，学术杂志是培育学者的不可或缺的重要平台，学者们一般都是从学术杂志中走出来的。在与《江苏社会科学》的学术关联中，我深刻地体会到，《江苏社会科学》是我的特色学术摇篮，是《江苏社会科学》助我特色学术问世才有我后来的走向国际学术平台。

记得在2000年，我的第一篇研究道德资本问题的文章即《论道德资本》成稿后，我没有急于发表，因为，在行文过程中，我在进行学术思想考察时发现，当时的经济学教材和经济学类杂志，鲜见研究和阐释"资本"范畴的，有学界友人告诉我，"资本"范畴比较敏感，社会主义经济学理论用不用"资本"范畴尚需进一步探讨。为此，尽管我的文章对"道德资本"的阐释，其内涵和理路与马克思的政治经济学中作为反映或批判资本主义社会制度和经济关系的分析工具的"资本"不是一回事，尽管我的跨学科研究提出的道德资本的观点得到南京师范大学的几位经济学教授的认同和支持，但心中还是有疑虑。然而，是《江苏社会科学》理解文章的学术价值和实践意义，本着推新作、推原创的精神，毅然发表了我的《论道德资本》文章。不仅如此，《江苏社会科学》还接着连续发表了我的从二论道德资本到五论道德资本的文章。从那以后，我的学术观点引起了学界较为广泛的关注，有发文赞赏的，也有发文提出商榷的，更有人认为是让人笑掉牙的谬论。同时，我的关于道德资本的后续研究文章在《道德与文明》《伦理学研究》《哲学动态》等杂志不断亮相，尤其我对相关争议文章的学术回应，获得了学界的高点击率。为此，这一深入理论争辩的学术现象被一些学者称为给学界带来了理性争辩与学术交流的一股清风。

《江苏社会科学》的识慧、挺智，在扩大了我的学术影响的同时，增强了我不断深入探究道德资本理论的信心，以至于我先后发表了九论道德资本及其他相关经济伦理专题的系列理论文章，并在此基础上编辑了《道德资本与经济伦理——王小锡自选集》（人民出版社 2009 年版）。进而又以道德资本研究的系列文章为基础，按理论依据、基本原理、思想史资源、实践应用等几部分编辑成《道德资本研究》（译林出版社 2014 年版）。而后，在前期研究成果的基础上，我编撰了《道德资本论》（译林出版社 2016 年版）一书，建构了道德资本理论体系。其中《道德资本研究》一书被翻译成英文版（德国施普林格出版社 2015 年版，获得第十四届输出版优秀图书奖，同时获得版权输出奖励计划）、日文版（日本千仓书房 2016 年版）、塞尔维亚文版（塞尔维亚出版社 2016 年版，获得第十六届输出版优秀图书奖）在海外出版发行。《道德资本论》一书中文版出版后，中山大学资深教授、博士生导师章海山先生曾以"凡有经济必有道德"为题，在《光明日报》（2017 年 4 月 11 日）发表书评。《道德资本论》的英文版已于 2018 年由德国施普林格出版社出版并全球发行，该书的德文版、泰文版近期又相继在海外出版，俄文版正在翻译出版进程中。

我的道德资本研究的著作翻译成数种外文在国外出版发行后，受到国际学者和出版界的关注，"塞尔维亚出版社总编在看到《道德资本研究》英文 PDF 稿时，大为欣喜，赞誉这是一部具有国际水准的学术力作，立即购买了该书的版权"（《中华读书报》2017 年 8 月 23 日）。日本学者阅读日文版《道德资本研究》后，专门邀请我去日本讲学。印度和塞尔维亚等一些外国学者通过邮件与我展开了学术交流。其间，我不仅主持召开了"道德资本与企业经营"的国际学术研讨会，还在英国、中国上海召开的一些国际学术会议上阐述了我的道德资本观。

在今天，道德资本理论的研究已经成就了我个人的学术名片，以至于许多同仁戏称我为"道德资本家"，我乐于接受这一雅称。在此，我要乘这次发文的机会，衷心感谢《江苏社会科学》的最初对我的道德资本观的认同和支持。可以说，是《江苏社会科学》连发五论道德资本，促使我自信地不断研究并接连发表我的道德资本观，且最终在国际学术平台上发声。

由此，我联想到，《江苏社会科学》多年来在学界有如此重要的学术影响，各学科学者都把《江苏社会科学》作为自己发表学术观点的重要平台，其原因是她有坚定的马克思主义信仰、卓尔不凡的学术理念、有胆有识的创新精神、立足致用的服务经济社会发展的宗旨，以及推新人、推新作、推原创的主张。

在《江苏社会科学》创刊三十周年之际，我衷心祝愿《江苏社会科学》越办越好，永远是学者们向往的重要学术领地，永远是年轻学者实现梦想的学术摇篮。

(写于2020年10月20日，注：本文收录于《〈江苏社会科学〉创刊30周年纪念册》，江苏社会科学杂志社编，2020年12月)

新时代的道德标杆

我有幸作为专家组成员参与了中宣部组织的第二届全国道德模范评选工作，自身也受到了一次深刻的社会主义道德教育。道德模范的先进事迹震撼人心，激励全社会。

全国道德模范评选在举国上下引起了强烈反响，我深感，它的社会启发、教育和引导作用不只在当下十分明显，而且将产生深远的历史影响。尤其突出的是人们从道德模范身上看到了朴实而崇高的道德境界，更坚定了建设社会主义和谐社会的信心。

全国道德模范的优秀事迹可歌可泣，为全国人民树立了新时代的道德标杆。道德模范的优秀事迹是社会主义核心价值观的生动体现。道德模范的共同特点是坚信党的领导、坚信社会主义，真心实意地为我国改革开放的伟大事业奉献自己的力量。尽管有的事迹看上去并不那么轰轰烈烈，但他们尽到了自己的全身心的努力，为平凡的事业作出了毕生的奉献。同时，道德模范的共同心愿和目标是做好人做好事，立身一生清廉，为人乐意付出，而且不计报酬、不图名誉。再者，道德模范坚持爱国、爱家、爱人的统一，不管是助人为乐、见义勇为、诚实守信、敬业奉献还是孝老爱亲，他们都能坚持大爱无疆，把真爱洒向人间。在道德模范面前，那些唯利是图的、见利忘义的自私自利者就显得十分渺小，而且他们的行为已经遭到全社会的唾弃，这也说明社会主义核心价值观的精神力量之伟大。

道德模范的优秀事迹是中华民族优秀道德传统的新时代传承。道德模范的优秀事迹是新时代的道德境界的体现，也是中华民族优秀传统文化尤其是优秀道德传统的传承。中华民族优秀道德传统主要体现为关注国家和民族利益、崇尚"仁爱"精神、坚持诚实守信、善于修身养性、自觉感恩、助人为乐等，道德模范无不体现这些优秀道德传统，而且，他们的优秀事迹都注入了新时代的道德元素，体现了新时代道德的朴实而崇高的特点。同时，道德模范的优秀事迹展示了他们在传承优秀道德传统基础上的高尚的人生价值观、幸福观和我国现时代的主流价值观。道德模范的精神以及产生的重大社会影响完全能够说明，虽然社会上不时地出现一些坑蒙拐骗、无恶不作的缺德者，但他们的行为影响不了主流道德观的传承，也阻碍不了社会主义道德建设的进程。

　　道德模范的优秀事迹为社会主义的文化自觉发挥了先导作用。社会主义的文化自觉是社会主义现代化建设的基础和重要条件，然而，文化自觉的前提是道德自觉。只有对国家、对社会、对他人、对自己有深刻而充分的认识，并且身体力行，才能够真正达到文化自觉。道德模范们表现的是做好人和做好事，但他们体现和展示的是道德自觉，他们都有着对人生和社会生活的深刻的认识，有着对美好生活追求的远大理想。

（原载《德与美》第 3 版，上海三联书店 2020 年版）

缘之为缘

缘是人与社会及其完美与幸福的不可或缺的基本要素。缺少良缘的人和社会意味着扭曲和悲惨。故，缘，无价，意义深刻。

中国传统文化中的缘，是一个内涵深刻且社会影响广泛的概念，也是意义非凡的道德哲学范畴。

缘是人际关系的一种存在形式，有缘是指发生了的人际关系，无缘是指没有形成一定的人际关系。有缘，其实是意味着人际关系形成的偶然性，否则没有必要强调有缘。然而，偶然中有必然，缘之关系的出现或形成，一定有相关的因素在起着"结缘"的作用。所以缘是人际关系之偶然与必然的统一体。同时，缘也是人们期盼的一种生活方式，自古以来，人们把相互之间的认识、交友、结亲、合作、互助、携手前进等作为赞赏的交往态乃至生活态，并会深有感触地把这交往态、生活态称为"缘分""有缘"。为此，进一步说，缘之人际关系的形成，其基本前提是信任、负责、合作、互惠等理性境界，否则，人际就无缘成缘，更谈不上惜缘续缘。因此，缘之为缘在德。

"缘之基"在善德。缘就是人之缘，是人际结缘。结缘要以善德为前提，否则，缘及其人之关系就不能生存，即使偶然相识或相聚，甚或保持了一定的关系，但是，与人交往缺乏善意和善行，甚至恶意在心，那也不可能结缘。假如两个恶人在一起，这不是结缘，是臭味相投，违背了善德之缘的本质。就拿人缘来说，人缘指的是人之关系及其人脉，其实质是人品及其道德境界的反映。俗话说，做人做得好，人缘就好。也就是说，人品好，人们愿意与之交往，并愿意互相关心和帮助，这必然会积累众多的人脉关系。我们平常所说的人缘不好，指的就是人品不佳，人们不愿意与之交往。这样的人其实是没有人缘,而没有人缘就不成其为缘。因此,今世缘,即今世有缘,其深刻之处是隐喻有德结缘,德乃缘之源、缘之根。男女喜结良缘之缘,其前提更是信任、责任、互敬、互爱等,也正因为姻缘的本质在德,也即"月下老人"是德,所以才有"百年好合"之可能。真可谓"缘、德相通;缘、德相拥"。

"缘之理"在伦理关系及其道德责任。从"缘之基"就可以推导出,缘之为缘或何以为缘是伦理关系及其道德责任。没有人与人之间的相遇、相交,就没有缘之社会现象。而相遇、相交后要成为真正的"有缘"并长久地存在,这客观内含着一种道德责任。就拿"业缘"来说。业缘指的是经营单位的业务关系及其经营或合作的人脉资源。而要建立丰富的人脉资源,经营者、工作人员的经营或工作就应该讲德性、讲诚信、讲公平交易等。业务红火意味着人们愿意与之交易,意味着人们对该企业有高的信任度;经营单位之间能保持正常业务往来,意味着经营单位相互之间存在着相当的信任度。假如没有道德经营意识,甚至失去诚信,那企业将会失去正常的人脉资源,"业缘"也将不复存在,这样的企业将会走向衰亡之路。再拿血缘来说,血缘指的是有血脉联系的亲属关系或称血亲关系,其中包括夫妻关系之姻缘。具有血缘关系的人际有着人们公认的必须履行的行为准则,如我国古代的"父子有亲""夫妇有别""长幼有序"等内涵就是真正的血缘关系之道德要求。尽管我国封建社会的姻缘关系的形成往往是父母之约、媒妁之言,但是,完美的姻缘一定是"爱之体",一定有着特定的夫妻规约或道德要求维系着。没有爱的夫妻关系实质是"死亡"了的姻缘关系,这样的姻缘实质是"虚缘"。为此,即使有着血亲关系,如果不承担一定的责任和义务,人们会把他作为大逆不道的"家贼",在心理上"开除"他的血缘联系,所以有的血亲关系被人们指责为"老子不像老子、儿子不像儿子、夫妻不像夫妻",说的就是这个道理。

"缘之目标"在和谐共生。由以上"缘之基"和"缘之理"必然推导出和谐共生的"缘之目标"。其实,缘之本质是讲求和谐共生。人的世界是各种各样的"大缘"和"小缘"按一定的逻辑关系组合成的一个社会有机整体,也就是说,人的世界即为"缘之体",缘的世界。它客观上要求人们"按理性生活"(亚里士多德语),即按一定的道德规范生活，以达到全社会的和谐共生。大到世界的国家与国家的关系、地区与地区的关系、民族与民族的关系，即所谓的"国缘""地缘""民族缘"，小到人与人、单位与单位的关系，即所谓"人缘""业缘"等，其实是不可忽视乃至不可回避的人类"命运共同体"，是人类之"大缘"，要想使人类"命运共同体"之"大缘"合理存在、和谐发展，就应该在坚持"缘德"的基础上，实现真正的和谐共生。

有缘成为命运共同体，和谐共生是人和人类的最好愿景。这就需要坚持"风雨同舟、患难与共"，在任何艰难困苦的情况下，伸出援手，互帮互赢；需要坚持"包容性发展"，因为在命运共同体发展进程中会遇到各种各样的问题或摩擦，这就要求在"两弊相权取其轻，两利相权取其重"的原则下，实现包容性共生和进步；需要在全社会坚持"自由""民主""公正""平等""诚信""友善"，唯此才能充分发挥共同体中每个成员的生存积极性，自由地发挥自己的个性，激发每个人的自主性、创新性、创造性，形成社会进步的强大动力；需要在国与国之间坚持"真诚友好、相互尊重、平等互利、共同发展"，"国家不分大小、强弱、贫富一律平等，秉持公道、伸张正义，反对以大欺小、以强凌弱、以富压贫"[①]，真正实现人类和平发展，等等。

"缘之实现"在"惜缘""育缘""护缘"。缘，无处不在、无时不有。当然，我们日常说的有缘相聚见面、有缘合作共事、有缘结婚成家、有缘久别重逢、有缘生死相依等，正如前面所说，是偶然的机遇和条件，形成了一定的关系，而这一定的关系的形成，也有必然的因素。因此，缘是偶然和必然相统一的"人际关系体"，即前面所说到的"命运共同体"。而和谐的人际关系和人类"命运共同体"要和谐共生，必须"惜缘""育缘""护缘"进而"结善缘"。佛教中的因果关系之"缘起说"，强调的也是缘和行善，佛教认为，有因即有果，有因必有果，而因致果需要一定的缘即外缘，如果外缘不具备，"果报"不能形成。所谓的善有善报、恶有恶报说的就是这个道理，即善缘结集多了就会有善报，恶缘结集多了就必

---

① 《习近平谈治国理政》，外文出版社2014年版，第306页。

然会有恶报。当然，这里要说明的是，既然像前面所说，缘之为缘是德性或理性关系的本质体现，那恶缘是什么？恶和缘是何关系？其实，这里的缘，指的是条件、根源等，讲的是事物之因果关系，恶和我们讲的缘之间没有关系。当然，佛教"缘起说"，主张的是善缘，善缘意味着"续缘"，恶缘意味着"断缘"，说到底缘之为缘在德，在理性关系及其要求的依据、可能和行动。事实上，就"缘"一词来说，它是指顺着、遵循。所谓顺着，正如陶渊明在《桃花源记》中说："缘溪行，忘路之远近。"加以引申，即按照应有的路径前行，将一路畅通。所谓遵循，如《商君书》中所说："明王之治天下也，缘法而治，按功而赏。"加以引申，缘是指行为依据一定规约和道德要求。这就说明，缘作为一定的人和人的关系及其正常化，作为"命运共同体"的和谐与发展，需要培育人的缘之意识，需要依据和遵循一定的规约和道德要求，珍惜缘分的"有"与"在"，维护缘之存在和发展，否则，缘之为缘就不能正常存在，更不可能实现由"大缘"和"小缘"按一定的逻辑关系组合成的社会有机整体的"善缘"世界。

因此，缘从一个角度来说是指人和人际关系，包括国家关系、地区关系、民族关系等，从另一个角度来说是指规约和道德要求及其正常和全面的履行。所以，缘与德性、德行同在，缘即德。

（原载《德与美》第 3 版，上海三联书店 2020 年版）

小议杨朱

先秦道家杨朱，其思想观念在我国思想发展史的早期可谓独树一帜，留下了重要的一笔，以至于孟子不仅慎于叙述他的独特的思想观念，而且把他和墨子相提并论。然而，杨朱并没有传下著作和文章，他的思想观念，只在其他典籍中有他言的记载。而且影响最大的思想观念是孟子所说："杨子取为我，拔一毛而利天下，不为也。"（《孟子·尽心上》）其他典籍的记载一般与孟子的交代大同小异。至于后来《列子·杨朱》篇中的思想观念，也只能看作后人对杨子思想观念的拓展而已。这就是说，杨朱的寥寥数语决定了他的思想史地位，并使之流传百世。

在此尚且不论杨朱思想的是与否，所有的思想史著作只要涉及杨朱思想都会给予恰当评说。我在此只是想从另一角度说明，一个人的人文社会科学研究，能否在思想文化发展史上添上一笔（说得俗一点，是否能留名），这不取决于写了多少书和文章，而要看当事人有多少独特见解或有创见的科学的新思维、新观点。有些人虽著作等身，但只是"炒冷饭"或做文字游戏，思想文化发展史不会留下其无聊的文字踪迹，到头来其所发表的所谓文章或著作都只是废纸、文字垃圾。有的学者，虽著作或文章甚少，但通过潜心研究，字字闪光、句句达理，创新价值凸显，实践意义非凡。我想，这样的人和思想必将会在思想文化发展史上烙下深深的印记，并不断发挥着独特思想的促进文明发展的作用。

当然，一些著名思想家、政治家等，既有思想，又著作等身，那是最好不过了。在中国，这样的人越多越好。不过，达不到这种程度和水平，宁做杨朱，也绝不做制造"文字垃圾"的所谓的"名人"。

也许杨朱从没有想到他的只言片语会成为中国思想史的重要印

记，同样，也许今天的"摇笔杆子"的人们，有的想不到，虽言语不多，但今后可能会成为中国思想史上的影响深刻且深远的人物；有的想不到，虽"著作等身"，但只是废纸一堆，身前徒有虚名，身后落得个"无聊之辈"甚或"不学无术""不学乱说"的"骂名"，真所谓"竹篮打水一场空"，最终"烟消"在"浩荡"的历史长河中。

(《德与美》第 3 版，上海三联书店 2020 年版)

漫谈学术创新与评价

若干年来，我国的学界在感叹和追问，社科界为什么形成不了与我国国际地位相匹配和与十三亿人口相当的数量的学术大师。其实，究其根本原因之一是我们的一些学术理念离真正的学术、学术行为与学术本真相去甚远。

何谓学术？这似乎被学术界视为无须探讨的不是问题的问题。然而，如果不对这一基本问题做出深入的思考和清晰的回答，就可能会出现学术不像学术、学者不像学者的现象，进而导致理论研究要么不知所云、空洞无物，丧失在经济社会发展中的话语权；要么形而上学，误导经济社会发展；要么理念畸形，损伤学术和学术进步；要么自我陶醉，沉浸在毫无价值的废纸堆和文字垃圾堆中，等等。因此，当我们试图开始学术思考之时，需要首先厘清最能体现本真学术的学术本质和学术评价。

创新是学术之本质。学术的精髓、学术的核心精神、学术研究的目的、学术研究的生命力在于创新。学术研究过程就是学术创新过程，离开了创新就无所谓学术。然而，何为学术创新？学术创新是对事物本质及其规律做科学、深刻、系统和简明的陈述；是对已有观点在更广、更深意义上的理论研究；是对社会生产、生活实践的深层次学理透视；是对抽象理论的应用性和操作性研究；是对现实经济社会问题的解释和解决；是对理论观点在争议和商榷基础上的进一步明晰；等等。换句话说，创新要上述哲理、下接地气，传承与批评并存，赞赏与商榷同在。当然，真正的创新经得起时间和历史的考验，只有真正的学术创新才能在经济社会发展中发挥重要的作用，也才能在思想文化发展史上留下印记。那种不着边际的、没有理论和实践意义的"忽悠式"的所谓理论研究和把简单问题复杂化的所谓学理透视，是学术上的故弄玄虚，与真正的学术相去甚远，在一定意义上是在制造文字垃圾，与学术无关。

哲学社会科学的学术创新离不开马克思主义的指导。至今为止，唯有马克思主义的历史唯物主义理论才是指导社会科学学术创新的科学理念和方法论。坚持马克思主义的辩证法思想，我们才有可能科学地揭示并阐释经济社会发展的客观规律；坚持马克思主义的唯物史观，我们才有可能真正地正确地解释社会公正、平等、自由、民主等理念；坚持马克思主义的人道主义观、道德观，我们才能真正认识到唯有逐步"使人的世界即各种关系回归于人自身"（马克思语），才有可能建设和谐社会；坚持马克思主义的社会发展观，我们才有可能在理论和实践的结合上，不断推动经济社会的快速发展；等等。那种认为马克思主义是意识形态，它既不是科学也不是社会科学方法论的论调，其本身就是西方意识形态理念，而且，抱有这种观念的人是不可能有真正的学术创新的，因为这本身就不是科学的态度，没有科学的态度就不可能有学术创新。当然，我们主张坚持马克思主义为指导进行社会科学研究，并不是不要外国的具有积极意义的理论和方法，其实，善于吸收各种优秀的思想文化和科学方法，这本身也是马克思主义历史唯物主义之题中应有之义。

学术的创新需要学术评价，没有正常的学术评价就没有完美的学术创新和发展。科学而有效的学术评价在我国目前尚为"短板"，为此，如何进行学术评价是当今我国学界需要研究的课题。学术评价不科学，推进学术繁荣将会遇到许多障碍。学术需要包括评奖在内的学术评价，但是，时下的学术评价往往受多种人为因素的影响，会不会经营和利用各种"关系"，往往是能否获得各级各类荣誉或奖项的关键，因此，没有时间和实践检验的所谓的荣誉和奖项只能作为一种学术水平的评价参考和学术激励的权宜之计，事实上，对于有些人来说，历史会证明其获得的所谓的奖状和荣誉证书在其本质上是不值钱的废纸。如何开展学术评价？其一，学术评价需要赞许和认同，这是学术发展和学术成果发挥作用的重要环节。但学术评价更应当有包括平等商榷基础上的学术批评，唯有理性的学术批评才有学术繁荣。不过，当前我国的学术批评还处在很不成熟的初级状态，没有形成良好的学术交流态势。主要表现在：要么在某个领域偶尔有之，没有成为普遍的学术常态；要么不是基于平等的学术探讨，而是没有逻辑依据的恶意攻击；要么唯我独尊，对于与自己不同的观点和方法一概否定；等等。这些问题严重阻碍了我国学术批评的正常发展。事实上，真正有价值的学术批评是学术活动的最好形式之一，它可以促进科学观念的形成，推动学科理论体系的完善和发展。可以说，真正的学术批评的全面展开之日才是我国学术繁荣之时。其二，学术评价可以评奖，但真正的社会科学学术价值绝对不是成果尚没有被检验其价值的评奖评出来的，更不是吹出来的，而是需要经过历史和实践的检验。因此，诺贝尔经济学奖等评奖（评价）中就十分强调对时间和效果的关注，坚持遵循"贡献人类最大利益"的原则。事实上，我国学界有识之士也早就说过，历史上学术大家并不是评出来的，更不是靠别人吹出来的，尤其不是几张奖状或荣誉证书能说明的，而是在经历漫长的文化沉淀和社会历史检验中所凸显的。为此，有的学者建议经过一段时间的沉淀和检验再评价或评奖会更有针对性、更到位。就我国目前的情况来看，科学理性的学术评价和评奖，至少应该关注以下几点：一是研究成果要力求有时间和实践的检验；二是作者要公开说明成果的创新观点及其理论和实践意义；三是要坚持专家评审成果和学界公开审阅成果相结合；四是要与同学科其他人的历时性和共时性成果进行比较，五是要说清楚成果存在的问题；等等。这样可以尽可能避免评价或评奖的偏颇甚或错误。

当然，社会科学学术创新是科学活动，是严肃的，无须也不应该以感情来评判或下结论。但是，客观上有少许所谓学者，总认为自己搞的学术是最好最尖端的，大有社会科学之学术大家"舍我其谁"的感觉。而对于他人的研究成果却不屑一顾，甚至大有一棍子打死的气势。其实，学术应该是互谅、互补、互助的，当然，理性的学术批评是学术互谅、互补、互助的最好路径。尤其是在今天的坚持学术创新的背景下，集体乃至集团式的学术攻关是学术创新的必由之路，这更需要理性意义上的学术探讨、交流和合作。

既然学术评价的核心依据是学术创新，因此，学术水平并不在于著作、文章等成果的数量，而在于有没有创新成果和创新思想。有人一辈子只研究一个概念或一个命题，只有一两篇学术论文或一两本学术著作，但由于其创新成就和在经济社会发展中的显著作用，照样能成为学术大家，其成果照样能成为传世之作。相反，有的人尽管著作等身，文章数百上千，而且有的所谓成果看似艰深、读来晦涩，但是，由于缺乏创新，结果只能是一堆搬弄来搬弄去的文字垃圾，更有甚者，有的还以此标榜所谓新思想理论来误导人们的言行。

要指出的是，学术创新与学术思想传播之间存在明显的区别。学术思想传播主要是指仅仅停留于传播古今中外的某些学术观点，或者在叙述某思想家、学者的观点时进行重新组合、简繁增删等，而没有提出新的或更深入的观点。我认为，时至今天，学术思想的传播仍然是必要的、必需的，但不能将这种传播等同于学术研究。只有在学术思想传播基础上对他人学术思想的创新研究，才能真正被视为学术研究。否则，我们对传统的所谓研究只能停留在"炒冷饭"的境界；我们对西方思想的所谓学术研究只能停留在"追尾"或"传声筒"的水准，甚至会因母语语言和各国文化的因素和差异而变成"小儿科式的搬弄"。

学者尤其要清醒认识的是，学术的影响和地位不是靠"奖""捧""评"或"吹"出来的，学术的社会影响和学术的历史地位是在学术史中形成的，是学术史的事，而学术史只留存"大浪淘沙"后的经得起时间检验的思想家及其创新学术成果。换句话说，思想史是由真正的思想者及其创新思维或创新理念铺就的。

（原载《德与美》第 3 版，上海三联书店 2020 年版）